한국해양전략연구소 총서 97

MARITIME SPACE POWER IN THE
SPACE BATTLE ERA

● ● ● ● ● ● ● ● ●

제2판

우주 전장시대 해양 우주력
해양영역인식(MDA)과 우주력

배학영

임경한

엄정식

조태환

오경원

박영사

제2판 서문

우리나라에서도 2020년 이후 우주에 대한 대중의 관심과 국가적 투자가 눈에 띄게 높아졌다. 이 책의 초판을 출간한 지 2년 만에 개정판을 내기에 전혀 이르지 않을 정도로 빠른 발전이다. 그 사이 우주개발을 주도할 우주항공청이 개청하였고, 국제우주연구위원회COSPAR 개최, 군정찰위성 1~3호, 초소형 군집위성 1호, 제주 해상에서 고체연료 우주발사체가 발사되는 등 우주활동 성과가 축적되었다. 우주안보 분야에서도 진전이 있었다. 국가정보원에서는 국가우주안보센터 설립, 우주안보 업무규정 제정, 우주안보전문기관으로 한국우주안보학회를 지정하였고, 국방부에서도 공군작전사령부 우주작전전대 창설, 합참 전략사령부 창설 등이 이루어졌다.

우주군을 창설한 미국, 군사우주 경쟁을 벌이고 있는 중국·러시아 등 우주에서 군사력을 운용하고 있는 강대국은 우주전력 개발만큼 우주안보 연구가 활발하다. 우리나라가 아직 안보를 위한 우주전력을 충분히 갖추지 못했다고 해서 우주안보 연구를 미룰 수 없다. 우주안보 연구는 우리가 어떤 방향으로 나아가야 하는가에 대한 개념과 이론을 다룬다. 우주와 관련된 위험·위협 분석, 우리의 취약점과 제한사항, 대응 수단과 운용 방법을 포함한 전략과 전력을 제시하기 때문이다. 우주는 본질적으로 안보문제를 다루는 전략 공간이다.

우주안보 연구는 우주력spacepower과 우주전space warfare을 중심에 둔다. 우주력은 국제관계에서 힘의 개념을 논리적으로 확장한 개념이자 우주의 활용을 개발, 통제, 거부, 조정하는 능력이다. 우주전은 국가이익을 달성하기 위해 우주력을 군사적으로 활용하는 전장이다. 따라서 우주력과 우주전은 국제관계와 현대전략의 주요 이슈이다.

지구를 둘러싼 우주는 지구의 대륙, 해양, 공중에 지대한 영향을 미쳐 왔다. 그중에서도 고대로부터 인류는 해양과 우주를 비슷하게 상상해 왔다. 해양과 우주는 인류가 실제로 도달하기 전까지 끝을 알 수 없는 넓고 깊은 공간이었다. 물론 우주는 아직도 그렇다. 그래서인지 인류는 우주를 상상하면서 비행flight보다는 항해voyage를 떠올렸고, 비행기plane보다는 선박ship이라는 이름을 붙이는 데 익숙하다. 하지만 안보적 관점에서 우주를 바다에 비유하자면, 우주안보는 멀리 있는 원해遠海가 아닌 지구궤도라는 근해近海에서 벌어지는 능력과 전략의 경쟁이다. 아무리 우주가 넓은 바다와 같다고 하더라도 결국 우주력과 우주전은 지구궤도에서 누가 전략적으로 우세한가에 의존할 수밖에 없다. 따라서 우주를 활용하는 능력과 전략은 지구에서 보유한 자원과 지구와의 연결성 속에서 모색해야 하며, 지구궤도는 전략적 운용에 적합한 천체 해안선cosmic coastline으로 접근할 수 있다.

　　같은 맥락에서 우주안보는 지구 전체를 아우르는 영역이므로 우주력과 우주전은 전 지구적으로 분산된 능력에서 비롯되며 그 효과도 전 지구적으로 분산되는 과정에서 발휘된다. 그 결과 해군력과 군사작전이 우주시대 어떤 방향으로 어떻게 발전해야 하는지 나름의 성과를 이 책에 담았다. 특히 제2판에서는 해양 우주력의 주요 트렌드 중 하나인 해양영역인식Maritime Domain Awareness을 보완하였다. 광활한 우주처럼 지구상에서 광대한 영역을 차지하는 해양은 국가안보의 경계이자, 막대한 자원이 드나드는 국가경제의 숨통이다. 현 시점에서 함정과 항공기 중심의 해양영역인식을 넘어 첨단 우주기술을 적용한 해양영역인식을 이해하는 것은 의미가 있다. 앞으로 우리나라 해양안보에 이 책이 작은 도움이 되었으면 하는 기대이다. 초판에 이어 해양 우주력 연구를 다시 한번 지원해 주신 한국해양전략연구소와 박영사에 감사드린다.

저자 일동

차례

제5장　　해양 기반 우주작전과 요구능력 086

제7장　해양 기반 우주 전력 발전방향　276

제1장

개요

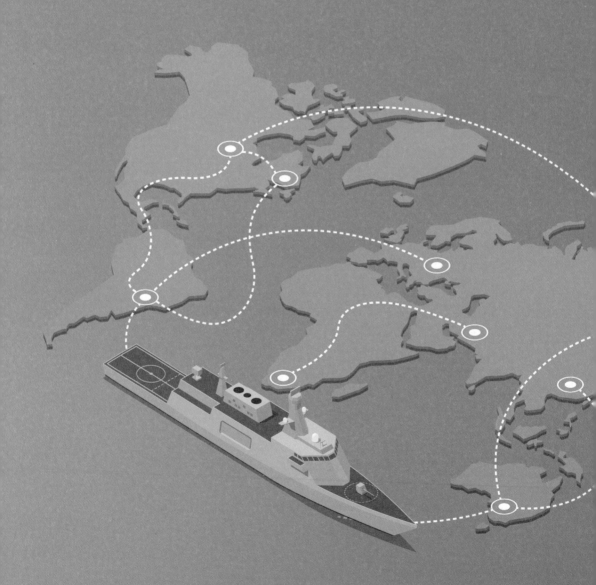

오늘날 세계 각국은 우주의 평화적 이용이 바람직하다는 입장을 표방하면서도 군사적으로 우주 공간을 활용하고자 국가적 역량을 집중하고 있다. 특히 미국, 중국, 러시아, 일본 등은 우주군 혹은 우주전담 부대를 창설하여 군사력 우주력을 증강하고 있다. 북한은 아직까지 우주전력을 구비하진 못했으나, 핵 능력 강화와 장차 아군의 우주전력을 기만, 방해, 파괴할 수 있는 능력을 개발할 수 있다는 우려가 있다. 한반도 주변 국가들이 군우주력을 증강하면서 이제 우주작전은 국방정책 및 전략 수립에서 반드시 고려해야 할 필수적인 요소로 자리잡고 있다.

미래 우주 군비경쟁에 대비하여 우리나라 군도 우주의 군사적 중요성을 인식하고 국방차원의 우주력 증강과 합동참모본부 차원의 우주전략과 작전을 정립하고 있다. 이와 함께 합동 우주작전을 지원하고 해군작전을 지원하는 우리나라 해군의 우주작전 개념을 수립해야 한다. 궁극적으로는 해양 기반 해군의 우주전력 발전 방안을 제시하여 미래 해군우주력 발전을 위한 중·장기 전력소요 제기를 위한 토대를 마련해야 한다. 이러한 상황 인식에 따라 미국, 중국, 러시아, 일본 등 주변국의 우주 정책과 전략, 우주작전을 분석하여 시사점을 도출하고, 우리의 전략적 방향성을 제시하고자 한다.

이 책의 연구범위는 첫째, 미국, 중국, 러시아, 일본 등 주요국의 우주 정책 및 전략을 분석한다. 둘째, 주요국의 해군 우주작전 및 전력분석과 시사점을 도출한다. 셋째, 합동 우주작전을 지원할 능력과 해군작전을 지원할 우주작전 능력을 발전시키기 위한 해양 기반의 우주작전안을 제시한다. 넷째, 우리나라 해군의 우주작전을 뒷받침할 우주전력 발전 방안을 제시한다. 궁극적으로 향후 우주 전장시대를 맞이하여 해양 기반 우주작전의 현황을 확인하고, 미래 준비를 위한 해군력 발전방향을 제시하는 것이 이 책의 서술 목적이다.

이 책에서 다루는 구체적인 내용은 다음과 같다. 먼저, 현재 해군작전을 수행하기 위한 해군 우주작전 및 전력을 제시한다. 이미 우주전력은 위성통신 등 해군작전에 연계되어 있으며, 특히 해양영역인식MDA은 해군에서 발전시켜야 할 대표적인 우주작전 영역이다. 또한 미래 합동 우주작전을 수행하기 위한 해군의 우주작전 및 전력을 제시한다. 예를 들어 미래에는 해군도 우주전력의 해상발사가 가능한 해상발사지원선 등을 운용하여 합동 우주작전에 기여할 수 있기 때문이다. 마지막으로는 기존 해군작전을 수행하기 위한 해군 우주작전과 전력을 연구함으로써 기존 능력을 확대하고 새로운 능력을 제시한다.

제2장

해양과 우주작전

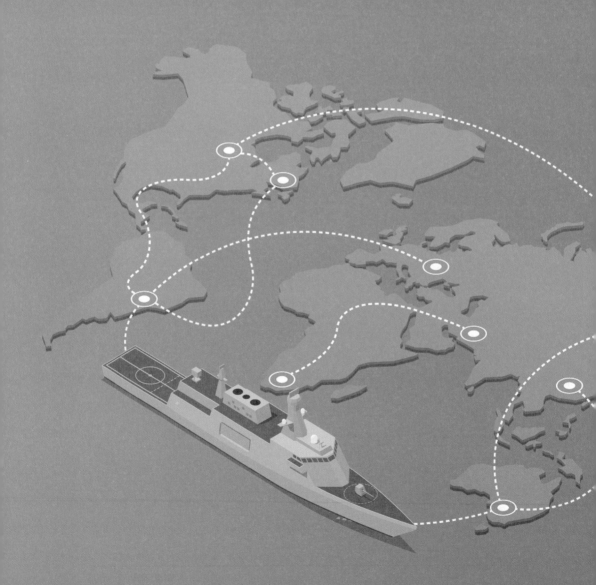

1 우주 영역의 특성

우리가 우주를 지칭할 때 쓰는 용어는 다양하지만, 세부적으로 살펴보면 그 의미는 조금씩 다르다. 흔히 사용하는 스페이스space는 인간이 도달할 수 있는 공간적 의미로서 우주를 지칭하며, 유니버스universe는 천문학에서 보는 우주로서, 물질로 이루어진 물리적 공간을 의미한다. 반면 코스모스cosmos는 철학적 의미가 내포된 질서정연한 우주를 의미한다.

이 책에서 우주는 국제법적으로 지표면 100km 이하에 적용되는 항공법과 달리 100km 이상에서 적용되는 우주법 정의를 따른다. 항공법은 사람이 탑승한 항공기를 주로 다루지만 우주법은 무장하지 않은 무인플랫폼을 우선한다는 점에서도 다르다. 국제법적으로 우주로 진입하고 우주를 활용하는 것은 국가 주권의 영역이 아니기 때문에 특정 국가가 우주 공간을 확보하거나 점유할 수 없다. 미국과 같이 우주자원 채굴에 대한 법을 제정한 국가도 있지만, 자원에 대한 소유권만 인정하고 있지 채굴장소에 대한 소유권은 여전히 인정하지 않는다. 무엇보다 우주 영역의 특징은 우주가 지구를 둘러싼 가장 높은 영역이므로 최소 수단으로 지구적 관점에서 정보를 제공할 수 있으므로, 지상·해상·공중보다 우위에 있다는 점이다.

우주 영역은 지구와 다른 물리 환경이므로 우주 공간을 활용하려면 궤도와 궤도 시스템을 필수적으로 이해해야 한다. 우주 영역의 궤도시스템은 크게 저궤도Low Earth Orbit: LEO, 중궤도Medium Earth Orbit: MEO, 정지궤도Geostationary Earth Orbit: GEO, 고타원궤도Highly Elliptic Orbit: HEO 등으로 구분한다. 궤도시스템별로 가지는 특성을 살펴보면 다음과 같다.

저궤도는 지표면에서 200~2,000km 영역으로 접근이 가까운 거리에 있어 고화질의 이미지가 필요한 감시정찰에 적합하며, 지구관측위성과 통신위성도 운용할 수 있다. 하지만 저궤도에서는 위성이 지구를 빠르게 돌기 때문에 한 지점을 오래 감시할 수 없고, 넓은 면적을 관할하기 위해 많은 위성이 필요하며 원활한 지휘통제를 위해 다양한 지상시설에 의존한다. 또한 궤도상 대기와 근접한 저항이나 중력에 맞서기 위해 반복적인 연료 분사가 필요하며, 만약 궤도 유지에 실패하면 24시간 이내에 대기권으로 재진입할 수 있다.

중궤도는 지표면에서 2,000~12,000km 영역으로 최소 24개 위성의 군집群集 형태로 운용할 경우 지구의 모든 지역을 지속적으로 관측할 수 있으며, 통신위성도 운용할 수 있다. 중궤도에서는 위성속도가 저궤도보다 늦고 위치계산 확률이 낮으며 위성 수도 적게 필요하므로 상대적으로 위성항법을 실행하기 쉽다는 특성이 있다. 한편 중궤도에서는 정밀한 위치표시를 위해서 최소 4개의 위성이 필요하며 전자부품에 심각한 손상을 줄 수 있는 밴 앨런 방사선대2000~6000km, 15000~30000km를 피해서 배치해야 한다.

정지궤도는 적도 상공의 35,786km의 궤도로 지상에서 보면 정지된 것처럼 보이는 거리에 있다. 이 궤도에서는 기상위성, 통신위성, 미사일 조기경보위성 등을 운용하는 데 적합하다. 항법위성도 정지궤도에 위치하여 위성 1개가 지구의 3분의 1을 커버할 수 있다. 정지궤도에서는 자전과 동일한 회전주기로 인해 저궤도 위성과 달리 지상시설과 통신이 불필요하며, 지상 수신안테나는 위성정보를 받기 위한 위치조정 과정이 불필요하다. 그러나 120기로 정지궤도 위성을 운용 시 평균 3도 간격으로 위치하여 이웃 위성과 간섭 현상이 발생할 수 있으며 위성이 많아질수록 정지궤도 환경은 열악해진다는 특성이 있다. 우주의 활용 측면에서 오늘날 정지궤도에 유리한 위치를 선점하는 것은 국가우주개발에서 전략적으로 매우 중요하다.

고타원궤도는 지구를 가까이 지나는 근지점약 1,000km과 멀리 지나는 원지점약 40,000km을 거치는 가늘고 긴 타원형 궤도로서 지구와 가장 멀리 이격된 지점을 기준으로 특정 지역 상공에 오랜 시간 머무를 수 있다. 중위도와 고위도 지역에서 높은 각도를 유지할 수 있어 고층 건물이 많은 대도시에서도 위성정보의 제공이 원활하다. 지상망 및 다른 궤도의 위성시스템에 간섭 영향을 주지 않는 운용이 중요하며 위성항법시스템, 방송통신, 조기경보에 이점이 있다. 특수한 궤도를 지나는 특성 탓에 전체 위성 중 고타원궤도 위성은 약 1.7%에 불과하다. 지구 북반구에 넓게 위치한 러시아가 고타원궤도를 활용한 위성에 적극적이다. 러시아는 2021년 첫 북극 기상위성을 고타원궤도에 발사하여 북극의 기후와 환경을 관찰하고 있다. 2023년 두 번째 북극 기상위성을 발사하여 북극해와 지구 표면의 기상상태를 24시간 관찰하고 있으며 2031년까지 2기를 추가 발사할 계획이다.

▶ 도표 2-1 주요 궤도시스템

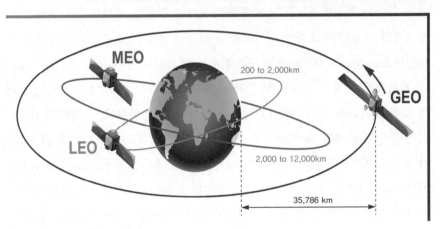

출처 : www.vita.com/Tutorials.

2 군(軍)우주력

우주력spacepower은 "국가목표 달성을 위해 전시나 평시에 외교, 정보, 군사, 경제활동에 우주를 활용하는 국가 능력의 총합"으로 정의되며, 군우주력 military spacepower은 우군의 우주에서 전략적 목표를 달성하기 위한 활동의 자유를 보장하는 한편으로 적대 세력의 우주활동을 억제 및 방어하고 필요시 공격하는 능력을 의미한다.

오늘날 우주 공간은 군사적 유용성이 갈수록 높아지고 있다. 우주가 군사적으로 중요한 이유는 우주를 고지high ground로 보는 전통적 시각에서 찾을 수 있다. 무엇보다 우주 전력은 우세한 위치를 장악하고 광범위한 시야를 제공한다. 이에 따라 우주 전력은 적은 자산으로도 넓은 지역을 담당할 수 있으며, 전략적·작전적·전술적 위협에 대한 조기 탐지 및 경보를 제공한다. 이뿐만 아니라 우주 영역은 위험지역 가까이에 전력을 투입하지 않고도 표적을 정밀하게 식별할 수 있으며, 군사작전 수행을 위한 합동군 무기체계의 정밀도를 높이고 군사작전의 효과를 증대시킬 수 있다.

군우주력 측면에서 평가할 때 우주 영역은 공세적 전력에 대한 전방 침투와 후방 지원이 가능하며, 지구 전역에 대한 지속지원이 가능하다. 또한 우주 전력은 하나의 플랫폼에 다수의 능력을 탑재할 수 있는 다의성이 있으며, 매트칼프의 법칙Metcalfe's law에 따라 우주 전력이 증가할수록 네트워크의 유용성은 기하급수적으로 증가한다.[1] 우주 전력은 원거리로 갈수록 보호받을 수 있지만, 우주의 냉혹한 환경과 엄폐물 부족으로 인한 안전의 취약성이 높아진다. 여기에 더해 우주 영역은 지상·해상·공중 영역의 작전 효율성을 증대시키므로 합동 우주작전으로 통합되면 군사적 효율성이 높아진다. 우주 영역에

---

1   Metcalfe's Law는 통신 네트워크의 가치가 사용자 수의 제곱에 비례한다는 경험적 법칙이다. 우주 전력을 추가하는 비용은 직선적으로 증가하지만, 네트워크의 가치는 기하급수적으로 증가한다. 예를 들어 10개의 위성에 1개가 추가되면 네트워크 비용은 10% 증가하지만, 네트워크 가치는 21%(11의 제곱인 121이 10의 제곱인 100보다 21% 큼) 증가한다.

서의 작전이 기존의 지상력·해양력·항공력과 결합할 때 전략적으로 시너지 효과를 기대할 수 있기 때문이다.

한편 군우주력은 물리적 요소, 네트워크 요소, 인지적 요소 등 크게 3가지로 구성되며 군우주력에 대한 완전한 이해를 위해서는 이러한 특성을 이해해야 한다. 3가지 특성은 동시적이고 상호 영향을 미칠 수 있으며, 놀랍도록 밀접한 수준으로 결합되어 있음을 알 수 있다. 군우주력의 이점을 달성하기 위한 우주작전은 이러한 3가지 특성을 모두 고려해야 한다.

먼저, 물리적 요소는 병참선과 핵심궤도경로key orbital trajectories로 구성된다. 병참선은 작전 부대와 작전 기지를 연결하여 보급품과 병력을 이동시키는 경로로서 우주기지의 발사 경로, 우주선 복귀 경로, 궤도 간 최단 경로, 지구 중심궤도에서 달-지구 이동궤도 등이다. 핵심궤도경로는 우주선의 사용자 지원, 첩보 수집, 다른 자산 보호, 그리고 적과 교전을 위한 일체의 궤도로서 저궤도, 중궤도, 지구정지궤도, 타원경사궤도 등이다. 또한 네트워크적 요소는 정형화된 형태가 아닌 물리적 및 논리적으로 기동하는 공간을 의미하며 군사적 관점에서 우주 영역의 네트워크를 구성하는 링크link와 노드node는 일반적으로 적의 공격에 취약하다.

마지막으로 인지적 요소는 적이 정보를 처리하고 인식을 형성하며 주요 판단을 도출하여 결심하는 방법이다. 원거리에서 효과적으로 결심하고 행동하기 위해 관찰하고 판단하는 능력을 유지하는 것은 인지적 차원에서 영향을 미친다. 우주전에서 가장 중요한 목표는 대부분 인지적 차원에서 달성된다고 해도 과언이 아니다. 결심, 우세, 억제, 회유, 강압, 보장 등이 인지적 차원에서 나타나며 인지적 특성은 군우주력이 강압성 있는 전력임을 명확하게 보여준다. 군우주력의 3가지 요소에 모두 영향을 주는 전자기에너지electromagnetic energy도 우주작전과 연계된다. 자연적으로 발생하는 전자기 방사, 무기화된 지향성 에너지, 전자기 에너지 등 군사우주조직은 반드시 무기체계화된 기동공간으로서 전자기에너지를 개발하고 방어할 수 있도록 대비해야 한다.

군우주력은 지속적이고 대응성이 있으며, 영속성이 있기 때문에 글로벌 관점을 제공한다. 지속성 측면에서 보면 우주는 지구에서 어느 곳이라도 지속성 있게 합법적으로 군사적 비행이 가능한 유일한 물리적 영역이다. 이는 글로벌 시각을 제공하고 확장성 있는 군사력 운용을 위한 기회이다. 대응성 측면에서 궤도비행은 가시선을 벗어난 지역에서도 정보를 공유하고 전영역에서 글로벌 전력 투사가 가능하다. 지상, 해상, 공중 감시정찰정보Intelligence Surveillance and Reconnaissance: ISR 전력과 통합되면 우주 영역을 보호하고 방어할 수 있는 결정적 정보를 제공할 수 있기 때문에 전세계에서 일어나는 위협에 대한 독자적인 대응이 가능하다. 한편 영속성의 측면에서 보면 우주의 작전 운영은 적의 기습에 대한 우려를 감소시킨다. 적은 기습과 공세적 행동을 취하기 어렵고 아군의 영속적 시각을 벗어나기 매우 어렵기 때문이다.

3 우주의 전략적 효과 창출

　우주 영역은 경계를 넘나드는 교차, 합동, 연합, 개척, 비대칭, 전략 공간이다. 이러한 공간에 대한 전략적 분석틀은 특정 영역에 대한 특정 행위자의 목적을 해결하기 위해 필요하다. 전략적 분석틀은 우주력 유지와 활용에 대한 전략적 개념을 형성하는 출발점이다. 개념은 전략을 만드는 도구와 같다. 우주와 관련된 전쟁의 요소들이 복잡하게 섞여 있는 것처럼 보이지만 목표에 따라 수단과 방법을 구분하고 범주화하면 우주 전략에 다가갈 수 있다. 이러한 개념에 비추어볼 때 미래 환경의 가정과 시나리오에 기반한 실제적 행동방안을 개발할 수 있다. 이러한 과정은 실제적 행동방안을 비판적으로 평가할 수 있는 준거인 이론적 맥락을 수립하는데 유용할 수 있다.

　군사전략 측면에서 우주는 감시정찰과 지휘통제뿐만 아니라 정밀타격 등 핵심적인 능력을 창출한다. 우주전략은 우주에서의 행위가 지구에서 어떤 전략적 효과를 갖는지를 다루는 한편, 지구에서의 행위가 우주에서 어떤 전략적 효과를 갖는지도 함께 분석해야 한다. 전략적 효과는 전술 및 작전적 행위를 포함하는 전략적 행위가 결과에 미치는 순차적이고 누적적인 영향이다. 우주 공간은 물리적으로 분리되어 있으나 우주력은 본질적으로 지구상의 인간 활동과 연계되어 있으므로 우주 전략도 다른 영역의 전략과 종합해서 분석해야 한다. 또한 우주의 전략적 우위를 유지하기 위한 노력은 가능하다면 선제적이고 적극적으로 이루어져야 한다.

미래전을 이해하려면 우주전을 전쟁의 전체적인 맥락에서 바라봐야 한다. 어떤 행위자도 우주전만을 수행하지는 않으며, 또한 우주전과 우주력도 지상에서 인간 활동과 연계하여 판단해야 한다. 우주 우세는 전쟁의 목적 달성을 위한 전략적 수단으로 중요한 이점을 제공한다. 항공력이 지상력과 해양력을 보강하고 항공력과 해양력이 지상에서 전쟁을 종결할 수 있도록 기능하는 것과 같이 우주력은 지상, 해양, 항공력의 전략적 효과를 극대화할 수 있다. 우주력만으로도 다른 영역의 교차효과를 창출할 수 있지만, 다른 영역의 교차효과만으로는 효율적인 우주력 창출은 불가능하다.

전쟁의 승패는 합동작전에서 우주력의 이점을 활용할 수 있는 육군, 해군 해병대, 공군의 역량에 달려있으며, 항공-우주, 우주-해양, 우주-지상 작전 등 교차영역에서의 작전이 모두 필요하다. 사이버 능력과 전자기 능력도 마찬가지이다. 우주 자산 배치는 해양전략으로부터 유래한다. 영국의 해양전략사상가인 코벳Julian S. Corbett는 해양전략의 목표를 설명할 때 해상통제권을 직·간접적으로 보장하면서 적의 활동을 방해하거나 저지하는 것이라고 정의한다. 해양전략에서도 능력이 취약한 국가는 가능한 경우 더 강력한 군사력을 보유한 국가와 결정적인 군사적 교전을 회피한다. 상대적으로 열세한 국가는 상황이 아군에게 유리하게 조성되거나 진전될 때까지 제한적인 정치적 목적을 달성할 수 있을 정도의 작전능력을 보유하고, 그 작전을 효과적으로 실행할 수 있는 상태를 유지한다.

2 우주작전 유형 분류와 개념

1 우주작전 유형의 분류근거 및 고려사항

우주작전은 우주력을 활용하여 우주 우세를 확보 및 유지하는 군사활동으로 합동작전을 지원하고 적군의 아군 군사작전 제한을 거부하고 억제하기 위해 수행한다. 우주작전의 분류는 우주작전 유형, 우주 임무 영역, 우주작전 능력 등으로 다양하게 구분된다. 우주작전 수행에 필요한 능력은 우주작전 유형에서 도출한다. 이를 위해 합동작전으로서 우주작전을 운용했던 미국의 JP 3-14 『우주작전』을 참고할 수 있다. 미 JP 3-14 『우주작전』은 2013년 발간시 4가지 유형으로 ① 우주영역인식, ② 우주정보지원, ③ 우주전력투사, ④ 대우주작전 등으로 분류했다.

미국은 우주군 창설 후 기본교리에서 우주력의 핵심능력을 5가지로 분류하고 있다. 미 공군교리에서는 대우주작전을 ① 우주안전보장, ② 우주 전력투사, ③ 우주기동 및 군수, ④ 정보, ⑤ 우주영역인식으로 구분한다. 구체적으로 우주안전보장은 민간·상업·정보 조직 및 다국적 파트너의 안전한 우주활동과 접근을 보장하는 환경을 구축하고 촉진한다. 우주 전력투사는 상대적 측면에서 요망하는 행동의 자유 수준을 유지하기 위한 공격과 방어를 통합한다. 우주 기동 및 군수는 지구에서 우주로, 우주 내, 우주에서 지구로 군사전력 및 병력의 이동을 지원한다. 정보는 전략적·작전적·전술적 의사결정을 지원하기 위해 모든 군사작전 범주에 걸쳐 적시에 신속하고 신뢰성 있는 정보를 수집하고 전파한다. 우주영역인식은 국민 안전과 우주작전에 영향을 미치는 우주 요인과 환경을 효과적으로 식별 및 분석한다.

여기서 비교한 미 우주군 기본교리는 독자적 우주작전에 중점을 두고 있으며 우리나라와 우주 전력의 차이가 있기 때문에 일부 우주작전은 우리나라의 경우 해양 기반 우주작전 유형에서 제한된다. 해양 기반 우주작전을 효과적으로 수행하기 위해 우주 전력을 발전시켜야 하며, 합동 우주작전을 효과적으로 수행하기 위해서도 우주전력을 구축해야 한다. 우리나라작전전구 Korea Theater of Operations: KTO에서 우주작전은 미 우주사령부로부터 공군구성군사령부가 직접 우주협조권한Space Coordination Authority: SCA을 위임받아 수행하므로 해양 기반 우주작전도 공군의 한미 우주협조체계와 연계하여 수행될 필요가 있다.

2 우주작전 유형별 개념

▲ 도표 2-2   우주작전 개념 및 해양 기반 우주작전 유형(안)

구분	우주 영역인식	우주정보지원				우주 전력투사	우주 통제
		PNT	위성 통신	미사일 경보	ISR		
합동 전장기능	전장인식	지휘통제	지휘통제	지휘통제	전장인식	전력운영/ 지속지원	지휘통제/ 전력운영/ 방호
미국 합동	✓	✓	✓	✓	✓	✓	✓
해양 기반 우주작전	우주 영역인식	–	–	탄도탄 조기경보	위성신호 송·수신 체계	발사, 발 사체 회수	ASAT

가 우주영역인식

우주영역인식의 작전 개념은 지상·해상·우주에 배치된 감시체계를 이용하여 한반도 상공을 통과하는 위성활동 감시, 위성 간 충돌위험 예측, 우주 잔해물의 지상 및 해상 추락 예보 등 우주 물체를 감시한다. 또한 태양, 전리층, 지구자기장 등 우주 환경의 기상변화를 예·경보한다.

우주영역인식의 작전범위는 첫째, 우주물체감시로서 지상·해상·우주 체계를 활용하여 우주 물체를 탐색, 탐지, 추적, 식별 및 목록화한다. 한반도 상공을 통과하는 모든 위성의 현황 파악과 정보수집 및 분석을 통해 사전 목록화 작업을 수행한다. 또한 우주 통제와 연계하여 공세적·방어적 우주작전을 지원한다.

둘째, 우주환경감시로서 태양복사·입자 에너지, 지구자기장 폭풍 등 우주 기상 변화를 관측 및 전파한다. 우주 환경에 의한 정밀유도무기, 통신 및 데이터링크 제한 등 작전요인을 분석 및 전파하여 해양 기반 우주작전과 합동 우주작전을 지원한다. 해양 기반 작전 및 합동 우주작전이 가능하도록 우주 전력을 활용한 기상정보를 제공한다.

셋째, 우주 정보에 대한 통합·분석·전파로서 한반도 상공의 위성 현황, 우주 기상 등 우주정보를 실시간으로 통합 및 분석하는 공군 우주 공통작전상황도와 연계하여 해양 기반 우주작전 및 합동 우주작전에 활용한다. 우주 잔해물의 위치추적과 아군 위성과의 충돌 가능성을 예측하고, 추락 정보를 예측하여 적절히 상황에 대응한다.

넷째, 위협 경보·평가로서 우주 정보를 활용하여 충돌위험 및 추락위험을 예측 및 경고한다. 또한 공세적 우주 통제를 지원하기 위해 요격정보를 제공하고, 방어적 우주 통제를 지원하기 위해서는 적군의 위성정보를 평가한다.

나 우주정보지원

우주정보지원은 해양 기반 작전 및 합동 우주작전의 효과적인 수행을 위해 우주 전력을 활용한 정보를 수집하고 제공하는 작전개념이다. 우주에서 지상·해상·공중 영역을 감시·정찰하여 작전에 필요한 정보를 제공하고, 원거리 통신지원 등 정보를 연결하며 전력의 운용 및 정밀타격을 위한 PNTPositioning, Navigation, Timing 정보를 제공한다.

우주정보지원의 작전범위는 첫째, 위성정찰로서 적군의 주요 표적 식별, 배치상황, 이동, 공격징후, 전투피해평가 등을 수행한다. 전자광학, 적외선, 레이더 센서를 탑재한 민간 및 군사위성을 통해 주·야간 제한 없이 필요한 정보를 획득한다. 둘째, 위성통신으로서 광역 원거리 통신능력을 제공하여 전장 상황에 따른 실시간 지휘통제 기능을 수행한다. 지상·해상·공중 중계 및 관제소를 통해 위성 제어 및 통신망을 운용한다. 함정 및 전술부대까지 단말기를 통해 지휘통신망을 구성하고, 필요시 비상통신망을 운용한다. 셋째, 위성항법으로서 해양 기반 작전 및 합동 우주작전에 정확한 위치·시간 정보를 제공하여 정밀타격을 지원한다. 적군과 아군의 위치, 이동 등 전장상황인식을 제공하여 지휘통제능력 향상과 아군 간 교전 위험을 최소화한다. 넷째, 위성조기경보로서 적군의 탄도미사일 발사 및 잠재적 위협국의 탄도미사일 개발에 관한 동향을 조기에 탐지하고 경보한다. 위성체가 확인한 정보를 지상체에서 분석하고 전략적 타격체계나 미사일 방어체계에 전파한다.

다 우주 전력투사

우주 전력투사의 작전개념은 우주 전력을 우주 공간에 배치 및 유지하기 위해 해상 발사체재사용 발사체 포함를 활용하는 것이다.

우주 전력투사의 작전범위는 첫째, 해상발사로서 함선이나 해상패드를 이용하여 해상에서 위성 등 우주 전력을 발사하며, 지상발사장이 피폭이나 기능을 상실할 경우에 대비하여 예비로 활용한다. 국내 유일의 지상발사 장소인 나로우주센터는 적도궤도 발사에는 지리적인 제한이 있으므로 해상발사로 이를 보완한다. 둘째, 지상발사로서 지상 발사장을 이용해 위성 등 우주 전력을 발사할 수 있으며 대형 발사체를 활용해 중·대형급 탑재체를 발사한다. 셋째, 공중발사로서 전투기, 수송기, 민항기 등 항공기를 이용해 공중에서 소형급 위성 등 우주전력을 투사한다. 나로우주센터는 극궤도 발사에는 이점이 있으나, 45° 경사궤도 발사를 위해서는 공중발사로 보완한다. 넷째, 발사체 회수로서 임무를 완료하거나 중단한 발사체가 해상으로 낙하할 경우 이를 회수한다. 재활용 발사체는 지상발사대로 착륙하거나 해상으로 낙하할 수 있으므로 해상낙하 재활용 발사체를 회수한다.

라 우주 통제

우주 통제의 작전개념은 우주 영역에서 우주 전력이 해양 기반 우주작전 및 합동 우주작전을 지원할 수 있는 공세적·방어적 임무를 통제한다. 확고한 우주영역인식과 지휘통제를 통해 전략적·작전적·전술적 수준에서 우주 전력을 운용한다.

우주 통제의 작전범위는 첫째, 공세적 우주 통제로서 우주 영역에서 적의 우주 위협을 물리적·비물리적 수단으로 거부·방해·기만·저하·파괴 등 요망한 효과를 창출한다. 둘째, 방어적 우주 통제로서 우주 영역에서 아군의 우주 전력을 보호하고 적대행위로부터 피해를 최소화하기 위한 위장·은폐·기만·분산배치 등 요망한 효과를 창출한다. 셋째, 우주 잔해물, 우주 기상 등 자연적인 우주의 위험에 대한 우주 전력을 보호한다. 넷째, 해상 전파교란탐지체계와 우주 전력을 연계하여 연안 GPS 교란탐지 및 재밍 영향성 등을 분석하고, 해양 기반 우주작전 및 합동 우주작전을 지원한다.

3 │ 해양 기반 우주작전 임무

해양 기반 우주작전 임무는 4가지에 중점을 두고 추진할 수 있다. 해양 기반의 우주영역인식은 우주 자연물체 감시, 북한 및 주변국 인공위성 감시를 주 임무로 한다. 함정에 탑재된 전자광학감시장비, 고출력레이저감시장비 등을 활용하여 탐지 및 식별한 정보는 지상에서 운용하는 우주 감시체계와 연계하여 정보를 전송한다. 평시에 북한 및 주변국 위성자료를 탐지 수집하여 데이터베이스를 구축하고 이를 토대로 북한 및 주변국의 인공위성 개발 동향을 분석 및 전파한다.

해양 기반의 탄도탄조기경보는 정지궤도 위성체계를 토대로 국가 및 국민의 안전보장을 위해 협역 및 광역 등 2개의 IRInfrared Radiation을 활용하여 365일 24시간 북한과 주변국의 탄도미사일 위협을 감시한다. 협역 감시영역은 한반도 및 주변 해역이고 광역 감시영역은 한반도 및 일본 전체, 중국 및 러시아 일부 지역을 포함한다. 해양 기반의 조기경보위성체계는 해상 지구국으로서 함정을 운영하여 획득된 IR 신호, 위성상태 정보를 처리하여 전용 통신망으로 실시간 함정으로 전송한다. 함정은 위성체에서 전송된 IR 신호를 검증하여 탄도미사일 신호, 일시적인 신호, 오·경보 신호 등으로 분류하고 영상처리하여 표적을 분류한다. 함정은 위성상태 및 탄도미사일 표적정보를 유관기관에 전파한다. 평시에 북한 및 주변국의 미사일 비행시험 자료를 탐지 수집하여 데이터베이스를 구축하고 이를 토대로 북한 및 주변국의 미사일 개발 동향을 분석 및 파악한다. 계절별·날씨별·시간별로 달라지는 탄도미사일 관련 데이터베이스를 구축하고 항공기 등 유사 신호특성을 분석하여 탄도미사일 조기경보 기초자료로 활용한다.

해양 기반의 위성신호 송·수신 체계는 함정에서 아군 위성의 운영상태, 신호정보를 관제한다. 함정에서 수집된 아군 위성상태는 유관기관에 전파한다. 지상국 송·수신 체계는 위치가 고정되어 있어 적국의 파괴 및 교란에 취약하기 때문에 함정의 위성신호 송·수신 체계는 전시 이중전력으로 운영한다.

해양 기반의 발사 및 발사체 회수는 해상발사장과 해상을 통해 이루어진다. 해상발사장은 지상발사장의 위치가 고정되어 전시에 적의 공격에 의한 파괴 가능성이 높은 점을 보완한다. 또한 위성체 고장, 파괴 등에 따른 추가 위성발사로 발사장 수요가 증가될 경우에 활용한다. 현재 한반도 지상발사장외나르도은 극궤도 위성발사에 적합한 반면 적도 부근 해상발사장을 운영할 경우 다양한 궤도 위성발사에 활용한다. 우선 제주도 인근 해상에서 해상 전용 발사장을 확대 구축할 필요가 있다. 해상 발사장은 재사용 발사체가 착륙하여 다시 발사하는 데 활용한다. 해상에 추락한 위성 및 발사체는 함정을 통해 회수하여 재사용한다.

해양 기반의 대위성Anti-Satellite 체계는 함정에서 발사하는 미사일을 통해 수행되며, 필요한 경우에 북한 및 주변국의 위성을 파괴한다. 이는 함정에서 운영되는 레이저 기술을 통해 수행하며 북한 및 주변국 위성에 대한 재밍 및 교란을 수행한다.

3 해양 기반 우주작전의 특징

역사상 해양작전의 양상을 바꾸어 놓은 기술의 발전 사례가 다수 존재한다. 처음 바다에서 백병전에 가깝게 수행된 해양작전은 함포의 발전으로 원거리에서 적을 무력화시킬 수 있는 능력을 보유하게 되면서 그 양상이 달라졌다. 또한, 증기기관의 발전은 군함의 속도와 항속거리를 신장시켜 원정작전을 가능케 했다. 과학기술의 발전에 발맞춘 잠수함과 항공기·미사일의 발전은 해상의 적뿐만 아니라 바다 밑, 공중의 위협으로부터 방호능력을 갖춘 해양력을 요구하게 되었다. 이러한 역사적 사례를 통해 대기권 밖 우주전력의 등장은 해양 기반 우주작전을 어떻게 바꾸어 놓을 것인가에 대한 고민이 필요하다.

우주가 해양 기반 우주작전에 영향을 미칠 것으로 판단되는 특징으로 해양에서의 은밀성 상쇄, 제한 없는 공격, 대위성공격 제한, 위성플랫폼의 무한확장성 등을 고려할 수 있다. 이러한 특징이 해양 기반 우주작전에 어떻게 영향을 미치는지에 대해 살펴보면 크게 4가지로 정리할 수 있다. 첫째, 우주 기반 탐지체계로 인해 해양플랫폼의 은밀성은 상쇄된다. 해양전력은 다양한 센서에 의해 탐지될 수 있다. 전파, 음파, 광학, 적외선 등이 해양플랫폼에 반사_{발산}되는 다양한 신호들을 감지하여 방위·거리를 탐지하는 원리인데, 이러한 해상 및 지상에서 파장을 탐지하는 데 다양한 제한 요소가 있다. 특히 지구의 곡면율로 인하여 탐지거리의 한계가 명확하다.[2] 즉, 지구가 원형이기 때문에

---

2   현재 우리나라 해군에서 가장 높은 군함은 소양함으로 함정의 높이가 23m에 달한다고 알려져 있다.

높이에 따라 탐지가 제한된다.

지구에는 섬, 건물, 해양생물 등 여러 장애물로 인해 음영陰影 구역이 발생한다. 이는 장애물에 가려 탐지를 위한 파장이 통과하지 못하여 반사파를 탐지할 수 없는 구역이다. 파장이 전달되는 공기, 물 등 매질의 밀도로 인한 감쇄로 탐지거리가 제한될 수 있다. 하지만 우주에서는 수평으로 탐지하는 것이 아니라 수직으로 탐지하므로 지구 곡면율이나 장애물로 인한 제한이 없으며, 매질에 의한 감쇄도 상대적으로 적은 편이다. 이러한 장점으로 인해 우주에서는 지구 어디든 24시간 탐지 및 감시가 가능하다. 특히, 수중에 있는 잠수함도 라이다LiDAR,[3] 베르누이 혹, 합성개구레이더Synthetic Aperture Radar: SAR 등의 비음향 센서로 탐지할 수 있다.

둘째, 공격의 제한이 사라진다. 탐지와 마찬가지로 지상 또는 해상에서의 공격은 장애물, 지구 곡면율, 거리 등 여러 가지 제한 요소가 발생한다. 그러나 우주에서는 지상에서 가지는 제한들이 극복되는 경우가 많다. 우리나라에서 보유 및 운용 중인 함대함 유도탄해성의 최대거리는 150km이고, 함대지 유도탄해룡은 사거리가 더 길지만 200km를 넘지 않는 것으로 알려져 있다. 대잠수함 로켓어뢰홍상어는 최대 사거리가 20km에 이른다고 평가된다. 결국 제한된 사거리 이상의 해양 표적은 탐지 및 식별을 했다 하더라도 공격이 불가능하다. 하지만 우주에서 운용하는 대對해상·지상 무기는 제한이 없다.

우주 무기는 지구상 어디라도 공격이 가능하다는 장점이 있다. 저궤도 위성의 재방문 주기를 고려하느냐 또는 고위도의 정지위성을 활용하느냐에 따라 전술적 쓰임새는 다르지만 원하는 표적의 위치와 관계 없이 공격이 가능

지구 곡면율을 고려할 때 100m에서 봐도 36km까지만 볼 수 있다. 100m 높이에 레이더를 설치한다고 해도 36km까지 밖에 탐지가 되지 않는다는 의미이다. 여기에 함정의 높이까지 고려한다면 좀 더 멀리서 탐지가 가능하겠지만 전파의 직진성 때문에 바다에서 원거리 접촉물의 탐지는 한계가 있다고 볼 수 있다.

3   LiDAR(Light Detection and Ranging)는 빛을 이용하여 개체를 탐지하고 거리를 측정하는 센싱 기술이다. 광 펄스를 전송한 후 수신하기까지의 시간은 LiDAR 시스템과 물체 사이의 거리에 따라 달라지기 때문에 거리를 계산할 수 있다. 반사되어 온 레이저를 처리하여 3차원으로 이미지화할 수도 있어 수중의 물체 탐지에 매우 유용하다. 이는 잠수함뿐 아니라 기뢰 탐지에도 유용하다.

하다는 특성이 있다. 또한 위성에서는 무장이 이미 가진 위치에너지를 이용하기 때문에 연료에 관한 제한이 적다. 대표적인 무기는 미국에서 연구한 신의 지팡이Rods from Gods라고 불리는 무기인데, 원리는 대기권의 열을 견디는 특수강으로 된 중량물을 위성에서 투하하여 그 운동에너지로 목표를 무력화시킨다. 이러한 우주 무기는 복잡한 장치 없이 지구의 어느 곳이든 투하하는 개념이다. 이론적으로 볼 때 마하 10 이상의 운동에너지는 해상의 목표물은 물론이며 땅밑과 수중의 목표물까지 무력화가 가능하다. 물론 9.5톤의 중량물을 투하했을 때는 공중폭발대형폭탄massive ordnance airblast 수준TNT 11톤 밖에 되지 않지만, 궤도 폭격 특성상 일방적으로 공격할 수 있는 데다 현재까지는 방어 수단이 없는 상태이다.

셋째, 대위성 폭발 무기 사용이 제한된다. 우주 궤도는 모두에게 공유되므로 적 위성의 물리적 파괴는 곧 우리 우주 자산의 피해로 이어질 수 있다.[4] 우주에서 파괴된 위성의 잔해물은 지구의 궤도 밖으로 나가지 못하고 궤도에 갇혀 그 잔해물이 궤도를 돌며 다른 위성들에게 손상을 입힐 가능성이 높다. 그러므로 우주 궤도의 어떠한 적 위협 자산에 대해서도 함부로 물리적인 파괴를 실행하기 어렵다.

넷째, 위성 플랫폼의 무한한 확장성이다. 위성은 기본적으로 플랫폼이며, 위성 자체는 다양한 기능을 탑재할 수 있는 그릇의 역할을 하기 때문에 확장성은 무한대라고 볼 수 있다. 지금까지는 위성에 통신과 정찰·감시 기능 위주로 담아왔으나 앞으로 해양자산을 탐지, 추적, 식별, 공격할 수 있는 다양한 기능으로 확장 가능한 역할을 준비해야 한다. 지금까지 지상 및 해상에서 수행했던 임무에 더해 개념적으로 상상해왔던 다양한 활용법을 모색해야 한다. 따라서 우주에서 위성 플랫폼의 무한한 확장성을 활용하기 위한 창의적인 접근이 필요하다.

---

4   이는 케슬러 신드롬(Kessler Syndrome)이라 불리는데, 우주 잔해물로 인해 우주 공간의 사용에 제한이 될 수 있다는 용어이다. 우주 잔해물이 다른 우주 기체 등에 충돌하여 부서지면 또 다른 우주 잔해물이 생성되어 마치 핵분열이 기하급수적으로 늘어나는 것과 같은 연쇄반응이 일어날 수 있다. 결국 궤도 전체가 잔해물로 덮여 지구의 궤도를 인류 전체가 사용하지 못할 수도 있다.

4 해양 기반 우주력 발전방향 분석틀

우주 전장시대의 국방 우주력은 국방부 또는 합참 차원에서 육·해·공 합동으로 작전을 수행하는 것을 기본으로 한다. 하지만 국방 우주력은 특정군이 모두 할 수 있는 영역이 아니기 때문에 각 군의 역할이 잘 수행될 수 있어야 하고, 궁극적으로는 합동성에 기반한 국방 우주력의 향상이 이뤄져야 한다. 이러한 국방 우주력의 특징에 맞추어 우주 전장시대 해양력의 발전방향을 제시하면 다음과 같다.

첫째, 해양의 기존 능력을 확장하느냐, 새로운 능력을 구비하느냐. 우주 자산이 해양작전에 이미 깊이 들어와 있으며, 대탄도탄작전의 경우 합동작전에 상당 부분 기여하고 있다. 그에 반해 우주영역인식, 우주의 탐지를 회피하는 해양 능력 등은 전무한 상태이다.

둘째, 해양작전 능력을 확대하느냐, 합동 우주작전 능력을 확대하느냐. 해양작전 능력을 신장하면 합동 우주작전에 기여하는 동시에 일부 합동 우주작전 능력을 증강하는데에도 큰 역할을 하게 된다. 반면, 우주 자산을 이용해 해양상황인식 능력 및 공격 능력을 확보하면 이는 해양작전 자체를 보다 효과적으로 운용할 수 있다.

이러한 2가지 측면에서 파생된 4가지 능력에 대해 각각의 의미를 표기하기 위해 영문자 이니셜을 조합하여 PM, PJ, NM, NJ으로 해양 기반 우주작전 수행을 위한 해양력 발전방향을 제시하면 다음과 같다. 각각의 능력에 대한 구체적인 설명은 뒤에서 다루기로 한다.

▲ 도표 2-3 해양 기반 우주작전 발전방향

구분	해양작전 능력 (Maritime Capability)	합동 우주작전 능력 (Joint Capability)
기존 능력 (Pre-existing Capability)	• 해양 감시 능력 • 해양 공격 능력	• 탄도탄 감시/요격 능력 • 우주 자산 공격 능력
새로운 능력 (New Capability)	• 우주 감시로부터 회피 능력 • 우주 공격으로부터 회피 능력	• 우주 전장 인식 능력 • 우주 발사체 지원 능력

제3장

주요국 우주 정책과 전략

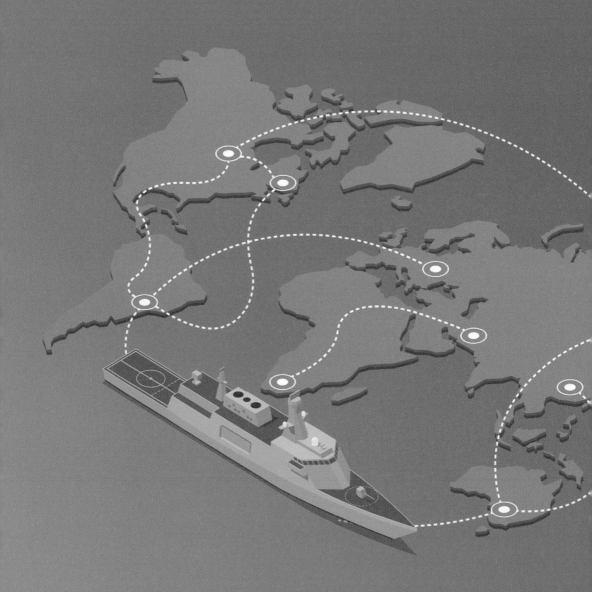

1 미국의 우주 정책 및 전략

　미국은 우주 영역에서 우세한 국가안보 역량을 유지하기 위해 우주 공간의 위협을 파악하고 우주체계의 대응능력을 발전시키고 있으며, 감시·정찰, 통신, 항법 등 제반 범위에서 위성을 운용 중이다. 위성의 종류는 중대형 위성에서 초소형 위성까지 전 분야에 걸쳐 다양하며 기술적인 면과 운용 역량에서 선도적인 역할을 하고 있다. 또한 미국은 우주 군사력을 강화하기 위해 우주사령부를 재창설하고 공군성 예하에 우주군을 창설하여 우주 및 미사일 체계 개발, 우주 전력 획득, 인력양성 및 훈련, 우주 교리 개발 및 발전 등을 수행하고 있다. 2020년 6월 미국은 국방우주전략Defense Space Strategy: DSS에서 우주를 지원영역이 아닌 전투영역으로 공식화하며 본격적으로 우주 정책 및 전략을 수립하고자 한다.

　그렇다면 역대 미국 행정부의 우주 정책 및 전략은 어떻게 전개되었을까? 2000년대 이후 미국의 우주 정책은 부시 행정부Bush Administration에서 근간을 수립했다. 2006년 8월 공표된 국가우주정책National Space Policy: NSP은 1996년 이후 10년 만에 제시된 우주 정책으로 ① 우주에서 주도권space leadership 강화, ② 항공우주역량과 국가안보, 국토안보, 외교정책목표의 부합, ③ 국익을 위한 우주작전이 방해받지 않겠다는 목표를 제시했다. 이는 국방부와 공군이 수립한 "우주에서, 우주로부터, 우주를 통하여in, from, through space"라는 구호에 따라서 전투에 임할 것을 명시한 군사전략에 힘을 실어 준 것으로, 과거 40년간 수행한 우주 정책이 우주의 평화적 이용에 비중을 두어왔던 것과 큰 차이가 있다.

　오바마 행정부Obama Administration는 2010년 6월 국가우주정책NSP를 공표했으며, 나아가 2011년 1월에는 국가안보우주전략National Security Space Strategy: NSSS도 수립했다. 2010년 발표된 국가우주정책은 민간 부문과 군사 부문을 아우르는 우주 정책의 원칙을 제시하였다. 여기에는 사고, 오해, 불신을 방지하기 위해 우주에서 모든 국가의 책임성 있는 행위가 공통의 이익이고, 우주의 지속성, 안정성, 접근의 자유가 국익에 필수적이라는 점을 강조하였다. 아울러 상업적 우주 부문 성장의 중요성, 평화적 목적의 우주 탐사 및 이용 권리 인정, 우주 전체에 대한 주권 주장 불가, 우주에서 의도적 간섭에 대한 국익 보호 등을 제시하고 있다.

　국가안보우주전략은 미 국방부가 우주 산업의 합리화 및 개발지원 강화를 위해 최초로 수립한 전략이다. 미국의 우주 전략은 전 지구를 대상으로 원거리에서도 전력을 투사할 수 있는 능력을 추구하며, 따라서 원거리에서 전력을 투사하기 위해서는 우주에 기반을 둔 능력 구비가 절대적으로 필요하다는 인식에 기초한다. 이러한 우주 전략은 국가안보전략의 일부로서 국가안보지침서, 국방전략서에 근거하여 수립되었으며, 기술적 진보에 발맞춰 전략적 지향점도 조금씩 변화하고 있는 양상이다.

　미국에서 파악한 전략환경은 첫째, 우주는 미국안보에 결정적인 요소이며, 새롭게 대두되는 위협들을 인식하고, 미국의 힘을 세계적으로 투사하고, 작전을 수행하고, 외교적 노력을 지원하며, 세계 경제를 역동적으로 만드는 데 필수적인 요소이다. 둘째, 우주는 복잡하고, 도전받고 있으며, 치열한 경쟁이 지속된다. 많은 국가와 비국가 행위자들이 이러한 우주의 중요성을 인식하고, 자체적인 우주 능력과 대응능력 강화를 추구한다. 그리고 우주 영역에 있어서 기회와 도전에 직면하고 있으며, 현재와 미래의 전략적 환경은 우주 역량에 의해 좌우될 것으로 전망된다.

　한편 우주 전략의 목표는 첫째, 우주에서 안전safety, 안정stability, 안보security를 강화하는 것과 둘째, 우주에서 국가안보전략상의 이점을 유지 및 강화하는 것, 그리고 마지막으로 국가안보와 관련된 우주 산업의 기초를 활성화하는 것으로 요약된다. 이러한 목표 달성을 위한 전략적 접근방법은 다음과 같다. 첫째, 우주 전략은 국력의 모든 요소를 고려하고 우주에서 활발한 미국의 리더십을 중시한다. 우주 전략 목표를 충족시키기 위해 미국은 상호 연관된 전략적 접근방법을 추구할 것이며, 우주에 대한 책임 있는 국가로서 우주 공간의 평화적이며 안전한 사용을 촉진하며, 발전된 미국의 우주 능력을 제공한다. 둘째, 책임 있는 국가, 국제기구, 그리고 민간회사들과 협력을 강화하고, 미국의 국가안보를 지탱하는 우주 기반에 대한 공격을 예방, 억지하며, 적의 공격을 격퇴하고 악화된 환경하에서도 효율적으로 작전을 수행하는 능력을 확충한다.

미국이 수립한 가장 최근의 우주 정책 및 전략은 트럼프 행정부에서 제시되었다. 이는 트럼프 행정부Trump Administration에서 미국의 국익을 위해 우주 영역을 적극적으로 활용하고자 했다는 것을 방증한다. 2017년 12월 트럼프 행정부는 국가안보전략National Security Strategy과 2018년 3월 국가우주전략National Space Strategy을 각각 수립 및 공표했다. 국가안보전략은 미국의 이익을 최우선으로 하여 미국을 강하고 경쟁적이며 위대하게 만들어 미국 우선주의America First를 실현하고자 하는 의지의 표현이다. 특히 사활적 국익 중 하나로 힘을 통한 평화 유지를 강조하면서 이를 위해 군사력 재건설을 추구한다. 이는 우주를 포함한 미국의 능력을 강화하여 세계가 한 국가에 의해 지배되지 않도록 경쟁하겠다는 의지로 이어진다.

특히 21세기에 들어서면서 우주에 대한 지도자들의 공통적인 인식으로 미국 주도의 우주 전략 및 정책의 중요성을 강조하는 것을 통해서 미국이 우주에서 리더십과 행동의 자유를 유지하는 것을 매우 중요한 안보 목표로 인식하고 있다는 것을 잘 알 수 있다. 전세계적인 접근성을 확보하기 위한 차원에서 우주 사용에 관한 통제권을 주도하고자 한다. 미국의 우주 의존이 높아질수록 다른 행위자들도 우주 체계와 정보에 접근할 가능성이 높아진다. 우주 개발과 비용도 계속 낮아지는 등 "우주의 민주화"는 군사작전과 분쟁에서 미국이 승리할 수 있는 능력에 영향을 미친다고 볼 수 있다.

국가우주전략도 국가안보전략과 마찬가지로 우주에서 미국의 이익을 우선하며, 우주의 우위를 지속하고 힘을 통한 평화를 유지하는 방향이다. 행동의 우선순위는 ① 우선적 영역으로서 우주에 대한 진전, ② 우주의 상업적 활동 증진, ③ 우주 탐사에 대한 지도력 유지 등을 제시하였다. 이를 달성하기 위한 전략적 접근방법은 ① 우주 아키텍처의 복원력 강화, ② 억제력과 전투수행력 강화, ③ 기본 역량, 구조 및 절차 개선, ④ 국내외 우호적 환경조성 등이 있다.

2018년 8월 미 국방부가 의회에 제출한 『우주 구상에 관한 의회 보고서』에 따르면 중국과 러시아의 우주 위협에 대응하는 것을 미국의 사활적 이익으로 명시했다. 미국은 국가이익을 위해 우주 영역을 힘의 투사, 군사작전 수행, 외교적 노력, 경제발전의 필수적인 요소로 인식한다. 우주 전략은 미국의 우주 안보 활동 및 노력 강화로 얻는 혜택을 통해 우주 정책이 문제없이 수행되도록 뒷받침한다. 우주 전략은 우주 정책의 원칙과 목표에 기반을 두고 국가안보 전략에 따라 전략적으로 접근한다. 국방·정보당국은 군사적 운영, 정보 수집을 위해 우주에 지속적으로 의존하고, 우주에서 미국의 리더십을 유지하면서 도전받는 우주 환경에 적극적으로 대처한다.

트럼프 행정부는 미국 우주군 창설을 지시한 우주 정책지침-4Space Policy Directive-4도 제시했다. 이 지침은 미국 우주군의 조직, 훈련, 장비 등은 다음의 6가지 우선순위를 충족하도록 명기했다. ① 국제법 등 준거법에 위배되지 않는 선에서 모든 책임 있는 행위자들을 위한 우주 공간의 평화적 이용 및 국익의 보호, ② 미국의 국가안보 목적, 미국의 경제 및 미국 국민, 파트너, 동맹국들을 위한 우주 공간의 제약받지 않는 사용 보장, ③ 우주 공간에서 발생 또는 기인하는 적대행위로부터의 미국과 동맹국, 국익의 방어 및 침략 억제, ④ 미국의 모든 통합사령부에서 필요한 우주 능력이 통합·활용될 수 있도록 보장, ⑤ 미국의 국익을 위한 우주 공간 안팎으로의 군사력 투사, ⑥ 우주 영역에서 국가안보 요구에 초점을 두는 전문가집단의 개발, 유지, 향상 등이 포함된다.

　바이든 행정부의 우주 정책과 전략은 트럼프 행정부보다 다소 소극적이
지만, 큰 틀에서는 트럼프 행정부의 기조를 따르고 있다. 이런 점은 2020년
6월 발표된 국방우주전략요약Defense Space Strategy Summary에서 확인된다. 이 문
서는 미국 우주군이 자국 및 동맹국의 이익을 침해하는 적의 공격을 억제하
고 방어하기 위해 공격 및 방어적 우주작전을 촉진하고 유지하기 위한 전투
및 전투지원 능력을 갖출 것임을 명시했다. 미국은 자국 주도로 우주력을 강
화하되 동맹 및 우방국들의 적극적인 협력을 이끌어내는 식으로 전략적 방향
을 결정할 것으로 판단된다.

　미 국방부는 이러한 전략목표를 달성하기 위해 계획 수립단계에서부터
충분한 가이드를 제공하면서 창의성을 제한하지 않도록 전략적 접근으로서
국방우주전략의 4대 노력선lines of effort을 제시한다. 첫째, 우주에서 포괄적 군
사우위 구축이다. 군사우위는 미 우주군 능력 향상, 군사우주력 기본교리 발
전 및 작성, 우주 전투능력과 문화 발전, 검증된 우주 자산 운용, 우주의 적대
적 사용에 대응할 수 있는 능력 배치 및 개발, 그리고 정보 및 지휘통제 능력
을 개선함으로써 달성된다.

　둘째, 군사우주력을 국가, 합동, 연합작전에 통합한다. 미국 우주사령부
는 합동·연합 우주 작전의 계획, 연습, 시행을 통해 다양한 분쟁에 대비, 작
전통제 권한의 재정립 및 교전규칙 최신화, 우주 전투작전·정보·자산·인력을
군사계획 및 참모 구성에 통합, 국방부 우주 프로그램의 비밀 분류 최신화,
동맹 및 우방국의 계획·작전·연습·교전·정보 활동을 통합한다.

　셋째, 우주전을 넘어 전략적 차원의 승리를 확보하기 위한 유리한 전략환
경을 적극 조성한다. 우주에서 증대되는 적의 위협에 대해 국제사회와 공공
에게 정보 제공, 미국·동맹·우방국·민간 분야의 우주 능력 이익에 반하는 적
대행위 억제, 우주 메시지 협조, 미국·동맹국·우방국의 이익에 유리한 우주
의 행동 기준과 표준을 세우고자 노력한다.

　넷째, 동맹국, 우방국, 산업계 및 정부 부처 간 유기적인 협력을 강조한

다. 이를 위해 능력 있는 동맹 및 우방국과의 정보공유체계 확대, 동맹 및 우방국과 우주 정책 조율, 동맹·우방 국가 및 여타 미국 행정부처·기관과 연대하여 유리한 우주의 행동기준 및 표준제정 촉진, 민간 상업기술 발전과 획득 절차 활용, 민간분야 상업면허 허가 절차에 대한 국방부 접근방식을 최신화한다.

구체적으로 대우주counterspace 능력은 사이버 공간을 통한 우주 자산의 교란 및 파괴, 지향성 에너지 무기, 전자전 장비, 운동역학적 무기, 우주기반 무기, 우주영역인식으로 구분된다. 2020년 3월 17일 미 우주군 최초의 공격용 무기인 대우주 의사소통체계counter communication system block 10.2를 공개하여 적 위성통신을 교란할 수 있는 능력을 공개했다. 바이든 행정부에서도 우주력 증강은 지속되고 있으며, 2022 회계년도 국방예산에서 우주 안보를 위해 5개의 발사체와 GPSGlobal Positioning System 시스템을 포함한 우주력 관련 예산에 약 200억 달러를 책정했다. 여기에 더해 우주군은 국방예산에서 빠진 우주 전력 8억 달러를 공개하며 의회의 지원을 요청했다.

오스틴Lloyd J. Austin III 미 국방장관은 의회 전략소위원회에서 중국과 러시아의 대우주 능력이 강화되면서 미국의 동맹 및 우방국의 우주 활동에 즉각적이고 심각한 위협이 되고 있다고 밝혔다. 국방부 우주정책국장 힐John D. Hill도 러시아와 중국은 우주를 현대전에 매우 중요한 것으로 인식하고 대우주 능력을 통해 미국의 군사적 효과를 제한하는 수단이자 미래전 승리 수단으로 인식한다고 하원 군사소위원회에서 언급했다. 이는 미국 내 국가안보에 직접적인 책임을 갖는 관료들이 한결같이 우주력 증강을 통해 우주에서의 경쟁우위를 강조하는 것을 잘 알 수 있는 대목이다.

바이든 행정부의 우주전략도 트럼프 시기와 큰 차이는 없으며, 세부적인 전략 과제와 지침들을 수립하고 있다. 바이든 행정부의 대표적인 우주전략으로는 우주우선순위 프레임워크United States Space Priorities Framework와 우주외교전략A Strategic Framework for Space Diplomacy을 들 수 있다. 2021년 12월 발표한 우주우선순위 프레임워크는 미국의 리더십과 우주력 강화에 관한 두 가지 전략과 아홉 가지 방안을 담고 있다. 첫째 우주활동으로 얻는 미국의 혜택, 둘째, 미국 우주정책 우선순위이다. 우주활동에서 얻는 미국의 혜택으로 우주를 혁신과 기회의 원천이라는 점과 동시에 미국의 리더십과 힘의 원천임을 강조한다. 특히 미국 우주정책의 우선순위에서 강력하고 책임감 있는 미국 우주산업 유지, 현 세대와 미래 세대를 위한 우주보존을 명시하였다.

우주외교전략은 2023년 5월 발표한 것으로 우주에서 책임 있는 행동을 장려하고 우주정책에 대한 이해와 지원을 강화하며 미국의 우주 역량의 국제적 활용을 촉진하는데 목적이 있다. 우주외교전략은 기존의 국가우주정책, 우주우선순위 프레임워크 등과 연계하여 국무부가 수행할 전략에 초점이 있다. 예를 들어 우주 프로그램의 확장이 가져올 수 있는 갈등과 오해를 피하기 위해 국제협력을 중시하고 우주와 관련된 행동의 법적 프레임워크를 추구한다. 아르테미스 협약이 대표적인 우주외교전략에 해당한다. 우주외교전략은 우주를 위한 외교, 외교를 위한 우주, 우주 외교에 대한 역량 강화라는 세 개의 축으로 구성된다. 간략히 설명하면, 우주를 위한 외교는 우주 활동과 관련된 외교적 노력이며, 외교를 위한 우주는 국제 활동과 관련된 미국의 우주 능력 활용이다. 마지막으로 우주 외교에 대한 역량 강화는 국무부의 외교관과 직원들이 우주 기술과 지식을 갖추도록 한다.

이러한 전략은 미국이 우주 활동을 통해 안보, 번영, 민주적 가치를 증진하고 국제환경의 안전하고 안정적 조성과 지속가능한 우주활동을 추구한다는 것을 보여준다. 미국의 우주전략은 동맹국과 파트너, 민간기업과 NGO 등 다양한 행위자와의 협력을 중시하고 있으며 달, 화성 및 심우주 탐사 등 우주에 대한 인류의 지식과 인식을 확장함으로써 글로벌 리더십을 지속하는 데 목적이 있다.

2 중국의 우주 정책 및 전략

중국은 2022년 우주백서에서 우주 개발사업 발전을 전체 국가발전전략의 중요한 부분으로 삼고 평화적인 목적을 기반으로 우주 공간을 탐색 및 활용하겠다고 밝혔다. 중국은 갈수록 많은 국가가 우주 개발사업을 중시하고 대대적으로 발전시키고 있다면서 새로운 발전 및 변혁 단계에 진입한 우주 개발사업이 앞으로 인류발전에 중대한 영향을 끼치게 될 것이라고 예측한다. 이미 중국은 이전 우주백서2016년에서도 우주가 가장 도전적인 공간이라며 특히 개발도상국들에게 중요한 전략적 선택임을 강조해왔다. 중국은 우주가 국가발전을 위한 전략에 있어 중요하며 평화적 이용을 지지한다고 밝히면서 자력갱생과 자주혁신의 길을 걸어왔다고 천명한다. 우주 강국으로서 도약을 강조하면서 우주 발전이 국가안보에 중요하다고 지적한다.

중국은 글로벌 패권의 핵심적인 수단으로 우주력을 인식하고 군사우주전략을 국가전략에 반영하여 군 주도의 우주 개발과 우주 조직 구축을 강화하고 있다. 또한 우주 굴기를 내세우며 우주 발사체 개발 및 우주 정거장 건설, 독자위성항법체계, 달 기지 건설 등 공세적 우주 개발을 추진 중이다. 중국은 우주 강대국 건설의 비전으로 독자적인 혁신, 과학적 발견과 첨단분야 연구, 강하고 지속 가능한 경제적·사회적 발전, 국가안보의 효과적이고 신뢰성 있는 보장, 상호 호혜적인 국제협력을 제시한다.

중국은 우주력과 관련하여 미국을 따라가는 방식으로 군비경쟁을 추구하고 있다고 평가되며, 서방의 정보전 교리와 개념을 모방한 우주 전략을 추진하고 있다. 즉, 현대 정보전의 관건을 우주에서 전력우위라고 판단하고 우주 전략 목표로 우주작전의 성공적 수행과 우주 전쟁의 승리를 두고 있으며, 군사용 우주 개발 권한을 인민해방군이 담당한다. 인민해방군은 우주 우위, 정보 영역의 통제력, 적대국 거부 능력을 현대의 정보화된 전쟁수행의 핵심 요소로 인식하여 '정보화국부전쟁信息化局部戰爭'이라는 개념을 2015년 국방백서에서 정립했다.

이러한 중국의 행보는 미국의 전쟁 수행 사례를 면밀하게 관찰한 후 도출한 교훈에 따라 수행되고 있다. 중국이 습득한 교훈의 내용은 다음과 같다. 첫째, 정보기술의 광범위한 통합이 전쟁에 압도적인 군사적 우위를 부여할 수 있다. 그 결과로 중국의 전략가들은 전쟁의 수행을 위해서는 우주 기반의 지휘, 통제, 통신, 컴퓨터, 정보, 감시 및 정찰Computers, Intelligence, Surveillance & Reconnaissance: C4ISR의 중요성을 인식했다. 둘째, 중국군은 미국이 이러한 기술을 사용함으로써 전쟁에서 승리할 수 있었다고 결론을 내고, 정보전을 중국의 전략에 반영했다. 향후 미국과 동맹군이 우주에서 수행할 수 있는 작전의 중요성, 배치된 중국군에 대해 가시거리 밖에서 대응할 수 있는 우주의 중요성을 감안할 때 중국은 우주작전 및 대우주작전을 인민해방군 작전에 필수 요소로 다룰 것이다.

인민해방군은 대우주작전을 역내 군사분쟁에 대한 미국의 개입 가능성을 억제하고 이에 대응하기 위한 수단으로 본다. 미국과 동맹군에 대한 인민해방군의 분석에 따르면 위성과 다른 센서를 파괴하거나 나포함으로써 정밀 유도무기 사용을 어렵게 할 수 있다. 여기에 더해 인민해방군은 정찰, 통신, 항법, 그리고 조기경보위성이 적의 상황 인식을 마비시킬 수 있다고 본다. 우주 영역에 관해서는 유엔 우주사무국과 같은 우주관련 이슈의 국제포럼에서 중국의 활동을 강화하고 있다. 국방백서는 국가에게 전략적 중요성을 인식하고 우주 안보는 국가 및 사회 발전을 위한 전략적 보장을 제공한다고 기술한다.

또한 우주 공간과 사이버 공간을 전략적 경쟁에서 앞서나갈 수 있는 고지라고 밝혔다는 점에서 새로운 전장 영역으로 공식 지정되었다는 평가를 받는다. 2019년 중국의 국방백서는 우주 공간을 전자기 및 사이버 공간과 함께 국방 목표로 명시했으며 2015년 창설한 전략지원부대Strategic Support Force가 이러한 전략 영역을 연계하여 관리한다. 전략지원부대의 임무 및 역할은 정보전, 반접근지역거부 전략 지원, 우주에 기반한 감시정찰 및 지휘통제 능력 구비, 독자적 전지구항법체계 구축, 대위성ASAT 무기 개발, 사이버 공간 장악 등이다.

국방백서에서는 우주는 국제전략 경쟁의 최고점이라고 볼 수 있으며 국가의 우주역량과 수단의 발단으로 인해 우주 무기화의 초기 징후가 보이는 상황으로 인식한다. 중국은 일관되게 우주의 평화적 이용, 우주 무기화와 우주 군비경쟁에 반대하며 국제적인 우주 협력에 적극 참여할 것을 강조하고 있다. 또한 우주 태세를 면밀하게 추적하여, 우주 안전 위협과 도전에 대응하고, 우주 자산의 안전을 보호, 국가경제건설과 사회발전을 위해 활용한다는 점에서 우주에 대한 중국의 전략적 인식이 상당한 수준에 이르렀다는 것을 알 수 있다.

전략지원부대는 조직 개편 초기에 우주, 사이버 및 전자전을 담당하는 작전부서로 구성되었는데, 우주 임무는 주로 이전 총장비부에서 이전되었으며, 우주 기반 C4ISR을 담당하는 총참모부의 일부 부대를 이전하여 구성된다. 전략지원군은 우주작전을 담당하는 임무를 하는 우주 시스템부와 정보작전 분야를 담당하는 네트워크 시스템부라는 2개의 동등하고 상호 반독립적인 조직으로 구성된다. 우주 시스템부는 기존 총참모부와 총장비부 관련조직을 이관받았고, 베이더우北斗 위성 항법 체계를 만들고 관리하며, 우주 통제능력, 우주 공격 및 방어 능력 등을 개발하고 있다. 구체적으로 우주 시스템부는 인공위성을 이용한 우주 감시와 우주 무기를 개발하고 각종 ISR 위성을 활용하여 정보를 수집하고 있으며, 상대방 위성을 무력화시킬 수 있는 공중 레이저와 대위성 미사일을 기술을 보유하고 있다. 또한 상대방 위성에 자국의 위성을 근접 기동시키는 기술까지 보유한 것으로 분석된다.

그런데 2024년 중국은 우주관련 조직을 다시 한번 변경하였다. 전략지원부대를 폐지하고, 군사우주부대, 사이버부대, 정보지원부대, 연합군수부대를 새롭게 창설했다. 이는 전략지원부대 내에서 있던 우주시스템부와 네트워크시스템부를 독립시키는 조치로서 우주 능력을 강화하려는 의도로 평가된다. 시진핑 주석은 이번 개편에 대해 중국 특색의 현대 군사역량 체계를 완비하는 전략적 조치로, 국방·군대 현대화 가속화와 신시대 인민군대 사명·임무 이행에 중대한 의미가 있다고 밝혔다. 또한 작전을 힘 있게 지원하려면 정보 주도권과 '합동성을 통한 승리', 정보 연결의 원활화, 정보 자원 융합, 정보 방호 강화, 전군 연합 작전 체계의 심도 있는 융합, 정밀·고효율 정보 지원, 서비스 보장 등 개별 영역이 강화되어야 한다는 지침이다. 특히 군사우주부대에 대해서는 안전한 우주 진출·개방·이용 능력 제고와 우주 위기관리 및 종합 거버넌스 능력 강화, 우주의 평화적 이용에 중요한 의의가 있다. 중국은 우주의 평화적 이용 방침을 견지해왔고 우주를 평화적으로 이용하는 모든 국가와 함께 교류·협력을 심화해 우주의 항구적 평화와 공동 안보 수호에 공헌하겠다고 밝혀왔다.

중국은 군사 강국과의 전투에 초점을 두고 합동 전쟁훈련을 강조하는 훈련 및 평가 기본교리를 발간했는데, 우주 영역에서는 전략지원군의 대위성 ASAT 무기 훈련이 포함되어 미국과의 경쟁을 예상하고 사전에 준비하는 것으로 보인다. 중국의 우주 전략 목표는 ① 전략적 투사능력을 추구하는 것으로서 전략정찰, 예방경고, 핵폭발 탐측 및 우주 관제 등 방면에서의 능력, ② 효과적 타격 능력을 구비하는 것으로서 여기에는 우주 발사체의 항공탑재능력, 지상과 우주 사이의 왕복능력, 우주 무기의 살상과 파괴능력 및 정확한 유도능력 등 다방면의 목표와 요구를 포함, ③ 적절한 시기에 신속한 반응능력을 추구하는 것으로서 이는 지휘통신체계의 통제능력, 우주 전장에 대한 관제능력 및 우주에 관한 종합적 정보처리능력과 무인우주정거장에 대한 지능적이고 효과적인 관리능력 등을 포함한다.

중국은 우주 전략을 수립하는데 있어 국가전략의 목표는 물론이고 첨단기술정책, 국방현대화, 국방산업체제, 국제외교 등 파급영향과 범위를 넓게 고려하는 것으로 보인다. 중국은 특히 기동력을 확보하는 것을 우주작전의 핵심개념으로 인식한다. 우주작전의 기동성은 제한이 없는 높은 고도로서 우주에서 신속하게 전개할 수 있는 능력으로, 광범위한 영역을 탐사, 통신할 수 있다는 점을 중시한다. 중국은 우주작전 능력을 확보하여 전 지구를 커버할 수 있는 군사력을 갖추고자 한다. 우주작전 능력은 기존 군사력과 통합하여 승수효과를 거둘 수 있다는 기본적인 계산을 끝냈다고 보이는 이유다.

중국은 대위성ASAT 무기 개발을 통해 통신첩보 수집, 전장 감시 등 군사적 우주 자산을 다수 보유한 미국에 대해 열세를 만회하고자 한다. 중국의 우주군 발전방향을 살펴보면, 그중 1단계2003~2015로 육지, 해양, 우주 공간을 포괄하는 군사용 정보·통신체계를 자주적으로 건설, 2단계2016~2030로 효과적 위성무기시스템을 통해 상대방의 우주 무기체계를 요격할 수 있는 능력을 완비, 3단계2031년 이후로 우주에서 지상의 목표물을 직접 타격할 수 있는 우주 무기체계를 갖추는 것이다. 이러한 계획들이 일정 부분 잘 이뤄지는 것으로 판단해볼 때, 중국은 2030년경 상대국가의 위성에 대해 직접적으로 타격할 수 있는 능력을 온전하게 구비할 수 있을 것으로 예측된다.

이러한 전망은 중국이 우주전략으로 제시한 2030년 우주강국, 2045년 우주 선도국 비전과 연관된다. 앞서 언급한 대로 2022년 중국의 우주백서는 ① 우주의 탐사와 인식 영역을 확장하여 종합적인 국력을 증진하고 인류 공동체 구축을 추진 ② 우주 핵심기술 연구와 응용을 촉진하여 우주 시스템을 개선하고 지속 가능한 발전을 추진 ③ 위성 공공서비스와 우주산업 등을 통해 중국의 경제사회 발전을 제고 ④ 우주과학 탐사, 우주환경 실험 등 우주과학과 인간에 대한 과학적 주제에 초점 ⑤ 우주혁신의 지속과 우주인력 육성 등 우주산업 발전의 위한 우주거버넌스의 현대화 ⑥ 우주의 평화적 탐사, 개발, 이용은 평등한 권리로서 국제협력 추진을 제시하고 있다. 특히 중국은 우주 전략임무로서 우주의 접근과 이용을 위한 기술을 적극적으로 개발하고 우주 인프라를 개선하며 위성 활용 혁신과 산업 체인을 발전시키고자 한다.

3 러시아의 우주 정책 및 전략

러시아는 냉전 종식 이후 대외적으로 약화된 위상과 상대적이면서도 실질적으로 쇠퇴한 국가의 발전 능력을 자각하고 우주 강국으로서 재도약의 기회를 마련하기 위해 노력하고 있다. 우주 강국이었던 러시아의 위상이 약화된 배경에는 우주 과학 인력의 해외 유출이 심했으며, 구舊소련의 우주 능력이 소속 연방국가들과 협력으로 이루어지다가 소련연방 해체 이후 바이코누르 우주기지, 우크라이나 로켓엔진 업체 등을 상실했기 때문이었다. 그러나 러시아의 푸틴 대통령은 노후위성 교체 및 우주 기반 지휘통제체계 개발 등의 현대화와 적 미사일 차단능력 확보를 강조하고 있다. 이러한 목표에 따라 러시아는 군사 우주 능력 향상을 위해 많은 예산을 투입하면서 다시금 우주 강국으로의 도약을 준비하는 중이다.

러시아의 군사교리에 따르면 러시아는 우주를 전장 영역으로 인식하며, 우주의 패권을 달성하는 것이 향후 군사적 긴장이나 갈등 상황에서 승리하는 결정적 요인이라고 명시하고 있다. 러시아 군사 사상가들은 모든 종류의 분쟁에서 정밀 무기와 인공위성을 지원하는 정보 네트워크의 역할이 커지고 있기 때문에 우주의 중요성이 계속 확대될 것이라고 믿는다. 한편 러시아는 우주 무기화에 대해 정기적으로 우려를 표명하고 미국의 우주 무기화를 억제하기 위해 법적 구속력이 있는 우주 무기 통제 협정을 추진한다.

러시아는 우주 공간을 미국의 정밀 타격과 군사력 투사를 가능하게 하는 핵심 전장이자 전략요소로 인식한다. 러시아는 미국의 우주 기반 재래식 정밀타격 능력과 미사일 방어체계가 병행될 때 미국과 러시아 간 전략적 안정성이 훼손된다고 인식하며 동시에 미국의 우주 의존을 미 군사력의 '아킬레스건'으로 판단해 러시아 분쟁 목적을 달성하기 위해 활용하고자 한다. 따라서 러시아는 미국의 군사적 이점을 상쇄하기 위한 수단으로서 군사적·상업적으로 미국의 우주 기반 서비스를 무력화하거나 거부하기 위한 대우주 시스템을 추구하고 있으며, 적의 인공위성을 방해하거나 파괴하기 위한 일련의 무기를 개발한다. 여기에서 중요한 점은 러시아가 고려하는 목표에 미국의 상업적인 목적의 위성도 포함된다는 것이다.

러시아의 우주 교리는 지상, 공중, 우주 기반 시스템을 이용하여 적의 인공위성을 목표로 하는 것을 포함하며, 공격범위는 일시적인 방해나 센서 블라인드로부터 적 우주선의 파괴와 기반 시설 지원까지 다양하게 다루고 있다. 러시아는 대우주 능력을 개발하고 배치하면 우주에 의존하는 적들의 공격을 막을 수 있다고 믿는다. 만약 이러한 억제가 실패하면, 러시아는 적 우주 체계에 대한 선별적인 목표를 설정함으로써 대우주 군사력이 군사 지도자에게 갈등의 확전을 통제할 능력을 줄 것으로 믿는다.

러시아는 과거로부터 축적해오던 기술력을 토대로 우주 분야에서 미국과 더불어 세계 최고의 기술력을 보유하고 있으며, 이를 활성화하여 상업 분야는 물론 우주를 기반으로 하는 군사 분야에서도 세계에서 선두를 유지한다는 전략을 추구한다. 러시아는 특히 우주 발사체로켓엔진에 강점이 있으며, RD-180과 같은 일부 로켓엔진은 미국에 수출되어 민간기업인 Space-X의 주요 엔진으로 활용되고 있기도 한 실정이다.

러시아는 이미 2012년에 2030년 전후 우주 활동 발전전략을 수립하고 우주 전략 목표로 다음과 같이 제시했다. 목표에는 ① 로켓 시장의 우월적 지위를 지속, ② 지상우주기지의 자립을 강화, ③ 달과 태양계 행성탐사를 적극 추진, ④ 차세대 유인우주왕복선을 개발, ⑤ 항공우주군 수립 등이 있다. 다시 말해, 우주 전략 목표는 우주 개발의 선두를 유지하고, 우주 강국의 지위를 확고히 하려는 것으로 요약되며, 국가안보 차원에서 발사체, 우주 기지, 항법 및 통신위성 발사 등 위성체계 개선을 최우선으로 추진한다. 러시아는 국가안보를 위한 우주 작전능력의 우위와 정보 우위를 확보하고자 한다. 2019년 12월 푸틴 대통령은 미 우주군 창설을 계기로 러시아 또한 군사적 우주 산업에 더 많이 투자하도록 지시했다. 러시아 군사 지도부 또한 미 우주군이 우주 영역에서 러시아의 비대칭 수단을 강조하고 있다고 밝힘으로써 푸틴 대통령의 우주 전략을 적극적으로 지지했다.

러시아는 1992년 세계 최초로 항공우주군 예하에 우주군을 창설하여 군사용 위성 발사와 우주 기반 자산 관리, 우주 물체 감시, 우주로부터 본토 위협 식별을 책임졌다. 2015년 8월에는 전략우주방어사령부를 창설했고, 극동 지역에 새로운 우주 기지를 건설 중이며, 유인우주왕복선 '루시' 개발 프로젝트를 추진했다. 러시아는 2015년 공군과 항공우주방위군을 통합한 항공우주군을 창설했으며 본토 및 주변국 감시체계 운용, 우주 물체 및 미사일 감시 임무를 수행 중이다.

러시아의 우주 개발은 냉전 시기부터 군대 주도하에 발전해 왔으며, 오늘날에도 우주 군사력 개발은 미국을 경쟁자로 상정하고 적극적인 행보를 보이고 있다. 러시아 합동전략사령부는 2015년 11월 PL-19 Nudol DA-ASAT 위성 요격 미사일 시험을 처음 실시했으며, 2020년 4월 15일 성능 개량을 거쳐 위성 요격에 성공했다. 러시아는 대우주 능력 강화를 위해 운동성 무기뿐만 아니라 군사적 활용도가 높은 비운동성 무기 또는 전자전 무기를 개발하고 있다. 러시아는 상당한 수준의 군사적 우주 능력을 보유하고 있으며, 2020년 기준으로 중국, 미국에 이어 세 번째 인공위성 발사국에 머무르고 있지만, 개별 위성의 성능이나 발사 및 운용 능력에서는 미국에 이어 세계 2위 수준을 보유하고 있는 것으로 평가된다.

러시아의 우주전략은 『로켓 및 우주산업 발전전략』을 토대로 5개의 문서로 구성된다. 러시아 우주전략의 목표는 첫째, 증가하는 사회경제적, 과학 및 국방, 안보 요구를 충족하는 우주발사시설 확보, 둘째, 기초 우주연구의 주요 분야에서 선도적 지위 유지 셋째, 달 탐사에서 선도적 지위 유지 넷째, 발사체 분야의 선도적 지위 유지, 다섯째, 러시아에서 우주로 독자적 접근 제공 여섯째, 국내 우주시설을 세계적 수준으로 운영 일곱째, 세계 우주시장에서 러시아의 정당한 지위 확보이다.

러시아 연방목표 프로그램에서 중요한 부분은 러시아 연방우주프로그램 2016~2025이다. 이 문서는 러시아 우주청인 로스코스모스가 작성한 것으로 국방 분야는 러시아 항공우주군이 담당한다. 러시아 연방목표 프로그램은 우주활동 분야의 국가정책을 보장하고, 우주위험과 위협에서 국민과 영토를 보호하며, 유인 우주프로그램의 달성, 발사체와 기술 발전, 마지막으로 과학 기술을 포함하여 사회경제적 영역에서 국제협력을 지원하도록 한다. 특히 러시아의 연방목표 프로그램은 국내 기술개발을 강조하는데 예를 들어 부품의 국내생산으로 수입 부품의 완전한 대체, 글로나스 항법체계를 30개로 증가 하여 독자적 능력에 중점을 두고 있다.

러시아는 2022년 우크라이나를 침공한 이후 국제우주정거장에 대한 우주인 수송 및 보급을 제외한 국제우주협력에 제한을 받고 있다. 이마저도 국제우주정거장에 대한 협력을 2028년까지만 지속하고 중단하기로 하면서 중국과 우주협력을 강화하고 있다. 중국과 달 탐사 프로그램인 국제달연구기지 International Lunal Research Station을 통해 미국 중심의 아르테미스 프로그램과 경쟁 하고 있다. 이 밖에도 러시아는 우주외교 차원에서도 중국과 협력하고 있다. 러시아와 중국은 2008년부터 UN에서 "우주에서의 무기배치와 우주물체에 대한 위협과 무력사용 금지에 관한 조약안Treaty on the Prevention of the Placement of Weapons in Outer Space, PPWT"를 주도해 왔으며 2014년 UN에서 승인되었다.

 # 일본의 우주 정책 및 전략

일본은 2008년 5월, 고성능 정찰위성 등 위성의 군사적 이용을 합법화하는 우주기본법을 제정하고, 미사일 발사를 탐지하는 조기경보위성과 정찰위성을 도입한다는 구체적 계획도 수립했다. 북한의 탄도미사일 능력에 대비하여 다층적이고 지속적인 방호체제 구축을 주요 목표로 설정하는 등 우주기본법에서 국가안보를 위한 우주개발 추진 조항을 구체적으로 명시한 것이 특이할 만하다. 우주기본법에서 방어적 성격의 군사적 이용이 가능하다는 헌법 해석의 변경을 도입하였으며, 우주의 군사적 이용을 위한 근거를 마련한다.

또한 일본은 2015년 신우주기본계획을 통해 일본의 안전보장을 강화하고, 우주 산업을 진흥하는 동시에 과학기술 강화를 위한 우주 개발 실행 의지를 천명했다. 일본은 우주기본법에 입각하여 국제규약과 일본 헌법의 평화주의 이념을 따르면서도 중국 등 주변국 정보수집 및 경계 감시를 통해 일본의 안전보장을 강화하는 우주 개발을 추진하고 있다. 일본은 중국과 러시아의 대위성ASAT 무기 개발에 따라 자국 우주 자산 위협에 대응하고 중국의 우주 영역 진출을 억제하기 위해 미국과의 동맹 관계를 적극적으로 강화하고 있다. 여기에 더해 2015년에는 미일 우주방어협력 합의서를 체결하고 양국 이익에 부합하는 우주영역인식 협력과 우주 감시체계를 강화하고 있다.

일본은 2018년 방위계획대강에서 자위대의 우주 영역 우위를 확보하기 위한 우주 역량 강화를 공식화했다. 이를 통해 북한 핵미사일 위협, 강대국 간 경쟁적 관계, 회색지대gray zone 사태 장기화 등 안보환경의 불확실성이 증대하는 상황에서 다차원통합방위력을 확보하기 위한 우주·사이버·전자전 역량을 강조했는데, 우주 공간을 안정적으로 사용하기 위한 위성통신 및 우주항법 등 지속적인 역량 확충을 강조한다. 일본이 추구하는 우주 전략은 과거 민간 부문의 역할 증대와 상업적 목적 추구에 중점을 두었으나 최근에는 점차 국가안보 차원의 비중이 증대되는 추세이다.

일본은 운동성 무기와 비운동성 무기의 실험과 개발을 통해 우주 무기를 더욱 강화하려는 움직임을 보인다. 일본은 우주 자산 보호를 위한 군사조직인 새로운 우주 영역 임무부대를 창설하는 방향으로 진전을 이루었다. 아베 총리는 "경쟁국이 미사일과 같은 군사 기술을 개발함에 따라 잠재적 위협으로부터 스스로를 보호해야 한다"며 이에 대한 필요성을 언급하면서 새로운 우주 영역 임무부대가 미 우주군과 긴밀하게 협력할 것임을 강조했다. 일본의 우주 영역 임무부대는 2022년 '우주우위 확보를 위한 역량 강화 및 체계 구축'을 목표로 하며, 일본 우주 자산 방어에 필요한 지상국 운영을 담당할 것으로 전해진다.

2012년 일본 우주항공연구개발기구Japan Aerospace eXploration Agency: JAXA법을 개정하여 JAXA의 목적으로 "우주의 평화적 이용에 기여"한다는 규정을 수정하여 "국가의 안전보장"을 추가했으며, 우주 영역 임무부대도 미 우주사령부 및 JAXA와 협력한다고 명시했다. 여기에서 밝힌 일본의 우주 전략 목표는 ① 우주 개발 관련 업체들의 기술 축적, ② 해외 위성 수주와 발사 등 상업적 목적 추구, ③ 국제안보질서 변화에 능동적으로 대처하기 위한 자체적인 국가안보 능력의 강화 등이다.

일본은 자위대의 작전 수행능력을 강화하기 위해 2020년 5월 우주작전대를 신설하여 우주 물체 감시 및 우주 전파 방해 대응 임무 수행한다. 일본은 한반도 정찰 목적의 첫 정찰위성 IGS-12003년, 군사용 정찰위성 IGS-32009년를 발사했고, 광학7호 위성2020년을 포함해 현재 8기의 군사용 정찰위성을 운용 중이며, 지상 30cm 물체를 식별할 수 있는 초정밀 우주 감시 기술력 보유하고 있다. 일본은 독자 개발한 H2A 로켓과 엡실론 로켓을 개량하면 대륙간탄도미사일Inter Continental Ballistic Missile: ICBM을 확보할 수 있는 수준이며, 2021년 항공자위대를 항공우주자위대로 개편을 단행하여 임무 수준을 강화하는 조치를 취했다.

일본의 우주 전략은 미·일 우주 안보 협력을 토대로 추진되고 있다. ① 일본은 미국에서 정보 획득이 안되거나 정보 획득이 어려운 지역에서 일본의 정보수집 능력을 활용, ② 미국의 우주 자산이 파괴 또는 고장 났을 때 일본의 백업 능력 활용, ③ 일본이 국제적 우주 협력을 하고 있다는 사실이 적의 공격 억제력을 강화, ④ 미국의 우주 산업의 주요 시장으로서 일본의 비중 확대, ⑤ 일본식 즉응형 소형 위성Operationally Responsive Space의 독자적 개발 능력 추진 등에서 양국 간 긴밀하게 협력하고 있다

일본의 우주 전략 특징은 ① 미일동맹을 근간으로 상호 보완하여 우주위협 억제 및 대처능력 제고, ② 우주 위협에 대비한 독자적 첨단우주기술 확보, ③ 국제협력과 국내기업의 전략적 제휴를 통한 우주 블록화 시도, ④ 우주 리더십과 주도권 발휘를 위한 국제규범과 기준을 선점하는 데 있다고 평가된다.

최근 일본 우주전략은 2020년 수립된 우주기본계획에 따라 추진 중이다. 2020년 우주기본계획은 안보에서 우주 영역의 중요성, 경제와 사회 부분에서 우주 시스템에 대한 의존도가 증가한 현실을 반영하였다. 또한 우주 활동국과 우주물체의 증가, 민간 우주기업의 활동, 과학기술의 급속한 발전 등 우주개발 환경의 변화에 따라 수립되었다.

안보적 차원에서 항공우주자위대에 우주작전대를 편성하여 우주영역인식 능력을 강화하였으며, 국가안보전략과 연계하여 정보수집 위성의 기능을 확대하였다. 우주영역인식, 해양영역인식 등에서 미국과 우주협력을 지속하는 데 중점을 두고 있다. 이처럼 동맹 및 우방국과 연계를 통해 우주활동의 자립성을 뒷받침하는 산업, 과학기술 기반을 강화하고 우주의 활용을 확대하며, 자립적 우주 이용대국이라는 목표를 달성하고자 한다.

2022년 일본은 안보전략 관련 3문서국가안전보장전략, 국가방위전략, 방위력정비계획에

서 다차원 통합방위력의 목표를 달성하기 위해 우주 영역에서 안전보장에 대한 방향성을 제시하고 있다. 『국가방위전략』에서는 우주작전능력을 강화하여 우주 활용의 우위를 확보하도록 체제를 정비하도록 규정하였다. 구체적으로 원거리 미사일 운용을 위한 표적탐지 추적 군집위성 구축, 위성통신대역 복층화, 우주작전지휘통제 시스템 정비 등을 추진하여 2027년까지 우주영역인식을 강화하고 나아가 우주작전능력을 강화하고자 한다. 『방위력정비계획』에도 우주영역 전문부대를 보유하도록 명시했으며 우주영역 능력을 착실히 갖추도록 하였다.

　일본 우주전략에서 중점 중 하나인 미국과의 협력은 2023년 1월 기본협정으로 공고화되었다. 일본과 미국은 기본협정을 바탕으로 아르테미스 프로그램, 달 궤도를 우주정거장인 루나 게이트웨이 개발에서 양자 협력을 강화하고 있다.

제4장

주요국 우주작전 개념 및 우주 전력

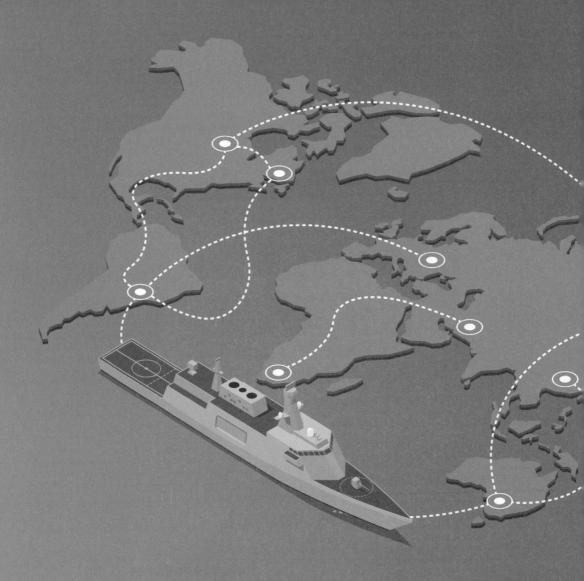

1 미국의 우주작전 개념 및 우주 전력

1 미국의 우주작전 개념

미국은 어느 나라보다도 자국의 우주 활용을 보장하기 위해 노력하고 있다. 미국은 국가안보에서 우주력 비중을 증대시키고, 우주 영역에 대한 지배력을 장악하기 위한 우주개발 관련 투자와 연구를 지속하고 있다. 나아가 기존의 육·해·공군과 독립된 군종인 우주군을 창설하였다. 트럼프 대통령 시절인 2019년, 미국은 미공군으로부터 우주군을 독립시켜 창설하고, 11번째의 통합전투사령부인 우주사령부를 창설하였다. 일부 군사 전문가는 중국이 미국 주도의 우주력을 따라잡기 위해 우주기술을 정부가 적극적으로 개발 중이며, 중국인민해방군 중심의 군우주력을 지속적으로 강화할 것이라고 평가한다.

미 국방부에서도 실제 군사작전 수행을 위한 교리와 지침을 마련하는 등 제반 준비 작업에 적극적으로 나서고 있다. 그 일환으로 미 우주군은 2020년 8월에 우주군 기본교리를 발표하였고, 그 내용은 미 우주군이 우주사령부를 통해 무엇을 할 것이며, 우주작전이 어떻게 운영되어야 하는가에 중점을 두고 있다. 미 우주군은 우주작전 수행을 위한 5가지 핵심능력으로 우주 안전보장, 전투력투사, 우주 기동 및 군수, 정보, 우주영역인식을 제시한다. 미 우주군이 추진하는 우주작전을 위한 핵심능력의 세부 내용을 살펴보자. 각각의 내용은 미 우주군 기본교리를 기본으로 작성하였으며, 추가적인 내용은 언론이나 온라인에 공개된 내용을 바탕으로 정리하였다.

가 우주 안전보장

우주 안전보장은 기존 미 공군 우주 교리에는 없었던 내용으로, 민간, 상업, 정보조직 및 동맹국들의 안전한 우주 활동과 접근을 보장하는 것에 중점을 둔다. 우주 영역은 다른 전장 영역과는 달리 그 경계가 다소 모호하고, 모든 국가들이 경계 없이 공동으로 사용할 수 있는 공간이다. 미국과 같이 수많은 우주 자산을 보유한 국가가 자국의 우주 자산을 안전하게 보호하기 위해서는 동맹 및 우방국들의 도움이 필수적이다.

이러한 이유로 우주군은 국제적 협력을 강조한 우주 안전보장이라는 새로운 유형을 정의하였고, 이러한 우주 안전보장은 미국뿐만 아니라 동맹국들에게도 상호 유익하다고 본다. 다국적 차원에서 우주의 활용도가 점차 확대됨에 따라 우주 안전보장은 점차 확대될 것이다. 따라서 미국은 우주 안전보장을 강조함으로써 현재 모호한 우주 영역에 대한 선점 효과를 누리고자 한다.

나 우주 전력투사

우주 전력투사는 기존 미 공군 우주 교리의 대우주작전 혹은 우주 통제에 해당하는 분야로, 우주 우세를 유지하기 위해 방어작전과 공격작전을 수행하는 데 중점을 둔다. 기본적으로 방어작전은 아군의 우주 능력을 보호하고 유지하는 것을 의미하며, 적극방어와 소극방어로 구분된다. 적극방어는 아군의 우주 능력을 위협하는 요소를 파괴하거나 무력화하여 그 효과를 감소시키는 것으로, 아군의 주도권을 확보하기 위한 사전 노력도 포함된다. 적극방어는 아군의 우주 임무를 방해하는 적의 능력을 직접적으로 차단하는 것에 중점을 두는 반면, 소극방어는 체계 및 구조적 속성을 활용하여 생존성을 높이는 것을 의미한다. 궤도 분산 변경, 위성군 운용, 기만 등이 소극방어의 범주에 해당된다고 볼 수 있다.

우주 우세를 위한 또 다른 방식 중 공격작전은 적의 우주 및 대우주 능력을 대상으로 하며, 적의 우주 임무가 아군을 대상으로 운용되기 전에 그 시도 자체를 무력화시키는 것을 의미한다. 일반적인 의미는 억제전략과 큰 차이점이 없다. 한편 공격작전은 적의 우주 시스템뿐만 아니라 우주를 활용하는 데 필요한 모든 역량을 표적으로 할 수 있으며, 공격작전의 시기는 적의 공격 시도 전·후로 구분하여 실시할 수 있다.

다 우주 기동 및 군수

우주 기동 및 군수는 기존 미 공군 우주 교리의 우주 전력투사에 해당하는 분야로, 우주 전력을 안전하게 원하는 궤도로 발사할 수 있는 역량이다. 즉, 우주 시스템을 우주 발사체를 활용하여 우주 공간에 신속하게 발사할 수 있는 능력을 의미한다. 추가적으로, 우주 기동 및 군수에는 이러한 우주 발사 능력 외에 우주 시스템의 지속유지와 회수능력도 포함된다.

먼저, 지속유지는 지구로 복귀할 수 없는 우주시스템에 소모품을 보충하고, 필요한 기술적 조치를 취하는 것을 의미한다. 또한 회수능력은 우주 영역에서 인원이나 장비를 회수할 수 있는 역량으로, 재사용 가능한 우주선 또는 발사를 위한 추진장치 등이 이에 포함된다.

라 정보

정보는 기존 미 공군 우주 교리의 우주정보지원에 해당하는 분야로 전략적·작전적·전술적 의사결정을 지원하기 위해 모든 군사작전에 걸쳐 적시적 데이터를 수집하고 전송하는 것을 의미한다. 정보에는 통신, 항법, 정찰, 미사일경보, 핵폭발 탐지 등이 포함된다. 주로 인공위성에 의해 이루어지며, 이러한 목적을 이루기 위해 운용되는 인공위성은 수집된 방대한 우주 정보를 전자기파 형태로 어느 곳으로든지 빛의 속도로 전송하여 효과적인 군사작전을 가능하게 하는 독특하고 유용한 비대칭 자산이라 할 수 있다. 우리나라에서는 핵폭발 탐지를 제외한 통신, 항법, 정찰, 미사일경보 등이 군사작전을 효율적으로 수행하기 위한 필수적인 요소이다.

라 우주영역인식

우주영역인식은 기존 미 공군 우주 교리의 우주영역인식에 해당하는 분야로, 우주작전이나 국가안보 또는 환경에 영향을 미칠 수 있는 우주와 관련된 모든 요인의 효과적인 식별, 특성파악 등이 해당된다. 우주영역인식은 기존의 우주영역인식과 다소 다른 개념으로 사용된다. 우주영역인식은 궤도 상의 모든 인공물체를 탐지, 추적 및 식별하는 것이며, 주로 인공물체의 목록화라고 볼 수 있다. 그러나 우주가 더 혼잡해지고 경쟁 국가들이 미국 위성을 목표로 하는 대응 무기체계를 개발함에 따라 미군은 우주를 공중, 바다 또는 지상과 같은 전쟁영역으로 간주하게 되었고, 우주영역인식이라는 개념과 용어가 만들어졌다.

우주영역인식은 우주 영역에 관해 기존의 단순한 목록화에 그치지 않고 국가의 안보, 안전, 경제 또는 환경에 영향을 미칠 수 있는 다양한 우주 영역과 관련된 모든 요소를 식별, 특성화 및 이해하는 개념으로 확장되었다. 다시 말해서 우주영역인식은 궤도 상의 우주 시스템에 대한 잠재적인 위협을 식별하고 추적하는 데 필요한 기존 우주영역인식 기반 측정 관측 및 정보의 통합된 형태의 버전이라고 볼 수 있다.

2 미국의 우주 전력

가 우주 전력투사

미국은 EELVEvolved Expendable Launch Vehicle 프로그램을 통해 우주 전력투사 능력을 발전시켜 왔다. EELV 프로그램은 1990년대에 시작된 국방부의 우주

발사체 개발 프로그램으로 이 사업의 목적은 민군 겸용 우주 발사체를 개발하는 것이다. 또한 소형 위성이 아닌 군사용으로 적합한 중대형급 위성을 발사하기 위한 목적도 포함되며, 이를 통해 기존 발사체인 델타 II, 아틀라스 II, 타이탄 IV를 아틀라스 V, 델타 IV로 업그레이드하였다. 이 프로그램에는 보잉, 록히드마틴 등을 포함한 미국 내 4개 방산업체가 참여하였으며, 이후 미국은 EELV 프로그램을 NSSLNational Security Space Launch 프로그램으로 변경하였다.

NSSL 프로그램은 기존 EELV 프로그램과는 달리 일회용 발사체뿐만 아니라 재사용 발사체 개발에도 초점을 둔다. 미국은 NSSL 프로그램의 업체로 SpaceX와 ULAUnited Launch Alliance를 선정하였고, 블로 오리진, 노스롭 그루먼 등도 후보로 거론되었으나, 최종 결정단계에서 탈락하였다. 재사용 발사체로 SpaceX의 팰콘헤비가 활용되고 있으며, 이를 통해 미국은 일회용 발사능력뿐만 아니라 재사용 발사능력체도 확보한 것으로 평가된다.

나 ISR 및 통신

미국은 ISR을 위해 신호정보위성과 영상정보위성 등을 운영한다. 신호정보위성은 네메시스Nemesis, 오리온Orion, 레이븐Raven 등이 있으며, 이 위성들은 지구동기궤도에서 100~150m 크기의 전개형 메쉬mesh 안테나를 이용해 지구상 거의 모든 대역의 전파를 수집할 수 있다. 예를 들면 적의 통신감청은 물론 레이더 전파수집 등의 임무를 수행하며, 이 과정에서 이상 징후가 포착되면 저궤도에 있는 영상정보위성으로 정보를 전달한다.

영상정보위성에는 합성개구레이더SAR를 이용하는 위성인 토파즈Topaz 시리즈와 광학장비를 이용하는 키홀Key Hole 시리즈가 있다. 토파즈 위성은 1100㎞ 고도를 돌며 SAR 레이더를 이용해 주·야간 정찰임무를 수행하는데, 해상도는 약 10㎝ 수준으로 주차된 차량까지 식별이 가능한 수준인 것으로 알려져 있다. SAR 위성은 주·야간, 기상에 관계없이 원하는 지역을 촬영할 수 있지만 기본적으로 레이더 전파를 이용하는 장비이기 때문에 대상의 형상은 식별할 수 있어도 색상은 확인할 수 없다는 단점이 있다.

이러한 문제점을 극복하기 위해 미국은 고해상도 전자광학카메라를 탑재한 광학정찰위성 키홀 시리즈를 운용하고 있다. 키홀 시리즈는 1978년부터 운용한 KH-11의 개량형이 주력으로 쓰인다. 언론을 통해 알려진 KH-12는 KH-11 Block III 모델이고, KH-13으로 알려진 위성은 KH-11 Block IV 모델인데, 현재는 EISEnhanced Imaging System로 불리고 있다. KH-12의 해상도는 10㎝급이고, 5초에 1회 정도 사진 촬영과 데이터 전송이 가능하다. KH-13은 보다 정밀한데, 1㎝급 해상도의 사진뿐만 아니라 180초 분량의 영상 촬영도 가능하다.

다음으로 살펴볼 분야는 위성통신체계인데, 미국의 위성통신체계는 일반적으로 크게 3가지로 나뉜다. 생존성과 항재밍성을 강화한 보안protected형, 대용량의 동영상 전송이 가능한 광대역wide band형, 그리고 이동성의 강화를 위해 휴대용 단말기와 상호 연동할 수 있는 협대역narrow band형이 있다. 위성들은 지휘통제, 상황인식과 정보의 분배를 위한 음성·데이터·영상·방송서비스 제공 등을 통해 미국 본토와 해외 파병지역 간의 실시간 정보공유를 지원한다. 위성통신체계의 분류에 따라 세부적인 특징을 살펴보면 다음과 같다.

먼저, 보안형 위성통신체계로는 Milstar 위성이 운용되고 있으며, 이는 점진적으로 AEHFAdvanced Extremely High Frequency 위성으로 대체되어 가는 추세이다. AEHF 위성은 기존보다 적성국의 통신 교란 공격에 대한 생존성이 높으며, 보안이 강화된 통신기능을 제공할 수 있다. 또 다른 위성통신체계인 광대역형은 DSCSDefense Satellite Communication System 시리즈 위성이 운용되고 있으며, 최근에는 차세대 통신위성인 WGSWideband Global Satcom 위성으로 대체되고 있다. WGS 위성은 미국 방산업체인 보잉에서 개발한 위성이다.

마지막으로 협대역형은 MUOSMobile User Objective System 시스템이 활용되고 있다. 미국 록히드마틴에서 제작한 MUOS 위성은 총 4기의 위성군으로 구성되는데, 각 위성에 UHFUltra High Frequency 대역과 WCDMAWideband Code Division

Multiple Access 대역을 처리할 수 있는 듀얼 모듈을 탑재하고 있어 개별 병사들이 글로벌 이동통신 서비스를 자유롭게 이용할 수 있다. 산악지대와 같은 열악한 통신환경에서는 고주파 신호들이 저주파신호에 비해 감쇄되는 현상이 심하기 때문에 상대적으로 감쇄가 적은 저주파 신호들을 수신하는 것이 더욱 유리하다. 이 경우에는 UHF 대역과 같은 저주파 대역의 MUOS 위성통신 시스템은 확장성과 이동성 측면에서 획기적인 작전운용 능력 향상을 기대할 수 있다. 미국 해군과 해병대는 이러한 MUOS 체계를 활용하고 있다.

다 항법

미국은 GPS라는 위성항법시스템을 운용 중이다. GPS는 24개의 위성을 활용하여 전세계 어디에서나 나의 위치를 확인할 수 있으며, 전세계적으로 무료로 사용될 수 있도록 개방되어 있다. 최초에는 미 해군에서 운영을 하였으나 이후 미 공군으로 이관되었고, 우주군이 창설됨에 따라 현재는 미 우주군에서 책임을 맡아 GPS를 운용하고 있다. 미국은 군사적으로 GPS에 대한 의존도가 매우 높은 편인데, 지난 20여 년 동안 GPS 기능을 활용하여 다양한 무기체계를 도입하여 왔고, 이러한 체계들이 동맹 및 우방국 무기체계와의 상호운용성을 높여줄 수 있기 때문이다.

한편 GPS는 군사작전을 효율적으로 수행하는 데 상당한 도움을 주지만, 적의 재밍 공격에 취약하다는 단점도 있다. 미국은 이러한 재밍 공격에 대응하기 위해 M-code라는 군용신호를 독자적으로 사용하고 있으며, 이것은 민간에 개방된 코드보다 보안 측면에서 훨씬 더 안전한 것으로 알려져 있다. 미국에서 운용하는 위성 중 2018년 이후로 발사된 새로운 GPS 위성은 이러한 기능을 기본적으로 장착하고 있으며, M-code를 활용하여 향상된 역재밍 및 역기만 기술을 활용할 수 있는 GPS 수신기도 자체적으로 개발하고 있다.

라 우주영역인식

미국은 전세계에 퍼진 우주 감시센서를 활용한 세계 최고 수준의 우주영역인식 능력을 가지고 있으며, 우주 감시체계 네트워크를 보유하고 있다. 우주 감시센서에는 레이더, 레이저, 전자광학체계가 있으며, 반덴버그 기지의 제18 우주관제대대가 이와 관련된 모든 데이터를 처리하고 있다. 미국은 우주영역인식과 관련하여 동맹국을 포함하여 상업위성 사업자 등과 100건 이상의 우주영역인식 데이터 공유 협정을 체결하고 있으며, 우리나라도 2014년 미국과 우주영역인식 데이터 공유 협정을 체결한 사례가 있다. 이 협정의 주요 목적은 인터넷에 공개되지 않은 우주 정보를 공유하기 위함이며, 여기에는 우주 물체의 충돌 및 추락 정보까지 포함된다.

최근 미 우주군은 우주영역인식을 우주영역인식으로 확장시키는 노력을 진행하고 있다. 이에 대한 근거는 미 우주군의 교리에서 찾아볼 수 있다. 2020년 8월에 발표된 미 우주군 교리에 따르면 우주 영역을 전장 영역으로 인식하고, 우주영역인식을 국가 차원의 안보문제로 확대하기 위해 우주영역인식으로 용어를 바꾼다고 기술되어 있다. 또한 앞서 언급하였듯이, 우주 안전보장이라는 새로운 우주작전의 유형을 통해 우주에서 안전한 활동을 위한 동맹 및 우방국들 간 협력을 강조하고 있다. 이는 광범위한 우주 영역에서 효과적인 작전을 수행할 수 있는 협조체계를 갖추기 위한 노력으로 보인다.

마 전자전

최근 미국은 우주군이 창설된 후 첫 번째 우주 통제 전력을 실전에 배치했는데, 대통신체계Counter Communications System: CCS 블록 10.2로 불린다. 이동형 지상 기반 우주 무기인 대통신체계CCS는 적대국들이 미국의 위성통신 교란을 목적으로 대위성무기ASAT를 개발하기 시작한 것에 대응하기 위해 지난 2004년 처음 도입되었다. 블록 10.2 모델은 기존 대통신체계CCS의 업그레이드 버전으로, 적들의 위성통신을 교란하기 위한 목적으로 진화하는 전장 환경에 맞춰 개량한 것이다. 향후 미국은 우주에서 레이저를 통해 미사일을 요격하는 지향성 에너지 무기, 그리고 북한과 같은 나라들이 지상에 배치한 위성교란체계를 타격하는 우주 무기들의 실전 배치를 서두르고 있다.

▶ 도표 4-1　미국 위성교란체계

출처: 글로벌 이코노믹, https://cmobile.g-enews.com/view.php?ud=202003181341449171c5557f8d
　　　a8_1&md=20200318144207_S

바 우주 통제

지난 수십 년 동안 미국은 대다수의 저궤도 위성을 파괴할 수 있는 지상 기반 레이저 무기에 대한 기술력을 가지고 있지만, 작전적으로 활용하고 있다는 징후는 발견되지 않았다. 그러나 미국이 지상 기반의 고에너지 레이저 관련 기술을 이미 보유하고 있으며, 꾸준한 연구를 수행하고 있는 것을 고려해 볼 때, 머지않은 시기에 레이저 무기가 전력화될 것으로 예상된다. 또한 미국은 지상 기반의 미사일 무기도 보유한 것으로 알려져 있으며, ASM-135라는 공중발사 미사일을 운용한 경험이 있다. ASM-135 미사일은 F-15 항공기에 장착되어 운용되었으며, 운용될 당시에는 112기의 ASM-135이 실전 배치되었다. 그러나 이후 예산, 기술, 정치적 문제로 인해 1988년 공식 폐기되었지만, 이와 관련한 기술력은 현재까지 유지하고 있을 것으로 추측된다.

3 미국의 해양 기반 우주 전력

가 해상 우주 감시

미국은 해상 우주 감시선을 오래전부터 운영해 왔으며, 현재는 USNSHoward O. Lorenzen T-AGM 25가 미국이 운용 중인 최신 우주 감시선이다. 이 우주 감시선에는 탄도미사일 탐지를 위한 고품질, 고해상도 데이터를 제공할 수 있는 코브라 킹Cobra King이라는 능동 전자 스캔 어레이 레이더 시스템이 탑재되어 있다. T-AGM 25는 88명의 승무원이 근무하며, MSCMilitary Sealift Command에 의해 운영된다. T-AGM 25는 미사일 발사를 모니터링하여 미사일 효율성과 정확도를 향상시키는데 사용할 데이터를 수집한다. 이는 적의 미사일 탐지뿐만 아니라 아군의 미사일 실험 프로그램도 지원할 수 있다.

출처: AIR FORCE Magazine, January 2015.

나 해상 합동정밀접근·착륙체계

미군에서는 항공모함 기반의 항공기를 효율적으로 운영하기 위해서 해상 합동정밀접근·착륙체계인 JPALSJoint Precision Approach and Landing System를 운용 중이다. 합동정밀접근·착륙체계는 GPS를 활용하는 체계로 통상적인 GPS의 오차인 17-37m과 비교해 훨씬 적은 cm급의 오차를 가지게 되며, 이를 통해 모함인 항공모함에 항공기의 정밀착륙을 유도할 수 있다. 상대적으로 이착륙 거리가 짧고, 공간확보가 어려운 미 해군의 항공모함에서는 정밀접근·착륙 체계가 필수적으로 요구되기 때문이다.

합동정밀접근·착륙체계는 해상상태나 기상 조건에 관계 없이 전세계 어디에서나 안전하게 항공기의 이착륙을 유도할 수 있으며, 항공기 조종사의 안전과 임무 성공에 기여할 뿐만 아니라, 항공모함 기반의 무인기를 안전하게 착륙시키는 데 필요한 정밀한 기능을 제공한다. 즉, 합동정밀접근·착륙체계는 항공모함의 항공교통관제 및 착륙 시스템 아키텍처와 통합된 GPS 기반

착륙 시스템으로 고정익 항공기 및 헬리콥터를 모든 날씨 및 표면 조건에서
정확한 접근 및 착륙을 유도할 수 있다. 또한 전자전 환경에서 작동하기 위한
방해 전파 방지 기능이 있다.

▶ 도표 4-3 │ JPALS 운영개념

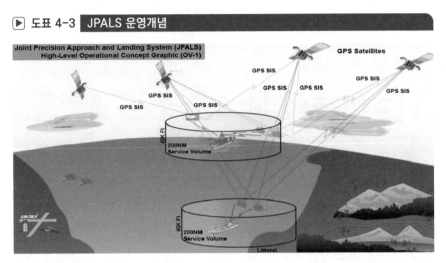

출처: FY19 NAVY programs, Joint Precision Approach and Landing System (JPALS), 2019.

2 중국의 우주작전 개념 및 우주 전력

1 중국의 우주작전 개념

중국의 우주작전은 공식적으로 우주작전 개념에 대해 언론 등에 공개된 내용은 없다. 그러나 중국은 우주정보지원, 우주 공격 작전 및 우주 방어 작전 등 하나 이상의 특정한 우주작전을 추구할 것이라는 연구나 논문을 찾아볼 수 있다. 이러한 유형의 우주작전은 단독으로 수행되는 것이 아니라 다양한 유형이 함께 수행될 것으로 예상된다. 크게 3가지 측면에서 중국이 수행하고 있거나 장차 수행할 형태의 작전개념을 살펴보면 다음과 같다.

가 우주정보지원

우주군의 최우선 과제는 우주 기반 센서 및 플랫폼에서 정보 제공이다. 우주정보지원의 주 임무는 우주 정찰 및 감시, 통신 및 데이터 릴레이, 탐색 및 위치 지정, 미사일 발사에 대한 조기경보, 지구관측 등이다. 이러한 기능은 글로벌 실시간 관측 및 조기경보를 가능하게 하고 대륙 간 통신을 할 수 있도록 지원한다. 중국은 다른 작전개념보다 우주정보지원을 가장 중요한 형태의 우주작전으로 판단하고 있다. 우주정보지원은 다른 영역과 중첩되는 부분이 가장 많은 영역이기 때문이다. 이러한 능력을 통해 중국군 전체의 작전수행능력을 향상시킬 수 있으며, 미국과의 우주 경쟁에서도 우위를 점할 수 있다고 판단한다.

▎나 ▎우주 공격

전통적인 우주정보지원 외에 우주 공격작전이 있다. 우주 능력에는 궤도 플랫폼뿐만 아니라 지상 시설과 전체 네트워크를 연결하는 관련 데이터 링크도 포함된다는 견해를 감안할 때 우주 공격작전은 우주작전에서 중요한 역할을 하게 된다. 우주와 지상 모두에서 우위를 확보하기 위해서는 위성 및 궤도에 있는 물체는 물론 우주 발사체와 발사 지점, 또한 이 과정에서 수반되는 데이터 및 통신 시스템을 포함한 우주 시스템의 지상 구성 요소가 포함되어야 한다. 이 관점에서 적의 지상 기반 우주 지원 기능을 공격하는 것은 적의 명령 노드 또는 군사 기지에 대한 전통적인 공격에 필적하는 이점을 확보하기 위해서 반드시 확보되어야 하는 수단이다. 이러한 공격은 손상되거나 파괴된 위성을 복원하기 위한 상대의 능력을 지연시키는 추가적인 이점을 제공한다. 우주 및 지상 목표물을 모두 타격하는 것은 우주 우위를 확보하는 데 필수적이다.

▎다 ▎우주 방어

중국은 우주 공격작전을 수행하는 동안 우주 방어작전도 동시에 수행하려고 준비할 것이다. 우주 방어는 적의 우주 또는 지상 무기의 공격으로부터 아군의 우주 자산을 방어하는 것이다. 방어 지향적 운영은 수동적 또는 사후 조치만을 의미하지는 않으며, 공격수단을 사용하여 우주 방어작전 과정에서 적극적으로 주도권을 추구할 수 있다. 공격 및 방어수단은 육·해·공군과 협력하여 합동작전의 개념에 따라 수행할 것으로 전망된다.

또한 단일 대형 시스템이 아닌 소형 시스템을 분산시키는 방법도 있으며, 이를 통해 복원력의 효과를 누릴 수 있다. 큰 위성은 궤도를 변경하여 적의 공격을 피할 수 있어야 하며 자율적으로 기능할 수 있어야 하고, 지상 링크가 끊어져도 작전을 계속할 수 있어야 한다. 다른 방법으로, 적의 탐지를 피하기 위해 특정 궤도에 위성을 배치하여 적을 기만하거나 적의 의사결정을 흔들리게 하는 등의 기만 역할을 하는 위성을 배치할 수도 있다.

중국은 이러한 우주 능력 강화를 위해 타국가와는 달리 우주 시스템, 전자전, 사이버전을 전문적으로 운영하는 전략지원군을 편성했었고, 최근에는 군사우주부대를 창설하여 우주작전을 전담케 했다.

미국과 유사하게 별도의 우주부대를 통해 우주작전을 수행하는 형태이며, 중국의 이러한 노력은 향후 우주작전을 발전시켜야 하는 많은 국가들에게 참고할 만한 사례가 된다.

2 | 중국의 우주 전력

가 우주 전력투사

중국은 국제 우주 발사 시장에서 경쟁이 가능한 독립적이고 신뢰할 수 있는 능력을 확보하기 위해 독자적인 우주 전력투사 능력을 발전시키고 있다. 최근의 발전방향은 발사 일정을 단축하고 제조 효율성을 높이며 유인 우주 비행 및 심우주 탐사임무를 지원하는 데 있다. 이를 위해 다음과 같은 능력을 갖춰나가고 있다. 특정 구성에 맞게 발사체를 조정할 수 있는 새로운 모듈식 발사체를 사용하여 제조 효율성과 발사체의 신뢰성을 높이고, 발사에 대한 전반적인 비용을 절감했다. 또한 달 및 화성 탐사임무를 지원하기 위해 미국의 새턴 V 등과 같은 대형 발사체를 자체 기술력으로 개발하고 있다. 이와 더불어 상업용 소형 위성 발사 공급자의 역할을 위해 저궤도에 신속하게 위성을 발사할 수 있는 소형 발사체 개발 및 운용에도 집중하고 있다.

나 ISR 및 통신

중국은 전세계적인 상황인식 능력을 향상시키기 위해 강력한 우주기반

ISR 기능을 사용한다. 군사 및 민간 원격감지와 매핑mapping, 지상 및 해상 감시체계 운용, 군사 목적의 정보수집에 사용되는 중국의 ISR 위성은 광학 및 레이더 영상, 전자정보 및 신호정보 데이터를 제공한다. 현재 중국이 운용하는 ISR 위성은 120기 이상으로 알려져 있으며, 이는 미국에 이어 두 번째로 많은 수이다. 중국군은 이러한 ISR 시스템의 절반 이상을 보유하고 운영하며, 대부분은 전세계, 특히 인도·태평양 지역의 미군 및 동맹군의 움직임을 추적 및 표적화하는 임무를 수행한다. 이러한 위성을 통해 한반도, 대만 및 남중국해를 포함한 주요 지역에 대한 상황인식을 유지할 수 있다.

통신위성 활용 측면에서 최근 중국의 움직임은 더욱 활발한 양상을 나타내고 있다. 중국은 30개 이상의 통신위성을 보유 및 운영하고 있으며, 이 중 4개 위성은 군사작전을 위한 전용 위성이다. 군사작전 전용 위성은 주로 중국 내에서 생산되며, 상용 부품을 활용하고 있다. 중국 내 기업들이 축적한 통신 관련 기술 자립도가 매우 높기 때문에 가능한 것으로 보인다. 또한 글로벌 위성통신 분야를 강화하기 위해 고도의 안전성을 갖춘 양자통신과 같은 여러 차세대 기능을 시험 중에 있다. 이렇듯 활발한 중국의 움직임을 통해 머지않은 시기에 미국의 통신위성 수준에 대응하는 운용 능력을 확보할 것으로 전망된다.

다 항법

중국은 독자적으로 위성항법 체계를 지속적으로 발전시키고 있으며, 현재는 지역별 PNTPosition Navigation Timing 서비스를 제공할 수 있는 능력까지 갖추고 있는 것으로 알려져 있다. PNT 외에도 문자 메시지, 사용자 추적 등과 같은 고유한 기능을 제공하여 사용자 간의 대량 통신을 가능하게 하고, 군사적으로는 C2Command and Control 기능을 추가로 제공한다. 또한 항법위성을 활용하여 다른 국가와 강력한 경제적 유대를 구축하는 등의 협력도 추진 중이다.

중국의 위성항법 체계는 베이더우BeiDou라는 시스템이다. 베이더우가 제공하는 위치정보는 일반용과 군사용으로 나뉜다. 무료로 공개되는 일반용은 위치 오차가 10m 수준이지만 암호화된 군사용의 경우 오차범위가 10㎝ 이하로 알려져 있다. 베이더우는 중국의 대외 정책에도 적극 활용되고 있는데, 위치정보는 위치 기반 서비스, 자율주행차 등 현대 산업에서 중요하며, 위성에 탑재된 원자시계가 제공하는 시간정보는 금융망, 전력망 운영에도 필수적이다. 이를 활용하여 파키스탄 등 일부 국가와는 정밀 위치정보를 제공하는 방식으로 협력을 강화할 것이다.

라 우주영역인식

중국은 모든 궤도의 위성을 검색, 추적 및 목록화할 수 있는 강력한 우주 감시 네트워크를 보유하고 있다. 이 네트워크에는 중국이 우주 감시 정보를 수집할 수 있도록 하는 다양한 전자광학센서, 레이더 및 기타 센서가 포함된다. 탄도 미사일 조기경보, 위성의 안정적 운용, 우주 잔해물 모니터링 등이 주임무이다.

중국은 글로벌 우주영역인식 능력 확대를 위해 이란과 같은 신흥 우주 개발 국가를 포함하는 다자간 조직인 아시아·태평양 우주 협력기구에서 우주 감시 프로젝트를 감독하는 역할을 하고 있다. 이 프로젝트의 일환으로 중국은 저궤도와 정지궤도의 위성을 탐지·추적할 수 있는 15cm 망원경 3대를 페루, 파키스탄, 이란에 제공했고, 이들 국가와의 협력을 통해 자국의 우주영역인식 능력을 지속적으로 확장할 계획이다.

마 전자전

중국은 우주 통제를 위해 전자전 자산을 구축 중이다. 전자전 공격무기를 사용하여 적의 장비를 제압하거나 기만하는 등의 효과를 기대하고 있으며, 각종 연습훈련을 통해 레이더 시스템 및 GPS 위성 시스템에 대한 재밍을 테스트하고 있다. 재밍에는 위성 수신 지역의 모든 사용자에 대한 서비스를 손상시키는 업 링크up link 재밍과 특정 지역의 지상 사용자를 대상으로 하는 다운 링크down link 재밍, 그리고 잘못된 정보가 포함된 가짜 신호를 주입해 교란을 야기하는 기만 방식의 스푸핑spoofing 등이 있다. 중국은 업·다운 링크 재밍과 스푸핑 등 다양한 전자전 무기를 개발하여 테스트하고 있다. 이러한 능력을 바탕으로 저궤도의 레이더 위성을 재밍하여 상대국의 정찰활동을 거부하고, 다양한 주파수 대역에서 위성통신을 재밍하여 상대국의 원활한 군사작전을 방해할 수 있다.

바 우주 통제

중국은 적성 위성의 센서를 무력화 또는 손상시키기 위한 레이저 무기를 적극 개발하고 있다. 이와 관련한 다양한 정보를 종합해보면 중국은 저궤도 정찰위성에 대응할 수 있는 지상 기반 레이저 무기를 배치할 가능성이 높으며 위성을 파괴할 수 있는 고출력 레이저 무기를 배치할 수도 있다. 또한 중국은 정지궤도까지 위성을 파괴 할 수 있는 대위성ASAT 무기를 개발 중이다. 고도 30,000km까지 올라간 우주발사체가 위성을 사출하지 않은 사례가 있었는데, 이러한 발사체는 위성을 탑재하지 않은 군사용 무기로 추정해 볼 수 있다. 중국은 위성 검사 및 정비와 같이 기술적으로 복잡하고 정교한 우주 궤도상 기능도 개발하고 있으며 그 중 일부는 무기로도 활용할 수 있다.

3 중국의 해양 기반 우주 전력

가 해상 우주 감시

중국의 경우 해상의 우주 감시전력이 가장 많은 국가이며, 위안왕Yuanwang이라는 우주 감시선을 운용 중이다. 총 7척의 우주 감시선을 건조하였으며,

현재 4척을 운용 중이다. 우주 감시선의 주요 임무는 중국의 우주 발사체인 선저우Shenzhou 11 / 유인우주탐사선 프로그램 해상 추적, 톈궁Tiangong 2 / 우주정거장 해상 추적, 인공위성, 탄도탄 및 원거리 우주 감시, 자체 위성항법체계 베이더우Beidou 관제 등이다. 중국 해군은 중국의 대륙간탄도미사일 테스트 및 우주 프로그램을 우주 감시선을 통해 지원하고 있으며, 국내 및 해외에서 위성 및 유인 우주선을 지속적으로 감지, 추적 및 제어할 수 있는 글로벌 우주 추적 등의 기능도 수행한다.[1]

중국은 중국 최초의 전 범위 탄도미사일 시험 비행을 지원하기 위해 'Project 718'로 알려진 대규모 조선 프로젝트를 수행했고, 이 프로젝트를 통해 위안왕을 건조하였다. 여기에는 위안왕 외에도 해양과학 조사선 및 해양 구조선이 포함되었다. 이 프로젝트를 통해 위안왕 1호가 1977년에, 위안왕 2호가 1978년에 진수되었다. 위안왕 1호와 2호는 미사일 감시, 잠수함발사탄도미사일의 시험비행, 중국 최초의 정지궤도 통신위성의 추적 등의 임무를 수행해 왔다. 1986년에 두 선박은 중국의 상용 발사 서비스를 지원하기 위해 처음으로 개조되었고, 1990년대 후반에 중국 심천 유인우주선의 비행 임무를 지원하기 위해 다시 개조되었다. 위안왕 1호와 2호는 크기나 성능 면에서 유사하지만, 일반적으로 중국 해안 근처에 머무는 위안왕 1호와는 달리 위안왕 2호는 남태평양에서 임무를 수행하였다.

위안왕 3호는 1994년에 취역한 2세대 우주 감시선이다. 3호는 우주선의 재진입 궤도를 계산하는 데 도움이 되는 정교한 컴퓨터 및 통신 시스템뿐만 아니라 S밴드 고정밀 추적 레이더를 갖추고 있다. 한편 위안왕 4호는 프로젝트 718에 따라 1970년대 후반에 건조된 해양탐사선에서 개조되었고, 1998년에 위안왕 4호로 개명되어 기존 우주 감시선 3척을 보완하는 역할을 수행했다. 위안왕 4호는 위성관제보다는 주로 우주 감시나 통신중계 역할을 한다.

---

1   중국뿐만 아니라 최근에는 인도 역시 해상기반의 우주 감시선을 2021년에 취역하여 운영하고 있으며, 다양한 신호 스펙트럼에 걸친 정찰위성 모니터링, 적 미사일에 대한 조기 경보, 장거리에서 핵 미사일 추적, 적 잠수함 탐지 등 첨단 기능을 갖추고 있다.

중국 해군은 우주작전을 더욱 효과적으로 지원하기 위해 3세대 우주감시선을 건조하였다. 위안왕 5호는 2006년에 취역하였고, 정밀한 우주감시 및 통신시스템을 갖추고 있다. 위안왕 6호는 2008년에 취역하였으며, 2개의 갑판을 차지하는 대형 위성관제시스템이 있다는 점에서 5호와 차이가 있다. 위안왕 7호는 2016년에 취역하였으며, 우주 감시 레이더, 레이저위성 추적시스템 등을 갖추고 있다.

▶ 도표 4-4 중국 우주 감시선

출처: PYH20090429071500340 / 헬로포토.

나 해상 우주 발사

중국은 해상 발사체인 창정 11호를 운영 중이다. 창정 11호는 중국항천과기그룹 제1연구원이 개발을 담당하였으며, 2020년 9월에 성공적으로 발사되었다. 당시 언론을 통해 대대적으로 공개되기도 했다. 창정 11호는 서해 해역에서 해상발사를 수행하여 지린 1호 위성을 태양동기궤도에 성공적으로 진입시켰다. 중국은 창정 11호를 통해 발사지점 및 낙하지역의 유연한 선택, 운반능력 향상 등 고효율·유연성·경제적 발사능력을 확보했다.

중국은 발사 당시의 임무에서 지린 1호 위성을 태양동기궤도의 동일한 궤도면에 안착시켰을 뿐만 아니라 해상 발사기술 프로세스를 한층 더 최적화하여 해상 발사기술의 안전성 및 신뢰성을 향상시킴으로써 향후 상시적 해상발사, 고빈도 발사를 수행할 수 있는 기반을 마련하였다. 전장이 약 20.8m, 최대 본체 지름이 2m, 총무게가 약 58t인 4단 고체로켓인 창정 11호는 주로 저궤도 및 태양동기궤도 위성발사에 활용된다.

▶ 도표 4-5 창정11호 해상발사

출처: PXI20200915012701055 / 헬로포토

중국은 해상에서 로켓을 발사할 수 있는 위성발사센터를 산둥성 하이양시에 건설하였으며, 발사체 기술 연구기관인 중국운재화전기술연구원 주관으로 이루어졌다.

하이양 위성발사센터는 중국의 5번째 위성발사센터이자 첫 해상기반 위성발사센터이다. 상업적 우주산업이 급속도로 발전함에 따라 위성발사센터에 대한 수요가 날이 갈수록 증가하고 있는데 해상에 기반을 둔 위성발사센터는 전통적인 육상 기반 위성발사센터를 보완하게 된다.

또한 해상 기반 위성발사센터는 로켓의 파편이 인구가 밀집한 육상에 떨어질 위험성을 낮추고, 위성궤도 추적도 용이하게 만들 것으로 기대된다. 하이양 해상 기반 위성발사센터는 연간 20차례 로켓을 발사할 능력을 갖추고 있으며, 군사용으로도 활용가능성이 충분하다. 지금까지 중국이 보여주었던 위성발사 사례를 종합해보면 앞으로도 중국의 위성발사 주기는 더욱 짧아질 것이며 다양한 목적의 위성발사를 통해 우주 영역에서 중국의 위상은 강화될 것으로 전망된다.

3 러시아의 우주작전 개념 및 우주 전력

1 러시아의 우주작전 개념

러시아의 우주작전에 대한 목표, 기본개념 등을 고려해 볼 때 러시아의 우주작전 개념은 우리나라와 유사하게 우주정보지원, 우주영역인식, 우주 통제, 우주 전력투사 등으로 발전되고 있다. 러시아는 우주정보지원을 위해 항법위성, 통신위성, 정찰위성의 보유와 운용을 강화하고, 우주영역인식 능력 강화를 위해 다양한 센서를 이용한 우주영역인식 네트워크를 구축하였다. 우주 통제 강화를 위해 러시아는 미국의 미사일 방어체계에 대응하기 위한 극초음속 탄두개발 등을 추진 중이고, 우주 전력투사와 관련하여 A-Class, Zenit, Proton, Ankara 등 다양한 성능의 우주 발사체를 보유, 지속 개발 중이다.

공개된 자료가 부족한 탓에 공식적인 러시아의 우주작전 개념을 확인하기에는 제한되는 상황이지만, 관련 전문가들의 군사우주작전 관련 연구를 통해 러시아의 우주작전에 대한 목표를 개략적으로 확인할 수 있다. 우주작전 목표, 우주영역인식, 그리고 우주정보지원 등으로 구분하여 구체적인 내용을 들여다본다.

가 우주작전목표

러시아의 우주작전목표는 5가지로 제시할 수 있다. 첫 번째는 민·군 이중용도 우주 물체의 배치 및 구축, 두 번째는 러시아의 우주 발사체와 탄도미사일 등의 우주 수단을 통한 우주 영역에 대한 자유로운 접근 제공, 세 번째는 다양한 러시아 연방의 군사과제 해결을 위한 우주 영역 활용, 네 번째는 우주 영역의 통제 및 우주영역인식, 다섯 번째는 우주 정보를 지속적으로 아군에 제공하는 것이다. 러시아는 이와 같은 우주작전목표를 정립하고, 이러한 목표를 구현할 수 있는 다양한 능력을 확보 중이다.

나 우주영역인식

러시아는 이러한 우주작전의 목표를 달성하기 위해서 우주영역인식이 필수적이라고 생각하며, 다음과 같은 우주영역인식의 과제를 정의하여 수행하고 있다. 먼저, 러시아는 지속적인 모니터링을 통해 우주 영역에서의 변화를 신속하게 파악 및 예측하고, 타국의 우주 자산에 대한 24시간 감시를 수행한다. 이를 위해 우주 물체를 국가 및 목적군사용도, 민간용도, 이중용도 에 따라 구분하여 목록화를 수행하고, 러시아 우주 비행체의 궤도 파악과 다양한 우주 위협 및 위협에 대한 예측을 수행한다. 또한 우주 영역의 상태와 상황의 변화를 의사결정자들에게 적시에 제공하기 위해 노력하고, 미사일 공격 경보와 같은 긴급 상황에서의 결심 지원을 위해 목록화된 우주 물체 정보를 조기경보레이더와 연동한다.

다 우주정보지원

러시아는 우주 정보를 체계적으로 활용할 수 있도록 우주정보지원 분야를 다음과 같이 5개 유형으로 세분화하였다. 먼저, 정보 및 정찰 분야이다.

지상물체 감지 및 군사적 중요성 평가, 핵폭발 감지, 적의 기동력 및 이동경로에 대한 정보, 미사일 발사대 및 주요 군사시설의 위치정보 등이 해당된다. 다음은 항공우주통제 분야이다. 태양풍·자기장에 대한 정보 수집, 해양·전리층·대기의 상태와 관련된 기상정보 수집, 임무 수행과 관련된 지역의 토양, 얼음, 강설 등의 정보 등이 해당된다. 위성항법 분야로는 범지구적 위성항법 시스템 배치 및 활용이 해당되며, 통신 분야로는 보안·신뢰성이 구비된 통신 채널 제공, 다양한 정보 및 감시 시스템을 사용하여 필요 데이터 분석 등이 해당된다. 마지막으로, 미사일경보는 타국 탄도미사일 발사 감지, 탄두의 타격지점 예측 등이 해당된다.

이렇게 세분화된 우주 정보는 러시아가 우주작전을 체계적으로 수행하는 데 큰 도움이 되며, 우주 정보 분야별 균형 있는 발전을 유도하게 된다.

2 러시아의 우주 전력

가 우주 전력투사

러시아는 우주 발사에 대한 신뢰성과 발사체의 제조 효율성을 높이기 위해 우주 발사 기능을 지속적으로 개발 및 발전시키고 있다. 러시아의 중형 및 대형 발사체 개발의 핵심은 모듈형이며, 모듈형 발사체란 위성발사 요구에 맞춰 발사체를 조정하여 원하는 성능을 내는 발사체를 의미한다. 러시아는 중국과는 달리 초소형 위성의 발사를 위한 별도의 소형 발사체에는 집중하지 않고 있으며, 중대형 발사체를 활용하여 여러 위성을 발사할 계획을 이행 중이다. 또한 새턴 V와 유사한 초대형 발사체 개발은 현재 초기 단계에 있다.

나 ISR 및 통신

러시아는 140개 이상의 위성을 보유하고 있으며, 군사작전 위성 측면에서 미국과 중국에 이어 세계 3위 수준을 차지하고 있다. 냉전이 끝난 이후, 러시아는 자금 부족, 경제 제재 및 기술적 한계에도 불구하고 ISR 위성을 유지하기 위해 노력해 왔다. 비록 양적인 측면에서 중국보다 적은 수의 위성을 보유하고 있지만, 냉전 시기 축적된 기술력 덕분에 러시아 ISR 위성의 개별 기능은 중국을 능가할 수도 있다. 이러한 ISR 위성 중 절반은 러시아군이 운영하고 있으며, 이러한 위성은 군사작전 지원뿐만 아니라 전세계에서 활동하는 미국 및 NATO 군대의 움직임을 모니터링하고 있다.

또한 러시아는 민간, 정부 및 군대에 탄력적인 통신 서비스를 제공한다. 그러나 러시아가 통신위성의 안정성 및 기능 향상을 위한 노력을 집중적으로 실시함에도 불구하고, 통신 서비스에 있어서는 미국, 중국 등 다른 국가에 비해 훨씬 낮은 수준에 머물고 있는 것으로 평가된다. 이는 상용 기술의 더딘 발전 속도와도 상관관계가 있으며, 군사 목적의 특수한 경우를 제외하곤 상대적인 기술진보 수준이 낮기 때문이다.

다 항법

러시아는 경제발전과 국가안보 차원에서 글로벌 항법 위성 시스템인 글로나스Glonass를 필수 자산으로 본다. 글로나스는 현재 전세계적으로 항법 서비스를 제공하고 있다. 최근 러시아는 기존의 글로나스를 유지함과 동시에 차세대 글로나스 위성 개발을 계속하여 더 높은 정확도를 확보하기 위해 노력하고 있다.

글로나스는 미국의 GPS처럼 군용모드도 있으며, 신호 자체에 암호화 코드를 장착해서 적의 재밍에 대한 대응력을 키웠다. 하지만 이러한 군용모드는 러시아군의 통제를 받기 때문에 민간 분야에서의 활용은 제한된다. 군용 글로나스의 정확도는 약 5m 내외로 알려져 있으며, 차세대 글로나스 위성의 경우 10cm 수준까지 정확도가 향상될 것으로 알려져 있다.

라 우주영역인식

다양한 전자광학시스템, 레이더 및 기타 센서로 구성된 러시아의 우주 감시 네트워크는 모든 궤도의 위성을 탐색, 추적 및 목록화할 수 있다. 이 네트워크를 통해 러시아는 정보수집, 우주 통제, 안정적 위성 운용, 우주 잔해물 모니터링 등을 수행할 수 있다. 이러한 센서 중 일부는 탄도미사일 조기경보 기능도 수행한다. 러시아는 지상 기반 우주 감시체계의 가장 큰 네트워크인 ISON(International Scientific Optical Network)의 리더이다. ISON에는 국제 학술단체를 비롯하여 학계, 로스코스모스(Roscosmos)와 같은 정부기관도 포함되어 있다. 현재 ISON은 전세계 16개국에 퍼져있는 40여 개의 우주 감시 관측소의 100여 개 지상 기반 우주 감시체계를 활용하여 우주영역인식을 수행하고 있다.

마 전자전

러시아는 전자전을 정보우위 유지를 위한 필수 도구로 판단하고 있으며, 이를 통해 적의 지휘, 통제, 통신 및 정보 활용 능력을 방해함으로써 작전 주도권을 장악 할 수 있다고 생각한다. 러시아는 GPS, 전술통신, 위성통신 및 레이더에 대응하기 위해 광범위한 지상 기반 전자전 시스템을 배치했으며, 이러한 전자전 시스템은 러시아의 강점인 부분이기도 하다. 지상 기반 전자전 시스템 외 이동형 또는 모바일 재머도 개발 중이며, 주로 레이더 위성과 통신위성에 대한 재밍을 목표로 한다. 러시아는 서방 국가와의 우주 경쟁에서 뒤처지지 않기 위해 전 주파수 대역의 전자전 역량을 개발하여 현장에 배치하려는 열망을 가지고 특히 초고속 데이터 전송 및 기능을 갖춘 전자전 시스템 등의 신기술을 지속적으로 개발하고 있다.

바 우주 통제

러시아는 저궤도 위성과 우주권에서 탄도미사일 요격을 위해 지상 기반 미사일 시스템을 개발하고 있으며, 이 시스템은 수년 내에 전력화 될 것이다. 또한 러시아는 위성과 센서의 기능을 방해, 저하 또는 손상시키기 위해 레이저 무기를 사용할 것으로 예상된다. 2018년에 러시아는 대위성ASAT 임무를 위해 계획된 레이저무기 시스템을 항공 우주군에 전달하기 시작했고, 푸틴 러시아 대통령은 공개 성명에서 '새로운 유형의 전략 무기'를 언급했다. 러시아 국방부 역시 '궤도에서 위성과 싸울' 능력이 있다고 주장하고 있으며, 항공기 기반의 대위성 레이저 무기도 개발 중이다.

최근 러시아는 이중 용도로 사용할 수 있는 수리위성을 개발하고 있으며, 수리위성은 오작동을 일으키는 위성에 가까이 접근하여 위성의 수리를 수행할 수도 있지만, 다른 국가의 위성에 접근하여 일시적 또는 영구적인 손상을 입히는 공격을 수행할 수도 있다. 적은 비용으로 큰 효과를 볼 수 있다는 점에서 러시아가 운용하려는 수리위성은 적성 국가들에게는 잠재적인 위협이 될 전망이다. 전형적인 비대칭 전략이며, 우주 전장에서 효과적인 무기체계로 등장할 가능성이 높은 창의적인 무기체계가 될 수도 있다.

3 러시아의 해양 기반 우주 전력

가 해상 우주 감시

러시아는 냉전 시기 3척의 해상 기반 우주 감시선을 보유했던 경험이 있다. 먼저, Kosmonavt Yuri Gagarin은 통신위성의 신호를 송수신했다. 우주 비행사 유리 가가린Yuri Gagarin의 이름을 딴 이 우주 감시선은 소련의 우주 프로그램을 지원하기 위해 1971년에 도입되었고, 상층 대기 및 우주 연구를 수행했다. 두 번째로, Akademik Sergey Korolyov는 위성관제 및 감시 임무를 주로 수행했다. 1950년대 소련의 로켓 엔지니어이자 설계자인 세르게이 코롤보프Sergey Korolyov의 이름을 딴 이 우주 감시선은 대기권과 우주 연구를 집중적으로 수행하였으며, 주로 대서양에서 우주 감시, 위성통신 중계 등의 임무를 수행하였다. 마지막으로 Kosmonavt Vladimir Komarov는 소유즈 1에서 임무 중 순직한 우주 비행사, 블라드미르 미카블로비치 코마로프Vladimir Mikhaylovich Komarov의 이름을 붙였고, 위성추적의 임무를 주로 수행하였다.

▶ 도표 4-6 　러시아 우주 감시선

출처: http://www.shipspotting.com/gallery/photo.php?lid=36285.

나 해상 우주 발사

러시아는 해상 우주발사를 위해 로켓 해상 발사 기업인 씨런치Sea Launch를 활용해 왔다. 씨런치는 1995년에 설립된 국제 연합 벤처회사로, 러시아를 비롯해 미국, 우크라이나, 노르웨이 기업들이 참여하였다. 씨런치 설립에 참여한 회사들의 구성 및 임무는 도표 4-7과 같다.

▲ **도표 4-7** 씨런치 참여기업 및 임무

회 사 명	지분	임무
Boeing Commercial Space Company(미국)	40%	– 탑재체 페어링 제작 – 위성 프로세싱 및 운용
RSC Energia(러시아)	25%	– 발사체 상단 제작 – 발사체 조립 및 운용
DSO Yuzhnoye /PO Yuzhmash (우크라이나)	15%	– 발사체 1단 및 2단 제작
Kvaerner Aker ASA(노르웨이)	20%	– 조립관제선 및 발사플랫폼 건조 – 해상시스템

　　우리나라 또한 2006년에 네 번째 상업용 위성이자 최초의 민군 겸용 위성인 무궁화 5호를 태평양 적도 공해상에서 씨런치를 통해 정지궤도에 올린 사례가 있다. 그러나 씨런치는 몇 차례 사고 발생 및 러시아와 우크라이나의 군사적 갈등으로 인해 2009년 파산했으며, 2014년 이후에는 발사임무를 수행하지 않았다. 그러던 중 2016년에 러시아 기업인 S7 스페이스가 씨런치를 인수하였고, 보수를 거쳐 해상발사를 재개할 계획이다. S7 스페이스는 러시아 최대 항공사인 S7 항공이 주축인 항공우주 지주회사 S7그룹의 자회사다.

출처: https://s7space.ru/en/launch-sea/.

한편 이 사업에는 러시아 연방우주공사로스코스모스도 참여할 예정이다. 씨런 치는 1999년부터 2014년까지 36차례 해상발사를 진행했는데, 그 중 32차 례의 발사를 성공적으로 완수하였다. 씨런치의 해상발사 시스템은 모항home port, 조립관제선Assembly and Command Ship: ACS과 발사플랫폼Launch Platform: LP으로 구성된 해상시스템, 그리고 Zenit-3SL 발사체로 구성된다.

4 일본의 우주작전 개념 및 우주 전력[2]

1 일본의 우주작전 개념

일본은 2012년부터 일본항공우주연구기구JAXA의 임무가 이중 용도의 우주기술 개발과 국방부에 전문성을 제공하는 것으로 확대되었다. 또한 일본 방위성이 발표한 우주 정책기본계획은 국가안보에 가치 있는 우주 자산을 개발하고 보호하는 데 중점을 두었다. 2013년에 발표된 두 번째 기본계획은 정보, ISR, 해양영역인식, 우주영역인식 및 지역항법 시스템인 QZSSQuasi-Zenith Satellite System에 우선순위를 두었다. 2015년 기본계획은 동일한 접근 방식을 따랐지만 궤도 파편과 대위성체계에 의해 우주 기반 자산에 가해지는 위험을 고려하여 우주영역인식을 더욱 강조하게 된다. 특히, 이 영역에서 일본의 자율성을 강화하고 국제 파트너인 미국과의 협력을 강화하여 우주 공간에서 역내 우위를 달성하고자 하였다. 따라서 일본의 우주 작전개념은 ISR, 항법, 우주영역인식, 우주 통제 등과 더불어 해양영역인식을 강조하고 있다.

일본은 해양영역인식을 위해 우주 기반 자산을 배치하여 국가안보 측면에서 북한에 대한 국제 제재와 주변국 감시를 수행한다. 예를 들어 금지된 제품의 선박 간 이동을 파악하고 중국 해양활동을 모니터링하는데 중점을 둔다. 중국의 해군 능력은 수년에 걸쳐 확장되어 중국과 일본의 해양활

2　일본의 해양 기반 우주 전력에 대해서는 오픈된 소스가 부족하여 세부적으로 확인하지 못했음을 일러둔다.

동이 중복되어왔기 때문에 이러한 부분에도 일본이 중점적으로 고려하는 것으로 보인다. 우주에서 일본의 해양영역인식 기능은 주로 ALOSAdvanced Land Observing Satellite 위성에 의존한다. ALOS 2 위성에는 자동식별시스템Automatic Identification System: AIS이 장착되어 있으며, 비콘 신호를 수신하여 선박을 찾고 식별한다. ALOS-2 위성은 AIS 외에 선박을 추적할 수 있는 SAR 레이더를 장착하고 있기 때문에 AIS 신호를 차단한 선박을 찾을 때도 유용하다. 이러한 조합은 일본에 포괄적 전천후 해상 및 해양 모니터링 능력을 제공한다.

2 일본의 우주 전력

가 우주 전력투사

일본의 대표적인 발사체는 액체연료를 사용하는 H2A 로켓과 고체연료를 사용하는 엡실론 로켓이다. H2A 로켓은 정지궤도 위성을 발사할 목적으로 개발된 대형 발사체로, 일본 기업인 미쓰비시 중공업에서 제작되었다. H2A는 일본이 자체 개발한 우주 발사체로, 모든 기술이 일본 국내 기술로 개발된 발사체이다. 이러한 사례를 통해 평가할 때 일본의 우주 발사체 제조 관련 기술력은 상당한 수준이다.

일본이 보유한 또 다른 발사체로는 엡실론 로켓이 있는데, 엡실론 로켓은 소형 위성용 우주 발사체이다. 이는 2013년에 우치노우라 우주 공간 관측소에서 성공적으로 발사되었으며, 가성비가 좋은 로켓으로 알려져 있다. 일본은 엡실론 로켓을 통해 비용 절감과 효율화를 얻게 되었고, 중소기업 등에서도 소형 위성 개발과 이용이 지속적으로 확대되고 있다. 일본은 최근 대형 주력 로켓인 H2A 후속 로켓 개발도 추진하고 있다.

나 ISR 및 통신

일본은 2003년에 두 개의 정보수집 위성을 발사했는데, 광학위성과 레이더위성 각 1기를 자체적으로 발사하였다. 또한 2007년에 추가로 정보수집 위성을 발사하였으며, 2024년에 발사된 광학 8호 위성을 포함하여 현재 총 9기의 군사 정찰위성을 운용 중이다. 이러한 정찰위성을 통해 중국과 북한 등 주변국의 군사적인 동향 등에 관한 독자적 정보수집이 가능해졌으며, 30cm 물체까지 식별이 가능하다. 통신 분야에서는 자위대의 지휘 및 통제와 통신능력을 향상시키기 위해 3개의 위성을 활용한 X밴드 통신 시스템을 구축하였고, 2024년부터 운영 중에 있다.

다 항법

2018년부터 일본은 QZSS라는 지역항법위성 시스템을 운영하고 있다. 일본은 2010년에 이들 위성 중 첫 번째를 발사했으며, 2017년 3기가 추가로 발사되었다. 이 지역항법위성은 GPS 활용을 보완하고 추가적인 정밀도를 제공한다. 3기의 위성 중 2기는 경사궤도상에 위치하고 나머지 1기는 정지궤도상에 위치하여 운용되고 있다. 일본은 최초 이 4기만으로 미국의 GPS를 보완해 상호 운용할 계획이었으나, 2025년까지 추가로 3기의 위성을 발사해 총 7기의 위성으로 자체적인 위성항법 시스템을 구축할 예정이다. 또한, 2030년대 후반까지 11기 체제로 확대할 예정이다.

라 우주영역인식

항공우주연구기구의 카미사이바라 우주방위센터에는 고도 2,000km 이상에 위치하는 지름 1m 이상의 물체를 식별할 수 있는 레이더가 있고, 비세이 우주방위센터에는 우주영역인식을 위한 전자광학 시스템이 구축되어 있다. 츠쿠바 우주센터Tsukuba space center에서는 우주영역인식 분석 시스템을 개발하고 있으며, 650km 이상에 위치하는 지름 10cm의 물체를 탐지할 수 있는 망원경을 비세이 우주 방어대에 설치할 계획이다.

추가로 일본은 방위성 예하에 심우주 레이더 시스템과 지휘통제센터를 구축 중에 있으며, 방위성을 중심으로 관련 부처 및 기관과 함께 우주 기반 광학 망원경과 우주영역인식 레이저 거리측정 장치를 개발할 예정이다. 일본은 항공우주자위대 예하에 우주작전군을 설치하고 우주영역인식을 수행 중이다.

마 전자전

일본은 우주영역임무단space domain mission unit을 구축하고, 우주 우위 확보를 위한 역량 및 시스템 강화에 적극적으로 노력할 계획이다. 우주영역임무단은 우주 방어를 수행하는 데 필요한 지상국의 운영을 맡게 되며 자국 우주 시스템 보호를 위한 적극적 방위 개발을 검토 중이다. 자국 인공위성에 대한 공격을 막기 위한 위성방어시스템을 개발하는 것은 물론 방어를 위해 위성을 공격하는 시스템도 개발 중에 있다.

이러한 노력을 실제적으로 구현하기 위해 일본은 방위계획대강에 우주, 전자파, 사이버 등 3개 분야에 대한 능력을 강화하는 방안을 포함시켰다. 전자전 분야에서는 적국 통신위성을 무력화하기 위해 지상에서 전자파를 활용, 통신을 방해하는 시스템을 도입할 예정이다. 또한, 전자파 공격 장비로 항공기나 차량 등에 전파 교란 장치를 탑재해 상대국의 항법위성이나 통신위성 등과 같은 핵심 위성체계를 무력화하는 시스템을 포함시켰다.

바 우주 통제

일본은 개발 중이거나 운용 중인 대위성ASAT 무기는 없는 것으로 알려져 있다. 그러나 해상 기반의 요격미사일SM-3을 보유하고 있는데, 이 미사일은 이미 미 해군에서 위성을 요격하는 데 사용될 수 있다고 증명된 무기이다. SM-3는 상대방의 미사일에 대한 요격 기능뿐만 아니라 위성도 파괴시킬 수도 있다. 2007년, 중국은 중거리 탄도미사일을 사용하여 고도 약 850km에 위치한 수명이 다한 자국의 낡은 위성을 요격하는 데 성공했다. 이에 대응하기 위해 미국은 1년 뒤인 2008년, 역시 자국의 낡은 첩보 위성을 이지스 순양함에서 위성요격용으로 개량한 SM-3 미사일로 요격하였다. 이처럼 SM-3는 언제든지 대위성ASAT 무기로 활용될 가능성이 충분하기 때문에 일본 역시 여건에 따라 600km 이하의 위성에 대한 공격 능력을 단기간 보유할 수 있다.

제5장

해양 기반 우주작전과
요구능력

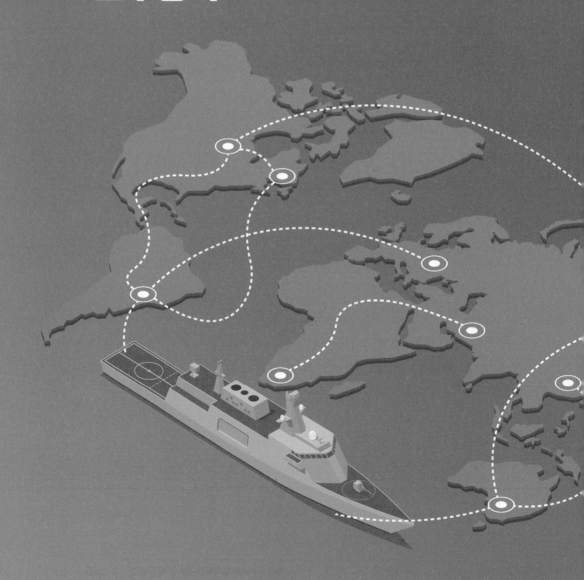

해양 기반 우주작전 제시 방향

    지금 우리가 느끼는 해양과 우주의 거리는 딱 해양과 우주의 실제 거리만큼이나 멀게 느껴진다. 하지만 이러한 물리적 거리는 과학기술의 발달로 점차 가까워지고 있다. 함정은 부두를 이탈하면서부터 우주 자산의 도움이 필수적이다. 실제로 함정은 항해에서 적의 탐지·식별·추적·공격·평가에 이르기까지 우주 자산의 도움을 받고 있다. 우주 시대의 해양력은 먼 미래가 아닌 지금의 모습이고, 그 변화의 속도가 매우 빠르게 진행되고 있다.

    해군이 작전을 수행하는 데 있어서 우주전력이 얼마만큼 깊숙이 자리 잡고 있는지에 대해서는 미 합동교범 우주작전space operation에 잘 나타나 있다.[1] 교범에는 우주작전을 10개로 분류하고 있는데, 이 중 우리나라 해군은 이미 5개의 작전능력을 수행하고 있으며, 나머지는 능력구축을 위해 노력하고 있다.[2] 하지만 이렇게 밀접한 관계에 있음에도 해양을 중심으로 우주를 어떻게 바라봐야 하는지, 우주에서 해양은 어떻게 바라봐야 하는지에 대한 진지한

---

1   U.S. Joint Chiefs of Staff, Space Operation, Joint Publication 3-14, 2018.4.10.; U.S. Navy, Navy Space Policy Implementation, Chief of Naval Operations Instruction 5400.43, 2018.10.19; 합동 우주작전 교범에 간략히 기술된 해군의 역할은 따로 해군의 참모총장 지시로 구체화하여 운용 중에 있다.

2   우주통제(Space Control), 위치항법시각(Positioning, Navigation, Timing), 우주ISR(Intelligence, Surveillance, Reconnaissance), 위성통신(Satellite Communications), 우주환경감시(Environmental Monitoring), 탄도탄 경보(Missile Warning), 핵폭발 감시(Nuclear Detonation Detection), 우주 투사(Spacelift) 등은 확보한 능력이며, 우주영역인식(Space Situational Awareness), 위성작전(Satellite Operations)은 확보를 추진하고 있는 능력이다.

고민이 이루어지지 않고 있다.

이 장에서 제시하는 해양 기반 우주작전안은 교리 및 전술 수준의 구체적인 작전방안 제시라기 보다는 해양 기반 우주력 발전방안을 도출하기 위한 '어떻게 싸울 것인가HOW TO FIGHT'의 기본개념 및 운용개념을 제시한다.

우주 전장시대에 해양에서 어떻게 싸울 것인가에 대한 개념 제시는 추후 용병과 양병의 기본적인 지침을 제공하게 된다. 기준을 가지고 현재 보유하고 있는 자산의 운용과 미래 전력 구상의 틀을 제공한다는 측면에서 그 의미를 찾을 수 있다. 해양 기반 우주작전은 다음과 같은 두 가지 개념에서 발전시킨다. 첫째는 해양에서 합동작전 영역인 우주작전 능력을 향상시킬 수 있는 방향이다. 둘째는 우주라는 합동전장영역에서 기존 해양작전의 능력을 향상시키는 방향으로 구상된다. 이러한 두 가지 방향에서 우리가 어떻게 해양 기반 우주력을 발전시켜 나갈지에 대한 대략적인 방향성을 제시한다.

2 현재 해군과 해양 기반 우주작전 분석

1 현재 운용 중인 해양 기반 우주작전

가 위성통신 활용

우리나라 해군은 2003년부터 무궁화위성을 이용한 해상작전위성통신체계Maritime Operation Satellite Communication System: MOSCOS를 운용 중이다.[3] 육군 및 공군과 달리 해군은 위성을 이용한 통신을 주통신망으로, 전파를 이용한 망을 부통신망으로 운용 중이다. 육군이나 공군의 전투단위인 보병과 항공기는 작전을 위해 멀리 떨어져봤자 한반도와 영공을 벗어나기는 어렵다. 따라서 전투 단위의 통신을 위해 장거리 위성통신의 필요성이 상대적으로 적었다. 훈련을 위해 필요한 경우라 하더라도 그 사용 빈도는 매우 드물다.

반면 해군이 마주하는 작전환경의 현실은 이와 다르다. 해상에서 거리는 한반도를 둘러싼 우리의 관할해역만 하더라도 멀게는 육지로부터 1,000km 이상 떨어진 거리이다. 이는 우리가 흔히 쓰는 UHF, VHF, HF와 같은 전파 통달 거리를 훌쩍 넘어선다. 따라서 해군은 오래전부터 국내·외 작전을 위해 위성을 기반으로 한 통신망·데이터망을 주 망primary으로 이용해 왔고, 또한

---

3   우리나라군은 록히드마틴사의 F-35 구매의 절충교역 조건으로 독자적인 군위성을 갖게 되었다. 2020년 7월 미국 플로리다 케네디 우주센터에서 '아나시스(ANASIS) 2호'를 발사하여 고도 36,000km의 정지궤도에 성공적으로 안착하였다. 이는 군 최초 독자 통신위성으로 통신 전송 용량이 확대되었고, 이로 인해 해군에서는 발전된 MOSCOS-II 운용으로 각종 전장 망 및 전술데이터체계의 성능을 향상시킬수 있게 되었다.

인도주의 구호작전이나 평화유지작전 등 해군이 해외에서 작전을 수행하는 작전활동 횟수가 증가하고 그 범위가 점점 더 확장됨에 따라 그 수요도 더욱 확대되고 있는 추세이다.

나 탄도탄 조기경보 능력

탄도탄은 기본적으로 대기권 밖 우주에 탄두를 올려 위치에너지가 운동에너지로 전환되는 탄도운동으로 목표물을 타격하는 무기체계이다. 이러한 탄도탄을 감시하기 위해 우리나라 해군이 운용하고 있는 세종대왕급 이지스함은 2008년부터 SPY-1D 레이더를 이용하여 탄도탄의 발사단계는 물론이며 우주를 지나는 중간비행단계에서 탐지 및 추적을 해오고 있다. 언론을 통해 북한의 미사일 발사부터 궤도까지 추적한 결과가 다수 발표되었기 때문에 이러한 활동과 능력은 대중적으로도 잘 알려진 내용이다.

우리나라 해군은 지속적으로 체계 개발을 실시하여 2024년에는 탄도탄 요격유도탄을 적재한 정조대왕급 이지스함을 전력화했다. 이를 통해 해상에서 우주를 지나는 탄도탄 탐지 및 추적 능력은 물론이며, 적의 탄도탄을 타격할 수 있는 펀치punch의 역할을 수행할 수 있는 탄도탄 요격 능력을 지속적으로 발전시키고 있다. 이는 북한은 물론이며 주변국의 미사일 발사에 보다 효과적으로 대응할 수 있다.

다 우주영역인식능력

이론적으로 보면 대기권 밖을 비행하는 탄도탄을 탐지할 수 있는 우리나라 해군은 그 능력으로 우주까지 감시가 가능하다. 이와 같은 능력을 활용하면 우주 영역의 인공위성 탐지·추적도 가능하기 때문에 이러한 능력을 강화하기 위한 우주감시 분야 훈련을 수행하고 있다. 그러나 현재 해군이 가지고 있는 레이더로는 위성의 위치를 파악할 수 있지만, 위성의 모형을 식별할 수 있을 만큼의 해상도가 높지 않다. 그래서 식별을 위해서는 위성의 공개된 위치와 궤도를 확인하고 레이더에 탐지된 움직임을 비교하는 추가적인 과정이 필요하다. 앞으로 레이더의 성능이 높아지면 이러한 과정 없이 즉시 식별이 가능할 것이다.

현재는 세종대왕급 이지스함 3척만이 우주 감시 능력을 보유하고 있지만, 앞으로 탑재될 국산 다기능레이더Multi-Function Radar는 이지스체계와 유사한 능력을 갖출 것으로 평가된다. 따라서 이 함정의 전력화 이후 해군은 우주의 위성을 탐지하는 능력을 추가로 확보함으로써 더욱 촘촘한 우주 감시가 가능하다. 다기능레이더MFR는 그 기능이 탐색과 추적에 제한되어있는 기존의 탐지레이더 및 추적레이더와는 달리 다양한 환경 조건에서 항공기고정익 항공기, 무인항공기 등, 유도탄순항 유도탄, 공대지 유도탄, 전술 탄도탄 등의 다중 표적을 탐색할 수 있는 능력과 다양한 표적에 대한 적·아 식별도 자동으로 수행이 가능하다.

라 위치항법시각 정보활용

해군은 3군 중에서 우주 기반 위성항법장비를 가장 많이, 그리고 다양한 방법으로 사용하고 있다. 육군과 공군은 지상의 다양한 물표를 통해 상대적인 자신의 위치를 산출하는 방법을 주 위치 산출법으로 사용한다. 한편 해군은 일부 항법장치 없이 날아가는 포탄을 제외하면 함정의 탐지장비, 전투체계, 무장에 이르기까지 거의 모든 장비가 위성항법장비를 사용하고 있다. 광활한 해양에서는 상대적 위치를 낼 수 있는 해상의 물표가 부족하여 함정의 위치를 산출하기 어렵다. 이러한 어려움은 해군을 더욱 위성을 통한 위치, 항해, 시간 정보에 의지하게 만든다. 특히, 아덴만 등 해외 해상작전 시 우주 기반 위성항법장비의 의존도는 매우 높은 현실이다.

마 우주 전력투사

2023년 12월, 국방과학연구소는 해양플랫폼을 통해 민간 소형위성을 탑재한 고체추진 우주발사체를 성공적으로 발사하였다. 다만, 지난 발사는 우주작전 수행 차원의 발사는 아니며, 우주발사체의 개발과정에서 수행된 시험 발사였다. 현재 해군은 해상발사체 또는 해상발사장을 보유하고 있지 않기 때문에 우주발사를 위한 지원 역할을 담당하고 있다. 2022년 6월 21일 누리호 발사 시 해군은 이지스구축함DDG이 남해상에서 누리호 궤적을 탐지 및 추적하여 대기권을 벗어난 후 고도 1,000km까지 안전모함의 임무를 수행한 사례가 있으며, 2023년 5월 25일 발사 시에도 동일한 임무를 수행하였다. 앞으로 해상 우주 발사체가 확보되면 해군에서 주도적으로 우주 투사 작전을 수행할 수 있다. 또한 상륙함 등 다양한 함정이 주변 어선의 접근을 통제하거나 해상에서 호위임무를 수행하는 등 지원임무까지 효율적으로 수행할 수 있다.

2 확대가 필요한 해양 기반 우주작전

가 우주영역인식 능력 구축

우주영역인식은 현재 공군의 우주작전전대를 중심으로 운용되고 있는데, 여기서는 지구 주변을 도는 인공위성 보호, 우주상 사고의 선제적 인식 등 우주 안보의 구심적인 역할을 수행하고 있다. 우리나라에서 수집된 정보뿐만 아니라 미 우주군으로부터 받은 고급 우주 정보를 융합하여 보다 통합적이고 확대된 우주영역인식이 가능하게 되었다. 하지만, 이러한 모든 우주영역인식과 관련된 능력은 현재 공군에 집중되어 있으며, 2022년 1월에는 우리 군의 최초 우주감시 자산인 전자광학위성감시체계가 공군에 도입되었다. 이러한 상황에 맞춰 해군은 해양기반 우주영역인식 체계를 확보해 나아가야 하며, 공군 우주작전전대와 협업하여 우주정보 공유, 합동 우주감시 훈련 등을 위한 노력을 지속해야 한다.

3 우주 전장시대 해군력 발전방향

1 해양 기반 우주력 발전방향

우주 전장시대 해군력의 발전방향을 구체적으로 제시하면 다음과 같다. 첫째, 해군의 기존 능력을 확장하느냐, 새로운 능력을 구비하느냐. 우주 자산이 해군작전에 이미 깊이 들어와 있으며, 대탄도탄 작전의 경우 합동작전에 상당 부분 기여하고 있다. 그에 반해 우주영역인식, 우주의 탐지를 회피하는 해군의 능력 등은 아직까지 전혀 고려가 되지 않은 상황이다. 최근 이에 대한 필요성과 개념적인 수준의 발전방안이 조금씩 논의되는 상황이다.

둘째, 해군작전 능력을 확대하느냐 또는 합동 우주작전 능력을 확대하느냐. 물론 해군이 자체적으로 해군작전 능력을 신장하면 이는 결국 합동 우주작전에 기여하는 것이며, 동시에 일부 합동 우주작전 능력을 증강하는데 직접적으로 기여할 수도 있다. 한편, 우주 자산을 이용해 해양영역인식 및 공격 능력을 확보하면 이는 해군작전 자체를 보다 효과적으로 운용할 수 있다는 이점이 있다.

이러한 두 가지 측면에서 파생된 네 가지 능력으로 해군력 발전방향을 제시하면 도표 5-1과 같다. 표에서 보는 바와 같이, 2개의 차원이 만들어내는 4개의 시나리오를 각각 세밀하게 살펴보고, 각각의 시나리오에서 해양 기반 우주작전이 어떠한 개념으로 나아가야 하는지를 제시한다.

▲ 도표 5-1 우주 전장시대 해군력 발전방향

	해군작전 능력 (Maritime Capability)	합동 우주작전 능력 (Joint Capability)
기존 능력 (Pre-existing Capability)	• 해양 감시 능력 • 해양 공격 능력	• 탄도탄 감시/요격 능력 • 우주 자산 공격 능력
새로운 능력 (New Capability)	• 우주 감시로부터 회피 능력 • 우주 공격으로부터 회피 능력	• 우주영역인식 능력 • 우주 발사체 지원 능력

2 기존 해군작전 능력을 향상시키는 방안(PM)

가 적 해양전력을 탐지·식별·추적하는 능력

현재 우리나라의 해양감시 능력은 해안가 및 울릉도, 백령도, 추자도 등 주요 도서의 레이더, 해경의 해양경비안전망V-PASS, 국제해사기구에서 제공하는 선박자동식별시스템AIS 등이다. 성능이 좋은 레이더라도 해안 및 함정에서 반경 256nm해상 마일 이상 이격된 물체에 대해서는 감시가 상당 부분 제한된다.[4] 이러한 제한적인 해양영역인식은 적의 접근을 조기에 탐지·식별하여 대응시간을 확보하는 데 효율적이지 못하다. 하지만 위성을 통해 SAR 영상 및 AIS 자료를 융합·비교·대조하여 해양에서 상황인식은 물론 탐지·추적·식별 능력을 비약적으로 향상시킬 수 있다.[5]

일반적으로 전파를 위성에서 방사하여 반사파를 탐지함으로써 영상으로

---

[4] 이러한 제한사항을 극복하기 위해 주요 선진국에서는 광역해양정보·상황감시 체계(Maritime Domain Awareness: MDA)를 위성 기반으로 운용하여 해양공간정보와 해양안보 전략정보를 통합하여 해양공통상황도(National Maritime Common Operating Picture)를 운용하고 있다. 참고로 1해상 마일은 약 1,852m의 거리를 의미하며, 해상 속력을 육상 기준으로 변환 시 편의적으로 2배를 적용하여 산출한다.

[5] 이 자료는 육지 및 연안의 중계기를 이용하여 제한적으로 연안의 함정정보를 종합 할 수 있으나 전 해양에 항해하는 모든 선박에 대한 AIS 정보는 위성을 통해서만 수집·종합·전파가 가능하다.

만들 수 있는데, 레이더 영상을 이용한 SAR 영상이 대표적이다. SAR는 구름이나 비와 같은 기상 조건이나 일조 현상에 관계없이 전천후로 고해상도 영상을 제공하기 때문에 넓고 다양한 대기 현상이 일어나는 해양감시에 적합하다.

▶ 도표 5-2 　위성정보를 이용한 해상 이동물 식별 절차

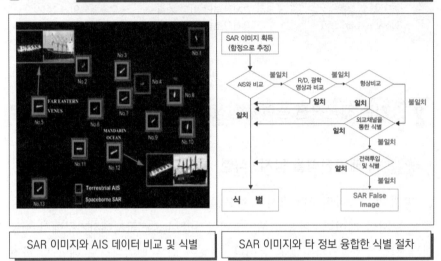

| SAR 이미지와 AIS 데이터 비교 및 식별 | SAR 이미지와 타 정보 융합한 식별 절차 |

출처: The Journal of Navigation, 2014. https://www.researchgate.net/publication/299485487_
Ship_Surveillance_by_Integration_of_Space-borne_SAR_and_AIS_-_Further_Research.

　이러한 SAR 영상은 다양한 해양감시체계와 연동하여 해양에서 탐지·식별·추적이 가능하며, 위성을 이용한 영상과 해상에서 탐지한 정보를 융합하여 해양상황에 대한 인식률을 높일 수 있다. 도표 5-2 그림 중 왼쪽은 SAR 영상을 이용해 해양에서 이동하는 선박이 발견되면 1차적으로 AIS 정보와 비교하여 식별하는 절차를 나타낸다. 대부분의 수상 이동 선박은 이 절차를 통해 식별이 가능하지만 이는 군의 관심 표적이 아니다. 군의 입장에서 보면 SAR 이미지에는 탐지되었으나 AIS 정보에는 없는 이동 선박을 식별하는 것이 더 중요하다.

　도표 5-2 오른쪽의 플로우차트는 SAR 이미지 정보를 이용하여 AIS 정보

와 비교하는 것은 물론이며, 다양한 타 정보를 이용하여 식별하는 절차를 나타낸다. 다양한 다른 식별 요소는 레이더, 광학카메라, 형상비교식별기법, 외국에 식별요청, 우리 함정의 직접 접근 식별 방법 등을 통해 식별하는 절차를 나타낸다. 이러한 절차의 시작은 전 해상의 표적을 탐지할 수 있는 위성을 통한 SAR 영상으로 가능하다.

그렇다면 해양에서 작전하는 도중 수중에서 활동하는 접촉물은 어떻게 탐지를 할 수 있을까? 현대 해군작전에 있어서 수중의 잠수함을 탐지·식별하는 능력은 해군작전뿐 아니라 전략적으로 전쟁 자체의 승패를 결정짓는 결과를 가져올 수 있다. 기존 플랫폼에서 실시하는 대잠탐색의 제한사항들도 위성을 통해 극복하고 넓은 영역을 지속적으로 탐색할 수 있는 기술의 발전이 전세계적으로 현재 진행 중이다.

예를 들어, 중국에서는 500m 수면 아래 있는 잠수함을 위성의 LiDARLight Detection and Ranging를 이용하여 탐지하는 기술을 확보하고 있다. 미국은 LiDAR를 이용해 수중의 기뢰를 탐지하는 기술을 이미 확보하고 있으며, 이를 잠수함 탐지를 위해 확대 운용할 계획이다. 장차 수상은 물론 수중까지 위성을 통해 모두 탐지 및 식별이 가능할 것이다.

현재는 이러한 기술을 해상 및 항공 플랫폼에서 운용하나 우주 기반 장비로 전환하여 한반도 연안이 아닌 그 이상으로 해양상황인식 영역을 확장할 수 있다. 도표 5-3은 LiDAR를 이용해 수중물체를 탐지한 실제 영상과 개념도이다.

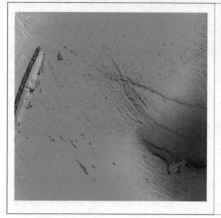

WW-II 격침 잠수함(S-28) 라이다 이미지	LIDAR 이용 잠수함 탐재 개념도

출처 : https://www.hydro-international.com/content/article/how-robotic-technology-officially-
      identified-the-world-war-ii-submarine-s-28-gravesite.
      https://res.cloudinary.com/csisideaslab/image/upload/v1574455202/on-the-radar/Non-
      acoustic_Sub_Detection_Primer_c7ntof.pdf.

나 우주 자산을 이용한 해양세력 공격 능력 향상

　　현재 우리나라 해군에서 이용하고 있는 무장 발사 형식은 크게 두 가지인
데, 해양플랫폼에서 발사하거나 또는 육상 기지에서 해양으로 발사하는 방식
이다. 우선, 해양에서 발사하는 무장 중 사거리가 가장 긴 무기체계는 수상함
정에서 운용하는 함대함유도탄이며 최대 사거리는 약 200km에 이른다. 물
론 이 무장이 대잠초계기P-3C 등 항공기에서 발사하면 항공 플랫폼의 위치에
따라 원해에서 타격이 가능하긴 하지만, 발사 플랫폼의 변화에 관계없이 기
본적인 사거리는 동일하다. 즉, 플랫폼 반경 200km 이상의 수상함은 타격이
어렵다. 잠수함에 대한 공격시 사거리는 더 짧아진다. 청상어가 약 19km의
사거리를 가지는데 비해 대잠로켓인 홍상어는 약 30km의 사거리 능력을 보

유한 것으로 알려져 있다. 이는 대함 유도탄과 비교해 매우 짧은 사거리 수준임을 알 수 있다.

다음으로, 육상에서 발사하는 공격무기 중에는 잠수함에 대한 공격을 효과적으로 수행할 수 있는 대잠무기가 없다. 해안포는 예전에 운용하던 함포를 재활용한 것들이 대부분이다. 실제적으로 위협이 되는 것은 지대함 유도탄인데 이들은 함정에서 운용하는 함대함미사일을 육상용으로 개량한 것으로 사거리는 동일하다. 따라서 사거리의 제한으로 인해 원해에서 접근하는 적을 선제적으로 대응하는데 실효성이 떨어진다.

이처럼 현재 우리나라 해군에서 운용하는 모든 무장들은 적을 공격하는데 있어 일정 부분 사거리 제한이 있다. 원거리에서 접근하는 적을 탐지하더라도 타격할 수단이 마땅치 않은 현실이다. 장차 우리나라 해군이 위성플랫폼에서 해상의 적을 공격할 수 있는 무장을 운용한다면 사거리의 제한을 상당 부분 극복할 수 있다.

현재까지 해양플랫폼을 무력화하기 위해 우주에서 무장을 운용한 사례는 없다. 다만, 미국 등 선진국에서 국방 신개념기술시범사업Advanced Concept Technology Demonstration: ACTD으로 선정해 장기 사업으로 진행을 한 경험이 있다. 지상해상 공격을 위해 제시된 운동에너지 무기로는 고속탄환묶음Hypervelocity Rod Bundles, 지향성 에너지 무기로는 레이저Evolutionary Air and Space Global Laser Engagement 등을 제시하고 있다.[6] 해상공격이 가능한 이 두 가지 우주무기는 비록 현재까지 함정을 대상으로 사용된 실적은 없으나 현재의 기술 수준으로 활용 가능한 무기체계이다.

---

6   개념적으로는 모두가 가능하고 가공할 위력을 발휘할 것이다. 하지만 실제 무기화는 또 다른 이야기가 된다. '신의 지팡이'의 경우 우주에서 낙하하면 곧바로 대기권을 지나 원하는 지점을 타격할 수 있지만, 지구의 자전, 위성의 궤적, 대기권진입시간 등 다양한 우주 역학을 고려해야 하는 문제로 그리 간단하지 않다. 레이저 무기의 경우도 레이저의 직진성을 이용해 원하는 위치에 대한 타격은 상대적으로 쉬우나 중간 매질에 민감하여 기상에 많은 영향을 받는다. 다만 이러한 문제는 있긴 해도 결국에는 과학기술의 발전으로 해결이 될 것이며, 결국 우주에서 무기를 운용하고자 하는 국가의 의지가 모든 제약요소를 극복할 수 있는 핵심 열쇠이다.

3 기존 합동 우주작전 지원능력을 향상시키는 방안(PJ)

가 탄도탄 감시/요격 능력 확보

현재 우리나라의 탄도탄 방어와 관련해서는 합동참모본부에서 주관하고 있으며, 실제 작전은 공군에 위임하여 중앙집권적으로 통제하고 있다. 중앙집권적 탄도탄 방어계획 안에 해군은 세종대왕급 이지스구축함에 있는 SPY-1D 레이더와 이를 운용하는 이지스전투체계가 있다. 앞으로 우주작전 능력 향상을 위해서는 전투체계, 탐지 능력, 요격 능력의 세 가지 측면에서 보조를 맞춘 체계 발전이 필요하다. 도표 5-4는 3가지 측면의 현재와 앞으로의 발전 방향에 대해 정리한 내용이다.

전투체계는 현재 세종대왕급 함정에서 사용하는 이지스 전투체계 Baseline 7.1에서 탄도탄요격유도탄SM-3 또는 SM-6 등 장착 시 요격까지 가능한 BMD 5.0 기능이 포함된 이지스 전투체계로 발전 중이다. 실제로 2024년 한국 해군에 인수된 최신예 이지스함KDX-III B-II 정조대왕급 함정에는 이지스 베이스라인 9.C2, BMD5.0 전투체계가 탑재되어 있다. 다만, 현재는 대공전 모드와 탄도탄요격 모드가 분리되어 대탄도탄 작전시 리소스의 한계로 대공전이 제한되는 상황이다. 앞으로는 전투체계의 발전으로 대공전과 대탄도탄 작전이 하나의 모드로 동시에 운용이 되더라도 독립 모드와 같은 성능을 발휘할 수 있는 버전으로 발전이 진행되어야 한다.

구분	현재 능력	발전 방향
전투 체계	• KDX-III B-I(세종대왕급) 3척 * 이지스 Baseline 7.1(대탄도탄작 　전,대공전 동시 교전 불가, 대탄도 　탄 요격 능력 없음.) • KDX-III B-II(정조대왕급) 3척 건조 * 이지스 Baseline 9c2	• KDX-III B-I 3척 성능개량 * 이지스 Baseline 7.1 → 9c2(대탄도 　탄작 전 및 대공전 동시교전 능력향상) • KDDX-S(Smart) 6척 건조 * 한국형 이지스 전투체계(한화)
탐지 능력	• KDX-III B-I(세종대왕급) 3척 * SPY-1D(PESA 레이더) • KDX-III B-II(정조대왕급) 3척 건조 * SPY 6(AESA 레이더)	• KDX-III B-I 3척 성능개량 * SPY-1D → SPY 6(AESA 레이더) • KDDX-S(Smart) 6척 건조 * 국내개발 다기능위상배역레이더
요격 능력	• KDX-III B-II(정조대왕급) 3척 건조 * SM-3 또는 SM-6	• KDX-III B-I 3척 성능개량 * SM-3 또는 SM-6 • KDDX-S(Smart) 6척 건조 * 국내개발 탄도탄요격유도탄

　탐지능력은 현재의 SPY-1D 레이더는 비능동형 전자주사식 위상배열 레이더Passive Electronically Scanned Array: PESA 방식으로 전력소모율이 높기 때문에 앞으로는 각각의 소자에서 레이더파를 형성하는 능동형 전자주사식 위상배열 레이더Active Electronically Scanned Array: AESA 방식으로 발전하여 적은 에너지로도 고출력·고분해 능력이 발휘되어야 한다.

　공격 능력은 현재 탄도탄요격유도탄이 없으나 소요가 이미 결정된 SM-3급 유도탄을 포함하여 KDDX에는 L-SAM의 해상형으로 개량된 탄도탄요격유도탄이 개발되어야 한다.

나 우주 자산 공격 능력 확보

　적성으로 여겨지는 위성의 고도에 따라 공격의 대상이나 공격의 가능성 또한 달라진다. 현재 우리나라 해군에서는 우주에 있는 위성을 공격하는 대위성ASAT 요격미사일을 보유하고 있지 않다. 하지만 KDX-III B-II에 탑재된

SM-3급 탄도탄요격미사일은 저고도 위성에 대한 공격이 가능한 것으로 알려져 있다. SM-3 블록1은 요격 고도가 250-500㎞이며, 개량형인 SM-3 블록 2A의 요격 고도는 1,500㎞인데, 블록1만으로도 다양한 저궤도 위성을 공격하기에 충분하다.

KDX-III B-II에 탑재된 대공유도탄은 연구개발이 아닌 구매로 결정되었고, 구입비는 물론 운용유지비도 상당할 것으로 알려진다.[7] 반면 국산 개발 가능성을 고려하면 비용을 다시 계산할 필요가 있다. 국산 구축함 사업인 KDDX가 국내개발로 소요가 결정되었다. 특히, 전투체계사업자로 국내 업체가 선정되어 앞으로 국산 탄도탄요격유도탄 탑재가 유력할 것으로 판단된다. 차기 구축함 사업에는 탄도탄은 물론 위성요격 능력까지 보유한 유도탄을 탑재하는 개념으로 국내 개발이 이루어져야 하며, 이 경우에는 장기적인 측면에서 효율적인 예산 사용이 가능하다.

4 새로운 해군작전 능력 확보(NM)

가 우주 감시로부터 회피 능력 확보

해군은 함정을 먼저 탐지·식별·추적하기 위해 노력하는 동시에 자신의 함정이 피탐되는 것을 방지하기 위한 노력을 병행하고 있다. 즉, 다양한 함정을 탐지할 수 있는 특성을 연구하여 이를 위한 센서들을 개발함과 동시에 이러한 특성이 피탐되지 않게 하려는 노력을 진행하고 있다. 스텔스Stealth함 건조 등이 그 주요한 예라고 볼 수 있다. 도표 5-5는 상대 함정을 탐지할 수 있는 다양한 함정의 특성과 센서를 보여준다.

---

7   미국의 국방안보협력국(Defense Security Cooperation Agency)에서 국무부(The State Department)에 일본으로의 SM-3 Block IIA 판매 승인이 났다고 전하면서 SM-3 73발, MK 29 케니스터, 기술지원, 이송, 군수지원 등 관련된 모든 것을 포함한 프로그램 가격이 3.295 B$(한화 약 3조 6,475억원)이라고 발표했다. 미사일 1기당 가격은 약 499억원에 달하는 셈이다.

| 반사전자파
(레이더) | 가시광선
(시각) | 전자기
(MAD) |

| 적외선
(적외선카메라) | | 초저전자기파
(전자전장비) |

| 방사소음
(소나) | 항적
(시각, SAR) | 수중전위
(수중센서) |

출처 : Global Research and Development Journal for Engineering, 2019.

    탐지와 피탐방지 간 창과 방패의 싸움은 우주 전장시대에 혁신적인 기술 개발로 인해 새로운 양상을 맞고 있다. 지금까지는 해상에서 함정의 특성들이 방사되는 거리가 매우 제한적이기 때문에 근처에 센서가 없는 먼 해양으로 나가면 함정의 은밀성이 어느 정도 보장되었다. 그러나 우주에서 강력한 센서로 함정의 다양한 특성을 탐지하는 시대에는 지금까지 누려왔던 함정의 은밀성이 더 이상 장점이 되지 않는다. 따라서 우주 전장시대에는 함정의 건조단계에서부터 새로운 스텔스 개념이 도입되어야 한다.

    기존에는 함정의 RCSRadar Cross Section를 줄이고, 레이더의 전파를 흡수하는 방식으로 적의 레이더에 의한 피탐 가능성을 줄였으나, 이러한 방식은 위성에서 고해상도 망원경으로 해상을 감시하는 현 시대, 그리고 앞으로의 우주 전장시대에는 무용지물이 된다. 잠수함 또한 해저까지 탐지가 가능한 LiDAR를 위성에서 운용하면 대양 어디서도 탐지가 가능하기 때문에 수상 및 수중에서 은밀성을 보장하는 게 어려운 현실이다.

따라서 지금까지와는 다른 위성기반 ISR로부터 탐지를 피할 수 있는 스텔스 개념 정립과 함정설계가 필요하다. 그렇다면 어떻게 위성의 탐지를 회피할 수 있을까? 현재 우주의 탐지수단인 광학, 전파, IR, 베르누이 혹으로 나누어 정리하면 다음과 같다.

첫째, 광학적 스텔스 개념은 흔히 말하는 투명인간이 되어야 하는 개념이다. 가시광선이 선체에 반사되어 우주로 돌아가는 광선을 감쇄 및 굴절시켜 위성으로 돌아가지 않게 하는 방안을 강구해야 한다. 둘째, 전파의 경우 레이더에 탐지되지 않도록 많은 방탐 소재와 선형 위주로 발전되어 왔지만, 앞으로는 그 방향이 수평이 아닌 수직일 때도 고려한 새로운 개념의 스텔스 기술 도입이 필요하다. 셋째, 기본적으로 함정은 열기관으로 동력을 얻기 때문에 열에 대한 방탐 가능성을 줄이는 것은 매우 어려운 과제이다. 함정 내 열관리를 위해 함정의 추진계통을 혁신적으로 바꿀 수 있는 연구가 필요하다. 넷째, 함정이 수면 위를 지나가면 생기는 항적을 베르누이 혹이라고 하는데 이에 대한 피탐 가능성을 줄여야 한다. 이는 이론적으로 선체의 모양이나 속력을 조절해야 가능한 방안이지만, 실제적으로 이를 구현하기에는 매우 어려운 기술이기 때문에 시간을 두고 체계적인 연구가 진행되어야 한다.

위와 같은 스텔스 개념은 함정의 무기체계가 유도미사일과 유도탄방어체계가 쌍을 이루어 발전하듯이 병행되어야 그 시너지가 극대화된다.

나 우주 공격으로부터 회피능력 발전

방어 능력은 공격 능력을 갖추는 것에 비해 적게는 수 배에서 많게는 수백 배의 노력이 필요하기 때문에 보다 장시간의 계획을 가지고 우주로부터 공격에 대비하는 것이 필요하다.[8] 역사적으로 볼 때 적에게 피탐되는 것을 피

---

[8] 예를 들어 대함미사일(해성) 1발의 가격은 대략 20억원이다. 하지만 이 대함미사일을 방어하기 위한 이지스 전투체계는 광개토-III Batch-II(3척) 기준은 美 국방안보협력국(DSCA) 판매 승인 기준 19억 1,000만달러(약 2조 1,831억원) 규모이다. 해성 1발 대 이지스체계의 비율은 1:363.95이다. 363배의 돈을 투자해야 방어가 가능한 것이다.

하는 것과 함께 피탐시 적의 공격으로부터 회피하기 위해 해군함정은 다양한 기능을 개선하고 있다. 과거 백병전으로부터 함정을 보호하기 위해 철갑을 두르기도 했고, 포탄으로부터 내부 보호를 위해 장갑 두께를 늘리기도 하였다. 최근에는 유도탄 및 유도어뢰로부터 회피하기 위해 다양한 유도탄방어Missile Defense: MD 체계를 갖추고 있으며, 또한 어뢰음향대응체계Torpedo Acoustic Counter Measure: TACM에서부터 전자전 공격회피체계 등 해군작전에서의 공격무기가 발달함에 따라 방어체계의 발달도 동반되고 있다.[9]

앞에서 강조한 내용으로 지상 및 해상에서 무기체계의 위협은 사거리 및 속도에 있어 제한을 받았지만, 우주에서는 이러한 제한이 사라진다. 그 이유는 다음과 같이 세 가지로 설명할 수 있다.

첫째, 무기체계의 빠른 속력으로 인해 이를 탐지하고 요격하는 것이 제한된다. 우주에서 운용하는 무기는 약 10,000km 궤도에서 낙하하면 11km/s마하 32의 속도로 떨어진다. 마하 32의 속도로 접근하는 공격무기에 대한 방어가 가능한 함정은 존재하지 않으며, 당분간 이 수준에 맞는 방어체계는 개발되기 어려울 것으로 예상된다. 예를 들어 현존 가장 빠른 대탄도탄요격미사일Anti-Ballistic Missile인 SM-3 AII도 마하 16 정도로 이 무기의 낙하속도에 비해 절반밖에 되지 않는 수준이다. 요격을 했다고 해도 발사체를 증발시키지 않는 이상 운동에너지 자체가 없어지는 것이 아니므로 피격을 피하기는 상당히 어렵다.

둘째, 적이 우주에서 무기를 발사하는 순간을 정확하게 탐지하는 것이 제한된다. 속력이 빠르다면 발사 순간 저속일 때 공격 및 무력화를 해야 하지

---

9   현대 해군작전에서 가장 중요한 것은 이러한 개별의 센서/방어체계/무장의 발달보다 다양한 체계를 통합하여 지휘결심을 빠르게 하고, 반응을 신속히 하게 하는 전투체계의 중요성이 더욱 커지게 되었다. 그래서 미국은 1963년 수상함미사일체계(Advanced Surface Missile System)라는 이지스체계의 전신을 개발하는 프로그램을 시작하게 된다. 특히, 공중으로부터 날아오는 공격무기 및 항공기로부터 방어 기능이 특화되어 있다. 공중위협은 반응시간이 짧아 빠른 시간에 센서의 정보를 분석해 대응하는 능력이 필요했기 때문이다. 그것이 현재의 세계 최강의 방어를 위한 전투체계인 이지스 전투체계가 된 것이다.

만, 위성궤도의 물체는 광학 식별이 곤란하고 포구를 약간만 위장하더라도 발사 순간을 파악하는 것은 불가능한 상황이다. 위성의 위치 자체는 사전에 탐지·추적이 가능하나 발사 순간을 놓친다는 것은 목표물에 대한 추적도 어렵다. 상기 감시 및 정찰 체계를 갖춘다고 하더라도 발사시간을 예측하는 시스템까지 갖추는 것은 아직은 시기상조라고 판단된다.

셋째, 우주에서 발사하는 무기는 목표물에 대한 정확한 타격이 안되더라도 주변 함정의 해상 활동을 무력화시킬 수 있다. 기본적으로 타격을 통해서도 피해를 줄 수 있으나 해상에 떨어질 때 마찰로 만들어지는 버블bubble 등 충격파로 주위의 함정들을 무력화시킬 수 있다. 그래서 다소 정확도가 떨어지더라도 목표물 근방에만 떨어지면 위력적인 무기가 될 수 있다는 점에서 우주에서 발사하는 무기의 위력 수준과 파괴력을 쉽게 예상할 수 있다.

넷째, 우주에서 운용하는 무기를 통해 적 잠수함에 대한 원거리 타격이 가능하다. 기본적으로 잠수함 공격무기는 공격 주체가 잠수함에 근접할 때 타격이 가능하다. 현재까지는 대양 한 가운데 있는 목표물에 대해 주위에 대잠무기를 운용할 플랫폼이 없으면 공격이 불가능하다. 하지만 우주 무기를 사용하는데 있어서는 연안과 대양의 구분이 사라진다. 상대적으로 밀도가 높은 물이라는 매질로 인해 파괴력이 줄어들 수는 있지만 어디든 타격이 가능한 큰 장점이 있다. 방향과 거리에 제한을 받지 않으면서도 쉽게 목표물을 타격할 수 있다는 측면에서 우주 무기의 사용 효과에 대한 기대치가 갈수록 높아질 것이다.

5 ▌ 새로운 합동 우주작전 지원능력 확보(NJ)

가 우주영역인식 능력

현재 우리나라 해군에는 우주영역인식 관련 능력이 실질적으로 없는 상황이다. 우주영역인식 능력을 위해 운용 가능한 대표적 전력은 해상이동 우주 감시선이라고 할 수 있다. 주요 선진 국가에서는 이 함정을 운용 중이지만, 주 임무를 미사일 추적함으로 운용하고 우주영역인식은 부가적인 임무로 수행 중이다. 하지만 중국의 경우 우주를 감시하는 임무를 주 임무로 하는 함정을 운용 중이다. 1977년부터 2016까지 총 7척이 진수하였고, 현재 4척 YUAN WANG - 4/5/6/7을 운용 중인 것으로 알려진다. 해양에서 다양한 감시 및 추적임무를 통해 중국의 우주영역인식에 기여하고 있다.

중국을 제외한 다른 국가들은 탄도탄을 추적하는 임무를 주로 하고 그와 관련된 우주 발사체 탐지·추적을 지원하는 개념으로 운용 중이다. 미국의 경우 우주 감시선 10척을 운용하고 있으며, 대부분이 탄도탄이나 미사일 시험발사 지원용이다. 우주 감시 임무는 탄도탄을 감시하는 수준에 머물러 있다. 프랑스 해군도 Monge함을 운용 중에 있으나 대부분의 임무가 미사일 탐지이며, 인도 해군에서도 2척의 미사일 추적함을 건조 중인 것으로 알려진다.

앞으로 우리나라 해군도 미사일 추적함을 보유하면 북한의 탄도탄미사일 감시는 물론이며 나로우주센터에서 발사될 차세대 우주발사체 발사를 지원할 수 있다.[10] 또한, 현재 남태평양 팔라우에서 운용하는 추적소를 이동형 추적함으로 대체하거나 예비용으로 운용이 가능하다. 현 나로우주센터처럼 육상의 고정기지가 아닌 해상이나 공중의 이동형 발사장을 운용할 경우 다양한 장소에서 우주 발사체 시험을 지원할 수 있고, 우주 상황감시에 대한 지원이 가능하다. 함정의 크기가 커진 만큼 감시 임무에 추가해 이동식 우주 상황정보 통제센터의 기능이나 다양한 우주 관련 임무를 추가로 수행하는 다목적함으로 건조 및 운용이 가능하도록 개념을 정립할 필요가 있다.

---

[10] 누리호는 3단계(2018. 4월~2022.10월 / 발사체 인증 및 발사운영)에 접어들었으며 액체엔진 4기를 활용한 1단 엔진 클러스터링 기술 개발 발사체 인증 및 누리호 1회 발사완료 및 추가 발사를 앞두고 있다. 우리나라 형발사체 성공 이후에는, 성능 개량을 위한 후속 R&D 프로그램 운영과 지속적 물량공급 등을 통한 민간 양산체계를 구축함으로써, 2026년부터 민간 발사 서비스를 개시하고 2030년부터는 모든 중·소형 위성발사 서비스를 민간 주도로 제공한다는 계획이다.

나 우주 발사체 지원 능력

우리나라는 한국형 발사체 개발에 박차를 가하고 있고 육상에서 위성발사체를 궤도에 올리는 방향으로 우주발사체 개발이 이뤄지고 있다. 이를 위해 전라남도 고흥에 우주 발사체 전용 발사장을 활용 중이다. 하지만 육상발사기지는 크게 네 가지의 제한점이 있다. ① 우리나라의 위도가 높아 발사에 불리하고, ② 발사 실패 시 추가 피해 발생 가능하며, ③ 향후 많은 위성발사 수요를 감당하는 것이 제한되고[11], ④ 발사방향이 남쪽으로 제한되어 극궤도 발사만 가능하다.

따라서 앞으로 육상발사장의 단점을 극복하기 위한 대안으로 해상발사 플랫폼에 의한 발사가 고려되어야 한다. 그 이유로는 먼저, 정지궤도 위성 발사 시 최단거리로 발사가 가능하다. 정지위성의 궤도는 적도 상공 고도 35,786km에 있다. 따라서 적도에서 발사체를 발사하면 인공위성이 궤도에 도달하는 거리가 단축되고, 지구 자전속도에 의한 상대적인 속도의 이득 덕분에 발사체에 연료를 적게 실어 작은 로켓으로 큰 위성을 궤도에 올릴 수 있다. 또한 발사 실패로 인한 피해를 줄일 수 있다. 위성을 궤도에 올리는 것이 항상 성공을 담보하지는 않는다. 도표 5-6은 지금까지 우리나라가 발사한 발사체의 성공 여부를 보여준다.

11 　군사용 위성의 경우 많은 예산이 들어가므로 국가에서 주도하여 고성능 위성을 중·고고도에 올려 사용하였다. 하지만 미국은 우주에 많은 저가의 저고도위성을 쏘아 올려 일부 위성이 무력화되어도 다른 위성을 통해 전체적인 기능을 상실하지 않는 것을 골자로 한 DARPA의 『Blackjack』 프로젝트가 진행 중이다. 이처럼 효율적인 송수신 성능, 소형화·경량화, 저렴한 비용 등을 갖춘 소형 저궤도 위성이 다양한 기능을 제공하면서 위성을 쏘아 올리는 수요가 폭발적으로 증가할 것이다. 또한, Space X사의 1단 로켓을 재사용하는 기술이 성공(2021. 3.14)하면서 발사비용은 획기적으로 저렴해질 예정이다. 이러한 위상 발사의 수요를 충당하기 위해서 육상의 발사기지만으로는 어렵고, 추가적으로 발사를 지원하는 시설이 필요하다.

발사한 날짜	발사체	위성	성공 여부
2009.8.25.	나로호	과학기술위성 2A호	페어링 미분리로 인한 궤도진입 실패 대기권 추락
2010.6.10.	나로호	과학기술위성 2B호	발사 후 시스템 이상으로 137초에 폭발 후 추락
2013.1.30.	나로호	나로과학위성	궤도 진입 성공
2018.11.28.	누리호 시험 발사체	금속 탑재체 1.5톤	탄도비행 성공
2021.10.21.	누리호	실용위성 모사체(1.5톤)	부분 성공
2022.6.21.	누리호	모사체(1.3톤) + 성능검증위성(162.5kg)	성공
2023.5.25.	누리호	차세대소형위성 2호 + 큐브위성(7기)	성공

지금까지 총 일곱 차례의 발사가 있었지만 두 번 실패하였고, 그 중 한 번은 폭발 후 파편이 인근에 떨어지는 위험한 상황을 연출하기도 했다. 여기에 실제 위성을 위한 발사가 아닌 시험발사까지 더한다면 실패의 횟수도 늘어나고, 실패로 인한 추가적인 위험도 그에 비례해서 높아질 수밖에 없는 상황이다. 발사체 실패로 인한 위험을 최소화하기 위해서는 주변에 실패로 인한 피해가 가지 않는 곳에서 발사하는 것이 안전한데, 육지로부터 먼 해양이 적절한 대안으로 고려될 수 있다.

그래서 씨런치호 등 해양발사선을 이용할 때는 북위 0도가 되는 적도 바다 한가운데에서 인공위성을 발사한다. 우리나라 인공위성인 무궁화 5호도 해양발사선을 통해 궤도에 올려졌다. 씨런치호는 발사과정을 제어하는 통제선command ship과 로켓을 쏘아 올리는 발사플랫폼launch platform으로 구성된다. 통제선은 로켓을 발사할 때 단계별로 이상 유무를 판단하는 역할과 함께 발사체와 인공위성을 발사플랫폼으로 실어오는 임무를 수행한다. 장차 우리나라 해군에서는 추적함tracking ship 발전과 연계하여 위성을 관제 및 통제하는 선박을 운용하는 방향으로 전력 건설이 가능하다는 점을 고려해야 한다.

해양 기반 우주작전 요구능력 산출

가 요구능력 산출 방향

지금까지 우리나라 해군의 해양 기반 우주작전의 현황과 향후 발전방향을 제시하였다. 여기에서는 이러한 해양 기반 우주작전을 토대로 앞으로 우리가 확보해야 할 요구능력을 산출하고자 한다. 해군 단독작전 및 합동 우주작전이라는 두 가지의 개념에 의한 요구능력을 산출하기 위해서는 현재의 작전과 이를 구현하기 위한 가용 전력, 그리고 미래의 작전개념과 그 개념을 구현할 수 있는 능력 산출을 위한 군의 공식문서가 필요하다.

안타깝게도 현재의 해군 능력 및 미래 능력을 가늠할 대부분의 문서가 비밀문서로 작성되어 일반에 공개된 교리 및 개념서를 중심으로 해양 기반 미래 해군작전 및 합동 우주작전 요구능력을 산출한다. 요구능력 측정 분야에 관한 방법은 합의된 것은 없으나, 해군의 다양한 작전분류 방법을 비교하여 적합한 요구능력 산출 분야를 선정하고 분야별 현재 능력과 미래 요구능력 간 차이를 분석한다. 이 과정에서 미래 안보환경과 작전 요구능력은 연구자들의 분석과 추측educated guess에 의해 예측된 내용이다.

나 해양 기반 우주작전 요구능력 산출

① 요구능력 산출의 의미

요구능력 산출은 어떠한 역할을 할 것인가에 관한 내용으로 앞에서 미래에 해양 기반 우주작전 개념을 제시하였다. 요구능력은 현재의 능력과 앞으로 발전방향 사이의 차이가 되는 능력이다. 이는 앞으로 우리가 다양한 교리Doctrine, 조직Organization, 전력Material, 시설Facility, 인력Personnel, 교육훈련Training으로 채워야 한다. 해양 기반 우주작전의 목표치를 위해서 지금 무엇을 해야하는지 과업을 도출할 때 이러한 요구능력이 필요하다.

예를 들어, 도표 5-7은 국방전력발전훈령에 나오는 능력기반 전력소요제기에 관한 개념도이다. 여기에서 다양한 국방기획관리체계 문서를 참조하여 미래작전 개념에서부터 능력평가를 거쳐 요구능력을 식별하여 궁극적으로 필요한 체계에 대한 소요제기를 한다. 소요제기를 위해서는 앞으로 우리에게 필요한 능력이 무엇이고, 이를 충족하기 위해 어떠한 전력이 필요한지에 관해 제반 안보상황과 예산 등을 고려하여 판단한다. 이러한 요구능력의 구현을 위해 구체적으로 우리가 어떠한 전력을 필요로 하는지에 대해서는 다음 장에서 제시하고자 한다. 또한, 전력이 아니더라도 다른 분야에서 앞으로 우리가 무엇을 준비해야 하는지 과업을 식별하는 기준으로 활용된다.

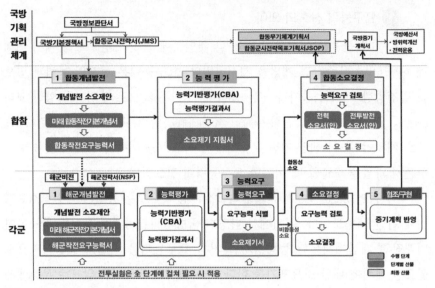

출처 : 위경복·하철수·전찬운·이종혁, 2014.

② 요구능력 산출 분야 선정 절차

가) 전투발전 소요제안 절차

전투발전 소요제안의 절차는 다음과 같다. 첫째, 현재 및 미래의 작전환경을 분석하고 그 결과를 바탕으로 미래의 작전수행개념서를 작성, 도출된 미래작전 개념을 구현하기 위해 우리에게 요구되는 요구능력 산출 후 작전요구능력서를 작성한다. 둘째, 현재 및 미래의 능력평가를 통해 능력 차이를 산출하고, 이 능력 차이를 극복하기 위한 다양한 대안들을 분석한다. 마지막으로 어떠한 개념으로 필요 전력을 발전시켜야 하는지, 상호운용성에는 문제가 없는지 등에 관해 다양한 전문가로 구성된 통합개념팀Integrated Concept Team: ICT을 운용하여 구체적인 전력 소요제안으로 발전시킨다. 제반 절차는 도표 5-8과 같다.

▲ 도표 5-8   합참 능력에 기반한 전투발전 소요제안 절차

① 개념발전		② 능력평가		③ 능력요구
작전환경분석 작전개념서 작전요구능력서	⇒	능력분석 대안검증 *전투실험, 모의분석 등	⇒	통합개념팀 운용 전력발전 위원회 전력발전 소요제안

출처: 서상국·장세훈·김용삼, 2017.

현재 합참에서 미래합동작전개념서를 발간하면 해군 기획관리참모부에서는 해군작전요구능력서 없이 전력별 필요성 및 운용개념을 기반으로 전투발전 체계를 소요제기한다. 이에 해군 내 수행 중인 다양한 작전의 구분에 따라 이들을 비교·분석하여 가장 적합한 능력산출 분야를 선정하고자 한다. 해군에서 실시 중인 능력에 기반한 소요제안 절차는 도표 5-9와 같다.

▲ 도표 5-9   해군에서 능력에 기반한 소요제안 절차

합참		해군		해군		해군
미래합동 작전개념서	⇒	미래해군 작전개념서	⇒	해군개념 요구능력서	⇒	전투발전 소요제안

해군의 작전을 분류하고 있는 다양한 문서 및 무인체계와 인공지능 등을 포함한 최신 기술을 해군작전에 적용하기 위한 연구보고서 등을 통해 최적화된 분류작업을 진행한 결과는 다음과 같다. 각 문서마다 해군의 작전을 분류하는 기준과 실제 분류 내용이 다르다. 어느 것을 사용하는 것이 미래 해양기반 우주작전을 위한 요구능력을 산출하기에 적합한지는 각각의 문서 내용을 대안으로 하여 대안분석을 실시하였다.

그 분석의 결과는 도표 5-10의 오른쪽에 명시하였다. 합동작전이 아닌 해군의 작전 특성을 잘 나타내면서, 세부적인 작전의 수준까지 포괄할 수 있는 작전개념 분류기준을 선택하였다. 대안분석을 통해 대함전, 대잠전, 기뢰전, 상륙전 등 네 가지 작전분야를 선정하고, 요구능력 분석을 한다. 또한 능력 분석 시 현재의 능력은 따로 분석하지 않으며, 미래 해군작전수행 개념 중 요구되는 능력분석을 통해 요구능력을 산출한다.

▲ 도표 5-10 능력평가를 위한 작전유형 선정 대안 평가

구 분	유형	분류 기준 적합성 여부
작전유형 18개 『해군기본교리』	대함, 대잠, 방공, 대지, 상륙, 특수, 정보, 기뢰, 강습, 기동군수지원, 봉쇄, 해양차단, 선박통제 및 보호, 정찰 및 초계, 화생방방어, 탐색 및 구조, 도서방어, 기지 및 항만방어	• 해군의 핵심역할을 수행하기 위한 작전의 형태에 따른 분류 • 해군이 실제 실시하는 전 작전영역의 요구능력을 산출하는 데 용이함 ⇒ 해양에서 이루어지는 작전 외에 합동 작전영역이 다수 포함되어 미래 해양 작전 구상시 부적합
작전범주 5개 『해군기본교리』	국지도발, 전면전, 잠재적 위협대비, 비군사적 위협대비, 국제군사협력 활동	• 지휘관 또는 부대가 수행해야 할 과업을 염출하는 데 용이한 분류 ⇒ 북한 및 주변국의 능력과 연계된 상대적 개념이 필요해 미래 능력예측시 변동성이 큼
전투형태 10개 『해군작전』	대함전, 대잠전, 기뢰전, 상륙전, 강습전, 특수전, 특수전, 대공전, 강습전, 특수전	• 바다에서 이루어지는 전투의 형태에 따른 분류 • 작전유형 18개 중 전투가 필요한 형태만 포함 ⇒ 실제 해군의 전투수준의 작전개념을 유추하기에 적당하나 바다에서만 이루어지는 전투로 한정 필요
작전기능 『합동작전』 『해군작전』	전장인식, 지휘통제, 전력운용, 지속지원, 방호	• 실제 작전을 위해 보유해야 필요한 기능 • 합동작전과 연계하여 해군이 보유해야 하는 능력을 산출하는 데 유용함 ⇒ 합동전투발전 능력분석에는 유용하나 해군능력 분석에는 부적합
전투의 단계 권판검, 2020.	탐지, 추적, 식별, 위협평가, 무장할당, 교전 및 교전평가	• 모든 작전유형에 적용이 가능한 실제 전투의 수행을 단계별로 평가 가능 • 해군이 전술적 수준에서 필요한 능력을 산출하는 데 용이함. ⇒ 해군의 특성이 드러나기에 부적합

나) 분야별 요구능력

1) 미래해양전장To-Be 요구능력

해군은 타군에 비해 상대적으로 플랫폼에 많이 의존하고 있으며, 군사과학기술 중심의 군사혁신체계에 따른 전쟁의 양상 변화에 특히 민감한 특성을 보인다. 역사적인 사례로 볼 때도 군사혁신이 해전의 승패를 결정지은 사례가 다양하다. 고려해야 할 것은 군사혁신이 점진적으로 일어나지 않는다는 사실이다. 도표 5-11에서 보듯이 기존 기술을 중심으로 한 선형적인 기술의 발전과는 달리 군사혁신은 신기술의 개발로 비선형적인 급격한 변화를 의미한다. 미래 예측에 있어 신기술의 등장과 신기술이 신무기체계로 발전하는 양상은 비선형적인 변화이기 때문에 미래 변화된 모습을 예측하는 것이 쉽지 않다.

▲ **도표 5-11** 현대 군사혁신의 단계

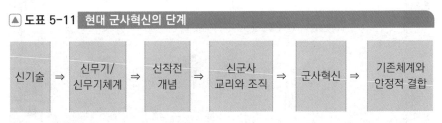

출처 : 신성호, 2019.

다만, 기존 기술이 안정적 군사혁신 단계에 이르러 기존 체계와 안정적으로 결합하는 시기까지는 군사혁신 단계에 대한 예측이 비교적 쉬운 특성을 보인다. 따라서 이 책에서는 비선형적 도약 후 새로운 패러다임의 형성과 함께 안정적인 발전 시기를 기준으로 미래전을 예측한다. 여기에서 의미하는 미래는 정보화전쟁 이후의 전쟁을 말하는데, 정보화전쟁을 기존 체계로 간주하고 이에 결합할 요소로 무인체계, 인공지능, 빅데이터, 그리고 해군의 예측 가능한 다양한 첨단무기를 기술적 요소로 인식하여 이 요소들이 변화시킬 미래 전쟁의 양상을 예측한다. 미래의 해군전은 전영역 연결 및 연계의 가속화;

합동·연합·협동전력 및 여러 요소 간 목표지향적 동시통합하여 우주·사이버·공중·지상영역에 대한 해양작전의 영향성이 증가하는 양상으로 변화하고 있다. 그러한 변화에 따라 해군에게 요구되는 능력은 아래와 같다.

▶ 도표 5-12 미래 해군작전 수행 개념

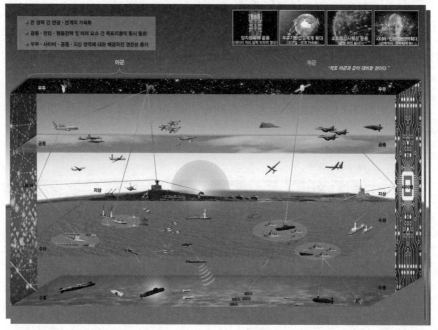

출처 : 해군미래혁신단, 2020.

▶ 요구능력 1 : 해군작전 요소 간 통합을 고도화할 수 있는 능력

2) 대함전To-Be 요구능력

우리나라 해군의 전체 규모에 대해서는 해군 홈페이지나 일반적인 기사 내용에서 확인이 가능한데, 해군은 3개의 해역함대, 1개 기동전단, 1개 성분전단 세력으로 수상전을 대비하고 있다. 앞으로 기동전단은 기동함대로, 성분전단은 상륙기동전단으로 확대·전환되면서 대함전 전력이 신장될 것으로

가정한다. 미래는 다기능·통합위상배열레이더 등과 같은 탐지수단의 발전과 함께 무인전력 등 탐지수단이 확장되고, 우주·전자기·사이버 영역 등을 포함하는 초수평선 탐지활동이 가능할 것으로 전망된다.

이런 경우 전장의 주요 특성으로는 감시·식별·교전구역 중첩화로 대응시간이 짧아질 것이며, 장거리 신속타격체계와 인공지능 기반 정밀교전기술, 초연결 네트워크, 블록체인·양자 암호 기술로 협동교전이 구현된다. 또한 적에 대한 물리적인 파괴 대신 마비·교란에 집중한 무기체계의 사용 빈도가 증가할 것이며, 이 과정에서 플랫폼의 양적 우세보다는 공격의 빈도, 파괴력, 정확도가 중시되고 비전통적 무기체계의 능력 및 비중이 증가할 것으로 예측한다.

▶ 도표 5-13 ┃ 미래 대함전 수행 개념

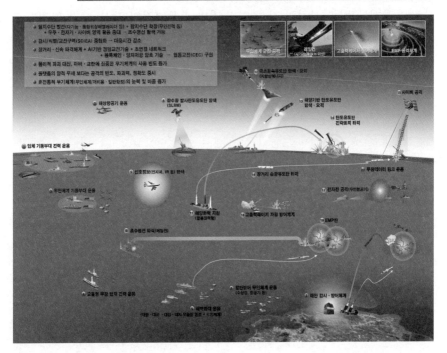

출처 : 해군미래혁신단, 2020.

▶ 요구능력 2 : 해상의 적과 공격을 먼저 보고 타격 및 회피하는 능력

3) 대잠전To-Be 요구능력

해군은 잠수함사령부에서 잠수함 전력 운영에 관한 전반적인 계획을 수립한다. 장기적으로 보면 우리나라 해군이 최초 도입했던 장보고-I급 잠수함은 점진적으로 도태될 것이며, 이로 인해 당분간은 장보고-II/III 잠수함을 각각 9척씩 총 18척 체제로 운용할 것으로 알려져 있다. 또한 장기적으로는 원자력추진잠수함을 포함하여 다방면에서 현재보다 작전적 성능이 향상된 운영체제를 갖출 것으로 전망된다.

미래는 항공기·우주자산·수중체계·무인체계·광역감시체계 등 대잠 탐색의 주체와 범위가 획기적으로 발전 및 개선될 것이다. 이를 위해 현재 개념적으로 연구 중이거나 이미 진행 중인 무기체계 발전 계획이 잘 이뤄진다면, 앞으로 운용하게 될 대잠전력 간 초연결 기반의 유기적인 감시·탐지·타격이 가능한 통합된 체계를 확보할 수 있을 것이다. 이러한 미래 대잠전 환경에서 적의 잠수함을 탐지하고, 공격하는 것과 함께 아군 작전의 생존성 향상을 위한 방안이 고려되어야 할 것이다.

▶ 도표 5-14 미래 대잠전 수행 개념

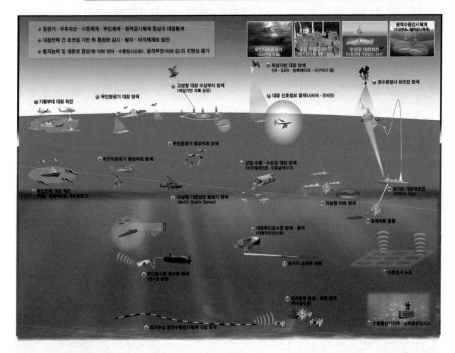

출처 : 해군미래혁신단, 2020.

▶ *요구능력 3 : 수중의 적과 공격을 먼저 보고 타격하는 능력*

4) 기뢰전To-Be 요구능력

과거 전쟁 경험에 비추어 앞으로 전쟁을 계획할 때 적의 기뢰 부설로 인한 주요 항구의 소해 능력과 전쟁 발발 이후 최초 소해계획이 중요한 문제로 부각될 것이다. 해군은 기뢰부설함 2척, 소해함 9척을 운용하고 있으며, 앞으로 마린온MARINEON 기반의 소해헬기도 국내개발로 확보할 것으로 가정한다. 육상·수상전력 기반 지휘·통제 하 무인 및 항공전력 위주의 기뢰탐색 능력이 향상될 것이다. 구체적으로는 기뢰 탐색속도 및 탐지율이 증가할 것이며, 이는 궁극적으로 수상·수중 소해전력의 생존성 향상을 보장한다.

한편 적 항구나 함정을 대상으로 한 아군의 기뢰부설 측면에서는 부설 수단이 다양화·정밀화되고, 부설된 기뢰의 관리 및 위치추적 능력이 제고되어야 한다. 이를 위해 성능이 향상된 심해 기뢰, 자율주행 기뢰, 목표추적식 능동기뢰 등 최첨단 기뢰를 개발하여 광역 및 목표 해역에서 전략적·작전적 억제 능력을 향상시킬 수 있다. 특히 기뢰부설 계획은 궁극적으로 해군·해병대가 함께 수행하게 될 상륙전을 위해서도 면밀하게 고려되어야 하며, 이러한 계획에 맞춰 필요한 전략적·작전적 능력을 장기적으로 확보할 수 있다.

▶ 도표 5-15   미래 기뢰전 수행 개념

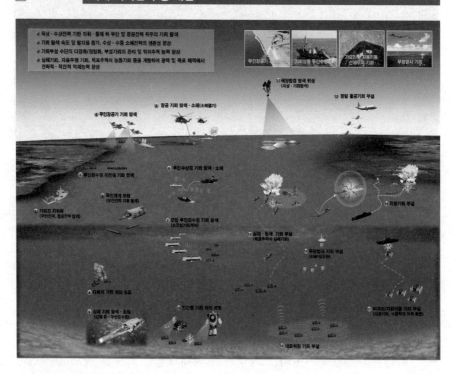

출처 : 해군미래혁신단, 2020.

▶ *요구능력 4 : 수중 기뢰의 부설과 이동을 탐지·추적·식별 능력*

5) 상륙전To-Be 요구능력

역사적으로 보면 통상적인 상륙전은 해군이 단독으로 수행하는 것이 아니라 해군·해병대 및 육군·공군을 포함한 전군이 합동으로 수행하는 작전이다. 그렇지만 상륙전의 시작은 바다에서 이뤄지기 때문에 플랫폼 측면에서 해군이 주도적으로 상륙전 대비 면밀한 계획을 수립할 필요가 있다. 해군은 LPH 2척, LST-I/II 8척, 해안양륙군수지원Logistic Over The Shore: LOTS 전대를 운용 중이고, 상륙공격 헬기는 마린온을 개량하여 국내 연구개발로 획득할 것으로 가정한다.

상륙전 수행을 위해 향상된 해양정밀 대지 타격·정찰·기만 능력으로 상륙작전의 작전 및 전술적 효과의 극대화가 가능하다. 상륙개척은 해상 및 해안 장애물 신속 개척으로 해상돌격 여건을 조기에 조성할 것이며, 공중돌격은 전장 초기 주도권 확보, 적지 종심에 공중돌격부대 투사능력을 보유한다. 또한 해상돌격·육상작전은 분산작전과 기동전을 포함한 다영역 작전적 기동으로 타 작전세력과의 초연결이 필요할 것으로 예측된다.

▶ 도표 5-16 미래 상륙전 수행 개념

출처 : 해군미래혁신단, 2020.

▶ 요구능력 5 : 상륙작전에서 전 요소 정보교환과 통합통제 능력

다 합동 우주작전 요구능력 산출

① 요구능력 산출 분야 선정 절차

가) 군별 요구능력 유형

우리나라 군사우주작전 유형은 국방부의 국방우주전략서와 합참의 군사우주전략서에 반영되어 있다. 연구를 위해 미국 등 주요 국가의 우주작전에 관한 분류 기준과 함께 국방부와 합참 및 각군 본부에서 현재까지 진행 중인

논의를 바탕으로 정리하면 도표 5-17과 같다.

국방부/합참, 미국 합동교범, 해군의 우주작전 분류

구분 (국방부 /합참)	우주 감시	우주정보지원				우주 전력투사	우주 통제
	우주 영역인식	PNT	위성 통신	미사일 경보	ISR		
합동 전장 기능	전장인식	지휘 통제	지휘 통제	지휘통제	전장인식	전력운영/ 지속지원	지휘통제/ 전력운영/ 방호
미국 합동	✓	✓	✓	✓	✓	✓	✓
해군	(해양 기반) 우주 영역인식	–	–	(해양 기반) 탄도탄 조기경보	(해양 기반) 위성신호 송·수신 체계	(해양 기반) 발사체, 회수	(해양 기반) ASAT

우주작전은 국방부 및 합참을 중심으로 한 합동 우주작전으로 실시한다. 합동 우주작전의 영역 중 해양 기반 합동 우주작전에 기여할 수 있는 영역만을 분류한 결과 총 다섯 개의 영역으로 추출이 가능하다. 우주 감시는 해양 기반 우주영역인식, 우주정보지원은 해양 기반 탄도탄 조기경보, 해양 기반 위성신호 송·수신 체계, 우주 전력투사는 해양 기반 발사체, 우주 통제는 해양 기반 대위성무기 운용을 의미한다. 각각의 분야에 대한 요구능력을 확인할 필요가 있다.

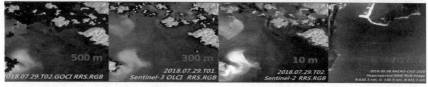

② 분야별 요구능력

가) 우주영역인식To-Be 요구능력

현재 해군은 광개토-III급에서 운용하는 SPY-1D 레이더를 이용하여 저궤도 위성을 감시하는 능력을 보유하고 있다. 앞으로 전력화될 신형 구축함에는 국산 다기능위상배열 레이더 설치로 저궤도 위성뿐만 아니라 여러 고도에 분포되어 있는 위성탐지는 물론이며 그 밖의 우주 내 다양한 물체에 대한 탐지 및 추적 능력이 필요할 것으로 예측된다. 이러한 능력은 궁극적으로 우주영역인식을 제고시킬 수 있는 효과를 가져오기 때문이다.

▶ 요구능력 6 : 우주의 다양한 물체위성, 잔해물 등 탐지 능력

나) 탄도탄 조기경보To-Be 요구능력

현재 해군은 광개토-III급에서 운용하는 SPY-1D 레이더를 이용하여 탄도탄의 발사단계에서부터 중간비행단계, 그리고 종말단계에 이르기까지 탄도탄을 탐지할 수 있는 능력을 보유하고 있다. 다만, 탄도탄의 발사 초기 단계에 대한 탐지능력이 다소 제한되어 장차 이에 대한 조기탐지 능력을 향상시킬 필요성이 있으며, 이는 궁극적으로 북한을 비롯한 주변국의 탄도탄조기경보 능력을 향상시킬 수 있는 효과를 가져올 수 있다.

▶ *요구능력 7 : 해양에서 탄도탄의 조기탐지 능력*

다) 위성신호 송·수신 체계To-Be 요구능력

현재 해군은 위성을 통한 통신망을 주 망primary으로 사용하고 전파를 이용한 망을 부 망secondary으로 사용하고 있다. 장차 위성을 관제하기 위한 통신망 및 체계 보유를 통해 해양에서도 해군함정에 의한 위성 관제 능력을 확보할 필요성이 도래했다고 판단된다. 특히 먼 바다에서 작전을 수행할 경우에 대비하여 해양에서 위성신호송·수신 체계를 잘 활용할 수 있다면 유사시 해양에서의 작전 능력을 크게 신장시킬 수 있는 효과를 가져올 수 있다.

▶ *요구능력 8 : 해양에서 위성을 관제할 수 있는 능력*

라) 발사체To-Be 요구능력

현재 우리나라에는 지상에 1곳의 위성발사장인 나로우주센터를 운용하고 있다. 앞으로 초소형위성을 비롯한 다양한 위성발사 소요가 폭발적으로 증가할 것으로 예상된다. 육상에 단 1곳의 발사장만으로는 그 수요을 모두 충족시키기가 쉽지 않을 전망이다. 안전을 고려한 측면에서 위성발사 실패 시 위성의 추락으로부터 지상시설이나 인원의 피해 가능성을 줄이기 위해 지상으로부터 멀리 떨어진 해상에서 위성을 발사하는 방안이 고려될 수 있다.

여기에 더해 위성발사의 효율적인 측면에서도 적도 근처에서 발사 시 궤도에 올라가는 거리가 짧아지고 지구의 자전력을 이용할 수 있어 적은 추력으로도 무거운 위성을 궤도에 올릴 수 있다는 장점이 있다. 장차 해양에서 작전하는 해군 함정이 인공위성발사 플랫폼으로서 운용될 수 있도록 관련 능력을 구축할 필요성이 있다고 판단된다. 또한 앞으로 최초 발사체외에도 재사용 발사체를 활용하여 발사시에 대비하여 발사체를 해상에서 회수할 수 있는 능력도 고려해야 한다.

▶ *요구능력 9 : 해양 기반 위성발사 능력*

마) 위성공격To-Be 요구능력

현재에도 그렇지만 앞으로 갈수록 전세계적으로 위성을 이용한 군사작전이 더욱 더 활발하게 전개될 것으로 예상된다. 특히 한반도 주변 해역에서 주변 국가들의 위성 감시 및 정찰 능력은 지속적으로 발전할 것이며, 이는 장차 해양에서 작전하는 해군에 위협이 될 수 있다는 의미로 해석될 수 있다. 한반도 주변이라고 하지만 우주 영역에서는 명확한 경계 구분이 어렵기 때문에 기술의 발달로 인해 한반도 전역이 적의 감시와 공격의 사정권 내에 들 수 있는 섬뜩한 상황이 펼쳐질 가능성이 높기 때문이다.

현재 우리나라 해군에서 운용하고 있는 함정의 대공미사일SM-2로는 위성에 대한 공격이 어려운 상황이기 때문에 필요시 효과적인 대응 방안이 부재한 상황이라고 할 수 있다. 하지만 앞으로 건조될 구축함에는 SM-3급 대공유도탄이 탑재되어 다양한 궤도의 위성을 격추할 수 있는 능력을 보유하게 될 것으로 전망된다. 따라서 위성의 탐지 및 추적하는 능력에 추가하여 유사시 위성을 공격할 수 있는 능력 확보가 과제이다.

▶ *요구능력 10 : 해양 기반 위성공격 능력*

5 우주 전장시대 요구능력

 우주 전장시대 해군력 유형별 요구능력도표 5-18, 해군작전 요구능력도표 5-19, 합동 우주작전 요구능력도표 5-20을 현재의 능력과 앞으로 요구되는 능력으로 정리하면 다음과 같다.

▲ **도표 5-18** 우주 전장시대 해군력 유형별 요구능력

구분	현 능력	요구능력
기존 해전 능력 향상	• 레이더를 이용한 제한적인 연안감시 * 해양경비안전망, 선박자동식별시스템 등 • 음파 및 비음향이용 제한적 수중이동물 탐지 • 함정 및 지상발사로 사거리 제한	• 위성 SAR영상과 기존탐지장비 이용 추가식별 능력 향상 • 위성에서 LiDAR 이용 수상 및 수중 탐지·식별 • 우주에서 발사로 해상·수중 어디든 타격 가능
기존 합동 작전능력 향상	• 탄도탄 탐지능력 보유(SPY-1D) • 제한적 탄도탄교전능력 * 대탄도탄작전, 대공전 동시교전불가(Baseline 7.1)	• 중간비행단계 요격 능력 * SM-3급 대탄도탄요격유도탄 등 • 전투체계 향상으로 복잡한 대탄도탄 작전 가능 * 이지스 Baseline 7.1 → 10 이상 혹은 국산 전투체계
신규 해전 능력 향상	• 우주를 고려하지 않은 스텔스 함정 건조 • 우주 공격에 대한 방어능력 없음	• 우주에서 탐지를 고려한 스텔스 개념 발전 * 전자파, 전자기, 음향, 항적, 적외선 등 • 우주 무기에 관한 방어 수단 * 신의지팡이(Hypervelocity Rod Bundles) 방어 능력 등

| 신규 합동
작전능력
향상 | • 우주영역인식 능력 전무
• 우주 발사체 지원 능력 | • 우주 감시선 건조 및 우주 감시
* 미사일추적 및 육상 추적소로 동시
  활용
• 발사지원함 건조 및 운용
* 발사를 위한 통제소 기능 병행 |

▲ 도표 5-19 해군작전 요구능력

작전단계	현재 능력(As-Is)	미래 요구능력(To-Be)
요구능력 1 (해양 요소 간 통합)	• 우주 정보를 포함한 해양에서 얻어지는 다양한 출처의 정보들을 종합하여 식별하는 체계 부재 • 적을 무력화를 위한 최선의 전력을 파악/분석하여 지시하는 OODA loop의 신속성 재고 필요	• 우주 자산을 이용한 해양상황인식(Maritime Domain Awareness) 능력 구비 • 국내(민간/군용) 위성과 해외 위성에 얻어지는 다양한 정보를 종합해 유의미한 정보(intelligence) 생산 능력
요구능력 2 (수상 위협 조기 탐지·타격·회피)	• 연안의 R/D 사이트, 함정의 탐지장비, 해상초계기로 탐지 및 추적하여 거리적 시간적 공백 발생 • 탐지된 물표의 장시간 지속적인 추적 제한	• 우주 자산을 이용한 수상상황인식 능력 구비
요구능력 3 (수중 위협 조기 탐지·타격·회피)	• 주요 항구에 수중감시체계 설치로 그 외 지역에 대한 수중감시 제한 • 탐지된 수중 물표의 수상함 및 항공기로는 장시간 지속적인 추적 제한	• 우주 자산을 이용한 수중상황인식 능력 구비
요구능력 4 (기뢰 부설·이동 탐지·추적·식별)	• 제한된 소해함정으로 주요 항구의 Q-Route 위주로 제한된 탐색 실시 • 탐지된 기뢰 장시간 지속적인 추적 제한	• 우주 자산을 이용한 기뢰부설과 부설된 기뢰 추적에 관한 능력 구비

| | 요구능력 5
(합동·연합
정보교환과
통합통제) | • 원정작전시 전투원간 Link 체
계 부족
• 식별된 위협을 우리가 가지고
있는 database에서 일치하
는 표적능력을 빠른 시간에 평
가 및 대응계획 수립 제한
• 원거리 교전 후 안전한 거리에
서 BDA 평가가 이루어질 수
있는 능력 부재 | • 우주 자산을 이용한 우리 관할
해역이 아닌 원정작전 시 해
군을 넘어 전역에 다른 세력과
통합할 수 있는 능력 |

▲ **도표 5-20** 합동 우주작전 요구능력

작전단계	현재 능력(As-Is)	미래 요구능력(To-Be)
요구능력 6 (우주 물체 탐지)	• 광개토-III SPY-1 R/D로 저 궤도 위성 탐지 가능	• 저궤도 위성뿐 아니라 우주 의 다양한 물체를 탐지·식별· 추적할 수 있는 능력 필요
요구능력 7 (탄도탄 조기 탐지)	• 광개토-III SPY-1 R/D로 탄 도탄 발사/중간비행단계/종 말단계 탐지·추적·식별	• 탄도탄 발사 초기단계 탐지 능력 필요
요구능력 8 (위성관제 능력)	• 위성을 통신중계로만 이용하 고 위성의 관제 능력 없음	• 함정에서 위성을 관제할 수 있는 능력 필요
요구능력 9 (위성발사)	• 해상에서 위성발사 능력 없음	• 앞으로 위성발사 소요 폭증 및 해상발사의 장점을 고려 하여 해상에서 위성발사 능 력 필요
요구능력 10 (위성공격 능력)	• 광개토-III SM-II로 위성공 격 능력 제한	• 앞으로 구축함에 탑재될 SM-III급 대공유도탄으로 다양한 궤도의 위성 타격 능 력 필요

제6장

해양영역인식(MDA) 발전방향

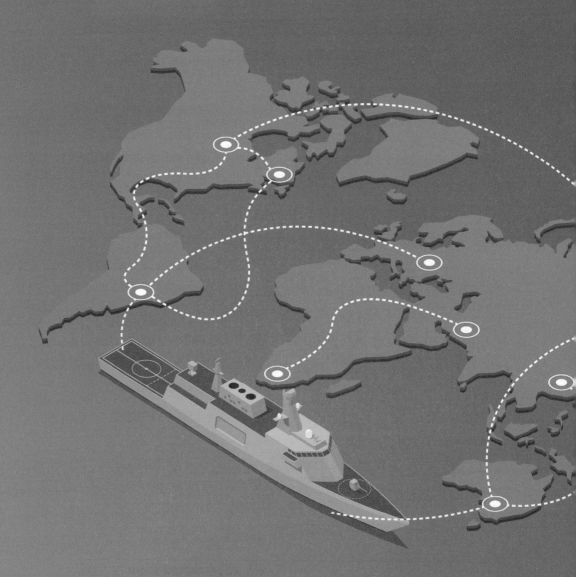

1 해양영역인식(MDA)의 개념 및 국가별 MDA 추진현황

1 국제기구와 학계의 MDA 개념

　해양영역인식MDA, Maritime Domain Awareness은 해양 영역 내 모든 활동과 상황을 포괄적으로 이해하고 관리하는 것을 목표로 하여, 해양 안보, 경제 보호, 환경 보전 및 재난 대응 등의 다양한 목적을 달성하기 위한 개념적 프레임워크이다. 이는 해양 국가들의 안보, 자원 관리, 국제 협력 등을 지원하기 위한 수단으로 활용된다. 해양은 국가 간 국경을 초월하여 연결된 공공재로서 전 세계 교역의 핵심 경로이자 경제적, 환경적으로 중요한 자원이기 때문에, 이를 모니터링하고 관리하는 MDA는 현대 국가 및 국제 사회에서 필수적인 능력으로 자리 잡고 있다. 국가 차원의 MDA는 개별 국가가 자국의 해양 주권을 보호하고 안보, 경제, 환경적 이익을 관리하기 위해 해양 활동을 종합적으로 모니터링하고 분석하는 시스템을 의미한다. 각국은 해양에서 발생하는 모든 사건과 활동을 감시하여 국가 안보를 강화하고, 해양 자원과 경제적 이해관계를 보호하며, 환경적 위험을 예방한다고 정의하고 있다.

　국제적으로 통용되는 MDA에 대한 정의는 다음과 같다.

- The effective understanding of anything associated with the maritime domain that could impact the security, safety, economy, or environment.
  보안, 안전, 경제, 환경 등 해양과 관련한 모든 것에 대한 효과적 이해

- MDA has become very important as an information sharing platform/framework for sharing maritime information that can affect national-level issues and for responding to various man-made and natural threats from the ocean.
  국가 차원의 영향을 미칠 수 있는 해양 정보를 공유하고 인위적, 자연적 위험에 대응하기 위한 정보 공유 플랫폼/프레임워크

- The effective understanding of MDA could impact the security, safety, economy, or environment of Canada. The key to MDA is detecting, then determine and confirming intents.
  MDA에 대한 효과적 이해는 캐나다의 안보, 안전, 경제, 환경에 영향을 미칠 수 있다. MDA의 핵심은 감지하여 결정을 내리고 의도를 파악하는 것이다.

"국제해사기구IMO는 보안, 안전, 경제, 환경 등 해양과 관련한 모든 것에 대한 효과적 이해, 일본 우주항공개발기구는 국가차원의 영양을 미칠 수 있는 해양 정보를 공유하고 인위적, 자연적 위협에 대응하기 위한 정보 공유 플랫폼/프레임워크, 캐나다 해군은 MDA에 대한 효과적 이해는 캐나다의 안보, 안전, 경제, 환경에 영향을 미칠 수 있다. MDA의 핵심은 감지하여 결정을 내리고 의도를 파악하는 것이다."로 정의하고 있다.

국제해사기구IMO는 보안, 안전, 경제, 환경 등 해양과 관련한 모든 것에 대한 효과적이해로 정의하고 있다. 국제해사기구에서 발간한 국제 항공 해상 수색구조 매뉴얼International Aeronautical and Maritime Search and Rescue Manual: IAMSAR에서는 MDA를 안보, 안전, 경제 또는 환경에 영향을 미칠 수 있는 해양 환경과 관련된 모든 활동에 대한 효과적인 이해로 정의한다.[1]

RSIS[2] 2019 워크샵에서는 좁은 의미의 MDA는 법 집행 기관이 주로 감시에 사용되는 기술 중심 도구로 인식되는 반면, 넓은 의미에서의 MDA는 해양 안보 거버넌스의 중심에 위치하는 것으로 인식된다. 이러한 넓은 의미에서의 MDA는 주로 감시에 초점을 맞추는 관점에서 벗어나 법 집행 기관만이 아니라 우리 사회가 해양에 대한 더 많은 지식을 생산해나가는 것이 요구된

---

1   International Maritime Organization, IAMSAR Manual Vol.2 : International Aeronautical and Maritime Search and Rescue Manual(International Maritime Organization, 2022), p. 22.
2   싱가포르 라자라트남 국제연구원(Rajaratnam School of International Studies: RSIS)

다고 설명한다. 이는 단순히 기술분야뿐만 아니라 정치적 차원도 포괄한다.[3]

대한민국의 MDA는 인도-태평양 전략과 한-아세안 협력, 대북 대응 전략을 반영하여 해양에서의 다각적인 안보, 경제, 외교적 이익을 보호하고 강화하는 통합적 해양 인식 시스템으로 정의할 수 있다. 이는 대한민국이 인도-태평양 지역에서의 지정학적 안정과 해양 안전을 확보하고, 아세안과의 전략적 파트너십을 공고히 하며, 북한의 해상 위협에 대비하는 국가 차원의 필수적 해양 관리 전략이다.

2024 해군 함상토론회에서 KISOT 해양법·정책연구소 양희철 소장은 대한민국 정부·해군·해경 국가해양전략 발전 방향[4]에 대해 다음과 같이 제시하였다.

> ▶ **바다는 대한민국 안보와 경제의 전략 공간**
>
> 한국의 해양갈등(분쟁) 원인과 이해(利害)는 양자관계를 넘어 다자관계로 확대되었고, 위협은 수평적 접근에서 공역(ADIZ)과 수중으로 입체화되었다. 군사적 위협이라는 전통적 안보는 위협을 확정할 수 없는 비전통적 안보요인과 혼재되면서 우리나라의 바다를 복잡하게 변화시키고 있다. 발생하는 사안은 돌발적이고 광역적이며, 주체는 다양하다. 범죄는 첨단화되었고 해양을 매개로 한 국제범죄는 갈수록 확대되고 있다. 모든 해역에서 군사와 비군사적 충돌 상황이 발생해도 전혀 이상하지 않다.
>
> 전쟁을 포함한 국제적 분열과 지역해 갈등 상황도 우리나라의 해양안보를 불안하게 하는 요소다. 우리나라는 해양을 매개로 생존해 온 대표적 국가다. 한반도의 지리적 특성상 해상교통망은 우리 경제를 움직이는 절대적 생명선이다. 국가 총생산량의 84%를 무역에 의존하고 있고 수출입 물동량의 99%가 해상을 통해 운반된다. 식량의 75%, 원유 100%가 해외로부터 수입되며, 특히 원유 수입의 80%는 대만해협과 말라카, 인도양을 잇는 중동에 집중되어 있다. 해상교통로(SLOC)의 안전문제는 단순히 운송의 의미를 뛰어넘는 국가 생존의 문제가 되었다. 바다는 우리나라 해양안보는 안전은 물론이고, 모든 국가경제를 지탱하는 통합적 생명선이라는 것을 의미한다.

---

3   Kollin Koh, ed., Maritime Domain Awareness (MDA), Event Report, RSIS, Nanyang Technological University, 2019. 1. 24, https://www.rsis.edu.sg/wp-content/uploads/2019/04/ER190425_Maritime-Domain-Awareness.pdf

4   양희철, 해군 함상토론회 발표자료, 2024. 6월

이러한 특징은 각국의 해양안보 안전망 구축을 위한 주요국의 목적과 수단은 비교적 명료한 것에 비하여, 우리나라의 해양안보, 혹은 해양전략은 다목적성을 고려하면서 추진되어야 하는 이유로 작용한다. 예컨대, 미국과 EU, 일본 등은 자국의 이익 확보를 위한 뚜렷한 총합적 해양권의 확보 지향성을 시도하는 반면, 우리가 보는 해양은 안보와 치안정책이 해양경제와 국가(민)경제에 미칠 영향을 고려하여야 한다.

각국의 안보환경은 결국 주도적 질서 창출이 가능한 환경과, 수동적 안전망 구축을 지향할 수 밖에 없는 환경을 유발한다. 더욱이 한국의 해양안보는 남북한 대립이라는 해결되지 않은 군사충돌 환경도 연계되어 추진되어야 하며, 이것이 국제적 해양질서 재편의 세력화 논의에서도 수동적 입지를 갖는 원인으로 작용한다.

▲ **도표 6-1** 한국과 주요국의 해양안보 환경

구분(중점)	일본	EU	미국	한국
안보역량강화	◆	*확대	◆	◆
경제(산업)확대	*확대	◆		*확대
해상질서(고유기능)	◆	*포함	*포함	
해양통제력(광역)강화	◆		◆	◆(접경지 → 확대)
국제적 패권화 연동	*참여	*관심	◆	*영향지역

남북접경지 관리
해양경계위협상황
에너지안전(SLOC)
패권경쟁-광역위협
안보=경제 동일화

경+군 융합요소 수용
최외곽-통제력강화
국제 지역해정보
準군사영역 대응력
국제범죄-국제협력

▶ **한국의 해양전략은 어떻게 갈 것인가**

마한(Mahan)의 19세기 해양전략은 군사적 역량을 매개로 한 "생산-해운-식민지"라는 국익의 창출에 있었다. 20세기 바다는 UNCLOS 등의 국제규범에 근거한 해양의 사용-개발 주도권 확보에 있었다. 자국의 경제활동 확대와 해양통제력 확보를 위한 제해권 또한 핵심요소였다. 그러나 21세기 바다는 초연결사회, 기술발전 등 다양한 외부 동인을 통해 위협의 첨단화, 국제화, 지능화, 비가시화 현상으로 발전되고 있다. 해양패권이라는 새로운 경쟁환경과 위성과 무인기 등의 기술혁신, 중국의 해양세력화 등으로 해양안보 영역이 완전히 다른 패러다임으로 전환되고 있음에 주목해야 한다.

해양분쟁의 양상과 목적, 참여 주체도 전혀 다르게 진행된다. 예컨대, 대만해협과 호르무즈 해협, 남중국해 등의 해상교통로는 자원공급의 안전망 구축을 넘어 해양통제력 강화 전략과 연계된다. 지역해 분쟁은 더 이상 당사국간의 국지적 문제가 아닌, 지역해와 지역해를 연결(網)할 수 있는 통제적 지향성을 갖는다. 지역해 통제는 전세계 해양패권과 군사-비군사적 영향력을 극대화하는 목표와 연계된다. 따라서 21세기 해양환경에서, 한국의 해양안보와 무관한 해역은 더 이상 없다는 것을 의미한다.

해양력에 대한 국제사회의 정의 변화, 전세계 지역해 분쟁 양상은 한반도의 지정학적 요건에도 그대로 적용된다. 국제적 패권화(지역해) 경향은 우리나라 해양전략이 적어도 과거와 같은 분절적 관료형을 그대로 답습해서는 안 되며, 협업적 거버넌스 체계로 전환되어야 함을 강하게 시사한다.

▶ 도표 6-2 MDA 구축을 위한 지역해 상황통제 범위

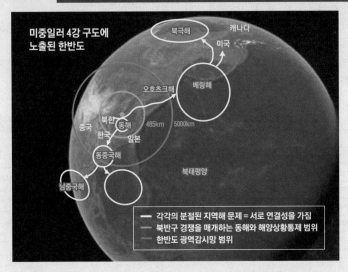

해양세력과 해양정보는 조직간 통합적 유연성을 확보해야 하고, 정보의 범위는 대한민국의 국민활동이 미치는 모든 곳을 포괄해야 한다. 북극해와 태평양, 인도양, 기니만 등 최소 약 5,000해리 이상의 해양상황정보 또한 국내-국제적 협업을 통해 파악되어야 한다. 국제적 해양력을 보유한 주요국의 해양세력 운용 특징을 살펴보면, ① 해양정보의 일원화-광역화, ② 해양세력의 무장화(해군-해경), ③ 기능의 복합화(예컨대, 해경의 법집행 수월성 강화를 위한 복합적 기능-권한 부여), ④ 해양통제력 강화를 위한 hard 파워(해군, 해경)와 soft 파워(연구기관)의 총합적 역량을 증대하는 측면에서 접근하고 있다. 국제적 세력의 군사화와 과학화, 정보화 경향은 향후 한반도 주변수역과 동아시아 지역해를 관통하는 세력 운용의 장기적 패러다임으로 고착될 것으로 판단된다. 따라서 우리나라의 해양세력 운용 또한 ① 군사-準군사적-非군사적 역량으로서의 정보구축과 활용, ② 해양공간에 대한 해양전략형 정보의 별도 구축, ③ 해양법집행 효율화를 위한 복합적 집행기능의 수행 권한 확보, ④ 해양력 강화를 위한 적극적 연구기관 및 군과의 협력 기제 확보가 강화되어야 한다.

▶ **MDA와 통제력 확보**

우리나라의 해양안보 환경을 고려할 때, 상술한 조건을 가장 유력하게 충족시켜 줄 수
있는 추진 수단은 MDA(Maritime Domain Awareness)다. MDA는 IMO에서 보안,
안전, 경제, 환경에 영향을 주는 광범위한 해양 영역을 개념화하기 위해 만든 용어이나,
미국 9/11테러 이후 안보적 측면에서 강하게 추진되고 있다. 일본 또한 2015년 이후
MDA 추진 방향을 설정한 이후, 현재는 해양관련 예산의 가장 많은 부분을 차지하면서
국제적 해양역량을 강화하고 있다.

▲ **도표 6-3** MDA를 통한 해양통제력 강화 방향

현재 해양상황통제	MDA 방향	집행조직-유연성
정보 보호	정보 이동	정보서비스(산업) 기능
지식 수요	지식 공유	MDA정보 층위화
위협 회피	위협 관리	광역 정보+기획형 확대
일방적 접근 통제	네트워크(신뢰) 구축	정보국제화+ODA(공조)
상위분류 → 정보해제	하위분류 → 상세 추가	MLE 중심 → 확대
구분+전체에 적용가능한 방법	다양한 레벨과 유형 접근	Data Fusion+ 식별 능력
접근 통제	네트워크 구축	관+학+연+산+국제
…	…	…
기관 일방적	협력/교류/초국경	조직 인프라 공유체계 확대
협력수요 불필요	충분한 협력관계	정보유입의 유연성
즉석-자기주도	전략적/조직적 추친	해상위협 의사결정 과학화
자격증 강조	직업전문성 강조	전문인력+공유체계 정착

MDA는 군사와 비군사를 포괄하는 해양정보, 함정-레이다-위성-무인기 등을 연결한
실시간 정보, 수집된 해양정보의 해석과 처리·운용 등의 통합시스템, 전지구 해양상황의
국제적 협력프로그램을 통해 정착될 수 있다. 이러한 점에서 MDA는 우리나라 해양세
력의 해양상황에 대한〈과학화 + 정보화 + (세력의)투사화(投射化)〉를 의미한다. MDA
의 공간적 정보구축과 투사력의 범위는 "주변해역(직접정보) → 지역해(간접정보→직
접정보) → 대양(극지)공간 활동정보"로 확대하되, 우리나라 해역에 영향을 미치는 요
소(범죄)의 근원(根源)/원천(源泉) 정보(육상)도 포함하여야 한다. 주의할 것은, 각국의
MDA는 통일적이지 않으며 각국의 해양안보환경을 고려하여 설계되고 운용되고 있다
는 점이다. 우리의 안보위협은 이미 타국 주도의 MDA에 단순 참여하거나, 타국의 기술
과 정보에 의존하는 전략으로는 극복될 수 없는 환경이다. 한국형 MDA가 별도로 정의
되고 추진되어야 하는 이유다.

▲ 도표 6-4 각국의 MDA 적용-활용성

각국의 MDA 적용-활용성				
구분	한국	일본	미국	EU
국방-남북안보	◎	◎	◎	-
경제산업-활동	◎	◎	-	◎
해양질서유지	◎	◎	◎	◎
해양통제	△(상황)	◎	◎	-
운용체계 통합	◎	◎	◎	◎
운용체계 협업	◎	◎	◎	◎

한국: 국제적으로 가장 복잡한 환경: 안보(관할)+국제(해역)+정보 통합형 MDA 적정

▶ 도표 6-5 해양력 제고를 위한 각국의 추진 방향

우리나라의 해양환경과 국제정세, 국제관계, 남북한 긴장환경, 광역관할권에 대한 위협
환경의 지속성 등을 고려할 때, 한국형 MDA의 정의는 "해양을 매개로 하거나 해양공간
및 국민을 대상으로 하는 안보, 안전, 환경, 경제적 위협에 대한 선제적, 효율적 통제(대
응) 플랫폼"으로 접근될 필요가 있다. 혹은 "해양영역의 안보, 안전, 경제, 환경 등에 영
향을 미칠 수 있는 모든 상황에 대한 효과적 이해와 위협의 조기식별을 통해 대한민국
해양권익 안전망 구축"으로 정의할 수 있다. 한국형 MDA 정의로 볼 때, 해양상황 이해
와 통제력은 지속적 확장성, 경제활동과 군사활동 지원, 해양활동의 실시간 식별, 감시-
정보 시스템 구축, 정보의 광역화(군사/비군사), 기술-휴민트-국제성 확보, 해양정보의
입체성, 광역위협 상황정보 확보 등이 동시에 추진되어야 한다.

다만, 한국에서 MDA의 구체적 이행방법은 해양에서의 안전과 안보보장에서 출발하
여 기타의 영역을 관련 부처와 연계한 협업형으로 추진하되, 현장 법집행 임무를 부여받
은 세력운용의 최적화 방안으로 총합적 해석과 의사결정 능력을 구축하여야 한다. 이때
해군과 해경, 해수부, 외교부, 해양안보 관련 연구기관 등의 총합적 역량을 활용할 수 있
는 협업 체계여야 한다. MDA가 전략적 로드맵이 구축될 경우, 그 효과는 한반도 주변
수역에서는 직접적 위협 환경의 통제 혹은 상황인지력 강화, 국제적 지역해에서는 기술
과 정보, 국제협력을 통한 위협환경 인지력 강화가 가능해진다.

▶ 한반도 해양 안보 문제는?

세계에 153개 연안국이 있고 일부는 해경과 해군을 통합 운영한다. 한반도는 3면이 바다에 맞닿아 해군과 해경이 분리 운영돼 바다 위협을 직면해 있다. 동해와 황해에서 중국과 러시아의 군사 활동 증가로 안보적인 우려가 높아지고 있다. 해양 안보를 강화하고 독자적인 세력을 구축하지 않으면 환경은 불안정해질 수 있다.

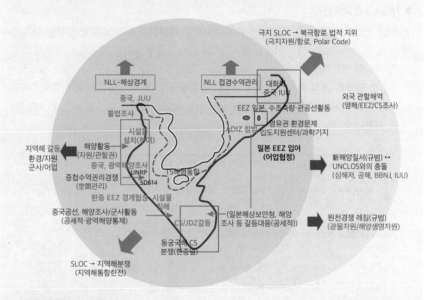

▶ 해양 안보의 중요성은?

과거는 문서 작업, 외국 채널, 전화 등으로 문제가 해결되었다. 현재는 외국 채널로 해결되기 어려운 복잡한 문제들이 발생하고 있다. 해양 안보에서는 해양 이익과 국가 안보를 함께 고려해야 하며, 해당 영역에서 발생하는 상황에 신속히 대응해야 한다. 해상 교통로

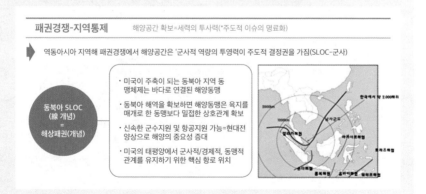

통제가 국민 경제에 미치는 영향 등을 고려할 때, 안보는 경제와 분리될 수 없는 중요한 요소이다. 정세 변화를 정확히 파악하고 앞선 대응이 필요하다. 정보 부족으로 대응이 늦다면 대응은 사실상 불가능하게 될 수 있다. 해양 안보와 관련된 상황에 대해 신중한 관심과 대비가 필요하며, 관련된 방향성과 시나리오 분석이 중요하다.

▶ MDA의 중요성은?

해양 안보의 영향 범위가 상당히 넓어서 문제를 해결하고 입체적 위협 상황을 다룰 필요가 있다. MDA란 해양 상황을 실시간으로 파악하여 통제하는 개념으로 해양 안보 위기 대응에 필요하다고 판단된다. 해양 안보 위협은 지역회 간 연계된 다양하고 돌발적인 이슈를 만들어 내기 때문에 전체적 관점에서 해결 방안 모색이 필요하다. 이로써 우리는 해양 안보를 넓은 공간에서 관찰하며 위기 상황에도 신속하게 대응할 수 있는 MDA이고 기관의 중요성을 인지해야 한다.

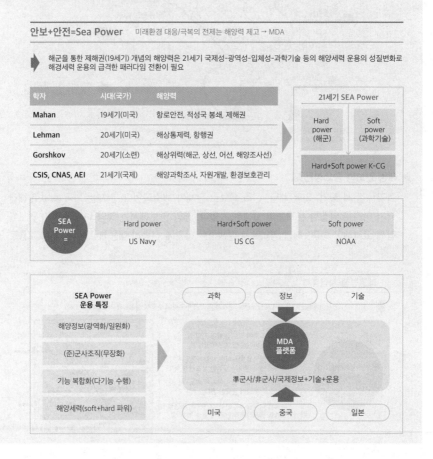

안보+안전=Sea Power   미래환경 대응/극복의 전제는 해양력 제고 → MDA

해군을 통한 제해권(19세기) 개념의 해양력은 21세기 국제성-광역성-입체성-과학기술 등의 해양세력 운용의 성질변화로 해경세력 운용의 급격한 패러다임 전환이 필요

학자	시대(국가)	해양력
Mahan	19세기(미국)	항로안전, 적성국 봉쇄, 제해권
Lehman	20세기(미국)	해상통제력, 항행권
Gorshkov	20세기(소련)	해상위력(해군, 상선, 어선, 해양조사선)
CSIS, CNAS, AEI	21세기(국제)	해양과학조사, 자원개발, 환경보호관리

21세기 SEA Power

Hard power (해군)   Soft power (과학기술)

Hard+Soft power K-CG

SEA Power =	Hard power	Hard+Soft power	Soft power
	US Navy	US CG	NOAA

SEA Power 운용 특징

과학   정보   기술

해양정보(광역화/일원화)

(준)군사조직(무장화)

기능 복합화(다기능 수행)

해양세력(soft+hard 파워)

MDA 플랫폼

準군사/非군사/국제정보+기술+운용

미국   중국   일본

> ▶ **해양력의 변화와 특징**
>
> 해양력 정의가 국가마다 달라지고 있고, 주요 국가들의 해양력은 해양 정보원의 광역화, 무장화 및 기능의 복합화 등을 갖추고 있다. 해양 세력은 소프트파워와 하드파워의 연동이 중요하며, MDA를 통해 과학 정보 기술이 수단을 제공한다. 국가 간 경제협력을 고려하여 MSA 프로그램을 우선시하는 경향도 보이고, 해양안보와 경제, 안전이 중요하다고 한다. 해양 앞으로 많은 과제가 있으며, 해양 거버넌스와 의사결정 체계 등을 고민해야 할 필요가 있다.

2 | 국가별 MDA 추진현황[5]

가 미국

2001년 9·11 사건 이후 테러를 포함하여 해상에서의 안보 위협을 광범위하게 설정한 미국은 2000년대 초반 부시행정부에서 최초로 해양영역인식MDA에 대한 개념을 정의하고, 이를 달성하기 위한 국가 수준의 전략을 수립 및 추진하게 된다. 이후 미국은 대對중국 견제를 위한 안보전략의 일환으로 해양영역인식에 기반한 해양전략을 추진해오고 있다. 특히 미국은 남중국해 등 중국 연안에서 자유로운 항행Freedom of Navigation을 보장하기 위한 다양한 전략을 수립하고 있으며, 자국의 제반 해양력을 통합하고 동맹 및 안보 파트너 국가들과 연합하는 방법으로 해양에서 지배적인 영향력을 행사하고자 한다. 오바마행정부에서 실시한 아시아 중시 전략Pivot to Asia과 트럼프행정부에 이어 바이든행정부에서 지속하고 있는 인도·태평양 전략Indo-Pacific Strategy은 중국을 견제하면서 미국의 해양안보 우위를 달성하기 위한 핵심 전략이다. 그중에서도 미국의 국가안보 전략을 지원하는 해양전략은 이러한 미국의 전략적 행보를 잘 드러내고 있다.

---

5   인도-태평양 전력 국방이행을 위한 국제 해양영역인식 협력방안, 2024. 8월

구 분	오바마행정부	트럼프행정부	바이든행정부(2020-현재)
명칭	A Cooperative Strategy for 21st Century Seapower: Forward, Engaged, Ready (2015.3.)	A Design for Maintaining Maritime Superiority Ver.20 (2018.12.)	Advantage at Sea: Prevailing with Integrated All-Domain Naval Power(2020.12.)
목표	해양우세권 확보	해양우세권 유지	해양우세권 유지 및 발휘
수단	300척 이상 해군 *항모 12척, 상륙함 33척, SSBN 14척 등	355척 해군 *항모 11척, 상륙함 33척, SSBN 14척 등	523척 해군 *항모 8-11척, 경항모 6척, 상륙함 등 60여 척, SSBN 12척, 무인함정 150여 척 등

미국의 해양력과 MDA 역량으로 국가안보전략 및 해양전략을 지원하면서, 국가이익을 달성하기 위해 해양영역인식에 관한 다양한 보고서를 발간하고 있다.

▶ 2005년, 해양영역인식 추진을 위한 국가전략 발표
* National Plan to Achieve Maritime Domain Awareness for the National Strategy for Maritime Security October 2015
- 목표Goals[6]: 해양영역의 투명성 강화; 해양위협에 대한 명확한 대응태세 완비; 항행의 자유와 해상교통을 보장하기 위한 법체계 유지

---

6   미국에서 추진하는 해양영역인식의 목표에 관한 원문은 다음과 같다. "Enhance transparency in the maritime domain to detect, deter and defeat threats as early and distant from U.S. interests as possible; Enable accurate, dynamic, and confident decisions and responses to the full spectrum of maritime threats; and Sustain the full application of the law to ensure freedom of navigation and the efficient flow of commerce." "National Plan to Achieve Maritime Domain Awareness for the National Strategy for Maritime Security," https://www.dhs.gov/sites/default/files/publications/HSPD_MDAPlan_0.pdf.

- 추진계획Supporting Implementation Plans: 해양영역인식 달성을 위한 국가 계획 등 8개의 세부 추진계획 제시

▶ 2023년, 국가 및 해양 안보를 위한 국가 해양영역인식 계획 발표

* National Maritime Domain Awareness Plan for the National Strategy for Maritime SecurityJanuary 2023 / 2013년 최초 발표 후 4번 개정'17, '20, '22, '23 등[7]

- 추진계획7개 : 해양영역인식 달성을 위한 국가 계획; 해양작전위협대응; 국제 지원 및 조정 전략; 해양기반시설 복구 계획; 해상수송체계 보호 계획; 해상교통 보호 계획; 국내 지원 계획

▶ 2021~현재, 미국·일본·호주·인도 등 4개국 안보대화협의체QUAD를 통한 해양영역인식 협력 토대 구축

- 2021년: QUAD 대면 정상회담을 통한 협력의 공감대 형성

- 2022년: QUAD 정상회담에서 해양영역인식을 위한 인도·태평양 파트너십IPMDA 발표

* The Indo-Pacific Partnership for Maritime Domain Awareness

- 2023년: 시험단계Pilot Phase 중인 IPMDA의 향후 방향성을 제시하고, 해상에서 효과적인 실시간 감시체계 구축을 통해 파트너 간 정보 공유 중요성 강조; 인도주의 사태 및 자연재해에 대응하고 불법 어업행위 근절을 위한 협력체계 구축; 규칙 기반 국제질서Rules-based International Order 유지를 위한 국제법 준수 의무 강화 등

* 정보융합센터Information Fusion Center 설치 등

▶ 2022~현재, 인도·태평양전략IPS을 통한 해양영역인식 추진

* Indo-Pacific Strategy for the United StatesFebruary 2022

- 인도·태평양전략의 목표 및 추진과제, 핵심 노력선Lines of Efforts 제시

---

7   National Maritime Domain Awareness Plan for the National Security and Maritime Security, p. 11.

목표	핵심 추진과제
자유롭고 열린 인도·태평양 발전 (Advance a Free and Open Indo-Pacific)	역내 민주주의 기구, 법과 규칙, 민주주의 지배 등을 강화하는 파트너십 발휘
인도·태평양 역내 관계 구축 (Build a Connections and Beyond the Region)	동맹 및 파트너들에게 주변국과의 관계 강화 권고
인도·태평양의 경제적 번영 주도 (Drive Regional Prosperity)	아세안(ASEAN) 국가들에 대한 투자 및 경제 인프라 구축
인도·태평양의 안보 강화 (Bolster Indo-Pacific Security)	동맹(호주, 일본, 한국, 필리핀, 태국) 강화 및 파트너십 확대를 통한 역내 안보 보장
초국가 위협에 대한 역내 회복성 구축 (Build Regional Resilience to Transnational Threats)	COVID-19, 자연재해, 기후변화 등 대응을 위한 협력 강화

출처: The White House(2022), pp. 7-14 요약[8]

　　최근 미국은 자체적인 노력에 더해 QUAD 등 소규모 다자간 연합을 통한 MDA 확장 노력을 적극 실천하는 것이 이를 잘 보여주는 예라고 할 수 있다. 미 해군의 해양활동을 강화하기 위해 필리핀 내 기지 4곳을 추가로 확보하였으며, 파푸아뉴기니, 미크로네시아 등 태평양도서국가와 주둔 협정을 체결했다. 또한 한·미/미·호/미·필/미·일 등 양자 간 군사협력을 강화하고, 한·미·일/미·일·호/미·일·필 등 3국 간 연합훈련을 주도하고 있다. 궁극적으로는 중국이 인도·태평양 전반에 걸쳐 규칙 기반 질서를 무력화 하려는 시도에 대응하는 것에 초점을 두고 MDA를 적극 추진하고 있다고 봐야 한다. QUAD에서 적극 추진하는 IPMDA가 이를 설명하는 주요 예라고 볼 수 있다. 이러한 과정에서 해양에서의 비전통적인 안보 위협을 함께 고려한 정보 공유 체

8　　The White House. Indo-Pacific Strategy of the Unites States. Washington, D.C.: The White House. 2022.

계를 동맹과 함께 마련하는 것이 미국이 추진하는 MDA의 방향성이라고 평가할 수 있다.

▲ **도표 6-8** 　미국·일본·호주·인도 등 QUAD 내 MDA 협력 추진현황

구분	중점 추진내용
2022년	QUAD 정상회담에서 MDA 확대 및 협력을 위한 IPMDA 발표
2023년	시험단계(pilot phase) 중인 IPMDA의 향후 방향성 제시, 해상에서 효과적인 실시간 감시체계 구축을 통해 파트너 간 정보 공유 * 정보융합센터 설치 협의 　- 인도주의 사태 및 자연재해에 대응하고 불법 어업행위 근절을 위한 협력체계 구축 　- 규칙 기반 국제질서 유지를 위한 국제법 준수 의무 강화

나 일본

섬 국가라는 지리적 특성으로 인해 일본은 해양영역인식에 관한 준비가 곧 일본의 국가안보전략 및 해양전략 추진을 위한 필수적인 과제로 인식하고 있다. 이러한 인식을 기반으로 시간의 흐름에 따라 일본은 해양전략의 적용 범위를 일본 본토 주변에서부터 최근에는 미국이 추진하는 인도·태평양까지 확대 적용하고자 한다. 일본은 미일동맹을 공공화하는 방안으로 해상자위대 역량을 강화하여 미국의 인도·태평양 전략을 적극 지원하는 역할을 맡으려 한다. 이러한 목표를 설정한 일본은 2017년 아베 총리 시절 미국의 인도·태평양전략 수립에 적극적으로 관여하였고, 일본 입장에서는 미일 동맹에서 일본 해상자위대의 필요성과 역할을 부각시킴으로써 전반적인 해양력 확장을 도모해왔다. 궁극적으로 일본은 미·일 동맹의 틀 속에서 해양에서 군사 및 경제적 국가이익을 추구하기 위한 전략을 지속하고 있는 것이다. 이러한 일본의 움직임은 냉전 이후 추진해온 해양전략의 발전 방향에 따라 미일동맹의 강화 정도가 달라진다는 인식에서 나온 것이며, 특히 최근 MDA 협력

에 관한 움직임을 나타내는 것도 같은 맥락에서 이해할 수 있다.

▲ 도표 6-9 　일본의 해양전략 변천

구 분	해양전략	전력 운용
냉전기 (1950-1980년대)	• 본토 방어 • 1000해리 해상교통로 방위 • 3해협 봉쇄	• 자위함대 및 5개 지방대 편성/운용 • 호위함대 예하 4개 호위대군 및 8 　함 8기 체제 운용
탈냉전기 (1990-2000년대)	• 해상자위대 임무 및 활동 범 　위 확대	• 이지스함 4척 체제 운용 • 해상자위대 주요 부대 편성 및 지휘 　구조 개편
미·중 패권경쟁기 (2010년대~)	• 원거리 도서방위 및 탈환 • 인도 태평양 전략 기반 하해 　상교통로 방위 및 적용 시기 　확대	• 항모형 DDH 4척 체제 운용 • 이지스함 8척 체제 운용 • 잠수함 22척 체제 운용 • 양자 다자간 연합해상훈련 확대

출처: 배준형(2022), pp. 22-23.

　　일본의 해양력과 MDA역량은 법적 정비를 통해 해양전략의 방향성에 맞
는 해양영역인식을 발전 및 확대시켜 나가고 있다. 일본은 2007년 해양기본
법을 제정하고, 2008년 해양기본계획을 입법화했다. 이러한 법적 근거를 안
보상황 변화에 맞춰 주기적으로 보완하면서 해양영역인식에 관한 체계를 준
비 중이다. 현재는 총리실 산하 종합해양정책본부를 운영하면서 국가 수준의
해양력 강화를 위한 체계를 갖추고 있다. 2015년부터 15개 유형 200여 개
의 해양정보를 구축한 해양상황표시 시스템인 '우미시루'를 가동하고 있는
일본의 2023년 MDA 관련 예산은 약 5조 200억 원 수준이며, 사실상 전 세
계 해양상황에 대한 정보 구축화 작업이 진행 중인 것으로 알려져 있다.[9]

9　　양희철, "한반도 해양, 국제질서 재편에 노출… 한국형 생존전략 세워야," 『서울신문』, 2023년 5월
　　1일.

▶ 도표 6-10 일본 우미시루 구동 화면

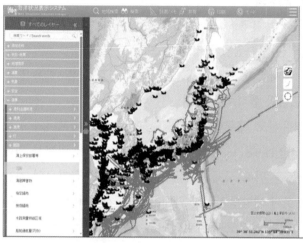

「**우미시루**」 의 화면
· 기상 및 해저지형, 해양재해정보,
  항행통보와 같은 해사(海事)정보
  등 해양과 관련된 다양한 정보 중
  자신이 원하는 정보를 선택하여
  지도에 표시 가능
· 영어도 지원하며, 어플을 통한 접
  근성도 용이
· 좌측 화면은 침몰선 및 해저케이
  블 정보를 표시한 화면

출처: 일본 해양영역인식(MDA) 구상(2023).[10]

▶ 2013년, 제2차 해양기본계획 발표

* Basic Plan on Ocean PolicyApril 2013

  - 해양에서의 질서 유지를 위한 해양안보 정책 방향 제시

  - 우주 기반 해양영역인식Space-based Maritime Domain Awareness 추진

▶ 2018년, 제3차 해양기본계획 발표

* The Basic Plan on Ocean PolicyMay 2018

  - 해양기본계획에서 해양영역인식을 가장 중요한 문제로 인식[11]

  - 자유롭고 열린 인도·태평양 전략을 지원하기 위한 일본의 종합적인 해
    양안보에 관한 정책을 담고 있으며, 중국과 북한을 일본의 위협으로 명시

  - 해양안보를 포함하여 해양과학기술 발전, 해양산업 부흥 및 해양환경
    보호 등 제반 해양문제에 관한 포괄적인 접근을 위한 해양영역인식 체
    계 필요성 강조

---

10   한국해양전략연구소(KIMS), "일본의 해양영역인식(MDA) 구상(번역본)".
11   The Basic Plan on Ocean Policy, p. 26.

- 해양에서 제반 정보수집체계Information-gathering Systems를 적극 활용하기 위한 자체적인 역량 강화
- 일본우주항공연구개발기구JAXA의 위성을 포함하여 범정부적 자산을 이용한 해양에서의 정보수집활동 강화
- 정보수집을 위한 국제적인 공조 강화 및 수집된 정보 공유·활용을 위한 동맹·안보파트너와 협력체계 유지
- 수집된 정보를 공유하고 재취합함으로써 동맹 및 안보파트너와 공조 체제 유지, 특히 지진Earthquake 및 쓰나미Tsunami 등 비전통 안보를 위한 해양정보 수집활동을 위해 국제기구를 포함하여 주요 국가들의 자산 을 적극 활용함으로써 해양영역인식 확대를 위한 지속적인 노력 경주
* 전 지구 해양관측사업인 아르고 플로트Argo floats 등 주도적 운영
- 'MDA School' 참여 등 유엔 마약&범죄 사무소United Nations Office on Drugs and Crime와 해양영역인식에 관한 협력 지속[12]
- QUAD에서 협의한 인도·태평양 파트너십에 적극 참가
▶ 2023년, 제4차 해양기본계획 발표
* The Basic Plan on Ocean PolicyApril 2023
- 중국 인민해방군해군의 일본 근해 침범이 심각해지자 일본은 해상에 서 안보능력을 강화하기 위한 전략과 정책을 수립
- 중국, 북한 등 반복적이고 지속적인 위협 대비 해양력을 강화하고, 무 인자율잠수정Autonomous Underwater Vehicles 및 원격 작동 로봇 등을 활용 한 감시 능력 강화
- 특히 일본 영해 및 인근 해역에서 활동하는 중국 인민해방군해군 함정 감시·정찰을 위한 방안 강조
- 대만해협 및 기타 분쟁 지역에서 해상자위대와 해상보안청 간 연대를

---

12   https://www.unodc.org/documents/Maritime_crime/UNODC_GMCP_MDA_Catalogue. pdf; https://www.mofa.go.jp/files/100482325.pdf.

강화하고, 유사시 대비 해상자위대와 해상보안청 간 구체적인 대응훈련 방침 제정 및 해양 감시·정찰 체계 강화

궁극적으로 일본이 국제 MDA협력을 통해 추진하고자 하는 방향성은 명확하다. 인도·태평양에서 활발한 해양활동을 전개할 수 있는 국가적 역량을 확대하는 것이다. 일본은 해상교통로 등 해양에서의 안전을 보장하는 것에 더해 일본 주변 해역에 대한 해양경계 획정 등에 필요한 정보를 수집하기 위한 MDA 체계를 유지하는 것이 핵심 과제라고 하겠다. 이를 위해 일본은 자체적인 역량 강화에 더해 미국을 위시한 주변 국가들과의 해양 협력 강화를 위한 적극적인 움직임에 나서고 있다. 특히 미국이 주도하는 QUAD 협력 중 해양문제에 관한 IPMDA에 적극적으로 참가하고 있는 것이 특징적인 양상이라고 할 수 있다.

▶ **도표 6-11** 일본의 범정부 MDA 체계

출처 : 해양경찰청(2023), p. 12.[13]

다 인도

인도는 급속히 강화되어온 중국의 해양력과 해양안보에 대한 대응을 고심하고 있다. 특히, 인도양의 불법 · 비보고 · 비규제어업Illegal, Unreported and Unregulated Fishing : IUU의 95%가 중국 어선으로 파악하고 있으며, 남중국해에서 중국 해경과 해상 민병을 활용한 '회색지대 작전'이 인도양으로 확대될 가능성을 우려한다. 인도는 '글로벌 공공재'로서 해양의 자유로운 이용과 해양안보 문제의 효과적 해결을 위해 자체적인 해양안보 역량 강화 노력뿐만 아니라, 역내 인접 국가 간 협력이 효과적이라고 판단하고 행동하고 있다.

MDA를 포함한 인도의 해양안보 정책이 결정적으로 전환되기 시작한 시점은 2008년 11월 발생한 뭄바이 테러사건2008 Mumbai attacks이다. 테러리스트들이 해상으로 침투하여 수백 명의 사상자를 발생시킨 이 사건을 계기로 인도는 광범위한 관할해역과 영해의 해양안보를 국가적 차원에서 통합적으로 조정 통제할 수 있는 체계를 구축할 필요성을 절감하게 되었다. 이후 인도는 '국가해양 및 해안보안 강화 위원회National Committee for Strengthening Maritime and Coastal Security'와 '해안안보 검토를 위한 운영위원회Steering Committee for Review of Coastal Security'를 설치하여 새로운 해양안보 정책을 수립하였고, 이러한 맥락에서 국가 해양영역인식National Maritime Domain Awareness 프로젝트를 추진해오고 있다.

인도의 국내 정치는 2014년 모디 총리가 최고정책결정자로서 장기간 집권하고 있으며, 경제 성장에 기반한 국가적 영향력을 확대하는 경제 및 외교 정책 기조를 지속적으로 이어오고 있다. 해양국가로서 인도는 지속 가능한 발전을 위해 해양의 중요성을 충분히 인식하고 있다. 특히, 인도양 지역협력을 통한 경제적, 안보적 이점을 확보하기 위해 몬순 기후권 국가들과의 교육 확대로 '인도양 세계Indian Ocean World'를 건설하고 있다. 2020년대에 들어서는 'Maritime Amrit Kaal Vision 2047'이라는 캐치프레이즈를 걸고 인도를 글로벌 해양 리더십 국가로 만들겠다는 비전을 제시하였다. 2047년까지 해운, 조선, 항만 등에서 글로벌 최상위권 국가로 만들기 위해 해양 발전 클러스터 조성, 범정부 기구 구축 등을 위한 목표와 로드맵을 제시하였다. 이러한 해양강국 건설 기조는 2024년 6월부터 모디 총리가 3번째 임기를 시작함에 따라 안정적이고 성숙한 단계로 진입할 것으로 전망할 수 있다.

▲ **도표 6-12** 인도 Maritime Amrit Kaal Vision 2047 주요 내용

구분	현재 보유수(순위)	2047년 목표
LNG 벙커링 항만 수	1	8
굴로벌 함정 건조	22(위)	Top 5
전체 항만 운용 능력	2,500+	10,000+

출처: India's Maritime Amrit Kaal Vision 2047.

인도의 해양력과 MDA 역량2024년 기준으로 군사력 측면에서 인도는 세계 2위의 병력145만 명을 보유하고, 4위의 국방비860억 달러 지출 국가이면서 1위의 무기 수입국이며, 160여 기의 핵탄두를 가진 안보 강국으로서 지정학적으로 인도양의 중심에 위치한다. 앞으로 인도양을 배경으로 힘의 역학적 변화는 인도의 해양활동 증대와 큰 상관관계가 있을 것으로 보인다. 모디 정부가 연 7%를 넘는 성장률을 기반으로 경제 성장 정책을 더욱 과감하게 추진할 것이며, 인도가 군사적 역량을 확대하는 것은 경제 성장에 따른 후속 과제가 될 것이기 때문이다. 이에 인도는 인도양의 안전한 해상교통로를 확보하는 것을 경제·외교·군사적 역량을 결정하는 핵심 과제로 인식한 듯하다. 인도는 이미 미국, 일본, 호주와 QUAD 협력을 통한 해양력 강화에 힘쓰고 있다. 또한 인도는 미국이 주도하는 다양한 연합훈련을 통해 상호운용성 및 해양작전 능력을 향상시키고 있다. 21세기에 들어서는 해군력 현대화에 많은 재원을 투자하고 있다. 2013년 러시아에서 중고 항공모함을 도입하여 항모 운영 경험을 축적해왔고, 2022년에는 최초의 국산 항공모함 비크란트Vikrant를 2022

년 취역시켜 적극적으로 운용 중에 있다. 앞으로 3번째 항공모함을 건조하여 2030년대 배치할 것으로 전망된다. 다만, 인도의 잠재적 경쟁국인 중국에 비하면 전반적인 해군력은 상당히 열세한 편이다. 이러한 군사적 취약점을 극복하기 위해 인도는 역외 국가인 미국 등과 협력적인 관계를 유지하고 있다. 실제로, 인도 해군은 미국이 주관하는 국제 연합훈련인 림팩, 코브라골드, 말라바르 등에 적극적으로 참가하고 있다. 이전에 비해 참가하는 전력과 역할이 더욱 적극적인 양상을 나타내는 것이 특징적인 변화라고 하겠다.

▲ **도표 6-13** 중국 해군력 대비 인도 해군력 현황

구분	중국	인도
병력(해병대)	252,000(35,000)	75,500(2,200)
항공모함/구축함/호위함	2/42/49	2/11/16
잠수함(핵/재래식)	58(12/46)	17(1/16)

출처: The Military Balance(2024년).

인도는 2010년대 국가 차원의 MDA 구축 노력을 본격화하기 시작하였다. 2014년 인도 국방부는 '국가 지휘통제, 통신, 정보, 네트워크National Command Control Communication and Intelligence Network'를 구축하여 데이터를 융합하고, 정보 관계성 및 의사결정 지원 기능을 제공하여 종합적인 해양 정보 관리 능력을 구축하였다. 2015년 모디 총리는, '전 지역의 안보와 성장SAGAR 2015' 국가 비전을 발표하였다. 주요 내용은 인도양 지역IOR에서 해양안보를 증진하고, 역내 항만/해운 인프라 발전을 지원하며, 우호국들과 해양자원 및 해양환경 협력을 강화하겠다는 내용을 담고 있다. 동년 이러한 국가비전을 구현하기 위해 인도해군은 새로운 해양안보전략 "Ensuring Secure Seas"를 발표하면서 해상, 상공, 해저를 포함한 해양영역에 전반에 대한 국가차원의 전략 추진을 명시하였다. 이러한 비전과 전략을 목표를 달성하기 위한 수단

으로서 'NMDANational Maritime Domain Awareness, 국가 해양영역인식' 즉, 국가 MDA 센터 사업이 추진되었다.

'NMDA국가 해양영역인식' 사업은 국가 MDA 센터를 구축하는 것을 목표로 한다. 주요 조직으로는 해군 주도로 IMAC정보관리분석센터과 IFC-IOR인도양 지역 정보융합센터를 설치하고, 국내외 유관 기관과 협조 네트워크를 구축하는 것으로 구체화 되었다. 가장 핵심적인 기관인 IMAC은 2014년부터 운영을 시작하였으며, 인도 해양정보 융합의 중심 허브로 평가된다. 해군과 해양경비대 51개 작전센터를 통합적으로 지휘통제할 수 있는 '국가 지휘통제, 통신, 정보, 네트워크NC3IN' 센터로서 연 12만척 이상의 해운 정보를 수집, 분석, 공유하고 있다. 다음으로, IFC-IOR은 국제 MDA 협력을 위한 해양정보 공유 플랫폼으로 평가된다. 인도 정부의 해양강국으로서 리더십 발휘 비전에 부응하기 위하여 2018년 IMDA 내에 설치되어 운영되고 있으며, 대외로 나가는 군사정보와 일반정보를 통제하고 공유하는 기능을 수행하는 만큼 현역 해군 대령이 센터장을 맡고 있다. IFC-IOR은 7,500km에 이르는 인도 해안과 200만 평방km에 달하는 EEZ에 대한 실시간 해양작전 상황도를 제공하고 공유하고 있다. 광범위한 파트너 국가 및 다국적 해양기관과 적극적인 협력을 통해 MDA를 증진하려는 모습이 두드러진다. 현재 IFC-IOR에는 미국, 영국, 프랑스, 이탈리아, 호주, 일본, 몰디브, 싱가포르, 스리랑카 등 총 25개국이 파트너십을 유지하고 있다.

한편, 해양정보 수집 능력 측면에서도 많은 투자를 하고 있으며, 미국과의 방산 및 기술 협력으로 고급 MDA 수집 능력도 확충해나가고 있다. 한 보고서에 따르면 2021년 국방부는 해안 감시 강화를 위해 42개의 신규 해안 레이더를 설치하겠다고 발표하였으며, 2022년 해군의 신규 전력투자비 비중이 이전에 비해 크게 증가하였고, 2023년 국방예산 증액 중 해군이 가장 큰 비중을 차지한다고 알려졌다.[14] 2008년 미국으로부터 첨단 다목적 해상초

---

14   OCFR 2023

계기인 P-8I 포세이돈을 구매하고, 2020년 장거리 해상드론인 MQ-9B Sea Guardian을 임차하였다. 또한 2013년에는 IFC-IOR 체계에 미국 방산업체 R 사가 소프트웨어를 제공하는 등 미국과의 적극적인 협력이 두드러지고 있다.[15]

인도는 인태지역에서 QUAD의 IPMDA에 참여하고 있으나 지정학적 상황을 고려하여 다소 신중하게 접근하고 있다. 당연한 결과로 2024년 현재 아직까지는 공개적으로 보여줄 만한 뚜렷한 성과가 도출되지는 않고 있다. 그러는 가운데에도 다양한 해양안보 관련 협력을 주변국과 확대해 나가는 움직임에 주목할 필요가 있다. 최근에는 '콜롬보 안보 콘클라베Colombo Security Conclave' 등을 통해 남아시아와 인도양에서의 안보협력과 역량을 구축하는 데 주력하고 있는 모습이다. 인도의 최근 국제협력 및 교류 활동으로 두드러지는 사례를 살펴보면, 우선 2020년 인도-미국 'BECA기본 교환 및 협력 협정' 체결이 두드러진다. 이 협정을 통해 인도는 미국과 주요 지리정보의 교환을 시작하였다. 여기에는 고급 위성 정보, 지형 정보, 항공 데이터 등이 포함되어 있기 때문에 국가 대 국가 차원의 양자 MDA 협력의 기본 조건을 충족했다고 평가할 수 있다. 인도는 인도·태평양 역외에 위치한 국가 중 프랑스와 2023년 '제1회 인도-프랑스 전략적 우주 대화'를 개최하였으며, 인도우주연구기구ISRO-프랑스우주청CNES 간 국제 MDA 협력을 증진하도록 합의하였다. 역사적으로 프랑스는 인도양에 위치한 다양한 해외기지를 갖고 있으면서, 최근 인도양을 거쳐 태평양으로 진출하려는 의도를 가지고 있는 것으로 판단할 수 있다.[16] 최근 이들 국가들의 움직임을 보면 매우 합리적인 유추가 가능하다. 이에 인도양에서 인도와의 협력을 적극 추진하는 것으로 보인다. 앞으로도 영국, 독일, 이탈리아 등 유럽의 주요 국가들이 인도와의 해양안보 협력에 나설 것으로 유추해볼 수 있는 대목이다.

---

15   Chawla & Suri 2023

16   House of Commons Defence Committee, "UK Defence and the Indo-Pacific: Eleventh Report of Session 2022-23," October 23, 2023. p. 19.

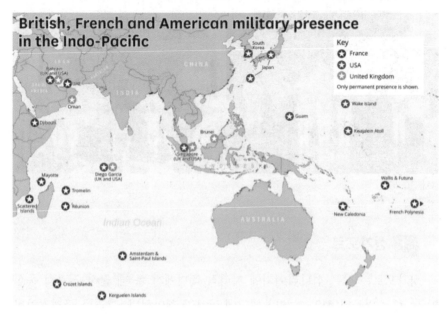

출처: House of Commons Defence Committee(2023).

　궁극적으로 인도는 인도양에서의 MDA 역량 강화와 관련한 국제적인 협력을 주도하려는 움직임을 보인다고 평가할 수 있다. 이를 단적으로 보여주는 예로 IFC-IOR의 확대 움직임을 살펴볼 필요가 있다. 인도의 IFC-IOR은 세계적 차원에서 활발한 국제 해양정보 협력의 허브로 거듭나고 있다. 2023년 해양정보공유워크샵MISW에는 26개국 41명의 대표단이 참석하여 성황을 이루었다. 인도양 국가들 뿐 아니라, EU, 호주, 일본 등의 대표단이 꾸준히 방문하여 인도의 MDA 파트너십 구축 및 해양정보 협력 방안을 모색하고 있다.

출처: IFC-IOR.

라 싱가포르

싱가포르는 작은 섬나라이기에 지리적 측면에서 볼 때 군사 전략적 종심이 짧고, 주변국의 해양 봉쇄나 테러에 안보가 취약하다. 그러나 국제정치적 측면에서 보면 싱가포르는 인도·태평양 한가운데에 위치하면서도 중국과 미국과 경제 및 안보적인 측면에서 관계 설정이 매우 중요한 국가로 여겨진다. 이러한 이유로 싱가포르는 급속한 경제 성장의 결실을 군사력 현대화에 아낌없이 투자해왔고, 결과적으로 ASEAN에서 작지만 가장 현대적인 군사력을 보유하고 있다고 평가된다.

싱가포르 해협에는 매일 1,000여 척 이상의 선박이 통항하고 있으며, 글로벌 해상 무역의 70%가 이 해협을 통과하고 있다. 약탈적 집단들에게는 고가치 표적이 많은 만큼, 싱가포르 해협은 일반적인 해양사고 외에도 범죄집단에 의한 테러 가능성에 지속적으로 노출되고 있다. 주로 IUU, 불법 이민, 밀수, 주변국의 해양 차단으로 인한 무역 봉쇄 등이 전통적 해양위협이라면, 최근 남중국해에서 중국의 적극적인 현상변경 시도와 국제 해양법을 포함한 국제규범을 무시하는 듯한 태도는 싱가포르에게 새로운 안보위협으로 다가오고 있다.

경제안보적 측면에서는 금융 허브 및 해상 무역에 경제적 번영이 달려 있는 국가인 만큼, 해운 항만 인프라에 과감한 투자를 아끼지 않고 있고, 2040년대 완공을 목표로 세계최대의 완전 자동화 항구인 "Tuas Mega" 건설을 국가 프로젝트로 추진하고 있다. 그러나 해양안보와 안전이 보장되지 않는다면, 이 프로젝트의 성공은 불투명하다. 따라서 지역 해양안보는 싱가포르에게 국가적 차원에서 매우 중요하다. 특히 싱가포르는 미국 해군이 기항할 수 있는 항구를 운용하고 있기 때문에 미국의 인도·태평양 전략과 연계해서도 항만 건설 및 현대화 작업이 안보전략의 중요한 고려요소로 여기는 중이다. 이상의 해양안보 인식에 따라, 싱가포르는 2009년 국가 '해양안보TF'를 설립하여 2011년 '국가해양안보체제'를 출범시켰다. 싱가포르가 구축한 해양 거버넌스의 차별적 강점은 다양한 국내 유관기관경찰-해경-해군 간의 협력이 제도적으로 성숙했다는 점, 그리고 인도·태평양 지역과 ASEAN 지역에서 국제 MDA 협력 거버넌스를 선도하고 있다는 점이다. 이러한 국내외 네트워크의 중심이 되는 기관은 IFC정보융합센터이다. 다양한 기관에서 생산된 해양정보를 처리하는 절차를 간소화하여 '범정부적' 전략 프레임워크를 형성하고 있다. 현재 43개의 파트너국가와 11개 국제 해운 협회와 긴밀하게 협력하여 역내 실시간으로 해양감시를 강화하고 있다.

2000년대 중반 MDA에 대한 국제적 관심이 높아짐에 따라, 싱가포르는 자체적으로 통합 MDA를 구축할 필요성을 인식하게 된다. 2004년 미국이 지역해양안보구상The Regional Maritime Security Initiative을 제시함에 발맞추어 싱가포르 또한 MDA 강화를 위한 자체 및 대외적인 협력 방안을 모색하기 시작했다. 그 결과 2009년 상가포르는 해군이 중심이 되어 해양안보TFMaritime Security Task Force를 창설하고, 국가해양안보시스템National Maritime Security System, NMSS을 구축하기 시작했고, MDA의 필요성에 대한 국내적 공감대를 형성하였다. 2010년에는 MDA 강화를 국가 프로젝트로 추진하기 시작하였으며, 2011년 ASEAN에서 가장 선도적인 글로벌 정보공유 플랫폼인 IFC를 개소하였다. 이를 통해 주변국과의 MDA 협력을 확대하기 시작했으며 현재는 전세계 50여 국가에서 연락관을 파견하고 있다. 2015년에는 국가 해양안보 강화 노력의 일환으로 다양한 해양 거버넌스를 통합하는 국가해양위원회The National Maritime Safety at Sea Council가 설립되어 MDA 거버넌스는 한층 더 제도적 성숙을 이루게 된다.

싱가포르의 MDA 체계인 NMSS는 크게 3층의 수준으로 구성되어 있다. 가장 상위기구인 '국내위기집행그룹HCEG'은 최고 의사결정 기구로서 국방부 장관과 상무부 장관이 공동의장을 맡고 있으며, 국가 해양안보 정책을 총괄 조정하고 있다. 그 아래 설치된 '해양안보-위기관리그룹CMG-MARSEC'은 해군 총장이 위기관리자로서 통합 작전을 지휘 통제하여 HCEG를 보좌한다.

두 번째 층위인 '해양위기센터SMCC'와 다양한 해양안보 유관기관의 노력을 통합을 이끌어내기 위한 관리체제로서 2011년 창이Changi 해군 기지에 설치되어 있다. SMCC의 주요 기능은 감시 및 위협 평가, 작전계획, 수행, 훈련 등을 지휘통제한다. 그리고 이러한 활동에 필요한 정보를 융합하여 제공하는 MDA 조직이 '국가해양인식단NMSG'이다. 첨단 센서 및 인공지능 기술을 활용하여 표적을 추적하고, 위협을 평가하는 역할을 하게 되고, 실제 2015년에는 AI 분석을 통해 ISIS 지지자가 승선한 선박을 조기에 식별하여 효과적으로 대응하는 데 성공한 사례가 있다. 싱가포르가 이러한 MDA 역량을 갖추는데는 미국 국방과학기술국DSTA, 그리고 DSO 국립 연구소와의 기술협력이 유효했다는 점에서 국제 MDA 협력은 단순히 정보 공유 협력뿐 아니라 첨단 기술 협력의 차원에서 전개된다는 점을 파악할 수 있다.

마지막 세 번째 층위는 해양안보 TF이다. 2009년부터 해군의 해양안보 사령부로서 기능하고 있으며, 주요 기능은 해양안보작전을 지휘하고, 필요시 상위 SMCC를 경유하여 유관기관과 협력하여 해양안보 문제를 해결한다. 여기서 MDA와 관련된 조직은 IFC이다. 국내 해양정보의 허브 역할뿐 아니라, 글로벌 공공재인 해양 안전을 위해 민간 선박 및 파트너국가들과의 정보 공유 및 협업을 촉진하는 지역regional 수준의 해양안보센터라고 볼 수 있다. 실시간 해양작전상황도를 제공하고 공유하는 역할을 하고 있다.

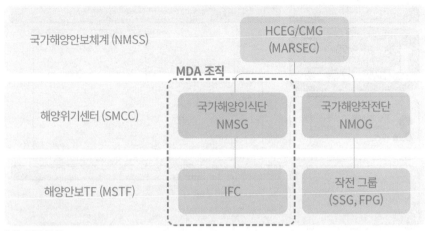

출처: 저자 작성

　싱가포르의 국제 MDA 협력의 중심에는 IFC가 허브 및 대외 창구 역할을 하고 있다. IFC 싱가포르는 2009년 SMCC 내에 설치되었고, 주변 및 지역 해양안보 문제 해결을 위해 국내 기관간 협력과 다국적 협력을 지원하고 있다. 2023년 기준 26개국에서 200명 이상의 국제연락관International Liaison Officer, ILO이 파견되어 정보공유를 통한 해양안보 증진에 공동으로 노력하고 있다. IFC는 싱가포르 해군 중령이 센터장을 맡고 있으며, 현재 우리나라도 해군대위 1명과 해경 경위 1명을 국제연락관으로 파견하고 있다. 실제 운용 사례로, 2022년 11월, 싱가포르가 인도네시아 관련 해상 강도 시도에 관한 첩보를 사전에 입수하였고, 이를 IFC에 파견된 인도네시아 연락관에게 즉각 통보하여 자국에 전달함으로써 피의자 7명을 사전에 체포하는데 성공한 사례가 있다. 이런 MDA 협력에 관한 전형적인 모범 사례로 평가될 수 있다. 또한 ASEAN 지역을 지나는 민간 선박들에게 Bridge 카드를 배포하여, 역내 통항 선박들의 자발적 보고VCR를 유도함으로써 글로벌 해양안전 공공재를 제공하고 있다.

▶ 도표 6-17 IFC 싱가포르가 선박들에게 배포하는 Bridge 카드

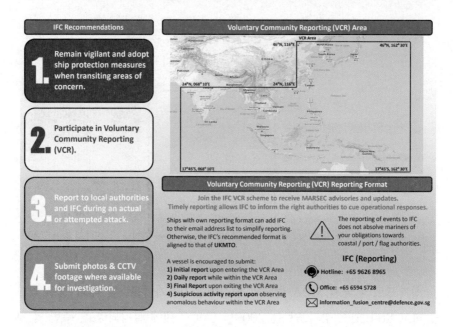

출처: IFC 싱가포르

　　IFC 싱가포르는 41개국 해양기관과 협력을 활성화하고 있고, 국제 포럼 개최와 선박 보안 연습, 다국적 MSP 연습 등을 통해 MDA에 대한 주변의 관심을 증대시키는 역할을 하고 있다. 또한 글로벌 정보융합센터와 연계하여 상호 발전을 위한 파트너십을 구축하고 있다. 주요 협력 거버넌스로는 IFC-IOR인도양-인도 주도, IFC-Latin America남미 지역-페루 주도, MDAT-GoD중/서부 아프리카 해안-영국, 프랑스 주도, Regional Maritime IFC동/남아프리카해안-EU 주도, Virtual Regional Maritime Trade Centre지중해-이탈리아 주도 등이 대표적이다.

　마　중국

　　기본적으로 중국은 미국의 접근을 거부하는 방식으로 해양력을 강화하고 있다. 이른바 반접근/지역거부Anti Access/Area Denial 전략에 따라 우선 항공모함

이나 대형 구축함/호위함/잠수함 등을 다수 건조 및 운용함으로써 중국 본토에서부터 원거리 바다에서 해군력을 현시하는 방법을 택하고 있다. 동시에 중국은 원거리 정밀 타격이 가능한 둥펑DF계 미사일 개발 및 배치를 통해 인도·태평양 중에서도 남중국해를 포함한 동아시아해양으로 미 해군력이 접근하고 자유롭게 활동하는 것을 거부하는 전략을 추진하고 있다.

▲ 도표 6-18 중국의 해양전략 변천

구분	장쩌민정부	후진타오정부	시진핑정부
명칭	근해방어	근해방어	근해방어·원해방위
목표	근해 해양통제 능력 확보	근해 해양통제 능력 확보	원해 활동범위 확대를 통한 반접근/지역거부 달성
방법/수단	• 제1-2선 도련선 방어 * 잠수함, 구축함, 호위함, 항공기 등	• 제1-2선 도련선 방어 * 잠수함, 구축함, 호위함, 항공기 등	• 원해 능력 구비: SSBN, 항모, 구축함, 강습상륙함, 항공기 등 • 남중국해 내 인공섬(군사시설) 및 해외 군사기지 건설

출처: 저자 작성.

중국은 해양에서 다양한 정보를 효과적으로 수집 및 분석하기 위한 노력의 일환으로 최근 자체 개발한 인공위성을 다수 운용하고, 해상과 수중을 포함하여 다양한 해군훈련을 실시하는 등 공세적인 수준에서 해군력 확장에 박차를 가하고 있다. 또한 다수의 해상민병대를 활용하여 동아시아해양에서 주변국의 해양활동을 방해하는 등 회색지대전략Gray Zone Strategy을 적극 구사하고 있다. 한편 중국은 해양활동을 위한 주요 거점을 확보하기 위해 아세안 일부 국가들뿐만 아니라 서쪽으로는 서남아시아 및 아프리카를 포함하여 인도양 지역 국가들, 동쪽으로는 태평양도서국가들PIC의 항구를 이용하는 등 지정학적인 측면에서 영역의 범위를 확장하는 전략을 우선적으로 추진하고 있다.

▲ **도표 6-19** 중국이 건설·임차 예정인 항(구) 및 해외 해군(군사)기지 현황

지역	국가(기지명)	확보 방법(연도)	비고
아시아	캄보디아 (레암 해군기지)	• 기지 개조/확장(2023) • 30년 임차(2022)	• 해군 작전기지 • 해군 군수기지
	미얀마 (코코군도 해군기지)	• 직접 건설 • 1994년부터 운용	• 해군 작전기지 * 항공기 활주로와 소 형 부두
	미얀마 (짜욱퓨항)	• 직접 건설 중	• 해군 군수기지
	방글라데시 (치타공항)	• 직접 건설 • 99년 임차(2017)	• 해군 군수기지
	스리랑카 (함반토타항)	• 직접 건설 • 99년 임차(2017)	• 해군 군수기지
	파키스탄 (과다르항)	• 직접 건설 • 43년 임차(2015)	• 해군 군수기지
아프리카	지부티 (해군기지)	• 직접 건설 • 10년 임차(2017) *10년 후 연장	• 해군 작전기지 • 해군 군수기지
	적도 기지 (바티 해군기지)	• 직접 건설(예정) • 일대일로 차관	• 협의 중 • 해군 작전기지 • 해군 군수기지
	탄자니아	• 직접 건설(예정) • 일대일로 차관	• 협의 중 • 아프리카/대서양
남태평양	솔로몬제도	• 직접 건설(예정) • 일대일로 차관	• 해군 작전/군수기지
	키리바시	• 직접 건설(예정) • 폐쇄비행장 개조 *공군기지로 활용 가능	• 해군 작전/군수기지 *공군기 전개 가능
남미	아르헨티나 (티에라텔푸에고)	• 직접 건설(2022)	• 해군 기지 *남극 진출 전초기지
	아르헨티나 (네우켄)	• 직접 건설(2017)	• 우주 기지
중미	쿠바	• 건설 합의(2023. 6) • 건설 중(2023~)	• 군사기지 • 도청기지

출처: 한국해양전략연구소(2024), p. 138.

출처: 서울신문(2022)[17].

　　최근 동아시아 해양에서 나타나는 대부분의 영토분쟁 갈등은 중국의 해양력 확장 의지와 관련한 공세적인 정책에 비례하여 전개되는 특징을 보여준다. 2023년 8월 중국은 남중국해와 동중국해 상당 부분이 포함된 새로운 10단선을 추가한 '2023 표준지도'를 발표했다.[18] 기존 관할 구역으로 표기했던 9단선에서 대만 동부 해역을 포함하여 확장한 것이 특징적인 모습이다. 주목해야 하는 점은 이러한 중국의 행보가 조직적으로 충분한 계획 아래 수행되었다는 사실이다. '2023 표준지도' 제작을 주관한 중국의 자연자원부는 국가해양국을 국토자원부 등과 통합하여 2018년 출범한 조직이기 때문이다. 도표 6-21과 같이 자연자원부는 중앙정부의 발전, 개혁 정책을 결정 및 집행하는 기구인 국가발전개혁위원회와 함께 해양강국 건설 전략을 추진하는 주요 부처로 지정되어 해양전략뿐만 아니라 전반적인 해양정책을 전담하고 있다.[19]

17　　류지영, "中, 캄보디아에 비밀 해군기지… 美가 공들인 인·태 포위망 흔든다," 『서울신문』, 2022. 6. 7.

18　　신경진, ""다 내땅" 지도에 대못 박은 中…이대로면 캐나다보다 커진다," 『중앙일보』, 2023. 9. 8.

19　　정현욱 외, "국가 해양전략 기본구상 연구," 『한국해양수산개발원(KMI) 일반연구 2022-17』, p. 102.

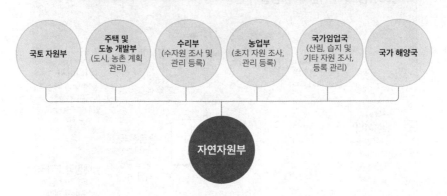

▶ 도표 6-21 **2018년 중국 해양국 → 자연자원부로 통합**

| 국토 자원부 | 주택 및 도농 개발부 (도시, 농촌 계획 관리) | 수리부 (수자원 조사 및 관리 등록) | 농업부 (초지 자원 조사, 관리 등록) | 국가임업국 (산림, 습지 및 기타 자원 조사, 등록 관리) | 국가 해양국 |

자연자원부

출처: 정현욱 외(2022), p. 103.

　　또한 중국은 정규군인 인민해방군해군 외에도 민병으로 구성된 조직을 활용하여 단기적으로 남중국해를 포함하여 중국 본토 인근에 대한 정보수집 활동을 강화하고, 중·장기적으로는 원해에서 정보수집 활동을 통한 해양력 현시를 함께 병행할 것으로 전망된다. 중국 해군이 운용하는 해상민병대의 규모가 최대 30만 명 이상이며 선박 20만여 척으로 구성되었다는 평가가 있다.[20] 앞으로도 중국 해군이 대규모의 해상민병대 선단을 구성하여 제3국의 함정의 조업이나 순찰 등 합법적인 해상활동을 방해할 수 있다. 이뿐만 아니라 유사시 해상민병대가 해상에서 집단적으로 불법 형태의 시위를 하거나 주요 영유권 분쟁 해역 및 중국이 건설한 인공섬 주변 경계 임무를 통해 해상작전의 범위를 점점 더 확대하고, 아울러 정규군과 함께 작전 능력을 지속적으로 향상시킬 것으로 예상된다.

---

[20]　　해군미래혁신연구단, 『중국의 해양전략과 해군』(계룡: 해군본부, 2021), p. 312.

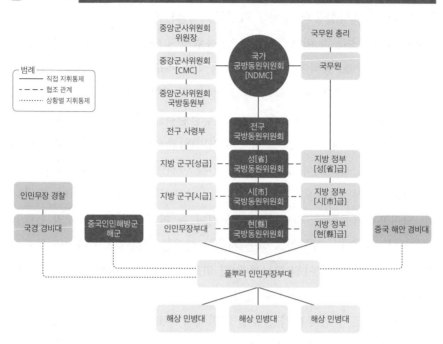

▶ 도표 6-22 중국 인민해방군(해상민병대) 조직도

범례
─── 직접 지휘통제
- - - 협조 관계
······ 상황별 지휘통제

중앙군사위원회 위원장
중강군사위원회 [CMC]
중앙군사위원회 국방동원부
전구 사령부
지방 군구[성급]
지방 군구[시급]
인민무장부대

국가 궁방동원위원회 [NDMC]
전구 국방동원위원회
성[省] 국방동원위원회
시[市] 국방동원위원회
현[縣] 국방동원위원회

국무원 총리
국무원
지방 정부 [성[省]급]
지방 정부 [시[市]급]
지방 정부 [현[縣]급]

인민무장 경찰
국경 경비대

중국인민해방군 해군

중국 해안 경비대

풀뿌리 인민무장부대

해상 민병대   해상 민병대   해상 민병대

출처: 박병찬(2022), p. 87.

　　중국의 MDA 추진은 기본적으로는 자체의 해양감시 능력을 향상시키는 것을 목표로 추진하고 있다. 중국은 공식적으로 MDA라는 용어를 사용하지는 않지만, 해상에서의 감시 능력을 강화하는 것을 우선 과제로 여기는 사실에서 중국식 MDA를 준비 중인 것으로 평가할 수 있다. 중국 연구원들이 상용 위성사진을 활용하여 해상에서 항해 중인 선박의 파도 모양에 대한 판독을 통해 미 해군 함정의 선형을 식별해내고 있다는 기사는 중국의 행보를 뒷받침해주는 사례이다.[21] 최근 중국의 급격한 우주 감시체계 기술 발전은 향후 중국이 해양에서 미 해군의 움직임을 원거리에서 파악하고 대응하는데 상당한 수준으로 기여가 가능할 것으로 예측된다.

21　　구자룡, "中 해군 연구팀 "위성 사진으로 미군 항모·군함 위치 파악," 『뉴시스』, 2024년 7월 10일.

한편 중국은 일대일로 정책에 따라 태평양에서 인도양으로 디딤돌을 놓는 방식으로 해양활동의 영역을 확장하고 있다. 일로one road는 동남·서남아시아에서부터 중동과 아프리카를 지나 유럽까지 이어지는 해상 기반의 실크로드를 의미한다. 중국이 추진하는 궁극적인 목표는 서태평양-북인도양-동아프리카-서아프리카-대서양의 해상교통로에 대한 안정성을 확보하는 동시에 인근 국가들에 대한 경제·외교·군사적 영향력을 확보하는 것이다. 중국은 이른바 진주목걸이string of pearls 전략 추진의 일환으로 동 지역에서 해외 군사기지를 적극적으로 모색 및 확보하고 있다. 아시아에 위치한 캄보디아, 미얀마, 방글라데시, 스리랑카, 몰디브, 파키스탄에서부터 지부티, 케냐, 탄자니아, 남아프리카공화국, 나미비아, 적도기니 등 아프리카 국가들과의 협력을 강화해나가고 있다. 장차 인도양을 지나는 희망봉 항로에서 국가적 영향력을 행사하면서 아프리카 자원 확보를 위한 외교적 역량을 강화하기 위한 중국의 선제적인 움직임으로 이해할 수 있다.

중국이 일로 정책에 따라 글로벌 차원에서 주요 지역에서 해외 기지를 확장하고 해군력을 자유롭게 운용할 때 정보 획득과 활용도 또한 비례해서 증강할 것이다. MDA의 체계적인 구축이 자연스럽게 완성되는 그림이다. 앞으로도 중국의 전반적인 해양력 강화 및 해양력 확장 정책을 국가 차원에서 추진할 가능성이 높다. 중국의 MDA 강화 또한 해양력 확장 측면에서 전개될 것으로 전망할 수 있다. 우선적으로 법과 제도적인 면에서 해양력 확장에 대한 근거를 마련하고, 이후 해양전력 구축을 통해 국가이익 수호를 위한 적극적인 해양활동을 시도할 것으로 보인다. 또한 자체적으로 정보 수집이 가능한 위성을 지속적으로 확대하여 운용하고, 러시아를 비롯한 우방국과의 협력을 통한 정보 수집 및 공유 등을 적극 시행할 것으로 보인다. 특히 러시아와의 해양협력을 더욱 강화할 것으로 예상되는데, 인태지역에서 미국 및 동맹국들의 해양활동을 견제하는 데 있어 가장 효과적인 파트너십을 도모할 수 있다는 전략적 선택에 따른 움직임으로 해석할 수 있다.

바 러시아

2022년 2월 러시아의 우크라이나 침공으로 인해 러시아가 추구하려는 목표는 분명했다. 러시아는 미국 주도의 NATO를 중심으로 한 서방 세력의 동진을 막아 러시아의 지정학적인 국가이익을 보호하기 위한 선택으로 극단적인 전쟁의 방식을 택한 것으로 평가된다. 러시아는 자신의 군사적 행동을 '특수군사작전'으로 규정하면서 우크라이나가 서방 세력의 대리전을 수행하고 있다고 주장했다.[22] 그러나 러시아의 우크라이나 침공은 단순히 러시아와 우크라이나 양자 간 정치 현상이 아니라, 글로벌 정치와 깊이 연관된 사건이라는 관점에서 봐야 한다. 그 이유는 전쟁의 과정에서 서방과 러시아의 갈등, 러시아와 중국 및 북한과의 관계 등이 재편되었기 때문이다. 미국의 제재에 대한 러시아의 대응 움직임이 우호국인 중국과 북한과의 관계 강화를 통해 표출되었고, 특히 중국과는 해양에서의 협력을 강화하는 방식으로 나타나고 있다.

2021년 러시아에서 발표한 국가안보전략에는 정보보안, 경제안보, 상호이익을 위한 국제협력 등이 우선순위로 명시되었다. 러시아는 핵 억제력에 기반하여 국가의 안보를 보장하는 한편으로 우호국들과의 상호 작용을 통한 경제적 번영을 추구하는 전형적인 형태의 국가안보전략을 수립 및 추진했다. 냉전 시기부터 러시아는 강대국으로서의 군사전략을 추진해오고 있다. 특히 최근 들어 러시아의 군사전략을 설명하는 데 자주 등장하는 단어 증 공세적이라는 용어에 주목할 필요가 있다. 러시아는 극초음속, 무인체계 등 비대칭 위주의 첨단기술 기반 전략무기 개발 및 무기 현대화를 통해 공세적인 군사력을 확보하기 위한 노력을 기울이고 있다. 특히 우크라이나의 공격형 무인기 등에 의한 크림대교 피격, 모스크바함 침몰 등이 피해를 경험한 러시아는 향우 유무인 복합체계를 확보하여 해양력을 강화하고자 하는 움직임을 보인다.

22　Charles Maynes, "Russia sharpens warnings as the U.S. and Europe send more weapons to Ukraine," NPR, April 29, 2022.

구분	고르바초프	옐친	푸틴
명칭	연안방어	연안방어	공세적 신속방어
목표	근해 해양통제 능력	근해 해양통제 능력 확보	• 완벽한 근해 해양통제 달성 • 원해 해양력 투사 능력 보유
방법/ 수단	• 핵전력: SSBN 등 • 구축함 등 대형함 확보로 근해 방어 능력 강화	• 핵전력: SSBN 등 • 구축함 등 대형함 확보로 근해 방어능력 강화	• 핵전력: SSBN, 핵어뢰 등 • 해군력 현대화, 유무인 복합체계 등 첨단무기 확보 • 중국 등 주변국 연계활동 강화

출처: 저자 작성.

　　러시아의 공세적인 군사전략을 뒷받침하는 러시아 해양전략의 방향성 또한 공세적인 측면에서 맥락을 같이 하고 있다. 러시아-우크라이나 간 전쟁이 한창인 가운데 러시아의 해양안보의 주요 위협을 설정하고, 해군시설 건설이나, 대외군사협력 계획, 해양활동의 국제법적 근거 마련 등을 골자로 신해양 독트린이 발표되었다. 특히 눈에 띄는 대목은 러시아가 북극에서의 활동을 강화하고 레이다 등 주변국의 북극 활동을 감시하는 시설을 확충하려는 모습이다. 역사적으로 대륙국가로 평가받는 러시아가 북극해를 매개로 신 해양국가로 나아가는 계획을 잘 보여주는 행보라고 볼 수 있다. 특히 러시아-우크라이나 전쟁으로 인해 나타난 서방과의 갈등으로 북극해를 인접한 다른 국가들이 미국과의 관계 강화에 나서는 모습은 향후 북극해를 배경으로 한 또 다른 갈등을 야기할 수 있다. 이런 점에서 러시아의 공세적인 양상이 갖는 국제 안보 정세의 파장은 매우 클 것으로 예상된다.

구분	주요 사례
주요 안보위협	• NATO 활동증가 및 미국의 해양력 헤게모니
국가이익범주	• 국제 해양에서 지배력 확장, 카스피해에서 해양활동 확대 • 해저 에너지 자원의 파이프라인 안정성 보장 • 북극해와 북극항로 발전 등
해군시설 건설계획	• 항공모함, 선박 건조 등 포함 극동지역 해양 인프라 단지 구축 • 크림반도에 세바스토폴 조선소 기반 대규모 조선단지 설립 등
전략적 협력관계	• 이란, 이라크, 사우디아라비아, 인도 등과의 전략적 협력관계 증진 • 해군과 관련된 다양한 국가 간 협력 확대 등
해외기지 건설계획	• 원거리 임무 수행을 위한 해군함정의 자유로운 활동 보장 • 타르투스, 지중해, 홍해, 인도양(페르시아만), 아태지역에 해군기지 건설 등
법에 기초한 해양활동	• 해양활동의 국제법적 근거 마련 • 민간선박 및 선원들의 군사작전 상시 참여 가능한 법적 제도 수립 등
해양핵전력 건설	• 해양핵전력 기반으로 해군력 건설 및 최신 핵잠수함 전력 완성 등
북극에서 활동 강화	• 북극권 경계 감시 강화를 위한 연안 레이더 감시망 정비 • 비행장 재건 및 공중 위협과 함정의 공격 대비 대응태세 정비 등

출처: 한국해양전략연구소(2024).

러시아의 MDA 확대 노력은 해군력을 활용한 해양활동 증가와 함께 살펴볼 수 있다. 특히 러시아는 중국과 다양한 훈련 등을 통한 해양활동 강화 노력을 보인다. 미국이 아시아 중시 전략을 본격적으로 시작한 2010년대 초반부터 러시아는 중국과의 해양활동 공조의 협력 수준을 높여나가고 있다. 특히 러시아가 실시한 대부분의 연합훈련이 동아시아해양에서 실시되었다는 점에 주목할 필요가 있는데, 러시아는 해양력 확장에 더해 중국과의 연대를 통한 대미 견제 활동에 더욱 관심을 보여주는 것으로 해석할 수 있는 대목이다.

▲ 도표 6-25 중·러의 해상 연합 군사훈련 현황(2012-2024)

구분	명칭	장소
2012년 4월	해상연합(Sea Interaction)-2012	중국 산동성 칭다오
2013년 7월	해상연합-2013	러시아 극동
2014년 5월	해상연합-2014	동중국해 북부
2015년 5월	해상연합-2015(I)	지중해
2015년 8월	해상연합-2015(II)	러시아 극동
2016년 9월	해상연합-2016	남중국해
2017년 7월	해상연합-2017(I)	발트해
2017년 9월	해상연합-2017(II)	러시아 극동
2018년(추정)	해상연합-2018	중국 산동성
2019년 5월	해상연합-2019	중국 산동성
2021년 10월	해상연합-2021	러시아 극동(일본 근해)
2022년 12월	해상연합-2022	동중국해
2023년 7월	북부연합(Northern/Interaction)-2023	러시아 극동(일본 근해)
2024년 7월	해상연합-2024	동중국해

출처: 정현욱 외(2022) p. 57을 참고하여 저자 작성.

러시아 해군은 중국 인민해방군해군과 협력하여 미 해군에 대응하기 위한 해군작전 능력 향상을 꾀하고 있다. 그 일례로 러시아는 지난 2021년 10월 중국 인민해방군해군 함정과 함께 일본 열도를 관통하여 이른바 항행의 자유작전을 실시했다. 도표 6-26과 같이 러시아 해군함정 5척이 중국 해군함정 5척과 함께 총 10척의 군함으로 양국 간 연합훈련 후 복귀하는 과정에서 진형을 이루고 일본 가고시마현 오스미 해협을 통과해서 동중국해로 진입했다.[23] 이는 사실상 일본 열도의 허리를 가로지른 것으로 동해에서 시작하여 태평양을 경유한 뒤 동중국해로 빠져나갔다는 점에서 러시아가 중국과 함께 일본은 물론이며, 주일미군에 대한 경고를 한 것으로도 볼 수 있는 대목이다.[24]

▶ 도표 6-26 **러시아·중국 해군함정의 일본 열도 통과 항해**

출처: 좌측 사진-GYH20211024000700044, 우측 사진-PYH20130716096000340 / 헬로포토

러시아는 전통적인 우주 강국으로서 다양한 전력을 활용하고 있다. 특히 러시아는 감시정찰, 위성항법 체계 등 우주정보 능력을 강화하고 있다. 이러한 능력에 기반한 러시아는 러시아군이 우주정보를 활용할 수 있도록 감시 및 정찰, 위성항법 체계를 지원하고 있다. 이러한 능력을 보유한 러시아가 최근 해양의 정보 수집과 분석에 관한 MDA에 관심을 기울임에 따라 앞으로 해

---

23   박세진, "중러 해군 함정 10척, 일본 열도 한 바퀴 돌며 무력 시위," 『연합뉴스』, 2021년 10월 24일.

24   2022년 9월에는 중국과 러시아 함정 6척이 일본 최북단 홋카이도 서쪽으로 약 190km 떨어진 해역에서 사격훈련을 실시했다. 일본 방위성 발표에 따르면 중러 해군함정 6척이 연합훈련 중 기관총 사격 후 홋카이도와 사할린 사이 소야 해협을 통과해 오호츠크해로 진입했다는 것이다. 다만 사격구역이 일본 배타적경제수역(EEZ: Exclusive Economic Zone, 이하 EEZ)의 바깥쪽으로 판단해 직접적인 항의는 하지 않은 것으로 보인다. 일본은 정보 수집과 경계 차원에서 해상자위대 호위함과 미사일정, 그리고 P-3C 대잠 초계기를 파견한 것으로 알려진다. 김소연, "중·러 동해서 기관총 사격훈련…아태지역 미·일 견제," 『한겨레』, 2022년 9월 5일.

양의 제반 감시·정찰 능력 신장에 집중할 것으로 보인다.[25] 또한 해양에서 수집된 정보를 우방국과 공유함으로써 자유로운 해양활동을 보장하는데 활용할 것으로 전망된다. 특히 전쟁을 수행하면서 자체적인 해군력을 급격하게 증강하는 것이 제한되는 상황에서 궁극적으로는 중국과의 협력을 통해 해양 감시체계를 확대하고, 해양에서 제반 정보를 공유할 수 있는 네트워크를 구축할 수 있다.

사 기타

1 QUAD의 'IPMDA'–'상업용' 정보 수집 및 공유

QUADQuadrilateral Security Dialogue: 4자 안보 대화는 일본과 미국이 선도적으로 추진하는 지역 비전인 '자유롭고 개방적인 인도-태평양Free and Open Indo-Pacific, FOIP'의 구현과 관련이 깊으며 2021년부터 장관급에서 정상급 협의체로 격상되었다. 다만, QUAD의 구체적인 비전과 역할에 대해서는 참가국들마다 입장이 다르기 때문에 명확한 편은 아니다. MDA와 관련해서는 2022년 도쿄 QUAD 정상회의에서 "해양영역인식을 위한 인도-태평양 파트너십The Indo-Pacific Partnership for Maritime Domain Awareness, IPMDA" 비전이 발표되면서 주목을 받고 있다.

2022년 당시 발표된 IPMDA의 주요 내용은 크게 3가지로 볼 수 있다. 첫째, QUAD 국가들은 (1) 태평양 도서, (2) 동남아시아, (3) 인도양 지역의 파트너 국가들이 자국의 관할해역에서 벌어지는 불법적인 활동을 스스로 감시하고 공유할 수 있도록 '상업용' 정보와 관련 기술을 지원할 것이다. 이는 글로벌 공공재인 해양의 자유롭고 안전한 이용을 목적으로 하며, 남중국해에서 중국의 위협에 대해서는 직접 언급하지 않고 있다. 두 번째로, QUAD는 기

---

25   러시아가 공식적으로 MDA라는 용어를 사용하지는 않지만, 미국이나 일본 등의 해양활동에 관한 움직임을 파악하고 있다는 전제하에 MDA에 대한 개념은 충분히 숙지하고 있을 것이라 유추할 수 있다.

존 역내 IFC 간의 정보공유 협력을 증진, 확대하는 것을 지원할 것이다. 주로 IFC-IOR, IFC 싱가포르를 중심으로, 호주가 지원하는 Pacific Islands Forum Fisheries Agency 솔로몬, Pacific Fusion Centre 바누아투 등을 연계성을 강화할 것이다. 마지막으로, QUAD "Dark Shipping"에 대한 공동 감시와 추적을 위한 인프라와 협의체 형성에 자원을 할당한다. 국제 해사 규범에 따른 선박자동식별체계AIS를 작동하지 않는 선박들은 제제 회피, IUU불법(Illegal), 비보고(Unreported), 비규제(Unregulated), 납치, 밀수, 환경 파괴와 같은 목적에 활용될 가능성이 높다. 관련하여, 중국은 2021년 자국의 정보 보안을 명분으로 일련의 법제도 정비를 통해 자국 선박들이 필요 시 특정 조건하에서 AIS를 미작동할 수 있게 허용하고 있다. 인도양 등에서 식별되는 IUU의 대다수가 중국 어선이라는 점에서 중국이 문제를 해결하기 보다는 규모를 축소하여 국제적 비난을 회피하려 한다는 의심을 받기에 충분한 조치이다. QUAD는 이러한 움직임에 대응하여 역내 AIS 미식별 선박에 대한 실시간 감시 및 추적을 위해 공동으로 노력할 것이다.

2023년 QUAD는 현재 시험 단계Pilot Phase에 있는 IPMDA의 향후 방향성을 추가로 제시하였다. IPMDA의 주된 목적을 해양에서의 효과적 실시간 감시체계를 구축하고 파트너간 정보를 공유하는 것이다. 장차 IPMDA 차원의 IFC를 설치하여 인도적 사태 및 자연재해에 대한 대응성을 높이고, IUU를 근절하기 위한 협력체계를 구축할 것이다. 궁극적으로는 '규칙 기반 세계 질서'에 대한 국제사회의 준수 의무를 강화할 것이다. 미국의 사례에서 살펴본 바와 같이 2022년부터 IPMDA가 본격적으로 논의되고 있다. 다만, 2024년에는 미국 및 인도 등 선거와 맞물려 QUAD 국가들이 MDA를 포함한 다양한 안보 논의를 이어가지 못하는 실정이다. 인도의 총선이 종료되었고, 미국의 선거까지 끝난다면 IPMDA에 관한 논의가 다시 활발하게 진행될 가능성이 높다. QUAD 참가국 모두에서 MDA는 국가이익을 위해 매우 중요한 문제로 인식되기 때문이다.

다만, 참가국마다 IPMDA를 발전시키려는 의도와 능력에는 차이가 있다.

글로벌 수준에서 신냉전 구도가 형성되고, 인태지역에서 중국과 강대국 경쟁을 벌이는 미국과 일본 입장에서는 IPMDA를 기존의 국제 해양 질서를 인정하지 않는 국가나 세력의 활동을 견제하려는 목적이 크다고 평가된다. 중국에 대해서는 인근 해역에서 IUU 또는 회색지대 작전에 활용되는 해상민병의 활동을 감시하는 데 효과가 있을 것으로 기대한다. 북한에 대해서는 UN 결의 위반 및 관련 제제를 우회하려는 선박을 감시 추적하고, 불법 해상 환적등을 차단하는 데 IPMDA가 도움이 될 것으로 기대한다. 그러나 인도는 지정학적, 지경학적으로 중국의 위협이 현실화한다는 측면에서 IPMDA에 참여하지만, 중국이나 러시아와도 협력관계를 유지하고 있는 전통적 비동맹 국가이다. 또한, QUAD가 군사협력체가 되어 인도가 강대국 경쟁의 최전선이 되는 것도 바라지 않는다. 따라서 QUAD가 추진하는 IPMDA의 구체화 가능성은 불투명한 상태에 있다고 평가된다.

IPMDA를 평가한 CSBA의 2023년 보고서에 따르면, IMPDA는 해양에서의 법 집행과 안전에 중점을 두고 있지만, 추후 안보적으로도 활용될 수 있는 의도가 잠재되어 있다고 평가된다. 그러나, 그 역량 면에서는 현재 '상업적' 우주 기반 수집 수단의 확산과 정보 공유에 초점을 두고 있으며 이에 따른 강점과 약점이 공존한다.[26] 우선 '상업적' 플랫폼의 강점으로 정보 공유의 가능성과 보편성이 각 정부의 '기밀' 체계에 비해 상대적으로 높다. 이는 참여국 간 정보의 흐름을 활성화하는데 효과적이며, 지역 전반의 상황에 대한 통찰을 제공할 수 있고, 참여국의 '기밀' 정보 역량도 보완하는 데 활용될 수 있다. 한편, '상업적' 정보 수집의 경우 보안, 응답성, 해상도, 접근성 측면에서 각 정부의 '기밀' 체계에 비해 취약하다. 이에 따라 IPMDA는 적대적 세력의 방해에 노출되어, 보다 정확하고 자세한 정보가 필요한 경우에는 큰 도움이 되지 않을 것이다. 또한, 인도양 서쪽 지역 국가들의 참여가 저조할 것

---

26 미국과 호주, 일본은 조약 동맹으로 기밀 정보공유 체계를 갖추고 있지만, 인도는 여기서 누락되어 있다는 점에서 IPMDA는 태생적으로 역내 '상업적' MDA 발전 협력에 초점을 맞추게 되었다.

으로 예상되며, 이는 해당 국가들이 QUAD의 전략적 경쟁 의도에 의구심을 가지고 있기 때문이다.

❷ NATO의 "해양정보공유체계(MarIE)"-공공 클라우드 기반 해양 커뮤니티

NATO 국가 중 영국, 프랑스, 독일 등은 각각 인도·태평양 전략을 수립하고, 활발한 해양활동을 이어가고 있다. 그 과정에서 점점 더 인도·태평양에서 해양 협력 가능성을 높이는 계기를 마련할 수 있다.

▲ **도표 6-27** 영국·프랑스·독일의 인도·태평양전략 하 해군함정 활동 현황[27]

	• 2021년 영국 퀸엘리자베스함 인도·태평양 순항 훈련 • 통합 전략(Integrated Review 2021: Global Britain in a Competitive Age: Integrated Review of Security, Defence, Development and Foreign Policy)
	• 2021년 프랑스 잔다르크 전단 인도·태평양 순항 훈련 • 인도·태평양 파트너십 전략 (2021 France's Indo-Pacific Strategy)
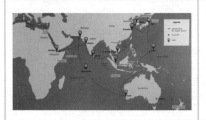	•2021년 독일 바이에른함 인도·태평양 순항 훈련 • 독-유럽-아시아 전략 (Germany-Europe-Asia: shaping the 21st century together. Policy guidelines for the Indo-Pacific)

2023년 이후 한국과 NATO의 접촉 빈도가 증가함에 따라 장차 비전통, 전통적 안보 협력의 가능성이 높아질 것으로 예상되기 때문에 NATO의 MDA를 살펴볼 필요가 있다. 나토는 유럽 지역의 안보와 안정적 해양 질서 구축을 위해 연합해양사령부Allied Maritime Command, MARCOM를 중심으로 다양한 정보 수집 및 공유 활동을 전개하고 있다.

연합해양사령부의 요청에 따라 통신정보국Communications and Information Agency, NCI은 "해양정보공유체계Maritime Information Exchange, MarIE를 2020년부터 운용하고 있다.[28] MarIE는 인터넷 클라우드를 활용하여 NATO와 비 NATO 파트너들이 '상업적' 정보를 상호 교환할 수 있도록 만든 개방형 플랫폼이다.[29] NATO의 '기밀' 체계와 파트너 및 민간 사용자를 안전하게 연결하는 자료교환체계로 이해할 수 있다. 파트너 이용자는 국가, 국제기구, 비정부기구, 해운 회사 등 개방적이며, 호환성이 높은 MS사의 Office 365의 화상회의, 채팅, 일정 공유 등 20여 개의 상용 프로그램을 제공한다.

유럽 지역 해양 이용의 공공재를 제공한다는 목적에서 NATO의 전력이 의심 선박을 식별하여 파트너 기관들에 자료를 제공하거나, 파트너 기관들로부터 NATO가 고화질 위성사진과 같은 양질의 자료를 수신하기도 한다. 사이버 안보 측면에서는 NCIA와 함께 엄격한 보안 조치를 통해 네트워크를 안전하게 유지하고 있다. 장차 NATO는 유럽지역뿐 아니라 역외의 파트너십도 구축하려는 움직임을 보이고 있다. MarIE는 인터넷 기반 상용 프로그램을 이용한 '상업용', '개방형' 정보 공유 플랫폼인 만큼, 우리나라도 관심을 가지

---

27   영국, 프랑스, 독일 해군함정의 인도·태평양 순항훈련에 관한 각각의 자료는 다음을 참고하였다. https://www.navylookout.com/more-details-of-the-upcoming-uk-carrier-strike-group-deployment-emerge/; https://www.navalnews.com/naval-news/2021/02/french-amphibious-ready-group-set-sails-for-the-indo-pacific/; https://navalpost.com/the-german-warship-fgs-bayern-heads-for-the-indo-pacific/

28   NATO NCI, https://www.ncia.nato.int/about-us/newsroom/new-project-helps-nato-talk-with-nonnato-organizations-at-sea.html.

29   NATO MARCOM, https://mc.nato.int/missions/maritime-information-exchange-marie.

고 모니터링하는 것이 한국의 국제 MDA 협력 모델 중 하나로서 시사점을 제
공한다.

2 대한민국 해양영역인식(MDA)의 추진현황 및 필요성

1 해양영역인식(MDA) 필요성

가 現 대한민국 해군의 통시적 현상진단

기술이 군사전략 및 싸우는 방법을 주도하는 시대에 살고 있으며, 우리는 이 시대를 "기정학"의 시대라고 한다. 첨단기술이 바꾸는 전장환경정보화전장→지능화전장에 따라 한정된 국방여건병력감소 변화에 따라 미래 해군을 준비하는 것은 쉬운 일이 아니다. 지금까지 기술의 적용, 전장의 변화, 인구절벽 등 미래의 기회 및 도전요소에 대응하기 위한 단편적인 연구가 있어 왔으나, 이러한 모든 요소를 총체적 관점Holistic Approach에서 인식하고 해결방안을 제시하는 연구는 없었다.

이 장에서는 기정학 시대 지능화 전장을 준비하기 위해 대한민국 해양안보의 기본이 되는 해양영역인식MDA, Maritime Domain Awareness 개념을 제시하고, 우리 부족능력 충족을 위한 전력발전 방안을 제시하고자 한다. 현재의 상황 및 가정은 아래와 같다.

첫째, 미·중경쟁은 충돌 없이 전 분야에 걸쳐 진행될 것이며, 미국의 정치·군사력 분야의 우위는 유지하되 그 격차는 줄어들 것이다.

둘째, 북한 위협은 현재의 북한의 핵·WMD 및 재래식 위협은 지속될 것이다.

셋째, 주변국 위협은 경제적으로 상호 의존성은 증가할 것이며, 핵심 자원 및 수출품의 공급망은 유사입장like-mined 국가 간으로 재편되면서, 미·일 과는 가까워지고, 중국과 러시아와는 소원해지면서 위협이 증가할 것이다. 그로 인해 중국·일본과 해양경계, 불법 어선 조업, 독도, 이어도 등 주변 해 역을 둘러싼 영유권 및 관할권에 대한 갈등 관계 지속될 것이다. 특히, 일본 의 독도 영유권 일방 주장, 중-일 간의 이어도 해역 분쟁, 서해 가상 중간선 을 침범한 시설물 설치 등 해양주권의 위협 행위가 지속될 것이다.

넷째, 해상교통로는 미국을 중심으로 전 세계적으로 공공재Public Good로 제 공되던 자유항행Freedom of Navigation이 미국의 단극체제가 약해지면서 협력을 통해 유지하는 방향으로 변화할 것이다.

다섯째, 해양사고는 경제성장으로 인한 해양레저에 대한 소요증가로 연 안해역에서는 단순한 어업활동뿐 아니라 해양 교통량 증가와 해양레저 활동 의 증가로 해양 사고위험이 증가할 것이다. 특히 최근2015-2020 동안의 선박 등록과 해양사고의 발생 추이를 보면, 선박 중 수상레저기구의 등록이 큰 폭 으로 증가하는 경향을 보아 앞으로 해양사고의 증가가 예상된다.[30]

여섯째, 해양데이터 통합은 해수부·해경에서 생산되는 해양데이터를 기 관 간 해양데이터 교환 채널을 통해 정보 격차가 축소되고, 국내 해양영역 관 련 정보는 기관별 네트워크 보안, 각 기관 데이터 표준화 및 품질 상이 등이 어느 정도 해소되어 통합 관리될 것이다. 이때, 해군에서 해양영역인식과 관 련된 데이터를 축적할 수 있는 위성을 중심으로 한 MDA 체계가 필요하다. 해수부는 기존 해양데이터에 대한 공유 및 활용의 한계를 극복하기 위하여, 해수부·해군·해경으로부터 생산된 해양데이터를 안전하고 신뢰성 있게 공유 할 수 있는 환경 제공하기 위한 플랫폼 및 데이터 수집간 보안 관련 사업을 진행 중이다. 해양데이터는 해저지형, 해양예보, 항행통·경보, 선박위치 등 이며, 이를 국제표준 "S-100" 및 "S-500" 기반 해양데이터를 물리적/논리 적으로 한 플랫폼에 통합하는 것이다. 이때 블록체인 기반 해양데이터 관리 및 융복합 해양데이터 통합·보안 관리 시스템, 융복합 해양데이터 활용 클라

---

30   최진이, "선박의 해양사고 원인분석 및 해양사고 예방에 관한 연구" 『해항도시문화교섭학』, 2021.10.

이언트 소프트웨어, 외부 공격 탐지 및 접근 차단 소프트웨어로 보안 및 안전의 담보를 병행한다. 이러한 해양영역인식에 대한 사업은 국가공간정보 기본법[31]에 명시된 "공간정보"의 정의에도 나타난다. 공간정보란 지상·지하·수상·수중 등 공간상에 존재하는 자연적 또는 인공적인 객체에 대한 위치정보 및 이와 관련된 공간적 인지 및 의사결정에 필요한 정보를 말하며, "공간정보체계"란 공간정보를 효과적으로 수집·저장·가공·분석·표현할 수 있도록 서로 유기적으로 연계된 컴퓨터의 하드웨어, 소프트웨어, 데이터베이스 및 인적자원의 결합체를 말한다.

▶ 도표 6-28 해양정보융합플랫폼 구상도

해양정보융합플랫폼(MDA) 해양정보융합플랫폼은 MDA의 두뇌와 같다. 함정을 통한 보이는 정보 중심의 대응에서 위성과 무인기, 레이더 등의 센서 정보와 휴민트, 빅데이터, 지역해 정보 등을 총합한 비가시적 위협 상황을 식별 및 대응할 수 있다.

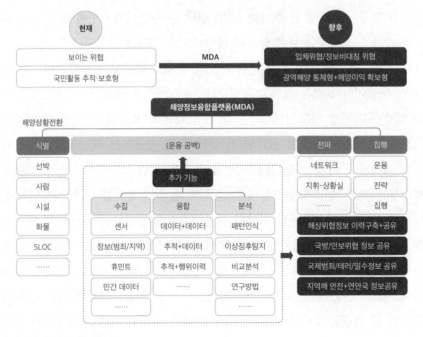

출처: 서울신문(2023) 재구성

---

31   대한민국 법률 제20390호, 국가공간정보 기본법(약칭: 공간정보법), 2024.3.19

이러한 가정하에 현재 국방 및 해군이 목도한 현재의 현상을 통합적으로 진단하면 아래와 같다.

첫째, 인구절벽과 군구조이다. 현재의 이 모든 문제의 단초는 예정된 미래_{인구절벽}에 기인한다. 그러한 인구절벽으로 인한 병력의 공급적 측면에서의 문제가 군구조 각각에 어떠한 문제를 야기하고 있는지 분야별 점검을 통해 문제를 정확히 인식해야 한다.

둘째, 병력구조이다. 해군은 현재도 모병의 어려움으로 4천 명이 부족한 _{편재 4.1만/2023.12.1. 기준} 3.7만으로 운용 중에 있다. 2032년까지 함정·항공기 운용요원 증가_{+1,600여 명}, 2040년까지 정원감축_{-3,000명 이상}에 대한 대비 필요. 국방부 병력구조 발전 TF 추진계획은 '32년까지 현 정원을 유지하고, '33년부터 상비병력 규모를 단계적으로 감축하여 최대 40%까지 줄인다는 계획이다. 추가 전력 확보 및 해군정원 감축에 따른 자구책 강구가 필요하다.

▲ **도표 6-29** 2040년까지 소요병력 규모 및 감축이 필요한 규모

구분	현재(정원 4.1만 명)	'32년(정원 4.1만 명)	'40년(정원 3.8만 명/ 잠정)
함정·항공기 운용병력 (함정/항공기/무인/전탐감시대)	16,400여 명/40% (13,100/600/ 10/2,700)	18,000여 명/44% (14,400/800/ 100/2,700)	16,400여 명/40% (13,100/600/ 10/2,700)
해군 육상부대 병력	22,100여 명/54%	20,500여 명/50% (-1,600여 명 필요)	22,100여 명/54% (-3,000여 명 필요)
대외부대(국방부·합참) 병력	2,500여 명/6%	2,500여 명/6%	2,500여 명/7%

* '32년까지 확보 예정 전력: KDDX(+474명), KDX-III Batch-II(+669명), FFX Batch-IV(+750명) 등
* '40년 정원 3.8만명 기준 해군 육상부대 병력 3,000명 이상 감축 불가피('33년부터 단계적 감축 시작)

셋째, 전력구조이다. 현 전력건설 로드맵은 2040년까지 유무인 전력 모두 양적 성장에 따른 병력감소 효과가 제한된다. 현 발전계획상 대다수 무인

전력은 유인전력의 보강순증 전력으로 병력감소 효과는 미비하다. 현재 해군에서 논의되는 무인전력 중 유인전력 대체는 PKMR이 전투용 USV로 대체되는 1건에 불과하다. 대다수 무인전력은 함탑재자폭용 및 정찰용 UAV 등 또는 감시·정찰 보강전력정찰용UAV·USV 등 위주로 확보될 계획이다. 병력절감을 위해 근무지원정 등 비전투함 위주로 민간자원선박, 인원 등의 활용이 논의되고 있으나 아이디어 수준에 머무르고 있다. 병력부족 상황을 극복할 수 있는 전력구조의 소요 최적화가 필요하다.

▲ 도표 6-30 2040년까지 전력구조와 소요병력

구분	현재	2032년	2040년
체계전력	체계별, 저속, 저용량 → 체계통합, 고속, 고용량		
수상(전투함)전력	97척/8,400여 명	90척/9,600여 명	102척/9,500여 명
수중전력	20척/900여 명	22척/1,000여 명	19척/900여 명
항공전력	52대/600여 명	99대/800여 명	105대/800여 명
기뢰·상륙전력	31척/2,400여 명	38척/2,400여 명	42척/2,200여 명
지원전력	14척/1,400여 명	14척/1,400여 명	17척/1,700여 명
무인전력	3세트/10여 명	56세트/100여 명	120세트/200여 명

넷째, 부대구조이다. 해양 유·무인복합전투체계 운용부대, 우주, 사이버, 전자기스펙트럼 등 신전장에서의 작전을 위한 새로운 조직과 부대가 필요하다. 또한, 이러한 부대를 운용하기 위한 인력특히, 장성이 필요하나 해군내 장성은 합동성 강화를 위한 합참 및 국방부전략사·드론작전사 등의 소요가 증가하고, 2033년 이후 정원 감축에 따른 부대구조 최적화가 불가피하다. 새로운 전장환경과 장성 정원범위 내에서 부대구조 최적화가 필요하다.

다섯째, 해상경계작전 혁신 필요이다. 현재 해상경계를 위해 해양영역을 인식하는 주된 전력은 수상함과 육상 레이더 사이트이다. 회전익 항공기는 필요시 운용하며, 해상초계기가 주기적으로 초계를 하고 있으나 전 해역 상시 감시 및 정찰은 불가하다. 그러므로 우리의 관할해역_{중간수역을 포함한 주변국과 중}_{간선 이내}의 절반 이상은 영역인식이 안되는 상황이다. 이러한 해양영역인식 능력의 부족은 2023년 11월 동해항 목선 귀순, 2019년 삼척항 목선 귀순 등 사건 발생 시마다 국민적 질타의 대상이 되고 있다. 이러한 해양영역인식의 현실적 한계와 우리의 필요능력의 간극을 좁힐 수 있는 새로운 MDA 및 경비 방안 혁신이 필요하다. 또한, 현재 유인 수상함 위주의 경계작전의 혁신으로 전력·병력·전력운용의 다양한 문제 해결이 시급하다. 이러한 통시적인 문제를 해결하는데 가장 기본이 되고 효과적인 방법이 뉴스페이스 시대에 우주력을 기반으로한 MDA의 혁신적인 변화로 위의 제시된 많은 부분을 해결하고자한다. 그래서 본 장에서는 대한민국 해군이 직면한 다양한 문제의 해결과 미래지향적인 전력운용의 기반 마련을 위해 MDA 발전방향 및 구체적인 전력발전까지 제시하고자 한다. 이를 위해 주요 국가 MDA 추진 사례연구_{미·}_{중·일·러를 중심으로}를 MDA 추진체계·조직·기관별 역할, 해군·해경의 역할 분담 등을 위주로 실시하여 우리가 벤치마킹 할 수 있는 내용을 제시한다.

🔻 나 대한민국 MDA의 필요성

해군의 다양한 문제들을 해결하기 위한 기반으로 MDA가 필요하다고 했지만 그 필요성은 국가적인 수준에서 해군의 작전적인 수준까지 다양하다.

① 통합된 해양정보 관리체계의 부재

정보_{information}는 관찰이나 측정을 통하여 수집한 자료를 실제 문제에 도움이 될 수 있도록 정리한 지식 또는 자료로 정의된다. 정보가 수집되는 영역에 따라 정보의 종류와 활용이 달라진다. 해양이라는 영역에서 수집되는 정보는 크게 해양학_{oceanography}에 해당하는 자연정보와 인간들이 만들어낸 표적정보나 항적정보와 같은 비자연정보로 구분할 수 있다. 이중에서 비자연정보는 수집원에 따라 군사정보, 기관정보, 민간정보로 다시 구분되며, 군사정보 중에서 국가안보와 관련된 정보는 특별 정보 비밀로 취급되어 공개되지 않는다.

▶ 도표 6-31 　해양영역정보의 유형

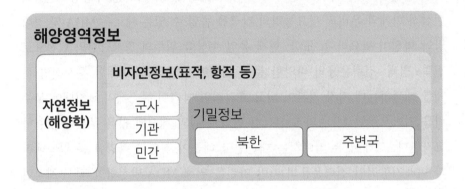

출처: 저자 작성

　규범적 측면에서 2020년 제정된 『해양조사와 해양정보 활용에 관한 법률』은 (1) 심화되는 국가 해양관할권 및 해양자원 개발 관련 경쟁에 능동적으로 대처하고, (2) 지구 온난화 및 자원고갈 등 글로벌 공공재 문제를 해결하고, (3) 해양산업의 발전 및 해양재해의 예방 등을 위한 해양정책의 수립을 위해, 국내외 다양한 기관에서 수집된 해양정보를 체계적으로 관리, 융합, 분석하기 위해 제정되었다. 그러나 현재까지 우리나라에서는 범정부 차원의 MDA 관리 체계가 마련되지 않았고 국가 차원의 MDA 발전 전략도 미진한 편이라고 볼 수 있다. 한국에서 다양한 기관에서 수집된 해양정보는 통합적으로 분석 및 활용되기보다는 파편화되어 있어 국제 해양안보 환경 변화와 국내 기관 및 민간의 해양정보 수요에 적시적으로 대응하지 못하고 있는 실정이다. 급변하는 대내·외 해양 환경 변화에 대응하기 위해 MDA 선진국들은 해양 영역에서 실시간 '공통 작전 상황도COP'를 작성, 분석, 공유하는 MDA 관리체계를 구축해 나가고 있다. 최근 우리나라에서도 해경 등 일부하부기관에서 특정 영역의 MDA 체계를 구축하려고 노력하는 것은 고무적이지만, 포괄적 영역에서 해양 유관 기관 간 역할과 협력을 조정 통제하는 국가 관리체계는 존재하지 않는다. 그 결과 같은 인도·태평양 지역의 해양 국가인, 일본, 인도, 싱가포르 등에 비해서 한국의 MDA 체계 발전은 10년 이상 뒤처져 있다고 평가된다. MDA 발전의 평가지표로 삼을 수 있는 국가 IFC는 한국에 존재하지 않는다. 앞에서 살펴본 바와 같이 싱가포르의 IFC는 2009년에 설치되었고, 인도의 IFC-IOR은 2018년에 설치되었다. 이들 국가들이 국가 수준의 MDA 체계를 구상하고, IFC 설치까지 완료하는 데 5년가량이 소요되었다는 사실에 미루어 추정할 수 있는 상황이다.

❷ 국제 환경의 압력: 해양 위협의 다변화와 국제 MDA 협력의 확대

국제안보 문제에 대한 위협threat은 다양한 형태로 진화하고 있다. 통상적으로 안보에 대한 위협을 전통적인traditional 위협과 비전통적인non-traditional 위협으로 구분할 수 있다. 앞에서 살펴본 것처럼 MDA 개념에 대한 문제가 시작된 것은 주로 비전통적인 위협 사례가 점증한 사유로 설명되기 때문에 여기에서는 해양을 배경으로 하는 비전통적인 위협 문제에 대한 인식을 바탕으로 위협에 대응하는 데 있어 MDA의 유용성에 대한 논의가 필요하다고 주장한다. 해양에서 나타날 수 있는 비전통적인 위협은 도표 6-32와 같이 정리할 수 있다.

해양을 배경으로 하는 비전통적인 위협(사례)

구분	주요 사례
자연재해	쓰나미, 지진, 화산폭발 등
해양 사고	각종 선박 충돌사고, 항공기 실종 등
해적 및 해상테러리즘	해적행위 다수 발생, 유람선/유조선에 대한 폭탄 테러 등
대량살상무기(WMD) 확산	WMD 연관 물자 수출 등
해상 난민	내전으로 인한 난민 발생 등
해양 환경오염	좌초 선박 기름 유출 등
해상 범죄	밀입국, 마약 밀매, 인신(노예·여성·아동) 매매 등

출처: 저자 작성

위에서 언급한 비전통 위협 사례 중 해적piracy 및 해상 테러리즘에 주목할 필요가 있다. 특히 해양에서 벌어지는 테러 문제는 전통·비전통적이 측면에서 두 가지 위협이 혼재된 양상을 보일 수 있는데, 문제는 이러한 위협에 대해 국제적인 차원에서 공조를 통한 대응을 마련하는 노력이 아주 미비하다는 점이다. 실제로 국제적인 차원에서 이러한 논의를 이끌고 대응책을 마련할 수 있는 국제기구가 부재한 상황이다. 특히 미국이나 일본 등 해양안보 위협에 대한 광범위한 대응을 준비한 일부 국가들을 제외하면 정보의 출처를 확인하고 활용할 수 있는 시스템이나 조직적인 준비를 갖춘 국가가 거의 없다고 봐도 무방한 실정이다. 극히 제한적인 상황에서 해양의 정보를 확인하는 정도에 머물러있는 상황이라고 할 수 있다. 이러한 상황에서 미국이 MDA에 관해 개념화하고 해양에서 벌어질 수 있는 다양한 위협을 사전에 인지하여 대응하려는 노력을 시작한 것은 매우 고무적이다. 미국이 MDA를 추진하게 된 동기를 가져다준 USS Cole함에 대한 자살폭탄 테러는 비단 한 국가뿐만 아니라 글로벌 차원에서 MDA에 관한 개념을 정립하고, 필요한 국제적인 협력을 추구할 필요성을 인식하게 만들었다. MDA의 발전 방향성을 정립하기 위해 당시 USS Cole 문제로 불거진 문제점들을 확인하면 다음과 같이 정리할 수 있다.

첫째, 사건 발생 전 테러집단이 해양에서 테러를 감행할 가능성에 대한 정보가 공공연하게 논의되었으나, 구체적인 위협 상황으로 인지하지 못했다. 둘째, 해양에서 특정 테러 집단이 소형보트를 활용한 테러 공격 가능성에 대해 실질적인 탐지 및 경고 시스템이 부족했기 때문에 주요 항구에 대한 실질적인 경비가 체계적으로 이뤄지지 못했다. 셋째, 테러 집단이 공격을 실행할 때 소형보트의 크기와 특성이 일반 소형 어선이나 이동선과 유사하여 특정한 위협을 사전에 인지한다고 해서 이를 예방할 수 있는 대비책을 마련하는 것이 제한적일 수밖에 없었다. 이렇듯 전반적인 문제는 해상에서 나타날 수 있는 특정한 위협을 사전에 인지하고 구분해낼 수 있는 정보와 이를 전파 및 활용할 수 있는 시스템이 상당히 부족했다는 점이다.

MDA는 특정 국가가 인접한 해양영역에 대해 위협 상황을 실시간으로 감시 및 추적할 수 있는 해양 감시체계를 갖추는 것도 중요하다. 그러나 한 국가만의 능력으로 모든 정보들을 실시간으로 확보하고 분석하는 것이 사실상 제한되기 때문에 국제적인 협력을 통해 정보를 판독하고 공유하는 것이 가장 중요한 과제라고 볼 수 있다. 특히 해양에서 벌어지는 다양한 비전통적인 위협들에 대응하기 위해서는 국제적인 수준에서 공조의 중요성이 더욱 부각된다. 예를 들어 해양에서의 다양한 자원 관리, 공동의 어업구역에서 불법적인 행동, 해양 오염 및 기후변화와 자연재난 상황 등에 대처하기 위해서는 한 국가의 정보 수집 및 처리 능력을 넘어선 협력이 요구된다. 국제사회 구성원들은 경제 문제를 포함하여 제반 분야에서 상호의존적인 세계에 살고 있다. 특히 세계 무역량의 80% 이상을 차지하는 국제 무역과 경제의 안정성을 보장하는 글로벌 해상교통로SLOC 안보에 대해서는 전 세계 국가들의 이익과 책임이 공존하기 때문에 국제적인 협력이 더욱 필요하다.

❸ 국가 이익 및 외교정책 지원

첫째, 우선 해양 관할권과 그곳의 이익 보호를 위해 필요하다. 우리나라의 관할해역배타적 경제수역까지은 개념적으로는 존재하나 아직 합의된 선이 없는 상황이다. 주변국중국, 일본의 영해기선과 거리가 400해리 미만으로 배타적경제수역EEZ 경계획정협상이 진행 중이다. 엄밀히 말하면 영해와 접속수역을 제외하고 나머지 수역은 과도수역으로 존재하고 있다. 협상이 진행 중인 과도기간에도 어업과 해저 자원개발의 필요성으로 중국한·중어업협정잠정조치수역/2001년 발효, 일본한일어업협정중간수역/1999년 발효과 각각 양자협의를 통해서 중간수역Provisional Zone을 임시적으로 설정하고 제한된 어업을 실시하는 상황이다.

문제는 "과도수역"에서 법적 위상이 공해의 개념에 가깝다는 것이다. 우리나라 국내법에는 주변국과 중간선 기준으로 배타적경제수역의 경계로 한다고 정의하고 있지만, 주변국은 우리의 이러한 국내법을 인정하지 않고 자신들의 국내법에 넓은 관할해역을 정의하고 있다.[32] 이는 진행 중인 협상에서 우위를 점하고 보다 넓은 해양영토확보를 위한 전략이다. 이러한 협상전략은 실효적 지배주장을 위해 해양영역에 대한 인식과 감시, 통제를 강화하고 있다.

서해를 예로 들면, 중국은 협상이 진행 중인 과도수역에서 활동의 제한이 없다는 입장으로 서해는 물론 동해까지 활동의 범위를 확대해 나가고 있다. 이는 시진핑 주석은 중국몽中國夢, 해양굴기海洋崛起[33] 실현의 일환이다. 또한, 미

---

32   배학영, "중국 해양세력의 서해상 활동증가와 우리의 대응 방향,"『국방연구』, 2020.

법령명		법 령
중국법	배타적 경제수역 및 대륙붕 법	2조: (1) 중화인민공화국의 배타적 경제수역은, 중화인민공화국의 인접해 있는 구역으로, 영해기선으로부터 200해리까지 연장된다... (3) 중화인민공화국이 해안에 인접 있거나 또는 배타적 경제수역과 대륙붕에 관한 상대국의 주장이 중첩되는 경우에는 국제법의 기초 위에서 "형평의 원칙"에 따라 협의로 경계를 획정한다.
국내법	배타적 경제수역 및 대륙붕에 관한 법률 제5조(대한민국의 권리 행사 등)	2항: 배타적 경제수역에서의 권리는 ... 별도의 합의가 없는 경우 ... 중간선 바깥쪽 수역에서 행사하지 아니한다.

33   곽수경. "중국의 해양강국 전략과 중화주의(도서분쟁과 해양실크로드를 중심으로)."『인문사회과학

국의 봉쇄전략을 타계하기 위한 노력으로 볼 수 있다.[34] 그리고 현재도 진행 중인 서해상 해양경계획정협상[35]에서 보다 유리한 위치를 점하기 위한 노력으로 해석될 수도 있다.[36] 이러한 다양한 목적을 이루기 위해 한반도 주변 해역의 내해화內海化를 위해 국가의 해상자산을 공세적으로 운용하고 있는 것은 한반도에 큰 위협으로 다가오고 있다. 아래의 그림은 우리 관할해역 감시전력이 많이 부족하나 그 통항하는 함정수를 많음을 나타낸다. 이러한 주변국의 한국의 관할해역 내 불법적인 활동 증가는 물론, 선박의 활동 자체가 증가하여 이들에 대한 관할해역 내 통제를 강화하기 위해 우선 통항하는 엄청난 수의 선박들에 대한 감시가 선행되어야 한다. 위의 그림은 우리의 관할해역 내 통항하는 함정의 양과 이들을 감시하기 위한 우리의 감시자산의 부족함을 나타낸다.

연구』 제19권 제1호(2018).

34   이러한 중국의 팽창정책은 세계 여러 곳에서 미국과 충돌하고 있다. 특히, 가시적으로 보이는 부분은 남중국해의 관할권 분쟁이다. 중국이 UNCLOS에는 없는 역사적인 권원을 주장하며 9단선(nine dashed line) 내의 관할권을 주장한다. 이에 필리핀은 중국을 상대로 국제상설중재재판소(PCA: Permanent Court of Arbitration)에 회부하였다. 미국도 자유항행작전(FONOPs: Freedom of Navigation Operations)으로 대응하고 있다. 우리도 필리핀의 예에서 보았듯이 중국의 권원이 불분명한 관할권 주장에 국제법에 근거한 대응이 필요하다.

35   한·중·일이 1996년에 『유엔해양법협약』에 가입, 200해리 배타적 경제수역을 선포하여 서로 중첩되는 관할권 주장으로 해양경계획정이 필요하게 되었다. 우리나라는 외교부가 주관부처로 "해양경계획정의 중요성을 감안, 국제법에 기초하여 우리의 국익을 극대화하는 방향으로 협상 추진"이라는 입장을 가지고 협상 진행 중이다. 출처: 외교부홈페이지〉외교정책〉조약·국제법〉한반도주변해양법〉해양경계획정

36   그렇다면 중국은 왜 동중국해로 확장하려 노력하는가? 중국의 고속성장의 원동력은 서부지역 해안가의 집중개발과 해상수송로를 통한 수출이었다. 중국몽 및 현재의 정치체제를 유지는 최고의 정치목적이며 이를 위해 경제적 성장을 유지하는 것이다. 그러기 위해서는 해상교통로보호를 통한 경제성장 유지가 중요하다. 물론 동중국해의 의존도를 낮추려는 노력의 일환으로 육상의 교통로 확보하고 있다. 그러나 단기간에 이루어지기 힘들고, 해상교통로를 통해 대량의 물동량을 얼마나 대체할 것인가도 의문이다. 또한, 동중국해를 미국의 해군력으로 봉쇄한다면 중국의 경제성장률에 큰 영향을 미칠 것이다. 이는 경제적 손실만이 아닌 공산당의 비민주적 의사결정체제 유지에도 영향을 미치는 것이다. 그러므로 동중국해의 해상교통로를 보호하는 것은 단지 중국의 국제적 주권을 지키는 것을 넘어 체제 유지와도 깊이 관계된 일로 매우 중요하다.

▶ 도표 6-33 관할해역내 감시범위 및 통항량

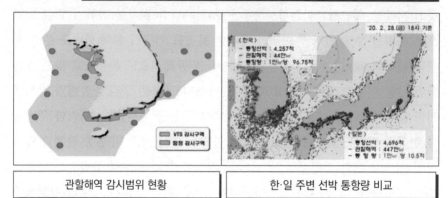

| 관할해역 감시범위 현황 | 한·일 주변 선박 통항량 비교 |

출처: 해양경찰청, "광해역정보 상황인식체계(MDA)와 위성사업 현황," 2021년 초소형위성 워크샵 발표자료, 2021.7.1

　　이러한 공세적 해상세력 운용과 더불어 실제적인 해양경계획정 협상[37]도 동시에 진행 중이다. 하지만 아직도 협상진행방식에 관한 협의가 진행 중인 초기 단계로 공식적인 해양경계 선에 관한 입장은 없다. 하지만 각국의 국내 법에 따라 입장은 추측해 볼 수 있다. 우선, 중국은 1998년에 제정된 "배타적 경제수역 및 대륙붕법" 제2조에 따르면 "형평의 원칙"을 근간으로 협상을 한다는 원칙을 명문화하고 있다. 중국이 말하는 "형평"의 고려사항으로 (1) 해안선의 길이 (2) 지질/지형 (3) 인구 및 육지면적의 크기 등을 제시하며 비례성 원칙에 따라 결정되어야 한다고 주장하고 있다.[38] 반면 우리나라는 "배타적 경제수역 및 대륙붕에 관한 법률"에 따라 중간선을 해양경계획정의 기준선으로 주장하고 있다.

　　일본은 한·일남부대륙공동개발협정1978년 발효에 따라 남부 대륙붕을 공동

37　　한중간의 해양경계획정협상은 2014년 한·중 정상 간(박근혜 대통령-시진핑 국가주석) 합의에 따라 실무자급에서 차관급으로 격상되어 공식화하였다. 2015.12월 양국 간 공식적으로 제1차 차관급 해양경계획정 회담이 개최되었다. 양측은 2015년 공식 협상 출범 이래, 차관급 회담 및 비공식 국장급 회담 등을 다양한 회의체를 통해 논의를 지속해왔다.

38　　김동욱. "황해문제를 보는 한·중의 시각 차이." 『KIMS Periscope』(2016) p. 1.

개발구역을 설정하였으나 협정이 종료되는 시점2028년 이후 해양경계획정을 중간선으로 결정이 유리하다는 이유로 공동개발을 미루고 있다. 이외에도 독도에 대한 해상보안청 순시선을 수시로 보내어 독도에 대한 영유권 주장을 위한 자료를 축적하는 상황이다.

그러나 이러한 주변국과 해양경계획정이 정확히 되지 않은 해역은 한반도에서 멀리 떨어져 있어 함정이나 항공기를 직접 보내지 않는 한 주변국 해양세력의 활동을 감시하기가 어려운 상황이다. 또한, 한반도를 둘러싼 주변국과의 해양경계획정 협상과 영유권 분쟁에서 우위를 점하기 위해서는 무엇보다도 해양영역인식이 선행되어야 한다.

둘째, 해상교통로 보호와 MDA의 필요성이다. 1994년 유엔해양법협약이 발효되기 이전에 한 국가의 권한이 미치는 권한에 관해 많은 학설이 있었다.[39] 핵심은 그 나라의 무력을 투사하거나 관리가 가능한 영역까지가 영해가 되어야 한다는 것이다. 시간이 지나도 변하지 않는 법리는 자신의 능력이 미치는 곳이 자신의 영역이 되는 것이다. 그러나 지난 반세기 공공재로 미국이 제공하는 "항행의 자유Freedom of Navigation"는 이제 서서히 막을 내리고 있다. 미국은 셰일혁명을 겪으며 에너지 수입국에서 수출국으로 변모하였다. 이제는 에너지 수입을 위한 바닷길의 안전을 보호해줄 이유가 없어지고 있다. 이러한 상황이 벌어지면 동북아한국, 중국, 일본에서의 유조선 전쟁 있을 것이라는 학자가 있다.[40] 에너지 수입을 위해 자국의 선박이 통과하는 그 긴 해상교통로를 자국의 힘으로 보호해야 하는 시대가 도래하는 것이다.

---

39   연안국의 국가영역에 해당하는 영해의 범위에 대하여 다양한 학설이 있어왔다. 육안으로 볼 수 있는 한도까지라는 설(목측가능거리설), 1日 동안 항해가 가능한 한도까지라는 설(1일 항해거리설) 등이 주장되기도 하였으나 1702년에 네덜란드 사람인 Bynkershoek가 그의 저서 『해양주권론(De Dominio Maris Dissertatio)』에서 "국토의 권력은 무기의 힘이 그치는 곳에서 끝난다"라고 주장하였는데(착탄거리설), 이것이 3해리설의 기원이 되었다. 그 후 착탄거리가 3해리라고 하여 영해의 범위를 3해리까지 하여야 한다는 주장이 나오고 이것이 다수설이 되었다.

40   Peter Zeihan, The Absent Superpower: The Shale Revolution and a World Without America, 2017.

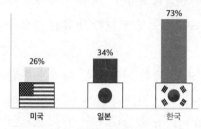
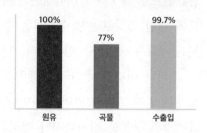

출처: World Bank 및 한국무역협회 KITA.

위 그림은 우리가 바닷길에 얼마나 의존하는지 보여준다. 왼쪽은 우리나라가 바닷길을 통해 의존하는 무역에 의존도가 다른 국가에 비해 높다는 것을 보여준다. 또한, 주요 원료원유, 곡물 등의 해상길 의존도가 매우 높다. 이는 한국은행의 산업연관분석표를 보면 다른 산업에 미치는 영향이 매우 높은 항목들이다.[41] 이러한 상황에서 한국은 에너지수입 수송로는 안전하다는 가정하에 에너지 계획을 세울 수 없는 것이다. 또한, 항로를 공유하는 세 국가한국, 중국, 일본는 서로가 더 많은 에너지 수입로를 확보하기 위해 해상에서 다툼이 생길 확률이 높아지고 있다. 예를 들어, 중국이 주장하는 9단선 내의 항로는 안전하지 않을 수도 있는 것이다. 이는 현실화 되어 최근 중국에서 발표한 해상교통안전법[42]에는 중국의 관할해역구단선 내을 지날 때는 중국에 통보를 강제하는 법을 발효하기도 했다.

셋째, 전통적인 해상교통로 위협에 추가하여 비전통적인 위협에도 대응이 필요하다. 이미 아덴만에 청해부대가 해적으로부터 우리 상선을 보호하기 위해 전개해 있고, 이는 불량국가가 늘어나면 서아프리카, 말라카해협 등은 언제든 해적이 늘어날 수 있는 지역으로 우리의 해상교통로를 위협할 수 있다.

---

41   한국은행, 「2019년 산업연관표(연장표)」, 2021.
42   김석균, "개정 중국 해상교통안전법 내용과 문제점," 『KIMS Periscope』 제242호, 2021.8.2.
      개정의 주요내용은 중국 영해를 출입하는 특정 외국선박에 대하여 '사전통보 의무'를 부과하는 것이다.

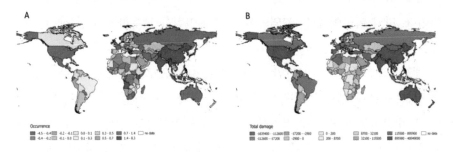

(A) 연간 발생한 자연재해 건수, (B) 자연재해로 인한 피해액, 1000 US$ per year.

출처: Kai-Sen Huang, Ding-Xiu He, De-Jia Huang, Qian-Lan Tao, Xiao-Jian Deng, Biao Zhang, Gang
       Mai, Debarati Guha-Sapi, "Changes in ischemic heart disease mortality at the global level and
       their associations with natural disasters: A 28-year ecological trend study in 193 countries,"
       PLOS ONE, 2021. https://www.cred.be/publications

또한, 전 세계적으로 자연재해가 꾸준히 일어나고 있고 그 피해액도 문명
의 발전과 함께 기하급수적으로 늘고 있다.[43] 특히, 아시아 지역에서 특히 많
이 발생하고 있으며, 대량의 물자 및 인원수송이 필요한 HA/DR 작전에 필
요한 해군력에 대한 수요는 더 증가할 것이다.[44] 하지만 전 세계적 해군작전
을 위한 적시적이고 적절한 정보제공을 위해서는 한반도에만 머무는 MDA
자산을 넘어선 확대가 필요하다.[45] 지금도 아덴만의 청해부대에는 그 지역의

---

[43]   예전에는 자연재해가 일어나도 인간에게 피해를 주는 접촉면이 작았다. 하지만 지금은 도시화와 인
        구밀도 증가로 재해로 인한 피해액이 기하급수적으로 늘어나는 추세이다.

[44]   한종환, "인도적 지원과 재난구호(HA/DR)에서 해군력의 유용성과 한국해군에 대한 함의,"『국방연
        구』, 2021.

[45]   2004년 12월 28일 23만 명의 목숨을 앗아간 인도양 쓰나미에서 미국과 인도, 프랑스, 호주, 방글
        라데시, 영국, 일본, 파키스탄 등이 해상 전력을 총동원하여 인명 구조와 복구지원에 나선 바 있다.
        한국 해군도 2005년 비로봉함을 스리랑카에 보내 복구 장비와 구호물자를 전달한 바 있다. 또한 한
        국 해군은 2009년 이래 아덴만 해역에 청해부대(구축함 1척, 인원 320명)를 파견하여 한국 선박 호
        송과 국제 해양안보 증진 임무를 수행하고 있다. UN 소말리아 해적퇴치연락그룹(CGPCS) 52개국
        및 아시아해적퇴치협정(ReCAAP) 14개 체결국과 공조하고 있다.
        지금까지 미국 해군이 해로 확보 및 해양안보를 위해 가장 공헌을 많이 해왔으나, 국제사회는 한국
        이 2020년 기준 세계 30대 해운국 중 선복량(선박의 숫자가 아닌 실제로 선박이 화물을 운송할 수

해양영역에 대한 정보를 미국의 다국적연합해군CTF-151을 통해 제한된 정보를 받고 있으며, 연합작전이 끝이 나면 우리가 원하는 정보는 받지 못하는 상황이다. 만약 미군이 없는 지역에서 우리의 이익을 보호하기 위한 작전을 할 때는 아무 정보 없이 함정의 제한된 센서에 의존해 작전을 실시한다.

넷째, 정부의 지역 외교·안보전략 지원이다. 2022년 12월 28일 대한민국 정부는 '자유·평화·번영의 인도-태평양 전략'이하 '인태전략'을 발표하였다. 역내·외 주요국들이 지정학·지경학적 중요성을 인식하고 인태지역에 대한 관여를 확대하고 있는 가운데, 대한민국은 인태지역의 안정과 번영에 사활적 이익을 가진 인태국가로서, 대한민국이 한반도와 동북아를 넘어서는 포괄적 지역전략인 인태전략을 수립한 것은 자연스러운 것이다.

▶ **도표 6-36** 윤석열 정부의 인도-태평양 전략 구상

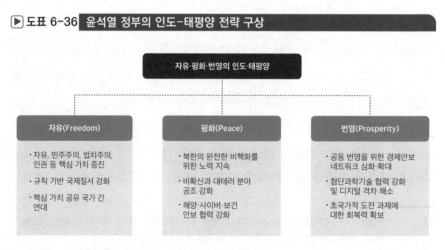

출처: 대한민국 정부, 인도-태평양 전략, 2022.

한국의 대외전략에 있어서 인도 · 태평양전략은 해양의 이름이 붙은 지정

있는 능력) 세계 4위인 데 비해 한국의 기여가 턱없이 부족하다고 지적하고 있다. 이처럼 국격의 상승과 함께 적극적인 인명 구조 활동과 안전한 해로 확보를 위한 국제 연합작전에 한국해군이 참여를 요청받고 있는 만큼 지금 한국은 전시(戰時)뿐만 아니라 평시(平時) 신안보 위협에 대한 해군의 대응전략 마련이 어느 때보다도 필요하다.

학 전략Geo-political Strategy으로 정의되며, 해양적 관점에서 분석되고 지원되는 것이 중요하다. 전략의 대상 지역인 인도·태평양해양에 대한 이해가 높고, 지원 자산이 높은 해군이 이를 어떻게 인식 할 것인가는 매우 중요하다.

대한민국은 자유, 민주주의, 법치주의, 인권 등 핵심 가치를 기반으로 하는 자유 민주주의 질서의 개방형 통상국가로서, 호르무즈 해협-인도양-말라카해협-남중국해으로 이어지는 인도양과 태평양을 가로지르는 해상교통로의 평화와 안정은 국익에 매우 중요하며, 이는 한반도를 넘어 우리가 표방한 전략을 인도태평양지역에서의 인식을 통해 지원해야 한다.

특히, 인도태평양전략의 "9대 중점과제"[46] 중 "포괄안보 협력 확대"는 바다를 주요 정책의 대상으로 삼는 해군에게 있어서 국가정책을 지원할 수 있는 부분이 많다.

첫째, 양·다자 연합훈련 확대 및 해양안보 협력 강화하는 것이다. 2023년 한해만 해도 코브라골드 훈련태국, 2월, 코모도 훈련인도네시아, 6월, 탈리스만 세이버 훈련호주, 7월, 카만닥 훈련필리핀, 11월 등 역내 주요 연합훈련에 참여하여, 역내 국가들과의 연합작전수행능력 및 상호운용성을 증진하고 역내 해양 안보 협력을 심화하였다. 또한 한-아세안 해양안보 협력 강화를 위해 베트남, 태국, 인도네시아 등 국가들과 해군 對 해군 회의를 개최하였으며, 2월에는 아세안 10개국과 대한민국을 비롯한 미국·중국·일본·러시아·호주·뉴질랜드·인도가 참여하는 아세안확대국방장관회의ADMM-Plus 해양안보 분과회의에 참가하고 해양안보 훈련을 실시하여 역내 해양안보 분야에서의 협력를 강화하였다. 이때, 해외훈련을 지원할 수 있는 해양영역인식이 필요하다.

둘째, 해양법 집행 및 불법·비보고·비규제IUU 어업 대응 협력이다. 2023년 동안 아세안 국가들과의 해양치안기관 간 교류가 확대되었다. 3월부터 싱

---

46 ① 규범과 규칙에 기반한 질서 구축 ② 법치주의와 인권 증진 협력 ③ 비확산·대테러 협력 강화 ④ 포괄안보 협력 확대 ⑤ 경제안보 네트워크 확충 ⑥ 첨단과학기술 분야 협력 강화 및 역내 디지털 격차 해소 기여 ⑦ 기후변화·에너지안보 관련 역내 협력 주도 ⑧ 맞춤형 개발협력 파트너십 증진을 통한 적극적 기여 외교 실시 ⑨ 상호 이해와 문화·인적 교류 증진

가포르·베트남·인니의 해경사령관이 각각 한국을 방문하여 해양법 집행 관련 협의를 진행하였고, 지난 8~9월에는 아세안 국가 해양치안기관 공무원들을 대상으로 초청연수를 실시하였다. 올해 3월 필리핀 민도로주에서 해양 기름유출사고가 발생했을 때 한국 해경이 사상 최초로 긴급대응팀을 해외 파견하여 방제물품을 지원하였다. 한편, 지난 10월 마닐라에서 열린 제2차 한-필리핀 해양대화를 통해, 대한민국은 필리핀과 함께 해양경제·해양환경·해양안보 및 안전 등 분야에서 남중국해의 평화와 안정을 위한 협력 심화 방안을 논의하였다. 이처럼 불법·비보고·비규제IUU 어업 대응을 위해 이러한 행위가 일어나는 해역에 대한 영역인식이 선행되어야 한다.

셋째, 미 바이든 행정부에 의해 국제적 안보문제로 지목된 IUU 어업 근절을 위해서 미·영의 주도로 창설된 'IUU어업 근절을 위한 국제 행동연합IUU Action Alliance'에 동참한 최초의 아시아국가로서 2023년 동안 지역수산기구RFMO 등 각종 국제기구에서 미국과 함께 IUU 어업근절을 위한 협의를 주도하였다. 아울러 아시아해적퇴치협정ReCAAP 이행을 위해 올해 3월 싱가포르에서 열린 관리이사회를 통해 한국에서 2024년에 해적대응 역량강화 워크숍을 개최하기로 제안하였고, 12월에 연락관을 다시 파견하는 등 인태 지역 내 해적행위 방지와 해양안보 강화에 적극 동참하고 있다. 인태지역의 다양한 비전통안보 대응 협의체에 협력을 위해서는 우리 자체적인 정보를 가지고 공유를 통해 지역안보에 더 많이 기여가 가능하다.

이처럼 국가의 지역안보전략인 "인태전략"을 지원하기 위해서는 한반도 주변뿐 아니라 역내에 대한 다양한 수단에 의한 해양영역인식이 선행되어야 한다.

④ Post-UNCLOS 질서와 MDA

첫째, Post-UNCLOS 시대에 관할권 확보를 위해 필요하다. 1994년 발효된 유엔해양법협약UNCLOS: United Nations Convention on the Law of the Sea은 벌써 30년 넘게 이어져 오고 있다. 하지만 비준하지 않은 국가미국 등에 대한 법준수 여부,[47] 미·중간의 해양에서 패권경쟁을 둘러싼 충돌,[48] 지역해 통제력을 강화하려는 각국의 경쟁,[49] 과학기술의 발전으로 기존 조문의 다양한 해석[50] 등 채택 당시 예상치 못했던 다양한 도전을 받고 있다. 특히, 해양과학기술이 발전과 국가 간의 역학관계가 변화하면서 제정 당시 예상하지 못했던 이슈가 발생되면서 UNCLOS 320개 조문은 "해석"의 영역이 확대되어가고 있다. 또

---

[47] 2020.10.3. 기준 168개국(167개 유엔 회원국과 EU)이 비준을 마쳤으며, 미국을 포함한 15개국은 서명을 하였으나 비준되지 않았고, 이스라엘을 포함한 15개국은 서명조차 하지 않은 상태다. 비준되지 않거나 가입되지 않은 국가에게 유엔해양법협약에 기초한 해양질서를 강요하는 것은 문제가 되어오고 있다.
United Nation. "Chronological lists of ratifications of, accessions and successions to the Convention and the related Agreements."
https://www.un.org/Depts/los/reference_files/chronological_lists_of_ratifications.htm

[48] 트럼프 행정부에 이어 바이든 행정부에서도 중국을 미국의 숙적(Rivalry)과 전략적 경쟁자(Strategic Competition), 장기위협(Long-term Threat), 심각한 위협(Significant Threat)으로 규정하고 있다.(White House, 2021.3.) 해양에서도 해양자원을 통제하려 하고 해양접근을 막으려는 국가(s attempts to exert control over natural marine resources and restrict access to the oceans), 다양한 해양세력을 이용한 불법적인 주장(the PLAN, Coast Guard, and the People's Armed Forces Maritime Militia to subvert other nations' sovereignty and enforce unlawful claim), 남중국해 군사화(militarize disputed features in the South China Sea and assert maritime claims) 등을 매우 우려스러워 하며 대응을 준비하고 있다.(U.S. Navy, Coast Guard, Marine Corps, 2020)

[49] 유엔해양법 발효 당시 약소국과 강대국의 연안국의 권리에 관한 절충안으로 일부권한(경제이용)을 인정하면서 통항에 관해서는 공해에 준한 배타적경제수역(EEZ: Exclusive Economic Zone)에 관한 연안국의 통제가 강화되는 실정이다. 최근 함정이 대형화 되고 과학기술의 발달에 따라 해양영역인식(MDA: Maritime Domain Awareness) 능력이 확대됨에 따라 연안국에서 배타적 경제수역의 관할권행사를 강화하는 추세이다.
Virzo, R. (2015). "Coastal State Competences Regarding Safety of Maritime Navigation: Recent Trends." Sequência: Estudos Juridicos e Politicos, 36, 19-42.

[50] 최근에 가장 문제가 되는 것은 해양에서 무인체계(Unmanned Maritime System)이다. 이것의 법격을 어떻게 보아야 하는지가 이슈가되고 있다. 예를 들어 독립적인 객체(independent entities)로 보아야 하는지 모체(deploying plaform)의 일부(adjuncts or components)로 고려되어야 하는지? 소형선박(Vessel)로 혹은 선박(Ship) 중 어느 것으로 장치(devices) 혹은 물체(objects)로 고려되어야 하는지? 군함(warships)으로 인정받을 수 있는지?" 등의 이슈가 있다.
Michael N. Schmitt, David S. Goddard. (2016). "International law and the military use of unmanned maritime systems." International Review of the Red Cross. pp. 567-592.
Andrew Norris. (2013). "Legal Issues Relating to Unmanned Maritime Systems Monograph." Newport: Naval War College.

한, UNCLOS 성안 당시 고의적으로 회피한 EEZ 군사활동, 해상강도와 해적, 개발행위 전 해양과학조사MSR : Marine Scientific Research 와 유사개념수로측량, 군사조사, 자원조사[51] 등은 여전히 갈등으로 발전할 가능성이 높다.[52] 향후 이러한 유엔해양법협약에서 다루지 못한 이슈의 등장이나, 불분명하게 명시한 내용 등은 협의해 나갈 것이다. 이러한 협의에서 가장 중요한 것이 그 국가가 얼마나 해양에 대해 인식하고 있느냐이다. 앞으로 연안국의 관할권이 확대될 때 우리가 얼마나 준비되어 있는가는 우리의 해양영역인식의 폭에 달려 있다고 해도 과언이 아니다.

둘째, 인도태평양지역 해저자원을 위해 필요하다. 해저자원의 관할권이나 개발권한에 경우 유엔법협약에 명시된 조문은 없지만, 국제해저기구ISA: International Seabed Authority를 중심으로 규범을 정립2012년 망간각 탐사규칙 채택 이후 개발규칙 논의해 가고 있다.[53] 여기서 가장 중요한 것은 그 해역의 지하자원에 대해 얼마나 알고 있느냐이다. 아래는 현재 우리 함정온누리, 이사부함이 활동하여 권한을 인정받은 현황이다. 한반도 주변해역을 넘어 태평양과 인도양에 관한 해양영역인식이 확대되면 더 많은 탐사권과 개발권을 확보하여 우리의 해양영토 확

---

51   예를 들어, 수로측량의 법적 성격은 배타적 경제수역(EEZ)에서 수로측량에 대한 연안국의 관할권 규정이 없다. 미국과 같은 강대국은 항행의 안전을 위하여 수행되는 행위이기 때문에 제58조에서 인정하고 있는 '항행·상공비행의 자유 관련된 국제법적으로 적법한 해양 이용의 자유'에 해당된다고 주장하고 있다. 하지만 약소국들은 관련 규정의 부존재가 반드시 동행위에 대한 규제권한을 배제한 것이라고 볼수 없으며 수로측량도 연안국의 관할권의 안에 있어 국내법의 적용을 받아야 한다는 것이다. Chuxiao Yu. (2020). "Implications of the UNCLOS Marine Scientific Research Regime for the Current Negotiations on Access and Benefit Sharing of Marine Genetic Resources in Areas Beyond National Jurisdiction." Ocean Development & International Law, 2-18.

52   김원희·백인기·최지현·김주형·김민·정유민, "국제해양질서 변화에 따른 대응방안," 한국해양수산개발원 정책연구자료, 2017.
"유엔해양법협약(UNCLOS)의 적용과 해양안보 현안," 『한국군사문제연구원 뉴스레터』 제547호, 2019.7.2

53   현재 배타적경제수역의 2배가 넘는 해역이 ISA라는 새로운 해양개발 레짐의 통제와 제도화의 범주에서 통제를 받고 있다. 앞으로는 이 새로운 레짐을 이해하지 못하고는 더 넓은 해양영역에서의 이권에서 배제될 가능성이 높다.

장에 기여할 수 있다.

▶ 도표 6-37 **태평양 망간단괴 개발 획득 영역**

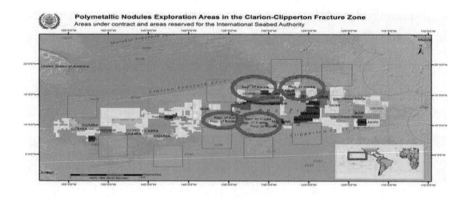

출처: Kris Van Nijen, Steven Van Passel, Dale Squires, "A stochastic techno-economic assessment
of seabed mining of polymetallic," Marine Policy, 2018.

MDA 강화를 통한 국가 정책지원: 인도양과 태평양을 잇는 광대한 수역
에서 발생하는 상황에 효과적으로 대응할 수 있도록 해양영역인식MDA이 중
요하나 아직 수상함 및 육상 레이더에 의존한 초기적인 형태에 머므르고 있
다. 위와 같은 정부의 인도태평양전략의 구현을 위해서는 한반도 및 인도태
평양 역내에 대한 인식이 우선되어야 한다. 이를 위해 위성을 중심으로한 감
시정찰 및 영역인식 정보융합 플랫폼을 구축하고, 역내국들과 정보공유를 위
한 기반을 마련이 시급하다. 특히, 역내 국가뿐 아니라, 미국이나 일본과 민
감한 군사정보가 아닌 안전을 위한 해양영역인식 정보의 교류는 한미 동맹강
화뿐 아니라 동맹으로서 역할을 강조할 외교 레버레지로 활용이 가능하다.

⑤ 안보적 차원과 MDA

첫째, NLL 주변 감시를 위해 필요하다. 한국전쟁이 끝난 이후 NLL은 남북한 간의 실질적인 해상분계선의 역할을 해 오면서 이 선을 두고 끊임없는 분쟁이 있어왔다. 육상의 군사분계선과는 달리 가시적인 선이 없으며, 선을 따라 촘촘히 감시하는 전력이 없다. 이러한 해양에서 군사적 분계선의 특징으로 남북한 해군 간 다양한 무력 분쟁 및 민간선박의 월선이 있어왔다.

1999년 6월 15일1차 연평해전, 2002년 6월 29일2차 연평해전, 2009년 11월 10일대청해전, 2010년 3월 26일천안함 피격사건 등 여러 차례가 있었고, 최근에는 북한의 목선2019.7.27., 수영자2021.2.16.가 우리의 감시망을 뚫고 월선하였다. 또한 반대로, 우리 주민이 항해장비 고장 및 항로착오로 NLL을 월선하여 위험한 상황이 발생하기도 했다. 이러한 사건으로 해상 및 해안감시 강화를 위해 함정추가배치, 초계활동 시간 증가, 무인기 배치, 해안 광학장비 추가배치 등의 보완책을 내놓고 있지만, 한시적이고 제한적인 대책들은 한계를 드러내고 추가적인 경계 실패가 속출하고 있다.[54]

오랜 기간 중국어선들은 우리의 단속이 어려운 일부 지역NLL 근해 등에서 저인망 어선으로 해양생물을 법의 테두리를 넘어 조업해 왔다.[55] 최근 이러한 해양주권침해의 정도는 더욱 심해져 한·중 잠정조치수역PMZ: Provisional Measurement

---

54 "정경두 국방 "해상 경계 실패 엄중 책임져야"," 『YTN』, 2019.6.19.
"'전방-해안 경계' 22사단, 감시범위만 100㎞…"근본개선책 필요 ...," 『연합뉴스』, 2021.2.18.

55 서해 NLL 인근에서 불법조업을 하다 단속되는 경우도 있지만, 최근 중국의 고속어선(2-3톤급 소형 고속어선 / 최대 40노트)이 NLL 이북 북한수역에 대기하다 기회가 되면 남하하여 조업하다 단속 시 북한수역으로 도주하고 있다. 이는 2016년 최초로 등장하여 계속해서 증가추세가 이어지고 있다. 이상문. "EEZ에서의 해양경찰의 공용화기 사용에 대해: 해양경찰 무기사용의 근거와 한계를 중심으로." 『해양경찰학회보』 제7권 제2호 통권 제14호(2017).; Lee, Ki Beom. "The Korea Coast Guard's Use of Force Against Chinese Fishing Vessels." Ocean Development & International Law (2018); 해양경찰청. "불법조업 외국어선 단속현황." (2020); 해양수산부. "중국어선 불법어업단속현황(2008~2018년)."(2020); 김대영. "불법조업 중국어선 대응방안 연구." 『해양수산부 정책연구』(2012); 노호래. "서해 5도에서 중국어선의 불법조업 문제." 『한국해양경찰학회보』 제5권 제1호 통권8호(2015).

Zone[56] 넘어 NLL 부근 선을 따라 조업[57]은 물론 우리의 서해안의 대부분, 나아가 동해의 NLL까지도 진출해 조업 중이다. 아래의 그림은 이러한 중국어선들의 동·서해 불법 어로 경로를 나타내고 특히, 해상상태가 나쁘면 울릉도 근해에 피항을 핑계로 조업 및 쓰레기 투기로 대책이 필요한 상황이다.

▶ 도표 6-38 ┃ 동·서해 NLL 인근 중국불법어선 이동로 및 조업구역

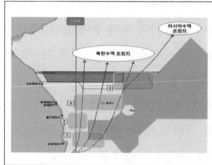
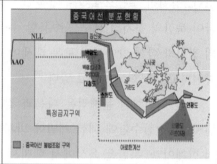

| 동해 중국불법어선 이동로 및 조업구역 | 서해 중국불법어선 이동로 및 조업구역 |

출처: 동해지방해양경찰청, "2019년 북한.러시아 수역 중국어선 이동 예상로," 2019; 국방부, "북방한계선 (NLL)에 관한 우리의 입장," 2007.

이렇게 NLL 주변으로 북한 및 우리어선은 물론, 우리나라 관할해역을 통과하는 다양한 선박에 대한 감시가 필요한 상황이다. 하지만 단순히 해상경

---

56   한중어업협정('01.6.30)이 체결된 이후 한중의 어선이 타국에 배타적인 권한을 가지고 신고 없이 자유롭게 조업하는 수역이다. 동 어업협정에 따라 2001년 제1차 한 · 중 어업공동위원회의를 개최한 이래 격년제로 각국에서 개최되며 2019년 11월 중국 상하이에서 개최된 제19차 한 · 중 어업공동위원회에서 2020년도 한·중 어업협상을 타결했다. 2020년 EEZ내 입어 척수를 2019년 대비 50척 감소한 1,400척으로, 어획할당량을 2019년 대비 1,000톤 감소한 56,750톤으로 합의하였다. 또한 서해 북방한계선(NLL), 배타적경제수역 및 동해 북한수역 중국어선 불법조업 예방을 위해 중국정부 단속활동 및 양국 협력 강화에 합의하였다.
      해양수산부 보도자료. "2020년도 어기 한 · 중 어업협상 타결... 3년 만에 할당량 감축." (2019.11.8.)

57   KIM, Suk Kyoon. "Korean peninsula Maritime Issues." Ocean Development & International Law (2010).

계 전력의 증가로는 앞으로 증가할 감시에 대한 수요충족은 어려운 실정이다. 보다 근본적이고 혁신적인 해양영역인식에 대한 대책이 필요하다.

둘째, 북한 해양 핵·WMDSSBN을 이용한 2격능력 억제 및 대응을 위해 필요하다.[58] 북한정권은 정권의 생존을 위해 핵을 운용하고 있다. 지금까지 국제사회는 외교적, 정치적, 경제적으로 북한을 고립시켰으나, 이는 오히려 북한의 국가전략에서 핵이 얼마나 중요한지를 인식시켜 주는 계기가 되었다. 또한, 정치적 수단으로 핵무기를 고도화하여 미국, 한국, 일본 등 주요 적대국이 북한의 정치적 요구를 수용할 수밖에 없는 상황 조성 중에 있다. 핵능력의 진화와 함께 방어적인 보복 태세에서 보다 공격적인 비대칭성의 확장으로 발전하고 고도화되어가고 있다.[59]

북한 핵전력의 문제점은 다음과 같으며, 이러한 문제점을 보완하기 위해 원자력추진잠수함에 대한 개발에 박차를 가하고 있다. 첫째, 육상 투발 수단의 한계이다. 북한은 육상에서 핵미사일을 운용하는 플랫폼사일로, 고정기지, TEL 등은 고정기지에서 이동식으로 발사하는 능력을 신장하고 있으나 이는 제한사항이 있다. 위성을 포함한 탐지 및 정찰자산이 발달, 시한성 표적처리 능력의 향상으로 육상 핵의 전략적 가치가 감소하게 된다.

그 대안으로 재래식 잠수함을 운용하고 있으나 이를 기반으로 SLBM을 운용하기에 다음과 같은 한계가 있다. 우선, 현재 능력으로 신포 근해에서 SLBM 발사 시 한국, 일본, 중국의 주요 도시는 타격할 수 있으나 미국 본토 타격은 제한된다는 것이다. 현재 SLBM 사정거리와 발전 가능성3,000km 고려 시 은밀성을 유지한 가운데 최소 2,700km알라스카 사령부에서 최대 5,700kmLA까지 잠항이 필요하나 현재 수준에서는 제한된다. 현재 보유한 SLBM 탑재 잠수함은 2,000km 내외로 원해 기동을 해야 하는데 현재의 재래식잠수한은

---

58 브루스 W. 베넷·최강·고명현·브루스 E. 벡톨·박지영·브루스 클링너·차두현, "북핵위협, 어떻게 대응할 것인가", RAND-아산정책연구원 공동연구, p. 9, 2021.

59 Choi, K. & Kim G. "A Thought on North Korea's Nuclear Doctrine", Korean Journal of Defense Analysis, Vol. 29. No. 4., 2017.

제한이 된다.

▶ 도표 6-39 **3,000km SLBM(북극성 4사형 이상 기준)으로 미국 주요 도시 타격을 위해 잠수함이 이동해야 하는 거리**

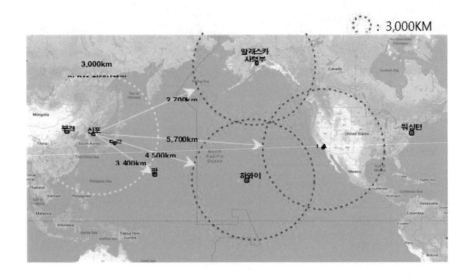

그래서 한국 및 미국에게 탐지되지 않고, 일격이후 살아남아 2격을 할 수 있는 추가 투발수단 필요하다. 육상에서 탐지될 가능성이 높은 투발 수단 및 플랫폼을 보완하고, 탐지되더라도 적시 대응이 어려운 투발수단 및 플랫폼이 필요하다.

이러한 대안이 바로 원자력추진잠수함인 것이다. 현재 북한은 재래식 SLBM탑재 잠수함만을 운용이며, 북한의 비대칭 전력으로 위상은 다음과 같다.

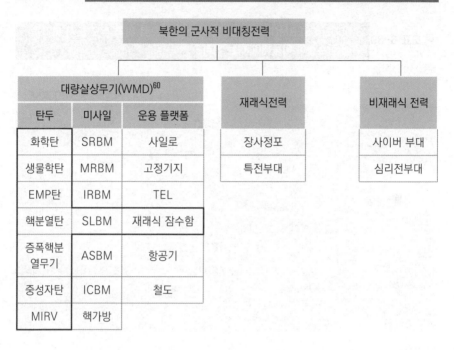

▲ 도표 6-40 북한의 군사적 비대칭전력 운용개념과 SLBM탑재 잠수함의 위상

북한의 군사적 비대칭전력				
대량살상무기(WMD)[60]			재래식전력	비재래식 전력

대량살상무기(WMD)[60]

탄두	미사일	운용 플랫폼
화학탄	SRBM	사일로
생물학탄	MRBM	고정기지
EMP탄	IRBM	TEL
핵분열탄	SLBM	재래식 잠수함
증폭핵분열무기	ASBM	항공기
중성자탄	ICBM	철도
MIRV	핵가방	

재래식전력

장사정포
특전부대

비재래식 전력

사이버 부대
심리전부대

　　재래식잠수함과 원자력추진잠수함의 가장 큰 장점은 재래식에 비해 속력 약 2배이 빠르고 잠항시간이 무제한이다.[61]

60　　대량살상무기(WMD: Weapon of Mass Destruction)란 핵무기, 화생무기 및 이의 운반 수단인 미사일 등 짧은 시간에 대량의 인명을 살상할 수 있는 파괴력을 가진 무기를 의미한다. 군사적으로는 ABC(Atomic, Biological, and Chemical), NBC(Nuclear, Biuological, and Chemical), CBRN(Chemical, Biological, Radiological, and Nuclear)과 같은 맥락으로 사용된다. 일반적인 재래식무기에 비해 치명적 살상력, 민군겸용 기술 사용, 전략적 목적으로 사용, 상대적로 획득비용이 저렴한 특징이 있다.
　　합동참모본부, 『대량ASBM살상무기에 대한 이해』, 2018.

구 분	디젤	원자력	비 고
공격 능력	보통	우수	• 탑재무장은 비슷하나, 원자력추진 잠수함이 우수한 기동성 이용 공격전술 구사에 유리
탐지능력	동일	동일	• 탑재되는 소나 종류&성능은 동일 * 함정이 커지면 성능이 향상된 소나탑재 가능
기동성	보통	우수	• 원자력추진 잠수함이 모든 속도단계에서 기동성 우수 • AIP체계를 탑재한 잠수함은 출력이 약해 고속 기동 제한
생존성	보통	우수	• 기술발전으로 원자력추진 잠수함의 방사소음이 작아짐 • 재래식 잠수함은 최고속력에서 1~2시간 기동 가능하지만, 원자력 추진 잠수함은 장기간의 기동이 가능하여 위협으로부터 이탈 시 용이
작전지속 능력	보통	우수	• 디젤잠수함은 1일 2~3시간 스노클 필요로 지속적으로 표적 추적 불가 • AIP체계는 AIP 연료(산소, 수소 등) 소진 시 사용 불가
건조비	낮음	높음	• 원자력 잠수함 약 1.8~2조원(용역연구결과) * KSS-III Batch-II: 1.1조원
운영유지비 (전력화지원)	낮음	높음	• 규정, 사용 후 연료처리 등 운영·유지가 복잡

61 한국이 보유 중이거나 건조 중인 잠수함 현황

구 분	장보고급	손원일급	KSS-III	
			도산안창호급 (Batch-I)	Batch-II
톤 수	1,200톤급	1,800톤급	3,300톤급	3,600톤급
추진 방식	디젤+전기 (납축전지)	디젤+전기(납축전지) + AIP	디젤+전기(납축전지) + AIP	디젤+전기(리튬전지) + AIP
무 장	어뢰,기뢰, 유도탄(대함)	어뢰,기뢰, 유도탄(대함,대지)	어뢰,기뢰, 유도탄(대함,대지)	어뢰,기뢰, 유도탄(대함,대지)
기 타	독일 설계 국내 건조	독일 설계 국내 건조	국내 독자 설계 및 건조	국내 독자 설계 및 건조
	확보 완료	확보 완료	1번함 확보, 2/3번함 건조 중	설계 중

북한의 SSBN 개발가능성은 아래와 같다. 북한이 SSBN 개발을 위해 추가 확보가 필요한 1/2차계통 연동, 선체 설계기술, SLBM 핵심기술은 국제적 제재 등을 고려시 확보에 상당한 시간이 필요할 것이다. 또한 체계통합, 소음감소, 방사선 차폐 등의 보조기술은 추가 개발이 필요하다. 하지만 고래급잠수함 개발에 이어 로미오급 잠수함을 대규모로 개조하여 SLBM을 탑재시킨 사례를 고려시, 이와 같은 어려움에도 북한의 SSBN 개발은 불가능하지 않을 것으로 판단된다. 한편 2015년을 시작으로 10년이 안되는 기간에 5종류의 SLBM을 개발한 북한의 역량을 고려시 SSBN의 건조가 완료되는 시기에 맞추어 사거리와 탄두 중량이 대폭 향상된 새로운 SLBM의 개발도 충분히 예상할 수 있다.

2021년 1월 노동당 제8차 당대회에서 김정은은 "새로운 핵잠수함 설계 연구가 최종 심사단계에 있다."고 선언한 내용을 근거로 추정할 수 있다. 아래 〈표〉는 우리의 함정 건조사업 단계를 보여주고 있다. 이를 바탕으로 추측해보면 김정은의 발언은 북한의 SSBN 건조사업이 '기본설계'의 최종단계에 와있음을 의미하는 것으로 판단된다.

▲ 도표 6-42 대한민국 함정건조단계 및 북한의 함정 건조사업 단계 비교

주관	대한민국	해군		합참	방위사업청		
	북한	노동당 중앙군사위원회		노동당 중앙군사위원회(위원장)	노동당 군수공업부		
	단계	소요기획		소요결정	선행연구	기본설계	상세설계/건조
관련실무	업무	함정개념 형성 연구	건조가능성검토	함정개념설계	함정건조/시험평가		
	한국	국과연	해군	기품원	조선소		
	북한	국방과학원	해군	국방과학원	신포 조선소 국방과학원(부설연구소)		

출처: 해군본부, "해군 전력발전업무 규정", 2023.을 바탕으로 저자 작성

북한의 SSBN에 대비하기 위해서는 해양영역인식을 기반으로한 가칭 "수중킬체인"의 발전이 필요하다. 그 개념은 M-BMOAMaritime-Balistic Missile Operation Area 개념의 발전이 필요한 것이다. 기존에 북한의 핵미사일에 대응하기 위해 발전된 BMOA 개념과 연계하여 북한이 SLBM을 발사할 수 있는 다양한 구역을 M-BMOA로 설정하여 북한의 SLBM탄도미사일에 대응할 수 있는 탐지 플랫폼주로 해양영역인식을 위한 위성플랫폼을 기반으로 다양한 전략·작전·전술 발전이 필요하다.

SSBN의 활동 범위는 전 지구라 할 수 있다. 이에 대응하기 위해 우리도 우리 관할해역 밖에서의 군사활동이 불가피한데 이러한 군사활동에 따른 관할해역 이외에서 수상 및 수중에 대한 위성기반 탐지 능력구축이 필요하다.

셋째, 미래 병력절감형 평시 전력운용을 위해 필요하다. 현재 평시 전력운용은 우주에서 해양정보를 수집할 수 있는 자산과 종합 및 분석하는 자산이 늘어남에도 불구하고, 아직 해양 유인체계 센서에 해양인식 의존하고 있다. 예를 들어 영역인식, 상황판단, 현장대응에 있어서 육상에서의 정보가 더 많고 여건이 좋음에도 불구하고 현장 유인전력위주로 평시 해양력을 운용하고 있다.

경비임무에 포함된 3가지 기능 모두 전체적인 해양영역인식이 된 상태에서 해상 유인함정이 활용되는 것이 아니라 무인함정으로 대체되어 무인체계 및 항공기 기반의 경비개념으로 전환되어야 하고, 지금도 그 방향으로 전력건설 및 여건이 진행되고 있다. MDA의 여건이 마련되면 다음의 방향으로 평시 전력운용이 변경되어 인구절벽시대에 새로운 평시전력운용이 가능하다.

해양감시는 유인 함정·항공기·R/S의 센서 이용 중. 능력은 해안가 및 울릉도, 백령도, 추자도 등 주요도서의 R/D, 해경의 해양경비안전망V-PASS, 국제해사기구에서 제공하는 선박자동식별시스템AIS 등으로 대부분 운용인력이 있다. 이러한 운용이 사람이 필요하지 않은 위성플랫폼에 다양한 센서를 장착한 우주기반 MDA로 전환되어 기존의 유인함정, 전방 유인기지의 역할을 대신하게 된다.

⑥ 국내 주요 기관들이 MDA를 바라보는 시각

해양안보 유관 기관인 해수부, 해경, 해군의 공통적인 의견은 해경 또는 해군 등 특정 한 기관이 국가 수준의 MDA를 주도할 수 없다는 생각에 동의한다. 이에 MDA 발전을 위한 추동력 확보와 실질적인 MDA 구현을 위해서는 일개의 부 이상 수준 즉, 대통령이 위원장으로 된 국가급 해양위원회를 설치하여 MDA를 종합적으로 통제할 필요성이 있다고 판단된다.[62] 국가 MDA에 관한 최종 컨트롤타워가 대통령실에 조직될 필요가 있으며, 해경은 플랫폼 발전을 통한 MDA 수행체계를 구축하고 협력하는 것에 중점을 두고, 해군은 정책·전략·조직·체계 발전을 동시에 체계적으로 추진하기 위한 발전계획을 세워서 해수부 차원에서 타 부서와 필요한 협력적 정책을 종합적으로 마련하는 그림이 그려져야 한다. 이렇게 생성된 정보를 바탕으로 국방부 및 외교부 등에서 국제적인 협력을 적극적으로 추진할 수 있는 대응 조직과 체계가 구현되어야 할 것이다. 이어서 이들 기관에서 MDA를 바라보는 시각에 대해서 간략하게 정리하면 다음과 같다.[63]

가) 해양수산부와 해양경찰

해수부는 MDA 발전에 대한 필요성에는 공감하나 구체적인 개념 설정이라 추진 방향을 구체화하지 못한 것으로 보인다. 해수부에서 MDA를 추진하기 위한 전담부서가 마련되어 있지 않으며, MDA와 관련한 담당자가 지정되지 않은 상황으로 이를 주도적으로 추진하기에는 제한사항이 다수 식별되는 실정이다. 무엇보다도 해수부 차원에서 MDA 체계를 확보하는 것을 긴급하게 추진해야 할 필요성을 명확하게 인식하지 못하고 있는 것으로 평가할 수 있다. 다만 해수부에서 예산을 지원받아 운영되는 한국해양과학기술원KIOST에서는 국제법적 차원에서 우리나라의 해양영토 경계 획정을 위한 MDA 개

---

62   국가우주위원회의 사례를 참고할 필요가 있다.
63   상기 내용은 연구자가 해수부, 해경, 해경 관계자와 개별적인 자문을 통하거나 관련 자료를 통해서 유추한 내용으로 각 기관의 공식적인 견해가 될 수 없음을 명확하게 밝혀둔다.

념 정립 및 발전에 대한 구체적인 아이디어를 개발 중인 것으로 확인 가능하다.[64]

해경은 우리나라에서 가장 먼저 MDA 필요성을 인지하고 개념을 도입하여 활발하게 추진하고 있는 중이다. 해경의 MDA는 위성전력, 드론을 포함한 무인체계, 정보융합분석 플랫폼 등 관련한 체계 및 플랫폼을 확보하는 데 중점을 두고 조직적으로 추진하는 것으로 평가할 수 있다. 특히 해양에서 발생 가능한 다양한 사건·사고에 실시간으로 대응하기 위해 치안, 재난, 안전 등에 중점을 두고 MDA를 추진 중이고, 해경의 임무 수행을 위한 자체적인 MDA 수행 능력을 강화하기 위한 제반 노력을 기울이고 있다. 해경은 한반도 전 해역에 대한 감시체계를 갖추는 것을 목표로 MDA 추진을 위한 중·장기적인 로드맵을 작성하는 단계로 확인된다.

▶ 도표 6-43 ┃ MDA 해양상황 감시체계도

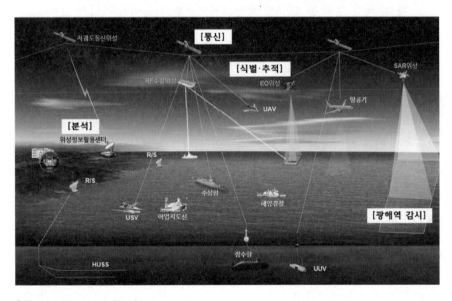

출처: NAVY Times No. 29, 2024.

---

64   양희철, "한반도 해양, 국제질서 재편에 노출… 한국형 생존전략 세워야," 『서울신문』, 2023년 5월 1일.

해양경찰이 작성한 "해양경찰 비전 2030"의 내용 중 MDA의 개념을 정리하고 이를 정책으로 추진하는 움직임에 대해 주목할 필요가 있다. 주요 내용은 다음과 같다.

- 개념: 해양에서 발생하는 모든 상황을 실시간으로 파악하고, 이를 분석하여 우리나라의 안보, 경제, 환경 등에 미치는 영향을 예측하고 대응하는 체계
- MDA 플랫폼 구축: 인공위성, 해양경비 특화 트론 등의 기술을 활용하여 광역 해역에서 24시간 빈틈없는 상황 감시 체계 구축
- 기술 도입 및 활용 가능성 강화: MDA 플랫폼의 현장 활용성을 높이기 위해 다양한 기술발전 모색
- 해양안보와 경제적 이익 보호: 연안 해역뿐만 아니라 광역 해역에서도 빈틈없는 감시체계를 구축하여 해양안보를 강화하고 불법 어업, 해적 행위, 해양 오염 등 다양한 해양위협으로부터 경제적 이익을 보호

나) 국방부와 해군

국가의 방위를 소관하는 국방부의 관점에서 한반도 면적의 5배가 훨씬 넘어가는 광활한 해역을 감시 및 정찰하고, 필요한 자원 관리를 통해 국가이익을 확보하는 노력은 무엇보다 중요한 과제가 되고 있다. 남북한이 마주한 북방한계선 인근 해역에서 예상되는 북한의 위협을 포함하여 한반도 주변 해역에서 발생 가능한 다양한 전통적인 위협에 대비하는 것이 우선적으로 고려되어야 한다. 이와 동시에 안전한 해양을 활용하는데 필요한 비전통적인 위협에 대비하기 위해서 체계적인 MDA 발전을 도모하는 것이 필요한 상황이다. 특히 현 정부에서 표방한 글로벌 중추국가로서의 국제적 역할 수행을 위해서도 국가의 위상에 걸맞은 수준의 MDA 체계를 갖추는 노력이 선제적으로 이뤄져야 할 것으로 판단된다.

국방의 자원 측면에서 앞으로 예상되는 지속적인 저출산 현상이 고착화되면 병역자원은 급감하고, 세계 경제의 불안정성 증대와 산업인구 감소 등

으로 국방재원 확보가 제한되는 등 어려운 국방 여건이 악순환되어 나타날 가능성이 높아지고 있다. 특히 국가 경제의 버팀목이 되는 해양산업을 전개하는 데 있어 반드시 필요한 제반 안전을 확보하고 경제 및 자원 개발을 위한 자유로운 해양활동을 보장하기 위해 무엇보다도 MDA 발전을 추진하는 것이 긴요하게 요구되는 상황이다. 수출 중심의 경제구조를 가진 한국 입장에서는 무엇보다도 해양의 안전을 확보하는 것이 중요한 까닭이다.

군의 관점에서 MDA 관련 국제협력은 시간이 갈수록 지속적으로 강화되고 다변화할 것으로 생각된다. 현재는 싱가포르 IFC에 연락장교를 파견하는 것과 한반도 주변에서 활용 중인 북한 및 주변국 함정이나 상선 등의 표적 정보를 공유하는 체계인 해군전술정보지원체계를 활용하는 등 국제적인 협력을 위한 다양한 노력을 기울이고 있다. 주로 해군의 사례를 통해 국방 분야에서 국제 협력을 고려할 때 참고할 방안을 고민하는 것이 필요하다.

- 가치를 공유할 수 있는 국가와 MDA 관련 군사·비군사 정보 공유를 강화하기 위한 협력 체결 등 공동 대응 노력 도모
  ex. 주요 해상표적 정보 상호공유 체계 구축, 첨단과학기술발전 협의체 구성, 기술 공동개발 등
- MDA 수행을 위한 해군 MDA 센터와 K-IFC 신설을 통해 군사정보는 MDA 센터, 비군사 정보는 K-IFC를 통해 관련 국가·기관과 공유하는 방안 검토[65]
- K-IFC는 IFC-NWPInformation Fusion Center North West Pacific로 용어가 변경되어 발전되고 있다.

---

[65] K-IFC(Korea Intelligence Fusion Center)는 동북아시아에서 해양관련 비군사 정보를 상호 공유하고 활용하는 방안을 고안하여 해군에서 준비 중인 개념이다. K-IFC를 해군에서 운용 및 신설하겠다는 세부 계획은 미정이며, 국방 및 국가 차원에서 고민할 만한 과제를 선제적으로 제기한 측면에서 심도 깊은 논의가 필요할 것으로 판단된다. 자세한 내용은 전성환, "인태지역 해양안보 정세를 고려한 국제협력 강화 방안: 한국형 정보융합센터(K-IFC) 신설을 중심으로," 『2024 해양안보 핵심기술 심포지엄 자료집』 p. 132. 참고.

▶ 도표 6-44 K-IFC 신설방안

조직 구성(안)

해군 주도시 (안)이며,
해경 등 주도 시 변경 가능

해양정보융합단

MDA센터 **K-IFC**(센터장/대령급) 대장정보지원센터

정보융합
· 임무: 국내·외 해양안보위협
  관련 정보 융합 및 분석
· 구성: 한국 해군 현역,
  외국군 해군/해경
· 직책: 해적정보, 해상사고, 밀수,
  불법조업, 밀입국, 사이버,
  테러 정보 수집/분석담당
  각 2~4명

대외협력
· 임무: 국외(타 IFC) 협력, 각국
  인원파견 관련 협조,
  파견 인원 관리/지원
· 구성: 한국 해군 현역/군무원/
  해수부/외교부 직원
· 직책: 대외협력 총괄/담당,
  외국군지원담당

작전/훈련
· 임무: 해양안보위협 관련
  단독/연합 해군/해경
  대응계획 협조,
  정보공유 훈련 계획
· 구성: 한국 해군 현역/군무원,
  한국 해경 파견인원
· 직책: 해양안보작전담당,
  훈련담당, 교리발전담당

상황실
· 임무: 국내·외 해양안보위협
  상황관리(긴급사항 전파)
· 구성: 한국 해군 현역
  (직수별 2~3명)
· 직책: 당직사관, 수집/전파담당

**발전
계획**

**0단계
여건조성**
(창설이전)

**1단계
기반구축**
(창설 ~ C+1년)

**2단계
협력 확대**
(~ C+5년)

**3단계
임무 성숙**
(C+6년 이후)

(국방부·외교부·해수부,
해경·해군 협력)
**국내 유관기관과
협력기반 구축**

(대외협력 중심)
국제 협력 추진

(정보융합 중심)
정보 업무 확대

(全 기능)
업무 성과 확대

출처: 전성환(2024).

- 미국을 포함한 인태지역 국가와 정보공유 협력을 추진하고 NATO 등으로 협력 확대 정책을 지속적으로 추진
  ex. 위성 감시체계 정보, 의심 선박에 대한 제반 정보, 해저케이블 망 정보 등 다방면에서 필요한 정보 판독을 포함하여 협력 도모

해군에서도 MDA 발전에 관해 체계적으로 준비하고 있으며, MDA와 관련한 조직과 인력 확보를 통해 해양안보와 관련한 다양한 정책을 발전시켜 나가고 있다. 해군에서 정리한 MDA 정의 및 수행개념은 다음과 같다.
- 정의: 안보에 영향을 주는 해양영역에서 일어나는 모든 것에 대한 상황 및 위협 인식을 달성
- 수행개념: 해양 관련 모든 데이터표적, 해양환경, 안전, 조업, 통항 등를 수집, 융합· 분석하여 해상 경계작전과 국민의 안전한 해양사용 보장에 필요한 정

보를 생산하고 공유

해군은 MDA와 관련한 정책·전략·작전개념·체계 도입 및 발전 등을 동시에 주진 중이다. MDA의 체계적인 준비에 관한 필요성을 상대적으로 늦게 인식한 해군은 해경의 사례를 참고하면서 해양안보와 관련한 활발한 움직임을 보인다. 해군은 MDA 발전추진단을 구성하여 해군 MDA 발전계획을 수립 중이다. 주요 내용으로는 MDA 관련 전력·체계 발전 및 상호운용성 강화, MDA 조직·인력 발전, 국내·외 협력 강화 방안, 해상 경계작전 개념 발전을 중점으로 관련 계획은 수립하고 있다.

해군 또한 해경과 마찬가지로 MDA 추진을 위한 중·장기적인 로드맵을 작성하는 단계로 확인된다. 특히 해군이 추진하는 MDA는 지리적으로 전방해역 → 전방+측방 해역 → 한반도 주변 전 해역을 가시화하고, 기술적으로는 동종데이터를 우선 융합하고 이종 데이터까지 융합, 최종적으로는 전 출처 데이터를 융합하는 방향으로 추진 중이다. 또한 이러한 MDA 발전 추세와 병행하여 해양 유·무인 복합체계, 위성전력 등으로부터 획득된 데이터도 융합하는 방안도 고민 중인 것으로 보인다.

❼ 해양영역인식 능력보유를 위한 우주자산의 성숙

첫째, 국가 우주개발 여건 변화와 체계 구축이다. 2021년 7월 5일, 문재인 대통령과 미국 바이든 대통령의 정상회담 이후 우리나라 로켓 기술 개발의 42년 족쇄로 작용했던 "한미 미사일 지침Missile Guideline"이 폐지되었다.[66] 발사체의 사거리와 탑재 중량을 제한해왔던 한미 미사일 지침이 지난 수년간 단계적 과정을 거쳐 완전 폐지됨으로써, 군사뿐만 아니라 우주개발 관점에서도 기대가 커지고 있다. 또한, 미국 NASA가 주도하는 유인 달 탐사 계획인 아르테미스[67]에 우리나라도 참여하게 되었다. 이번 정상회담을 계기로 해

---

66   청와대, "한·미 공동기자회견 모두발언," 2021.5.22.

67   아르테미스 계획은 2024년까지 유인 달 착륙을 다시금 성공시키고 이어서 달 상주 기지 건설을 목표로 한다. 아폴로 유인 달 탐사 이래 50여 년이 흘러 또다시 야심차고 규모가 훨씬 더 큰 계획이 추

당 지침이 해제되면서 우리나라는 장거리 미사일, 군사위성 발사용 로켓 등 다양한 발사체를 제약 없이 개발할 수 있게 됐다. 우주산업 전반에 새로운 전기가 될 것으로 기대되고 있는 이유다. 여기에 추가되어 국회 과학기술정보방송통신위원회 소속 양정숙 무소속 의원이 우주 전문 조직 '우주청' 설립을 위한 법안이 지난 2023년 4월 정부입법으로 발의되어 2024년 1월 9일 국회 본회의에서 우주항공청설립운영특별법_{우주항공청법} 제정안과 우주개발진흥법 및 정부조직법 개정안을 처리되었다. 이로서 2024년 5월 27일 사천에 한국판 NASA인 우주항공청_{KASA: Korea AeroSpace Administration}이 개청했다. 세계 주요 국들과 같이 국가차원의 우주개발의 콘트롤타워[68]를 운용하여, 과학기술정보통신부와 한국항공우주연구원 등 다양한 조직의 우주 관련 정책을 체계적으로 추진할 수 있는 제도가 마련되었다.

우주항공청이 신설되어 국가우주위원회장을 대통령으로 격상해 그 실무위원회를 우주청장이 맡도록 했다. 우주개발 추진체계를 강화하고 부처 간 유기적 협력체계를 구축하여 예산 및 연구기능을 체계화하여 계획적인 우주계발사업이 본격화될 것이다. 그러므로 앞으로 본격화될 우주산업 발전에 해양 관련 우주소요를 조기에 발굴하고 소요를 제기하여 부처 간 사업에서부터 해양 특성에 맞는 단독 위성 및 체계를 갖출 수 있도록 노력해야 하는 시기가 도래한 것이다. 그래서 지금부터라도 해양과 관련된 우주 관련 소요를 발굴이 필요하다.

둘째, 민간 위성 ISR 자산 증가이다. 민간의 관측위성 현황을 파악하여 추가적인 위성소요 없이 기존의 위성을 이용하여 해양영역인식을 확대할 수 있는 대안이 증가 하였다. 먼저 민간위성현황을 분석하는 이유는 국가 기관에서 운용하는 관측위성은 대형으로 큰 사업비와 오랜 기간이 걸리는 것에 반해, 민간 관측위성은 소형·군집화되어 적은 비용과 짧은 시간에 사용 및 구

진되는데 우리도 여기에 참여하는 10개국 중 하나가 되었다.

[68] 미국(NASA), 영국(UKSA), 러시아(FSA), 중국(CNSA), 프랑스(CNES), 인도(ISRO), 독일(DLR), 이탈리아(ASI) 등.

축이 가능하다. 그래서 추가적인 개발시간, 비용을 들이지 않고도 이용이 가능하다.

　이러한 민간관측 위성은 관측 목적에 따라 전자광학EO, 합성개구레이다SAR, 전자정보ELINT 수집 센서를 탑재하여 운용 중이다. 전자광학센서가 탑재된 위성의 경우 색상이 포함된 고해상도의 영상을 수집할 수 있으므로 해상도가 높을 경우 표적의 제원에 대한 식별이 가능하나 구름이 많거나 야간시간대에는 수집이 제한된다. 대표적인 소형 광학위성으로 미국의 PlanetLab社에서 제작한 Dove와 Skysat 군집위성이 있으며, 최소 3.4시간의 재방문 주기와 0.5m의 공간해상도를 갖는다. 미항공우주국에서 개발한 환경감시위성인 Suomi-NPP는 주간에 구름영상, 해양의 생물지수 및 표층수온 등을 수집하고 야간에는 지구상에서 방사되는 불빛을 감지하는 특징이 있으며, 700미터의 공간 해상도로 야간 불빛 및 선박 조업 활동 등을 감시할 수 있다.

▲ 도표 6-45　민간 전자광학위성 현황

위성	제조사	제원	
Dove (소형)	PlanetLab (미국)	• 최초운용: 2013년 4월 • 크기: 10×10×30cm • 감시능력: 광학감시(주간) • 재방문주기: 매일 • 공간해상도: 3meter • 운용대수('21년 기준): 130대	• 무게: 5.8kg • 운용고도: 475km • 수명: 2~3년
Skysat (소형)		• 최초운용: 2013년 11월 • 크기: 60×60×95cm • 감시능력: 광학감시(주간) • 재방문주기: 7회/1일 • 공간해상도: 0.5meter • 운용대수('21년 기준): 21대	• 무게: 110kg • 운용고도: 450km • 수명: 6년

	유럽우주국 (유럽연합) Sentinel-2(대형)	• 최초운용: 2015년 6월 • 크기: 340×180×235cm • 무게: 1,140kg • 감시능력: 광학감시(주간) • 재방문주기: 1회/5일 • 운용고도: 786km • 공간해상도: 10meter • 수명: 7년 • 운용대수(21년 기준): 2대
	미항공우주국 (미국) Suomi NPP (대형)	• 최초운용: 2011 년 10월 • 크기: 130×130×420cm • 무게: 2,128kg • 감시능력: 구름분포 및 표층수온(주간), 불빛(야간) • 재방문주기: 1회/8일 • 운용고도: 834km • 공간해상도: 750meter • 수명: 7년 • 운용대수(21년 기준): 2대

출처: https://directory.eoportal.org/web/eoportal/satellite-missions

SAR위성의 경우 극초단파의 에너지를 송신하여 반사강도에 따라 표적의 형태를 식별하는 특징이 있으며, 야간 및 악천후 조건에서도 감시가 가능한 장점이 있다. 다만, SAR 위성은 전자광학위성보다 해상도가 떨어지고, 색상을 파악할 수 없으므로 선박의 제원 파악은 제한된다. 또한, 영상의 번짐이 있고 전자파 교란에도 취약한 단점이 있다. 소형 SAR 위성의 예로 핀란드 ICEYE에서 개발한 ICEYE-X 시리즈의 경우 25cm의 공간해상도와 20시간의 재방문 주기를 갖는다. 미국 Capella Space에서 운용하는 X-SAR 위성의 경우 현재 6대가 운용 중이지만, 장기적으로 총 36대의 위성을 궤도에 위치시키면서 재방문주기를 기존의 5일에서 1시간으로 줄이는 것을 목표로 하고 있다. 전자정보 수집위성은 지구로부터 방사되는 전자파 신호를 다양한 위치에서 수집하여 전파발생위치를 파악하므로 여러 대의 위성 운용이 필요하다.

미국 Hawkeye360에서 제작한 Hawkeye360 Pathfinder는 위성 3대를 단위 군집으로 구성하여 육해상에서 방출되는 전자정보ELINT를 수집하는 기능이 있으며, 통신기, 레이다 등 다양한 ELINT와 타 출처 영상과의 융합을 통하여 선박의 특성을 식별하는 데 사용되고 있다.

위성	제조국	제원	
ICEYE-X (소형) (ICEYE-X 이미지)	ICEYE (핀란드)	• 최초운용: 2018년 12월 • 크기: 70×60×40cm • 감시능력: 합성개구 레이다(주·야간) • 재방문주기: 20시간 • 공간해상도: 25cm • 운용대수(21년 기준): 10대	• 무게: 85kg • 운용고도: 570km • 수명: 5년
Capella X-SAR (소형) (Capella X-SAR 이미지)	Capella Space (미국)	• 최초운용: 2018년 12월 • 크기: 500×250cm • 감시능력: 합성개구 레이다(주·야간) • 재방문주기: 1회/5일 • 공간해상도: 50cm • 운용대수(21년 기준): 6대	• 무게: 48kg • 운용고도: 500km • 수명: 3년
Sentinel-1 (대형) (Sentinel-1 이미지)	유럽우주국 (유럽연합)	• 최초운용: 2014년 4월 • 크기: 340×130×130cm • 감시능력: 합성개구 레이다(주·야간) • 재방문주기: 1회/12일 • 공간해상도: 5meter • 운용대수(21년 기준): 2대	• 무게: 2,300kg • 운용고도: 693km • 수명: 7년
Hawkeye360 Pathfinder (소형) (Hawkeye360 이미지)	Hawkeye360 (미국)	• 최초운용: 2018년 12월 • 크기: 20×20×44 cm • 감시능력: 전자파 주파수 • 재방문주기: 미상 • 공간해상도: 미상 • 운용대수(21년 기준): 9대(3대 단위군집)	• 무게: 13.4kg • 운용고도: 575km • 수명: 3년

출처: https://directory.eoportal.org/web/eoportal/satellite-missions

이처럼 해양영역인식은 국가 이익 및 외교정책 지원하고, Post-UNCLOS 질서를 준비하여, 안보적 차원에서 국가의 안위를 보호하고, 해양영역인식 능력보유를 위한 성숙된 우주자산 여건을 활용하는 측면에서 매우 중요하고 필요한 영역이다. 지금까지 국가차원에서 해양영역을 어떻게 인식하고 활용할 것인가의 큰 그림보다는 개별적 기관의 필요에 의해 선별된 정보를 획득하기 위한 해양영역인식이 이였다면 지금부터는 뉴스페이스 시대에 우주자산을 이용한 해양전체의 포괄적 이해에 대한 접근이 필요하다.

다 대한민국 MDA 추진현황

① 국방부

우리 정부는 2023.12.19.(화) 「인도-태평양 전략」_{이하 '인태전략'} 발표 1주년 계기 「자유, 평화, 번영을 위한 인도-태평양 이행계획」이라는 주제로 인태 포럼을 개최하였다.

- 포럼에서는 인태전략 발표'22.12.28. 후 지난 1년 간 범정부 차원의 이행 노력과 주요 성과, 중점 추진과제별 이행계획 주요 내용을 소개하고 향후 과제에 대해 논의

  ※ 주요 참석자_{기관}

  - 정부부처: ▲외교부 ▲국방부, ▲산업통상자원부, ▲과학기술정보통신부, ▲국토교통부, ▲해양수산부, ▲해양경찰청 등 10여개 주요 부처/대통령실_{국가안보실}
  - 외교사절: ▲인태 지역 역내▲외 주요 협력 파트너 국가_{주한외교단 대사급}, ▲역내 주요 유관 국제기구 등/_{지역기구} 환인도양연합_{IORA} 사무국, 한-아세안센터 사무소 등
  - 각계기관: 대한상공회의소, 한국경제인협회, 한국수출입은행, 한국국제협력단_{KOICA} 등

장호진 외교부 제1차관은 기조연설을 통해 인태전략 이행 원년인 올 한해 △규범기반 질서 수호에 대한 일관된 메시지 발신, △한-태도국 정상회의 등

인태지역 관여 심화, △역내 기여 확대를 위한 ODA 예산 확충 등 우리 정부의 노력을 소개하면서, 9대 중점추진과제별 52개 사업으로 이루어진 「이행계획Action Plan」은 범정부적 협력의 결실이라고 평가하였다.

임상범 대통령실 안보전략비서관은 지난 1년 간 우리 정부차원의 인태전략 이행 주안점과 중점추진분야 별 주요 성과에 대해 소개하고, 앞으로도 범정부 차원에서 「이행보고서Progress Report」 발간 등을 통해 이행상황을 점검하고 내실을 다져나갈 계획이라고 밝혔다.

우정엽 외교부 외교전략기획관을 비롯하여, 이승범 국방부 국제정책관, 해양수산부 허만욱 국제협력정책관, 안성식 해양경찰청 국제정보국장, 김종철 산업통상자원부 통상협력국장, 김성규 과학기술정보통신부 국제협력관, 원도연 외교부 개발협력국장은 각 부처별 소관 분야별 「이행계획Action Plan」 주요 사업계획에 대해 설명하였다.

- 주요 사업내용: 해양영역인식MDA 플랫폼 구축, 불법어업IUU 근절, 맞춤형 개발협력, 역내 협력기금 확대, 해외허위정보대응 등

▶ 도표 6-47 자유, 평화, 번영을 위한 인도-태평양 이행계획 인태포럼('23.12.19)

정부 각 부처, '인도-태평양 전략'의 내실있는 이행을 위한 협의 강화를 위해 외교부는 '24.5.17.(금) 오후 서울 외교부 청사에서 「인도-태평양 전략」 이행현황 점검을 위한 국장급 범정부 회의를 정기용 인도-태평양 특별대표 주재로 개최하였다. 국방부도 관련회의에 참석하였다.

> ※ 참석기관: 과학기술정보통신부, 국방부, 고용노동부, 기획재정부, 산업통상자원부, 해양수산부, 환경부, 관세청, 조달청, 통계청, 해양경찰청 등 15개 부처 · 청국장급

외교부는 지난해 총 3차례 자체 점검 회의2.3., 4.27., 9.20.와 총 2차례의 범정부 회의6.27., 11.24.를 통해 인태전략 이행 계획을 수립하고 인태전략 발표 1주년 계기 개최한 인태 포럼에서 이를 발표12.19.한 바 있으며, 금번 범정부 회의에서는 각 부처별 인태 전략 이행 현황을 점검하고 실질적인 성과 거양을 위한 협력방안을 논의하는 자리를 가졌다.

정기용 특별대표는 지난해 말 발표한 범정부의 인태전략 이행계획은 우리 정부 최초의 포괄적 지역전략으로서의 인태 전략을 이행해나가기 위한 청사진으로, 전 부처가 함께 노력하여 이행해나가야 함을 강조하였다. 또한, 금년 말 인태전략 발표 2주년 계기 그간의 핵심 성과를 발표할 계획이라며, 각 부처의 관심과 참여를 당부하였다.

❷ 해군

해군의 MDA[69]는 새로운 개념이 아니다. 우주 개발이 활성화되기 전에도 해군은 해양영역인식을 수행해왔다. 지금까지 해군은 다양한 방법을 통해 해양의 상황을 인식하고, 그 인식결과를 바탕으로 작전을 수행해 왔다. "MDA"라는 약간은 생소한 단어로 표현을 했을 뿐이지 MDA는 새롭지도, 하지않던 개념도 아니다. 이 장에서는 지금까지 해군이 MDA를 위해 어떠한 자원을 어떻게 이용하고 융합해 작전에 활용해 왔는가에 대한 실태를 파악하고자 한다.

---

69   해군본부, 해군 MDA 발전을 위한 감시·정찰 위성 발전방향 연구, 2024.

• 도표 6-48은 지금 현재 해군이 해양영역을 인식하기 위해 사용하고 있는 플랫폼 및 센서를 수집 정보 유형에 따라 분류한 것이다.

▲ **도표 6-48** 수집정보 유형에 따른 해군의 MDA 추진현황

구분	자산	운용현황
표적·전술정보	수상함	現 운용
	항공기	現 운용
	R/S	現 운용
	무인체계	근미래 확보
	주변국 해상표적	現 운용
	해경	現 운용
	육군/해병대	現 운용
전자정보	수상함	現 운용
	항공기	現 운용
	잠수함	現 운용
	R/S	現 운용
	무인체계	근미래 확보
	위성(RF)	근미래 확보
음향정보	수상함	現 운용
	항공기	現 운용
	잠수함	現 운용
	항만감시체계	現 운용
	무인체계	근미래 확보

영상정보	수상함(EO/IR)	現 운용
	항공기(SAR, EO/IR)	現 운용
	잠수함(EO/IR)	現 운용
	R/S(고영감, CCTV)	現 운용
	무인기(EO/IR, SAR)	現 운용
	위성(SAR, EO/IR)	근미래 확보
	공군(SAR, EO/IR)	現 운용
	육군(고영감, CCTV)	現 운용
	해병대(고영감, CCTV)	現 운용
	해경(CCTV)	現 운용
기타정보	IVIMS	AIS	現 운용
		FIS	現 운용
		GICOMS	現 운용
		V-pass	現 운용
		E-navi	現 운용
	해양환경정보	現 운용
	해양기상정보	現 운용
	구두정보(민, 육·해병)	現 운용
	첩보	現 운용
	과거상황정보	現 운용

출처: https://directory.eoportal.org/web/eoportal/satellite-missions

- 국내외 협업체계: 해군은 해양영역의 다층적이고, 다면적인 정보를 수집하기 위해 군 내부의 다른 기관뿐 아니라 국내의 다양한 기관들과 협조 및 정보 공유체계를 유지하고 있다. 특히, 해수부 및 해경과는 같은 공간을 정책 및 전략의 공간으로 공유를 하면서 다양한 정보를 공유하

고 있다. 이외에도, 동맹인 미국을 비롯한 다양한 외국의 해양관련 정보 기관으로부터 다양한 정보를 공유하고 있다.

▶ 도표 6-49　군내, 국내, 국외 기관과 정보공유 현황

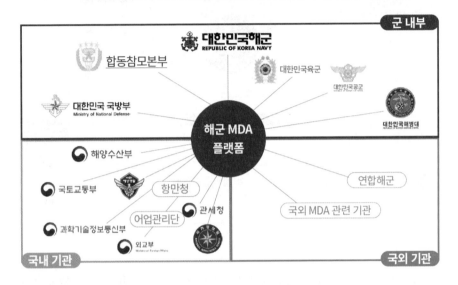

- 유통 및 융합정보체계: 이렇게 다양한 플랫폼에 장착된 다양한 센서로부터 수집된 정보는 KNCCS, 해군전술정보지원체계JCDX-K, 전자정보종합분석체계, 해군음향정보관리체계, 작전영상전송체계, 함정/선박 영상식별용 빅데이터 수집체계, 영상판독/분석체계, 통합해양환경분석체계, 통합해양정보체계, 통합시상정보체계 등을 이용하여 정보를 유통하고, 통합/분석하는 체계로 운용하고 있다.
- 데이터 유통을 위한 망 구성: 위의 데이터는 사람이 직접 옮기는 것이 아니라 네트워크를 통해 유통될 것이다. 그러한 유통이 자유로울 수 있는 망 구성이 필요하다. 그것은 현재의 KNCCS나 국방망을 통해서는 한계가 있고, 민간/군위성통신을 이용한 망구성이 필요하다.

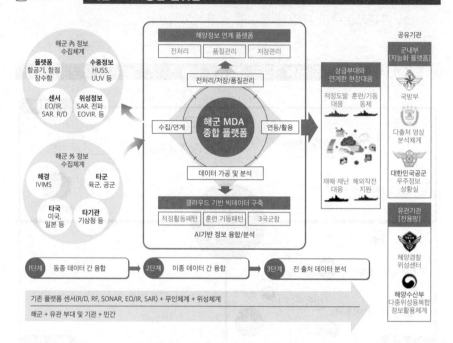

위의 데이터는 사람이 직접 옮기는 것이 아니라 네트워크를 통해 유통될 것이다. 그러한 유통이 자유로울 수 있는 망 구성이 필요하다. 그것은 현제의 KNCCS나 국방망을 통해서는 한계가 있고, 민간/군위성통신을 이용한 망구성이 필요히다. 이때 민간 위성과 군위성을 사용할 때 각각 어떠한 장단점이 있는가에 대해서는 도표 6-51과 같다.

구분	군위성	민간위성
장점	• 전용망으로 보안성이 뛰어남 • 군 통신 특성에 맞게 설계 및 제작이 가능하여 효율성이 높음	• 일부 위성이 무력화되더라도 대안을 찾기 쉬움. • 새로운 기술이 나올 때마다 업체에서 빠르게 업그레이드 및 성능개량 가능 • 수적으로 많은 양을 사용할 수 있어 Kill-Web개념 구현에 적합
단점	• 소수의 위성만 무력화되면 군 전체 네트워크 무력화 • 사업화하여 전력화까지 매우 오랜 시간이 걸릴 수 있음.	• 다른 민간 데이터가 같이 유통되므로 보안이 상대적으로 취약

▶ 도표 6-52 해군 MDA의 발전 요구사항

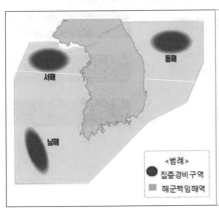

현재 해군의 MDA 현황	추가적인 MDA가 필요한 영역

• R/D: 위에서 언급한 것과 같과 같이 다양한 수단을 이용해 수상, 수중, 공중의 해양영역을 인식하고 있다. 그러나 현재에 가장 중요한 해양영역인식 수단은 육상을 기반으로 한 R/D site에서 운용하는 감시 R/D이다. 이러한 레이더의 현재 운용 상황과 발전방향은 현재의 능력을 가

늠해 보고 미래에 필요한 능력을 추정하는 데 매우 유용하다.

▶ 해군의 개념정립을 위한 노력
• 발전계획서 작성: 현재는 국방혁신 4.0 해군 추진계획에 부록으로 작성 중이나 앞으로 해군전략서 내 해군전력발전방향에 추가되는 것으로 진행하고 있다.

▶ 도표 6-53 해군 MDA 발전계획서의 위상

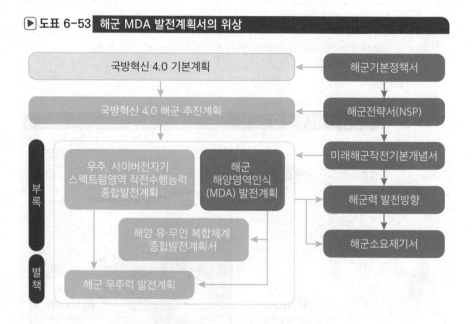

• 유관기관 협력: 해군-해경 간 MDA 정보공유 협의체 구성 및 정보공유 수준·방법 도출을 위한 해본 실무회의3회
• 기존체계 개선: 해군전술정보지원체계JCDX-K* 운용환경 개선 및 운용국 협력 확대 추진5월~
* Joint Cross Domain eXchange-Korea. 한반도 주변에서 활동 중인 북 및 주변국 함정·상선 등의 표적정보 공유 체계

▶ 북한군의 해상 도발에 신속 대응할 수 있는 탐지 기술 개발해군

필요성	내용	
해상도발 위협증대	북한과 주변국 수중 전력 위협에 대비한 효과적인 해상작전 지원 필요	• 한반도 주변의 광해역에 대한 신속·정확한 탐지 성능 예보/예측으로 해상작전을 지원할 수 있는 기술 필요 • 잠수함을 이용한 我 함정에 대한 감시·정찰 활동 증가로 수상·수중표적 식별 기술 향상 필요
	급변하는 해양안보 환경 대응 필요	• 북한 및 주변국의 해상 전력 증강, 정보전쟁시대 도래, 동북아 안보환경 급변에 대응 필요 • 신속 정확한 작전 판단을 위한 다양한 데이터 생산 능력 향상 필요
	⬇	
	신뢰성 높은 해양데이터를 활용한 해군 작전지원기술확보 필요	• 고 신뢰성 해양환경을 이용한 탐지 예보/예측 기술 확보 필요 • 수상 표적식별, 대잠탐지거리 예보, 해양환경 예측의 정확도 향상 필요

필요성	내용	
탐지 능력 강화	레이더 표적 탐지, 참조신호, 해양환경 등 표적정보융합 분석 능력 향상 필요	• 해양환경/기상 변화에 따른 레이터표적탐지성능 변화 극복 필요 • 수상·수중표적과의 연계 분석 기술 향상 필요 • 해경/해군 레이터표적 연계를 통한 협력 작전 지원 필요
	대잠환경 분석 및 탐지거리 예보/예측 정확도 향상을 위한 성능개선 필요	• 시공간 변동성을 반영한 해양/음향환경을 적용한 수중 탐지 분석 및 예측/예보 기술 필요 • 대잠예상 탐지 거리 등 해양데이터를 활용한 작전 계획 수립/분석 능력 확보 필요
	⬇	
	최신 AI 기술을 접목한 표적 탐지 향상 및 통합해양환경 분석능력향상필요	• 최신의 AI 기법을 도입하여 더욱 신뢰성 높은 탐지 능력 향상 필요 • 해군의 소나/레이더 시스템 성능 예측/예보 능력 향상 필요 • 다양한 해양데이터를 융합하여 해군작전별 분석 능력 향상 필요

필요성		내용
국가 해양 데이터 공유 시스템 필요	해군 작전 정보 분석/융합/ 생산을 위한 국가 해양데이터공유 필요	• 해군 작전별(대잠전, 기뢰전, 상륙전등)환경분석을 위하여 한반도 전역의 신뢰성 있는 해양데이터 필요 • 해군 함정에서 획득한 해양데이터(XBT 등)활용성 극대화 필요
	한반도 전 해역에 대한 신뢰성 있는 해양데이터를 민군경공유 필요	• 해양데이터의 신뢰성, 보안상의 문제로 해군에서 활용할 데이터 공유의 한계점 극복 필요 • 다양한 기관에서 수집된 해양데이터해군 작전환경 분석에 필요 • 위기 대응을 위한 민·군·경 해양 데이터 공유 시스템 필요
	⬇	
	해양데이터 공유를 통한 융복합 정보 공유	• 신뢰성 있는 국가 해양데이터 공유 필요 • 해군 수집 해양데이터 공유 필요 • 민·군·경 통합 해양데이터 관리 및 공유 필요

▶ 해군 MDA 발전계획

▶ 기회요인

▨ **정부 및 국방부의** 인태전략 구현을 위한 이행수단 마련 필요성
▨ **해양위협회의 광역화·지능화 및 회색지대 확장,** 과학기술을 활용한 상쇄효과 기대 **기능**

Pillar 1 Navy Sea GHOST
유·무인 플랫폼 중심

Pillar 2 Maritime GALAXY
우주 등 신영역 전력 중심

Pillar 3 10대 국방전략기술
MUM-T | Cyber/Network | 양자 | Sensor/EW | AI | Space | WMD 대응 | 첨단소재 | Energy | Engine

▶ 해군 MDA 개념

▨ **해양 관련 모든 데이터(표적, 해양환경, 안전, 조업, 통항 등)를** 수집, 융합/분석하여
해상 경계작전과 국민의 안전한 해양사용 보장에 필요한 정보를 생산하고 공유

▨ **[역할] 해군은**
• 한반도 주변 등 해양작전 구역에 대한 정·첩보 수집, 위협, 분석 및 대내·외 정보 공유
• 이를 위한 지휘·통제·통신 네트워크 구축

위협인식(미래 예측에 대한 인식)
상황인식

상황인식(현재에 대한 인식)

출처: Navytimes No 28, 2024 참조.

▶ 해군작전과 MDA

• 목적: 해양안보 위협요인은 분석하여 제공하여 OODA Loop의 초기 단계의 판단이 조기에 이루어져 빠른 대응을 취하도록 지휘관의 의사 결정 지원

• 개념: 해양 관련 모든 데이터표적, 해양환경, 안전, 조업, 통항 등를 수집, 융합·분석하여 전·평시 해상 작전과 국민의 안전한 해양사용 보장에 필요한 정보를 생산하고 공유

▶ 도표 6-54 **MDA가 전체적인 전·평시 해양작전에서의 위상과 역할**

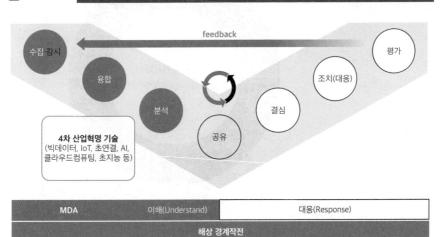

➡ **추진목표**

▨ [목표]
'다영역 통합 해양작전' 구현 및 합동작전 지원이 가능하도록 단계적으로
한반도 주변 전 해역 가시화 및 상황·위협인식(융합·분석) 능력 확장

▨ [중점]
① 전력·체계 구축/상호운용성확보,
② MDA 조직 발전,
③ 유관기관 협업,
④ 해상 경계작전개념 발전

1
전력·체계 구축 및
상호운용성 확보

2
MDA 조직

全 해역 가시화
(수집+상황인식·위협인식+공유)

4
해상 경계 작전개념
발전

3
유관기관 협업

➡ **단계별 추진**
>>
데이터 '수집' 및
'융합·분석'이 핵심

▨ 지리적: (1단계) 전방해역 → (2단계) 전방+측방 → (3단계) 한반도 주변 전 해역
▨ 기술적

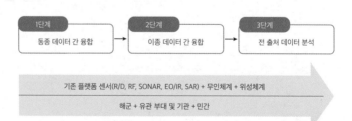

1단계
동종 데이터 간 융합

2단계
이종 데이터 간 융합

3단계
전 출처 데이터 분석

기존 플랫폼 센서(R/D, RF, SONAR, EO/IR, SAR) + 무인체계 + 위성체계

해군 + 유관 부대 및 기관 + 민간

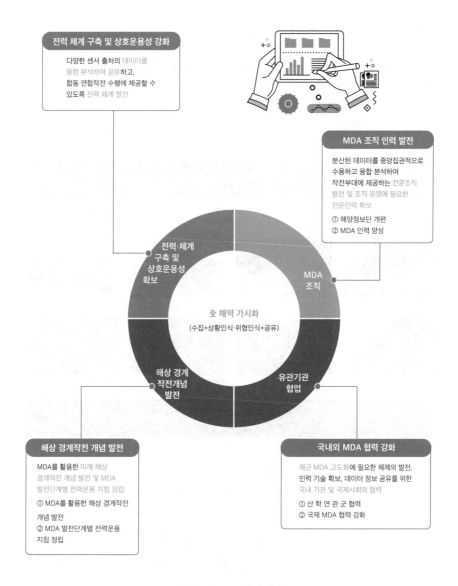

전력 체계 구축 및 상호운용성 강화

다양한 센서 출처의 데이터를
융합 분석하여 공유하고,
합동 연합작전 수행에 제공할 수
있도록 전력 체계 발전

MDA 조직 인력 발전

분산된 데이터를 중앙집권적으로
수용하고 융합 분석하여
작전부대에 제공하는 전문조직
발전 및 조직 운영에 필요한
전문인력 확보

① 해양정보단 개편
② MDA 인력 양성

전력·체계
구축 및
상호운용성
확보

MDA
조직

숲 해역 가시화
(수집+상황인식·위협인식+공유)

해상 경계
작전개념
발전

유관기관
협업

해상 경계작전 개념 발전

MDA를 활용한 미래 해상
경계작전 개념 발전 및 MDA
발전단계별 전력운용 지침 정립

① MDA를 활용한 해상 경계작전
개념 발전
② MDA 발전단계별 전력운용
지침 정립

국내외 MDA 협력 강화

해군 MDA 고도화에 필요한 체제의 발전,
인력 기술 확보, 데이터 정보 공유를 위한
국내 기관 및 국제사회와 협력

① 산 학 연 관 군 협력
② 국제 MDA 협력 강화

해군 MDA 발전과제

▶ 인태지역 국제협력 강화를 위한 한국형 정보융합센터K-IFC 신설 추진

추진계획

목적
• 한반도 주변 全해역 가시화
• 상황·위협인식 능력 확장

수단
• 함정·항공기, 위성, 해양감시체계, 무인체계, 첨단과학기술 등 **전 가용능력**

발전중점
• 전력·체계 구축 및 상호운용성 강화
• MDA조직·인력 발전
• 국내·외 협력
• 해상 경계작전 개념 발전

★ MDA의 완전성 제고를 위해 정보의 수집·융합이 중요 ⇒ 국제협력 필요 ★

IFC 해양안보 정보 목록
*출처: 싱가폴 IFC 홈페이지 등 인터넷 자료

해상에서의 절도, 강도 및 해적활동

밀수

불법이주

불법 비보고·비규제 어업(IUUF)

해상 사고

해상 사이버 보안

환경안보

해상테러활동

★ MDA 능력 향상을 위해 해양안보 정보 공유를 위한 국가 간 협력 강화 ★

全세계 IFC 위치

MICA Centre(프랑스)
UKMTO (영국)
VRMTC (이탈리아)
IFC-IOR (인도)
IMIC (인도네시아)
IFC-LA (페루)
MDAT-GOG(프랑스)
IFC(싱가폴)
PFC (바누아트)
MBC(호주)
RMIFC(마다가스카르)

*출처: 싱가폴 IFC 홈페이지 등 인터넷 자료

★ 전 세계 해양정보 협력센터 다수 운영 중(지역별 국가 간 해양정보 교류) ★

③ 해양수산부

▶ 해양수산분야의 각 기관 산재된 빅데이터를 연결하여 해양수산정보 통합

구분	기반 조성기 '19.~'20.	도입기 '21.~'22.	성장기 '23.~'24.	정착기 '25.~
내용	빅데이터 플랫폼 기반 마련	빅데이터 분석 플랫폼 구축	해양 빅데이터 분석 기술개발	해양안전 데이터 공유 서비스 제공
세부사항	• 빅데이터 플랫폼 기반 시스템 구축 • 대외 유관기관 협력체계 구축 • 빅데이터 기반 시험 분석	• 통합 빅데이터 수집/품질 관리 • 빅데이터 분석시스템 구축 • 해양안전분석 및 솔루션 개발 • 유관기관 연계 확대	• 해양 빅데이터 분석기술 고도화 (공간분석, 시계열분석, 예측 등) • e-Nav, AIS 등 해양 IT 시스템 연계 • 해양사고원인 분석 및 사고 저감 정책 수립 지원	• 해양안전 빅데이터 공유체계구축 • 데이터 가치 향상 및 대국민 공개 • 해양사고 예측/예방을 위한 분석모델개발 및 서비스 • 해양안전 관련 지표개발 및 서비스
	[해양수산 빅데이터 플랫폼]	[해양수산 빅데이터 거래소]	[해양경찰청 해양정보융합 플랫폼 (MDA)]	[해양교통안전 빅데이터 플랫폼]

▶ 기관별해군·경·해양수산부 해양데이터 신뢰도 검증 기술 필요해양수산부

필요성	내용	
민·군·경 데이터 공유체계 필요	각 기관별 데이터 불균형	• 해수부는 많은 데이터를 생산하고 있으나, 기관 간 해양데이터교환 채널이 부족 • 해군, 해경과의 정보 격차 발생
	각 기관별 데이터 공유·활용이 미흡	• 국내 해양정보는각 기관별 목적에 따라 달리 생산되고 있어 데이터의 표준화 및 품질 상이 • 분산된 데이터의 네트워크 보안 등으로 인하여 공유및 활용도 미흡
	⬇	
	각 기관별 데이터의 신뢰도 검증 및 표준화를 통하여 데이터 공유 체계 개선	• 신뢰도 높은 해양데이터를 각 기관에서 적절히 활용하여 목적에 따라 구축된 데이터 활용 • 분산된 해양데이터를 공유,활용하기 위하여 데이터 QA 및 QC관리 체계 마련

필요성	내용	
해양데이터활용 데이터 품질관리 필요	민·군·경의 융복합 해양 데이터 분석 활용 데이터 표준화 필요	• 민·군·경 융복합데이터의 표준영역을 선정하여 표준단어, 표준어 등의 표준화 작업 필요 • 해양데이터분석·활용 시스템의 표준화에 관한 것으로 국내외 표준 인증이 매우 중요
	각 기관별(민·군·경) 데이터 품질관리(QC) 및 품질검증(QA)	• 데이터의 정확성 및 일관성을 보장하기 위한 표준 프로세스 적용 필요 • 해양데이터의 형식, 형태, 크기 및 사이즈별준류를통하여 데이터 통합 관리 체계 개선
	⬇	
	융복합 해양데이터 공유하기 위한 데이터 QA 및 QC 관리 및 표준화 작업 필요	• 데이터 오류, 누락된값, 중복 등을 제거하여 데이터 QA 및 QC관리 • 해양데이터를 공유하기 위한 데이터 특성을 고려하여 데이터베이스 구축 및 보안 관리

필요성		내용
해양데이터공유 활용 신뢰도 검증 필요	데이터에 대한 정보 (메타데이터) 관리	• 메타데이터 관리를 통한 데이터의 출처, 변경이력, 구조 등의 추적 관리 필요 • 데이터의 패턴을 분석하여 이상치 및 결측치 등 정제
	융복합데이터 분석 관리 및 신뢰도 검증 필요	• 데이터의 일관성 및 정확성을 유지하여 융복합데이터 통합 관리 • 데이터의 정확성, 완전성, 안정성 및 일관성 등을 고려 융복합데이터 구축 필요
	⬇	
	해양데이터신뢰도 검증 기술 필요	• 신뢰성 있는 국가 해양데이터관리 필요 • 융복합데이터의 신뢰성 검증 및 통합 관리필요 • 민군경통합 해양데이터관리 및 공유 하기 위한 신뢰도 검증 알고리즘 필요

④ 해경의 MDA 정책 현황[70]

現 경비세력 이용 국토면적 4.5배에 해당하는 관할해역45만㎢ 효율적 경비를 위해 해양경비 패러다임 전환 필요하다. 1일 출동함정 28척과 19개의 VTS 센터가 관할 해역의 16% 정도 감시하고 있다. 국가가 이용 가능한 감시자산유무형/정부와 민간자산을 포함을 활용하여 해양정보 거버넌스를 구축하고, 이를 통해 해양에서 발생하는 모든 상황과 정보를 수집, 분석, 가공, 제공함으로써 국익을 도모함과 동시에 국가 제해권을 확장시켜 나가는 해양 공공외교 및 안보 전략을 구축하고 있다. 해양패권경쟁이라는 분쟁의 특수성 속에서 실시간으로 정보를 탐지·분석하고 이를 국가정책 전반과 국제사회에서 국익 확보까지 활용하는 고도의 국가전략이 필요하다. 해양경찰청은 해양영토 수호 및 지속가능한 해양관리를 국정과제로 추진하면서 실천과제로 해상경비정보 융합 플랫폼MDA에 기반한 해양 통제력 강화에 나서고 있다. 모든 함정·위성·항공기무인기 포함 등에서 정보수집 및 분석·융합·활용체계를 마련하고 있다.

---

70   해양상황인식체계(MDA) 구축전략, 해양경찰청, 2023

약속08-국정41	해양영토 수호 및 지속가능한 해양 관리			
주관	해수부-해경청		협조	
관련 공약	번호	공약명		
	A-8-1-4	해양영토 주권을 확실히 수호하겠습니다.		
	A-8-1-5	연안재해 및 해상사고를 사전에 예방하겠습니다.		
실천 과제	연번	실천과제명	주관	협조
	1	해양영토 관리역량 강화 및 글로벌 해양영토 확장	해수부	해경청
	2	해양경비력 강화를 통한 해양 주권 확립	해경청	해수부
	3	과학적 해양종합안정망 구축과 신흥안보 대처	해경청	해수부
	4	연안여객선 공영화 도입 및 전 도서 1일 생활권 구축	해수부	
	5	안전하고 시민 친화적인 연안 항만 조성	해수부	
	6	보전·이용·개발이 조화로운 해양공간 관리 강화	해수부	
	7	해양수산 탄소중립 실현 및 해양쓰레기 전주기 관리	해수부	

▶ (실천과제 2) 해양경비력 강화를 통한 해양주권 확립

▶ 해상경비정보융합 플랫폼(MDA)에 기반한 해양통제력 강화
- 모든 함정·위성·항공기(무인기 포함) 등에서 정보수집 및 분석·융합·활용 체계 마련
  * ('23) MDA 설계 → ('24) 정보상황센터 구축 → ('25~, R&D) 융합·분석 기술 개발

▶ 주변국 견제·균형 가능한 수준의 대형함정 증강과 감시체계 첨단화
- 韓·中 경계미확정 해역에 전략구역 3개 신설, 3,000톤급 경비함 3척을 증편하여 각 구역에 1척 상시 배치
  * 1단계 3척(22~25 1척, 23~26 1척, 24~27 1척)
- 감시범위 한계 극복을 위한 해상용 드론 단계적 도입
  * 1,500톤급 이상 대형함정 29대, 해경서 20대 총 49대 우선 배치
- 관측·통신·수색구조 위성사업 추진에 따른 인프라 구축
  * 해양경찰위성센터 신설, 위성 활용 기술 개발 등 연차별 추진

해양경찰청 MDA 활용 상용위성 개념도

해양경비기획단
'23. 1. 30.

1. 국가 우주개발 중장기계획 로드맵 (한국항공우주연구원)

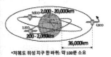

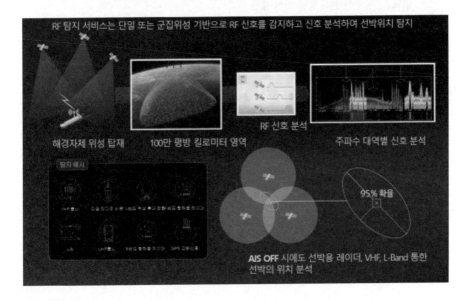

▶ RF[71]*탐지기술 개발로 해양 위협에 대한 효과적 대응 체계 마련하고 있다. 불법 중국어선의 경우 124도선 통과 시 AIS 장치를 OFF 한 상태에서 불법 조업으로 선박식별 애로사항이 있다. 안보위협 및 불법의도를 가지고 AIS 등 식별신호를 끄고 이동하는 선박Dark Vessel 실시간 탐지추적 및 식별기술 개발 필요하다. RF 장치 통한 무선전파 탐지장치 개발이 필요하며, RF 탐지 신호와 위성영상 등 다종정보 융합하여 선박 식별하는 기술 개발 중에 있다.

▶ 융복합 해양데이터 상황분석 기반 의사결정지원 모듈의 해양경비체계 활용 필요성해양경찰청

필요성	내용
미확인 선박 감시체계 필요	• 미확인 선박 (Dark Vessel) 감시체계 부재 • 서해 중국 밀입국 선박 증가 • 동해 북한 어선 출몰
국가 경제,환경 및 치안 위협 대응 필요	• 어족자원 황폐화 및 어민 경제적 수입 감소 → 5년간 상대국 EEZ에서 조업한중국어선 6배 • 불법 밀수품으로 인한 치안 위협 → 남해해경 밀반입 마약류 242건 적발(3년간) • 불법 밀입국으로 인한 안보 위협
해양 데이터 융복합 상황인식 필요	• 기존 해경에서 구축 운영중인 해양안전 경비 체계(MDA)에 제공할 해양데이터 활용 극대화 필요 • 범국가적 해양데이터를 활용한 해양데이터 연계 활용이 필요함

---

71   RF(Radio Frequency)란 유선통신이 아닌 무선통신 통한 전파를 수신하여 상대선박의 위치를 분석하는 장치

⑤ KIOST(한국해양과학기술원)[72]

KIOST는 다중플랫폼 광역감시망MDA을 통해 유류오염확산, 적조확산, 해난사고시 수색구조, 연안재해예측, 침수범람, 고파랑, 한국형 PORTS, 레저관광 등에 활용하고 있다. 정지궤도 해양/가상관측위성, 극궤도 지구 관측

---

72   "유주형, 다중플랫폼 기반 해양광역감시망에 관한 국제동향, KIOST, 2023,11"에서 발표된 한국형 해양영역인식이다.

위성, 초소형 군집지구 관측위성, 저고도 원격탐사광학·초분광 플랫폼 등의 다중
플랫폼을 확장할 계획이다.

▶ 도표 6-60 MDA 구축 계획(KIOST)

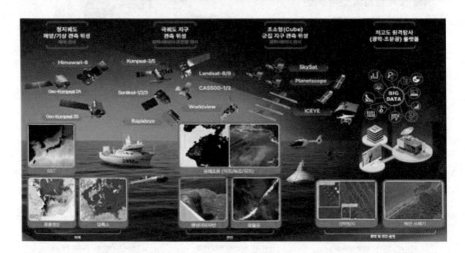

▶ 도표 6-61 통합 활용시스템(KIOST)

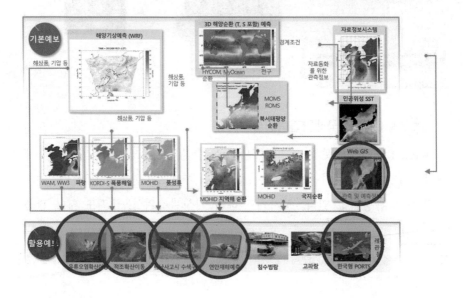

- KIOST한국해양과학기술원 위성센터[73]

▶ 도표 6-62 국가 위성정보 공유체계

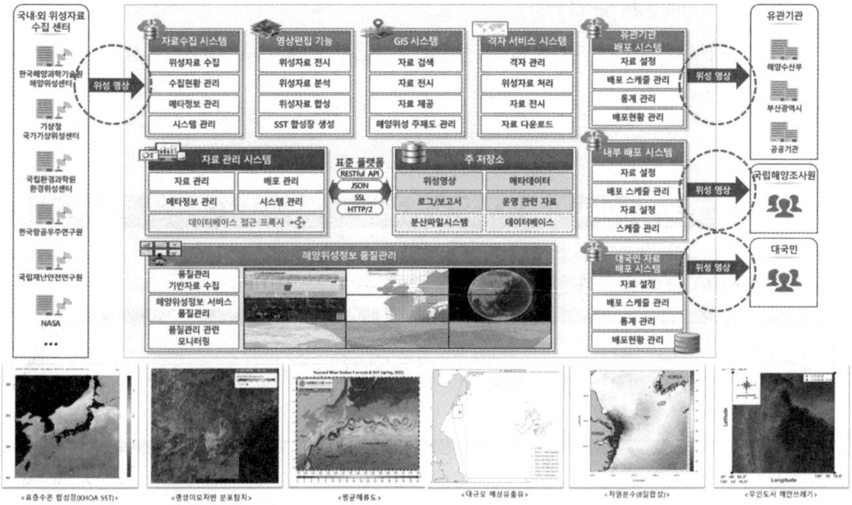

라 대한민국 MDA 개념 발전 방안

해양 유관 기관들의 MDA 정의 및 운용개념을 포괄하는 국가 차원의 MDA 정의 및 운용개념 정립이 필요한 상황에서 대략적인 방향성을 제시하면 다음과 같다.

• MDA 관련 유관 기관과의 협력을 통해 해양에 대한 모든 데이터를 수집, 융합·분석할 수 있는 체계를 구축해야 한다.

• 우방국 및 주변국과의 정보공유와 기술협력을 통해 구축된 능력으로 국내·외 유관 기관에 관련 자료를 전파하여 필요한 대응체계를 준비해

---

73   "유주형, 다중플랫폼 기반 해양광역감시망에 관한 국제동향, KIOST, 2023.11"에서 발표된 한국형 해양영역인식이다.

야 한다.

- 안보, 안전, 재난, 치안, 경제, 환경, 자원 관리 등 해양영역과 관련된 제반 분야에 단독 또는 국제 차원에서 공동으로 대응할 수 있도록 MDA 체계를 확립한다.

이러한 개념에 따라 연구진이 고찰한 단계적 MDA 발전 방안은 아래와 같다.

▶ **도표 6-63** **한국적 MDA 개념 단계적 발전 모델**

제1단계: **MDA 협력 필요성 인식 및 공감대 확산**

1-1 범 정부 차원에서 해양 관련 정보 수집 및 분석을 위한 상설기구 설치 노력 요구
1-2 국내 조성된 기구를 통해 국제적 협력을 위한 공감대 확산 노력 필요
  *Track 1/Track 1.5/Track 2 등 다양한 범주에서 MDA의 협력 필요성 전파

제2단계: **역내(인도-태평양) MDA 정보공유 체계 구축에 기여**

2-1 현재 인도-태평양 내 주요 MDA 정보공유 체계의 협력 메커니즘 분석 및 발전방향 제시
  *역내 IFC 등 대상으로 MDA 구축과 관련한 역량 강화 및 교육 지원 병행
2-2 인도-태평양 해역 전체에 포괄적인 수준의 MDA 정보공유가 가능한 센터 설립 방안 등 구상

제3단계: **글로벌 MDA 정보공유 체계 구축에 기여**

3-1 한미 동맹 공고화 차원에서 해양 관련 정보에 대한 한미 간 공유 체계 구축
  *안보와 관련한 정보 외 다양한 정보 공유 시도
3-2 미국 주도의 소다자협의체를 통한 MDA 협력 체계 확대 추진
  *QUAD 및 AUKUS 세부 추진 내용에서 MDA 분야에 대한 정보공유 체계를 글로벌 차원으로 확대 추진

제1단계는 여건 조성 및 시험 운영 단계로서 국내적으로 국가 MDA 체계 발전과 국제 MDA 협력의 필요성에 대한 공감대를 형성하는 단계이다. 현재 국제적인 수준에서 주요 선진 국가들과 인태지역 해양국가들의 MDA 발전

추세를 따라가지 못하는 경우 경제적, 안보적 이익을 얻을 기회를 상실할 수 있음을 정부, 군, 학계, 수산, 해운 업계 등 사회 전반에 걸쳐 알리는 노력이 선행되어야 한다. 이후 국가 차원의 MDA 개념을 정립할 수 있도록 정부와 유관 기관이 머리를 맞대고 "국가안보와 해양안보를 위한 대한민국 MDA 발전 전략가칭"을 수립해야 한다. 이를 위해서는 정부내 상설 조직의 설치가 요구될 것이다. 이후에는 설치된 상설조직을 중심으로 국제 MDA 협력을 위한 공감대를 형성하고 다양한 국내외 기관과의 접촉을 다차원에서 상시화할 필요가 있다. 이 단계에서는 상업적 정보공유 협력이 창출하는 해양에서의 경제적 이익과 자유롭고 안전한 해양 이용이 협력의 주된 목적이 될 것이다.

제2단계는 시험 단계가 성공적으로 자리잡은 경우에 한반도 주변 및 서태평양, 그리고 인도양까지 협력의 범위를 확장하는 시기이다. 이를 위해 현재 선진적으로 MDA 체계를 운용하고 있는 국가들과의 긴밀한 협력 관계를 형성하고, 기존의 MDA 협력 체계가 가지고 있는 경험과 전문성을 신속하게 획득하는 것이 필요하다. 국제적으로 협력의 수준이 높아지게 되면, 나아가 QUAD가 주도하는 IPMDA와 같이 인태지역 전반을 아우를 수 있는 MDA 체계를 주요 파트너국가들과 함께 구상해 볼 수 있을 것이다. IPMDA가 QUAD 주도 아래 시행된다는 점에서 지정학적인 측면에서 다소 폐쇄적이고 확장하는 것에 대한 한계가 있다는 점을 고려할 때, 좀 더 포괄적이고 개방적인 상업과 안전 목적의 MDA 협력을 추구할 필요가 있다고 판단된다.

제3단계는 상업적 수준의 개방형 MDA 협력을 넘어 글로벌 안보와 국가 안보 차원의 MDA 협력 체계를 구축하는 것이다. 이는 제1단계와 제2단계 MDA 협력 체계 구축이 어느 정도 성숙한 단계에 들어선다면 글로벌 수준에서 MDA 협력을 실천하는 것이 현실성 있게 다가올 수 있을 것이다. 이러한 구상을 위해 우선 미일동맹이나 AUKUS, Five Eyes에서 추진하는 정보공유 협력의 사례를 참고할 필요가 있다. 각국의 기밀 정보를 공유하는 것은 조약 동맹 수준의 신뢰성과 안전성이 담보되어야 하기에 사이버 안보 측면에서의 체계 발전이 반드시 병행되어야 한다. 미국이 전세계 해양을 단독으로 커버하기에는 비용과 인력이 과도하기 소요되는 상황이고, 한국은 한미동맹을 중심으로 기밀 체계를 포함한 MDA 협력을 강화할 수 있는 준비가 되어있다. 따라서 최소한 한반도 주변해역 및 서태평양, 동중국해 해양에서 한국이 그동안 축적해온 정보 인프라와 실시간 정보 공유 역량은 상당한 가치가 있을 것이다. 한국 또한 미국 등이 보유한 해양 기밀 정보를 일정부분 제공받을 수 있다면, 한반도와 인근 해역에 대한 빈틈없는 감시, 추적, 분석, 예측, 대응을 통해 한국의 안보 이익을 크게 제고할 수 있을 것이다.

① 국가차원의 협력: MDA 기획 체계

범정부 MDA 기획위원회: 한국은 MDA 관리체제 구성은 하나의 중앙행정기관이 MDA 체계를 주도하는 모델과 범정부 모델이 경합할 것으로 생각된다. 현재까지 MDA 사업은 해양경찰청 주도로 추진되어 주로 경비와 수산 분야를 지원하고 있다.[74] 한국형 MDA 체계로 발전하는 과정에서 군사, 경제, 환경 분야의 가치와 전문성이 부족해질 수 있다는 문제가 제기된다. 따라서 범정부 MDA 관리체제 구성이 시급하다. 해양에서의 치안, 세관, 환경, 수산, 국방 담당하는 다양한 기관 사이의 정보를 조정하는 것은 하나의 특정 기관이 수행하기 어렵다. 다른 한편, 범정부 MDA 관리체계가 구성되더라도 주무 부처가 없으면 사업 추진의 안정성과 일관성이 떨어질 수 있다. 후속 연구에서 검토되어야 할 세부 과제들은 다음과 같다.

- 범정부 관리체제로서 'MDA사업추진위원회가칭'를 구성하여 입법, 예산, 조정에 대한 정책결정을 하고, 사무국은 중앙행정기관 중 하나에 설치하여 한국형 MDA 체계와 관련된 기획조정사무를 맡기는 방안을 대안으로 검토
- 범정부 MDA 관리체제를 구성을 위한 국내외 사례 연구로서 기존 정부

---

[74] 해양경찰청은 MDA를 "광역해양감시망을 통해 수집된 각종 정보를 융합, 분석, 예측하여 선제적으로 대응하는 경비체계"로 정의한다. 김영습, "해양경찰 MDA 구축 전략," 2023년도 국제해양법 컨퍼런스(2023.11.27.), p. 71.

보직과 국가 위원회국가안보실 직제, 국가우주위원회, 방위사업추진위원회 등들의 효율성
과 타당성에 대한 사례 연구 수행

• 국제적으로 다양한 관리체제 모델이 존재하며, 일본의 해상보안청 해
양정보부 외에도 싱가포르 해양위기센터, 태국 해양집행조정센터Thai-
MECC 등에 대한 비교 사례 연구

국방부의 참여 필요성: 한국형 MDA 관리체제에 국방부의 참가는 불가피
하다. 첫째, 국방부는 해양안보를 책임지는 소관부처이다. 둘째, 한미 군사동
맹을 관리해오면서 민감한 정보의 공유와 관련된 경험과 지식이 축적되어 있
다. 셋째, 미래 MDA의 핵심이 될 우주전력 및 무인전력의 자산 비중이 증대
되고 있으며, 군이 일상적으로 수집하는 신호정보의 일부를 MDA 체계에 제
공하여 경제와 안전에 기여하고, 반대로 다른 기관이 수집한 정보를 활용하
여 위협관리 능력을 향상시킴으로서 안보에 기여할 수 있다. 그러나 국방부
의 직무와 권한, 제한된 자원을 고려할 때, 국방부가 MDA 거버넌스를 주도
하거나 MDA를 위한 추가적인 작전과 전력을 생산하는 것은 제한된다. 후속
연구에서 검토되어야 할 세부 과제들은 다음과 같다.

• 하부 국군조직에 최대한 부담을 주지 않고, 일상적으로 생산되는 정보
들만이라도 효율적으로 관리하는 시스템을 구축하는 방안

• 생산된 군사정보와 민간정보의 안전하면서도 효과적인 융합을 위한 실
천 방안

❷ 국가차원의 협력: MDA 운영 체계

국가 MDA 운영 체계는 기획 체계에서 수립된 국가 MDA 전략정책에 따라
구체적인 실천 계획을 수립하고 다양한 기관에서 수집된 해양정보를 융합,
분석, 공유하는 체계이다. 우주/해양에 전개된 군 자산들이 수집하는 정보의
관리와 통제 문제가 시급하다. 한편, 국방부와 국군은 군사적 가치와 효율성
을 우선시하고 엄격한 군사보안 규정 때문에 일상적 해양정보의 수집, 축적,
관리, 교류에 상대적으로 소극적일 수 있다. 이러한 측면에서 범정부 차원의

조정과 통제가 요구된다. 여기에는 정부 부처와 다양한 유관기관이 포함될 수 있을 것이다. 다만, 본 연구에서는 실제로 MDA 개념을 정립하고 운용하고 있는 주요 기관을 중심으로 체계도를 구상하여 도표 6-64와 같이 도식화하였다.

▶ 도표 6-64 **국가 MDA 운영체계 구성(안)**

- 대통령실: 국가 MDA 운영체계의 최상단에는 행정부 수반인 대통령직과 이를 보좌하는 대통령실이 위치하여 우라나라의 실시간 해양정보 수집, 분석, 공유 기능을 조정 통제한다. 정부 차원에서 MDA의 주된 목표는 국민들이 안전하고 자유롭게 한반도 주변의 해양 영역을 이용 할 수 있도록 하는 것이므로 해양안보와 해양안전이 핵심 기능이라고 할 수 있다. 따라서 국가안보상황을 관리하고 총괄 조정하여 대통령의 국가안보에 관한 직무를 보좌하는 국가안보실이 소관 조직이 되는 것이 자연스럽다. 현재 국가안보실장 밑에 국방안보 관련 비서관과 국

가위기관리센터장을 두고 있다.[75]

- 한국 해양정보융합센터, K-IFC: IFC-IOR, IFC 싱가포르 등의 해외 사례를 참조하여, 국가 차원의 실시간 해양영역인식을 구현하기 위한 조직으로 한국 해양정보융합센터가칭, K-IFC를 설치한다. 이 센터는 민, 관, 군 등 매우 광범위한 출처에서 수집되는 해양정보를 통합하여 관리하고 공유할 수 있는 국가 MDA 센터이기에 특정 중앙행정기관에 속하는 것은 바람직하지 않다. 예산, 인력, 조직 관리 차원에서 필요하다면 국무총리 또는 범부처 위원회 밑에 설치하여 센터를 관리하는 방안이 바람직하다.

- 국정원-국가우주안보센터, NSSC: 국정원은 국가 MDA 관련 정보 공유의 흐름을 안전하게 통제하고 사이버안보와 우주안보정보 차원에서 참여한다. 국정원은 관련 법령에 따라 국외 및 북한에 관한 정보를 수집, 작성, 배포하는 직무를 수행하고 있다. 여기에는 국제 및 국가배후 해킹조직 등 사이버안보 및 위성자산 등 안보 관련 우주 정보도 포함된다. 또한, 정부 내 정보 및 보안 업무의 기획·조정하는 기관이다. 이러한 측면에서 볼 때, 국가 MDA 운영에 있어 사이버안보 및 우주정보에 대한 국정원의 참여와 지원이 필요하다. 특히, 해양영역인식에서 수집되는 중요 정보가 위성 등 우주영역을 활용하고 수집된 정보의 소통은 주로 사이버영역을 통하고 있다. 국정원은 1998년부터 국가 영상정보 업무를 수행해 왔으며 2021년 1월 국정원법 개정으로 소관 직무가 우주안보정보로 확장됨에 따라 국가 차원의 체계적·종합적 대응을 위해 국가우주안보센터NSSC, National Space Security Center를 설치하여 운영하고

---

[75] 국가안보실 직제[대통령령 제34126호, 2024. 1. 11]
제3조(국가안보실장) 국가안보실장은 대통령의 명을 받아 국가안보실의 사무를 처리하고, 소속 공무원을 지휘·감독한다.
제4조의2(국가위기관리센터장) ① 국가위기 관련 상황 관리 및 초기대응을 위하여 국가안보실장 밑에 국가위기관리센터장 1명을 둔다.

있다.[76]

• 국방부-해군 MDA 센터: 국군조직을 운영하는 국방부는 국군의 자산들에서 수집되고 종합된 해양정보를 분류하여 국가 MDA 체계에 제공할 정보들을 선별하고 통제하는 기능을 수행한다. 또한, 군내외 유관기관과 원활한 협업을 위한 보안 문제 해결을 위해 국방정보본부와 방첩사령부 등이 한국형 MDA 발전에 기여할 수 있도록 정책과 제도를 마련한다. 다양한 군내 기관 협조를 위해 국방부 본부 차원에서 조정 통제가 매우 중요하다. 해군은 보유한 다양한 정보자산에 의해 수집된 1차적으로 융합하고 관리하는 MDA 센터를 운용하고, 해경을 비롯하여 다른 부처 하부기관과 협업한다.

• 해양수산부-해경 MDA 센터: 해양수산부는 "해양조사와 해양정보 활용에 관한 법률약칭: 해양조사정보법"을 집행하는 소관 부처로서 선박의 교통안전, 해양의 보전·이용·개발 및 해양에 대한 관할권의 확보 등을 위한 정책을 수립하고 집행하고 있다. 또한 다양한 해양 조사 및 연구 기관들을 관리 통제하고 있는 중요한 부처이다. 해양조사, 해양관측을 위한 국가 및 민간 체계를 발전키는 과정에서 국가 MDA 체계와의 연계성을 강화하는 정책이 요구된다. 해양경찰은 해양주권과 해양안전 및 치안확립 기능을 수행한다. 현재 가장 선도적으로 MDA 사업을 추진하고 있으며 해양안전 관련 정보융합 플랫폼을 발전시키는 과정에서 국가 MDA 체계와의 연계성을 강화하는 방안이 요구된다. 안전하고 효율적인 해양정보 수집, 분석, 융합, 공유를 위해 국정원, 국방부해군 등과 실시간 소통 네트워크를 구축할 필요가 있다.

---

76   국가정보원 홈페이지.

▶ 도표 6-65 대한민국 국가 MDA 유형

▶ **지리적 범위와 목적에 따른 세 가지 유형:** Inward, Outward, Forward

③ Forward MDA

- SLOC 보호; 대체항로 확보
- 재외국민 보호(HA/DR)
- **韓** 민·관 투자 피해 복구
- 극지 탐사개발

② Outward MDA

- SLOC 보호; 호송 • 역량구축 지역협력 • PSO/차단
- UNCLOS 거버넌스 강화
- 재외국민 보호(HA/DR, SAR)
- 지역 인프라/**韓** 민·관 투자 피해 최소화 및 복구
  (수소 저장지, 항만 등)

① Inward MDA

- 회색지대 분쟁/도발 억제·대응
- EEZ 관리 및 획정
- 대북제재 집행
- 초국가적 위협억제 및 법집행

앞서 인태전략을 표명한 미국은 인태 지역의 주요 동맹 및 안보 우호국들과 고위급 장교의 상호 방문 및 연합훈련 등을 적극 실시하면서 교류 협력을 강화하고자 한다. 미국 또한 광활한 인태지역을 단독으로 책임지는 것에 대한 제한된 역량을 인식하고 있다는 것으로 볼 수 있다. 이러한 상황에서 한국이 동맹으로서의 역할을 수행하는 동시에 우수한 군사적 역량을 전 세계에 보여줄 기회를 가진 것이다. MDA에 관한 국방부의 핵심적인 리더십을 통해 해양에서의 정보 활용과 분석, 그리고 이와 관련한 보안 및 사이버 대응, 첨

단과학기술에 기반한 국방정책 및 방산능력 등 지금까지 우리가 구축한 다양한 인프라를 중심으로 국제적인 협력을 도모할 수 있을 것이다.

▶ **도표 6-66** 한국 내 IFC 설치 및 관할 구역(안)

3 해양영역인식(MDA)을 위한 위성

1 해양영역인식을 위한 위성의 감시정찰 역할

"바다에 CCTV를 설치하자"라는 주장이 있다. 바다에서 다양한 상황이 발생이 되는데 이를 알 수 있는 방법에 한계가 있기 때문에 자조 섞인 말로서 표현하기도 한다. 2022년 한국셉테드학회지 발표된 'GIS공간분석을 통한 CCTV의 범죄예방 효과에 관한 연구'에 따르면 CCTV는 범죄 예방보다는 범죄자 체포에 더 도움이 된다고 밝혔다. 즉 CCTV처럼 현장의 상황을 가시화시킬 때 정보를 인식하고 판단하여 조치를 취할 수 있다는 것이다. 그렇다면 우리는 바다를 어떻게 인식해야 할 것인가? 정말 바다에 CCTV를 설치해야 하는 것인가? 이에 대한 대안이 바로 해양영역인식Martime Domain Awareness 이고 주기적이고 지속적인 감시정찰이 가능한 자산이 바로 인공위성을 통한 감시체계이다.

해양영역인식을 위한 정보는 다양한 우주, 공중, 지상, 수상, 수중 등 다양한 형태의 정보를 융합하여 분석하고 이를 공유하는 체계이다. 각각의 운용 플랫폼의 고도에 따라 공간성광역성, 시간성준실시간, 운용성전천후, 연속성, 정밀성고밀도, 공간분해능 장단점의 특징이 있으며, 이를 상호 보완하여 정보 융합과 분석을 통해 올바른 정보판단을 제공할 수 있다.

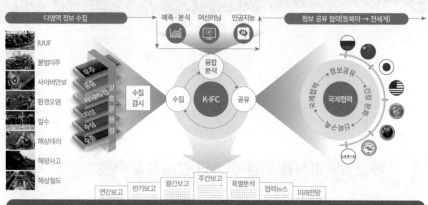

▶ 도표 6-67 | 한국형 해양정보융합센터(안) 운영개념도

★ 동북아 국가 간 협력기반 조성 및 신뢰구축을 통해 역내 해양안보에 기여 ★

이때 주로 공간성과 시간성이 우수한 플랫폼이 위성정보이며, 조기 경보의 기능을 지원한다. 위성은 운용고도별로 저궤도LEO, 중궤도MEO, 정지궤도LEO 등이 활용된다. 각 운용고도별 획득되는 정보의 양과 질이 다르다. 이 때문에 위성이 공격받는 경우도 있으며, 우주기상이나 장비 간의 사고로 인해 위성이 손실되는 경우가 발생된다. 특히 위성정보 손실을 최소화하기 위해서는 다계층 위성통신망Multi-orbit 구축을 통해 생존성 강화해야 한다. 주로 MDA에 활용되는 위성은 MEO, LEO 위성이 사용되고 이때 운용고도는 재방문주기 및 센서의 활용 등을 고려하여 선정된다.

▲ 도표 6-68 | 다계층 위성통신망(Multi-orbit) 위성시스템별 강점

구분	특징
GEO GEostationary Orbit satellite	넓은 빔 커버리지로 광범위한 지역에 서비스 가능

MEO Middle Earth Orbit satellite	LEO 대비 소수의 위성을 통해 저지연의 안정적 네트워크 구현 가능
LEO Low Eearth Orbit satellite	낮은 고도로 인해 타 궤도 대비 다수 위성 필요하나 통신지연이 가장 적고, 송수신 설비의 소형화 가능

가 중궤도위성

저궤도위성LEO 운용 고도약 500~1,500km 대비 중궤도위성MEO는 높은 고도약 6,400km에서 위성군을 운용하므로, 상대적으로 적은 위성수로 글로벌 커버리지 구축 및 대용량의 통신서비스를 제공 가능하다. 민간상용위성의 최신 기술 고타원궤도HEO, highly elliptical orbit 위성8개과 MEO 위성24개을 통해 글로벌 광대역 서비스 제공 및 단가 경쟁력을 확보할 수 있으며, Edge MDCMicro Data Center에 평판안테나를 부착하여 위성망을 통한 클라우드 서비스를 제공 예정이다. KTsat은 미래 사업 경쟁력 확보/강화 목적으로 Mangata사의 전략적 투자자로 투자에 참여 중이다.

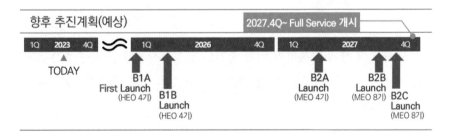

출처: Kt sat, 2024.

경제적이고 효율적인 MEO 위성군을 활용하여 미래 급증하는 데이터 수요에 효과적으로 대응하고, 언제 어디서나 다양한 위성통신서비스를 이용 가능하다.

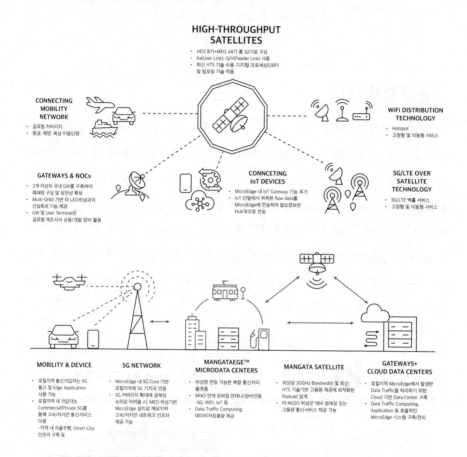

기존 체계의 한계 극복하기 위한 중궤도 위성통신체계 군 요구조건 7가지이다. ① 대용량, ② 실시간성, ③ 경제성, ④ 보안, ⑤ 망생존성, ⑥ 이동성, ⑦ 소형화이다.

▶ 대용량 및 실시간성

• 고용량 보장
  - Capacity: 총 2Tbps
  - 한반도 주변: 최대 200Gbps

• 실시간성(저지연)
  - Low Latency: 약 90ms
  - GEO 대비 약 1/5, LEO와 유사

• 통신용량 유연성
  - 대용량의 전술작전망부터 소대단위 소
   용량 IoT까지 유연한 통신망 공급으로
   작전의 치밀성 극대화

▶ 경제성

• 경제성
  - LEO대비 총 투자비
  - 약 1/5~1/10규모

• 긴 수명
  - 10년 이상
  - LEO대비 약 2백로 낮은 유지비용 수반

• 즉시성(조기 전력화)
  - 기 확보환 궤도/주파수 활용
  - 계약 후 4년 내 전력화 가능
  * 2027년 1Q 시범운용 개시 가능

▶ 보안 및 생존성

- 우수한 보안성
  - 군 전용 위성(24기) 및 지상국(gateway) 보유 가능하며, 자체 단말 개발, 인증, 관리 가능
  - 첨단 항재밍(빔 호핑, 빔 포밍 등) 기술 적용

- 생존성
  - LEO 대비 물리적 공격으로부터의 생존성 확보 Gateway 다중화 구성(국내/외)으로 망 생존성 향상

- 안정성/커버리지
  - 한반도 주변 2~3기의 MEO 위성이 상시 커버
  - 50도 이상의 앙각 확보로 서비스 안정성 확보 전지역 전세계로 확대

▶ 이동성 및 소형화

- 이동체 OTM 안테나
  - 이동체 단말(항공기, 함정, 차량, 탱크 등)과 Gateway 간 실시간 통신망 구현

- 소형단말 적용 가능
  - 운반형 단말 및 휴대형 단말 등 소형단말 활용한 통신망 구현

- 군 작전능력 향상
  - 지휘소와 작전지역 간 시공간 단절 없는 실시간 통신망 구축으로 군 작전능력 향상

▶ 중궤도 위성통신체계 세부사항

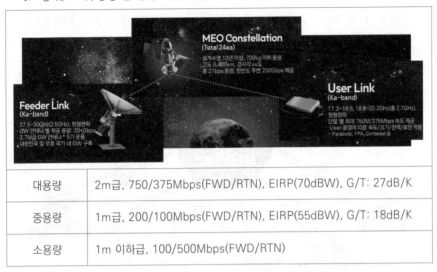

대용량	2m급, 750/375Mbps(FWD/RTN), EIRP(70dBW), G/T: 27dB/K
중용량	1m급, 200/100Mbps(FWD/RTN), EIRP(55dBW), G/T: 18dB/K
소용량	1m 이하급, 100/500Mbps(FWD/RTN)

▶ Gateway지상국 세부사항

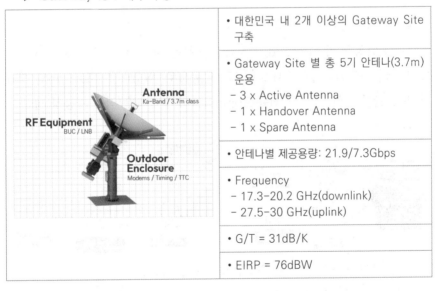

	• 대한민국 내 2개 이상의 Gateway Site 구축
	• Gateway Site 별 총 5기 안테나(3.7m) 운용 – 3 x Active Antenna – 1 x Handover Antenna – 1 x Spare Antenna
	• 안테나별 제공용량: 21.9/7.3Gbps
	• Frequency – 17.3–20.2 GHz(downlink) – 27.5–30 GHz(uplink)
	• G/T = 31dB/K
	• EIRP = 76dBW

▶ 군 독자 중궤도 위성통신체계 적용 시나리오에 I

중궤도 위성군24기 중 대한민국 주변영역에 2~3기 MEO 위성이 상시 최대 200Gbps용량을 제공하고, 육, 해, 공 전군 각 단말별 소용량의 IoT 데이터 통신부터 최대 750Mbps대용량의 통신 사용 가능

▶ 군 독자 중궤도 위성통신체계 적용 시나리오 II

MEO 위성군 및 MicroEdge 시스템을 통해 더 높은 처리량 제공 및 리모트 지역의 TICN/5G/IoT 네트워크와 연동으로, Warrior Platform의 경량화, IoT 단말 소형화 및 군 전용 Application 추가개발/적용 가능성 제공

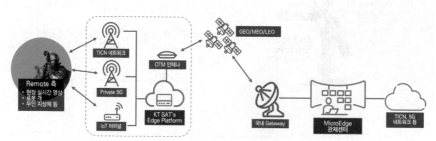

- 군 이동형 작전차량 내 위성단말과 MicroEdge 설치
- IoT 정보/관측 데이터와 MicroEdge 간 IoT 로컬통신
- MicroEdge 특성에 따른 유연한 Application 적용/추가개발 가능

▶ 군 독자 중궤도 위성통신체계 적용 시나리오Ⅲ

MEO 위성통신체계로 군 전술통신체계 및 위성통신체계와의 융합을 통해 대용량의 통신수단을 안정적으로 제공하고, 나아가 초연결, 초공간의 다계층네트워크까지 구축할 수 있다.

▶ 주요 NGSO 위성군 비교

	KTsat mangata	SpaceX	Oneweb	Telesat	Amazon
궤도	MEO (6,400km)	LEO (550km)	LEO (1,207km)	LEO (1,350km)	LEO (600km)
위성 수(기)	24	4,425	648	198	3,236
주파수	Ka-band	Ku-band	Ku-band	Ka-band	Ka-band
지연속도	94ms	35ms	45ms	45ms	35ms
전체 통신 용량 (글로벌)	2,000Gbps	6,400Gbps	1,560Gbps	~5,000Gbps	~40,000Gbps
통신 용량 (한반도)	203+Gbps	50Gbps	4.5Gbps	미공개	미공개

소유권	대한민국	SpaceX	Oneweb	Telesat	Amazon
군 독자 gateway	O	X	X	X	X
위성체 수명	~10년	5~6년	5~6년	~10년	5~7년
위성 생존성	LEO 대비 높은 궤도 (충돌/격축 가능성 낮음)	위성 간 충돌 위험 및 위성 격추 가능성 높음			
네트워크 보안	군 독자 폐쇄망	사용망 사용에 따른 보안 이슈			
R&D협력 (정부/군/ 민간)	O	X	X	X	X

나 저궤도위성[77]

진화하는 전시 상황 대비, 육해공의 광범위한 지역에서의 효율적 지휘 통신 체계를 갖추기 위한 위성통신체계가 필요하다. 자국 실리를 우선하며, 국가별 이해관계 충돌 등 긴장감이 고조된 급변하는 국제 정세, 로봇, AI, 드론 등 무인 무기 체계 확대하는 신기술 적용 무기 등장, 우주전, 유무인 복합전, 하이브리드전군사/비군사 복합 전시 상황 예상, 실시간 작전 영상 중계 및 고화질 위성 촬영 이미지, 영상 활용도 증대되는 취재 환경 변화, 출생률 저하로 인한 병력 감소 및 군의 복지 중요성 증대 등 사회 변화는 안보 강화를 위하여 저궤도 위성통신체계가 대두되고 있다.

차세대 저궤도위성은 상시 대응 통신망, 이동성 및 생존성 보장, 고속 및 대용량 실시간 통신, 높은 수준의 보안성, 상용 통신망과 연동하며, 필요에

---

77   출처: Kt sat, 2024.

따른 효율적 자원 관리가 가능하다.

- Hybrid Orbit
  - 다중 궤도(Multiple Orbit)
  - 극지방까지 커버하는 진정한 글로벌 커버리지

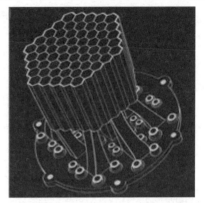

- Phased Array Antenna
  - w/Beam hopping으로 논리적 빔확장과 정교한 지상 스캔
  - 용량과 파워의 다이나믹 할당으로 수요가 높은 지역 탐색 후 더 많은 용량과 파워 공급

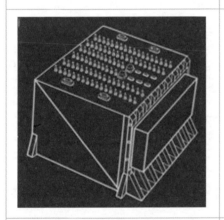

- Data Processing in Space
  - 위성체 내에서 데이터 변조/복조, 라우팅 처리로 네트워크의 유연성 증가

- Optical Inter-Satellite Links
  - 우주에서 Mesh Network 구현하여 망 생존성을 강화

▶ 군 저궤도 위성통신-장점

장점
• 설계 단계에서부터 강화된 보안성적용 　- IA-PRE & TRANSEC* 요구 부합 　- Beam Hopping: 인터셉트와 재밍가능성 저하 　- 다단계 인증 보안 시스템 　- 사이버 보안 센터 24/7 집중 감시UT 위치 난독화(시스템에서 처리)
• 군사작전의 안정성을 증대시키는 Real-time 전송 　- GEO 대비 35배 지구와 근접 　- ⟨50ms의 지상망수준 저지연통신 　- 신속하고 정밀한 정보 수집실시간 작전 지휘 가능
• 다양한 위기상황 대처를 위한 망 생존성보장 　- 장애 발생 시 즉각 fail-over실행하여 데이터 전송의 연속성 보장 　- OISL*: 우주에서 메시네트워크 구현, 지상망의존도 감소 　- 복수 피더링크 구성, 복수 Landing Station의 PoP연결
• 대용량 + 확장성 　- 한반도 제공 최대 용량 60Gbps 　- 전술 전략 목적에 따라 유연한 크기의 통신 제공 　- 대용량 데이터의 초고속 전송 　- 한반도를 넘어 글로벌 작전 수행 지원 가능지리적 제약을 극복하는 Virtual Fiber Link

* IA-PREInfrastructure Asset Pre-assessment program: 상업위성의 군사용 목적으로 사용하기 위한 사전 승인 제도

* TRANSECTransmission Security: 전송 보안 핵심, NSA에서 7개의 기준 제시

▶ 군 저궤도 위성통신 제안-VNO

VNO 활용으로 군의 트래픽을 상업용 트래픽과 구분하여 독립적인 네트워크로 운영

Case 1	Case 2
• 단일 UT로 군 네트워크와 상용 인터넷망을 동시 접속 • 군 전용 pop을 구축하여 군 네트워크와 상용 인터넷만 분리	• 군용망을 상용 인터넷망과 완전히 분리하여 다른 UT로 접속 • 상용망 접속은 KTSAT 위성 인터넷 서비스 이용
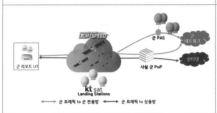	

Smart VNO pool

 - Capacity poolGbps 기반으로 맞춤형 서비스 운영
 - 특정 필요나 상황에 맞는 유연한 대역폭 할당과 다수 회선들의 capacity 최대 활용
 - ktsat보유 pool의 활용으로 군의 필요에 따라 추가 대역폭의 할당
 - 글로벌 커버리지로 확장 가능

▶ 군 저궤도 위성통신 제안-PASPrivate Access Station

보안 유지가 필요한 중요 트래픽은 High Performance UT를 활용하여 별도의 소규모 메시 네트워크를 구축한다.

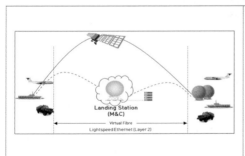

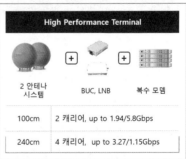

2 안테나 시스템	BUC, LNB	복수 모뎀
100cm	2 캐리어, up to 1.94/5.8Gbps	
240cm	4 캐리어, up to 3.27/1.15Gbps	

• 다수 리모트를 연결하는 독립적인 네트워크를 구성하여 보안성 확보
• 군의 데이터 트래픽은 Landing Station을 거치지 않고 Remote-위성-PAS/Remote로 직접 전송
• 허브 시스템 대체: 2개의 안테나 시스템(PAS)에 복수 장비 연결하여 복수 캐리어 전송 가능

▶ Gateway지상국 세부사항

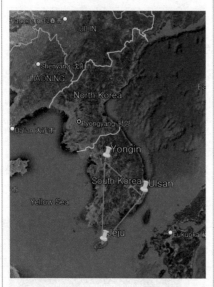	• 대한민국 내 2~3개의 Landing Station구축
	• Site 별 총 6기 안테나(4m) 운용 – 3 x Active Antenna – 1 x Handover Antenna – 1 x Spare Antenna
	• 안테나별 제공용량: 21.9/7.3Gbps
	• Frequency – 17.7–18.6 GHz, 18.8–20.2GHz (downlink) – 27.5–29.1 GHz, 29.5–30.0GHz (uplink)
	• G/T = 31dB/K
	• EIRP = 76dBW

▶ 군 저궤도 위성통신-Use Cases
- 항공
  - 실시간 미션 수행과 고화질 스트리밍 전송
  - 신속 정확한 내비게이션
- 해상
  - 음영지역 없이 24시간 안정적 통신 보장

- 장기 승선 인력의 MWRMorale, Welfare and Recreation 향상으로 사기 진작
- 지상
  - 평시 · 전시 실시간 지휘 통제 시스템
  - 조기경보시스템 구축
  - 비상 상황 시 재난 통신망 활용
  - 세계 각지 파견 부대와 실시간 통신
- 차량
  - 경쟁적 환경에서 회복력 있고 안전한 통신망 제공
  - 리모트 간 point-to-point 전용 통신망
  - 실시간 데이터 처리와 전송
- UAS
  - 정찰 · 감시 · 표적획득 등 복합 임무 수행
  - 고화질의 레이더/다중분광Multi-spectral 이미지 전송

▶ 군 저궤도 위성통신-Use Cases

MilsatcomANASIS I , II, 상업 GEO 위성과 혼합 또는 연계하는 하이브리드 위성망을 구축하여 유비쿼터스 통신 수단 확보

▶ 통신 보안-IA PRE & Transec적합성

미 우주군이 상업 위성의 군용 이용을 위하여 요구하는 보안 수준에 부합
되는 보안 시스템 완비

보안기준 Light speed 특성	Low Probability of Detection	Low Probability of Position	Low Probability of Intercept	Anti-Signal Finger printing	Traffic Flow Security	Anti-Signal Spoof	Anti-Jam
Location Obfuscation		√					
Encrypted M&C)		√	√	√	√	√	√
LEO Constellation Scale & Movement	√	√	√	√	√	√	√
OISL Mesh	√		√	√	√	√	√
Beam Hopping			√	√			
Narrow, Steerable Beam	√		√	√	√		√

▶ NGSO 비교

	TELESAT LIGHTSPEED	eutelsat ONEWEB	STARLINK	amazon kuiper
궤도	LEO(1,330km)	LEO (1,207km)	LEO(550km)	LEO(660km)
계획 위성 수(기)	198	648(98% lauched)	6,206	3,236
주파수	Ka-band	Ku-band	Ku-band	Ka-band

지연속도 (Oneway)	⟨ 50ms	⟨ 50ms	⟨ 40ms	⟨ 40ms
전체 통신 용량 (글로벌)	~10Tbps	~5Tbps	~64Tbps	~40Tbps
통신 용량 (한반도)	~60Gbps	4.5Gbps	~50Gbps	미공개
Gateway (동북아)	대한민국 (협의중)	일본	일본	미정
위성수명	10년~	~7년	~5년	5~7년
글로벌 커버리지	글로벌	글로벌	글로벌	± 50 degrees
Payload 유연성	Beam Hopping/ Formin, ISL, On Board Processor	-	2세대: ISL	Flexible Shape, Steering
서비스 시작	Q42027	2H 2024	2021	2026
특징	서비스 운영의 유연성 제공 (Capacity 단위 제공,운용및 관리 시스템 제공)	위성사 managed service	위성사 managed service	미정

다 위성을 활용한 MDA체계 개념

해양영역인식MDA 체계는 해양 활동의 모든 활동을 실시간으로 감시하고 분석하여 해양 안보를 유지하고 위험을 방지하는 것을 목적으로 한다. MDA 는 해양 환경에서 발생하는 다양한 위험 요소밀수, 불법 어업, 군사적 도발를 탐지하고 대응할 수 있는 능력을 의미한다.

해양 감시체계의 한계로 ① 선박 식별 통달 거리 제한된다. 화물선, 어선 등 선종별로선박위치발신장치AIS, V-Pass, DSC 장착, 선박 모니터링 가능하지만 통달 거리 이탈, 위치발신장치 고장 또는 의도적인 전원 오프OFF시에는 모니터링 불가하다. ② 감시 범위의 한계가 있다. 일반적인 해양 감시는 해상교통관제센터VTS와 함정을 이용하여 실시한다. 광범위한 해역에서 함정, 항공기, 드론등 기존 감시 수단은 효율적, 선제적 예방과 대응에 한계가 있다. 국내뿐만 아니라 해군 특성상 적국, 타 지역 정보를 수집해야 하기에 현재 보유하고 있는 자산으로 넓은 범위의 정보수집에 어려움이 있다. ③ 정보 생산의 공유가 제한된다. 해양수산부, 기상청, 해양경찰청, 국립해양조사원 등 다양한 기관을 통해 해양정보 획득에 어려움이 있다. 각 기관별 해양 정보수집에 타 기관 공유를 고려하여 설계하지 않아 수집하더라도 실시간 적용에 한계가 있다. 국내 관할해역은 육지의 4.5배인 약 45만㎢에 이르며, 현재는 16% 수준인 71,756㎢만 제한적 감시 가능하다.

위성 활용은 MDA의 핵심이다. ① 대한민국은 전형적 해양 국가이며, 경제적 동맥이 해양을 통해 형성되어 왔다. ② 국민이 기대하는 높은 치안 수준으로 한반도 해역에서 정교하고 실시간적으로 관리가 되어야 하고, 국가의 이익을 위한 광역 해양정보상황인식 체계 구축이 필요하다. ③ 상황 변화 감지 및 이상 징후 시 선제 대응을 위한 해군 정보 관리체계 고도화가 필요하다. ④ 위성은 국가 해양영토 광역 감시망 구축을 위한 중요 플랫폼이며, 각종 기술과 결합하여 해양 영토관리, 재난안전, 환경오염, 적 군사적 도발 대응 등 국민의 안전과 국가안보에 기여한다. ⑤ 운용성, 공간성, 시간성, 정밀성 등 고려하여 공중, 수면, 수중에서 획득한 자료의 종합 분석을 통해 합리적이고 과학적인 감시체계 구축이 필요하며, 위성은 공간성과 시간성이 우수한 플랫폼이다.

위성 활용 MDA 체계 구축을 위한 주요 개발 내용은 ① 초소형 위성 개발을 통한 자체 운용 자산 획득이 필요하다. 군에서 감시 정찰에 활용되는 위성 자산425사업, 다출처영상융합체계 사업 등은 킬 체인, 급박한 군사적 이슈에 활용되어 해군 평시 작전에 활용하기 어렵다. 한국해양과학기술원 해양위성센터, 기상청 국가기상위성센터, 국립환경과학원 환경위성센터, 항공우주연구원, 국립

재난안전연구원 등에서 보유하고 있는 위성 자산아리랑, 차세대 중, 소형 위성등은 신규 촬영 요청에 매우 어렵고 시계열차이 발생으로 자료 가치가 떨어진다. 최근 우주산업 발전에 따라 초소형 위성 개발 기술 향상으로 해상도 0.5m급 민간 상용 위성 개발되었고, 위성을 통해 해상의 선박 정보 식별이 가능해졌다. ② 감시 공백 최소화를 위한 상용 위성 활용 및 연계 시스템 개발이 필요하다. 우크라이나-러시아 전쟁에서 시사하는 바와 같이 군사작전의 정보 우위 확보하기 위해서는 우주자산 확보가 필수적이다. 미국의 경우, 군사위성과 함께 민간 우주 기술을 적극적으로 활용하고 있다. 국내의 경우 현재 운용 가능한 위성 자산으로는 광범위한 해양환경을 전체 수용하지 못하므로, 국내외 상용 위성을 적극 활용할 필요가 있다.

▲ 도표 6-69 미국의 위성활용 현황

구분		총계	위성 현황
미국	군용	221	통신(44), 정찰(53), 항법(31), 기술(20), 기타
	상용	1,229	통신(805), 지구관측(311), 기술(75), 과학(36), 기타

출처: 전현석, 합동군사우주력 건설 방향, 2023 한국국방우주학회 동계 학술회의

특히, 다양한 위성 데이터전자광학Electro-Optical, 합성개구레이더Synthetic Aperture Radar, 무선주파수Radio Frequency 의 특성을 고려해 혼합하여 분석에 활용하는 능력이 필요하다. 최근 인공지능Artificial Intelligence기술의 발달로 기존 사람이 직접 육안 판독이나 수작업으로 분석하는 환경에서 자동으로 표적을 탐지하고 위치를 구획, 표시하는 등 정확도가 상승하여 위성 데이터 수집과 동시에 가공, 분석하여 해군에서 쉽게 분석할 수 있는 서비스가 구상되고 있다.

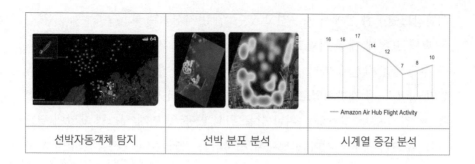

선박자동객체 탐지	선박 분포 분석	시계열 증감 분석

위성 데이터 활용 분석 결과를 지도 기반의 시각화 기능을 통해 작전에 해당되는 주요 해군 지휘통제실에서 쉽게 이해하고 공유될 수 있도록 가시화 구현이 진행되고 있다.

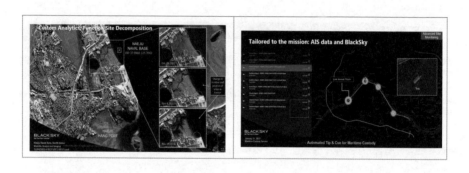

③ 국가중요시설로 구역되는 민간 위성 지상국 활용하여 업무 효율을 향상시킬 필요가 있다. 국내 저출산과 인구 감소 여파로 병력 수급이 2018년 61만 8천에서 2022년 55만 6천으로 12만여 명 급감[78]하는 상황에서 비전투 업무인 위성 지상국 운영을 위해 병력을 편성하여 운용하는 것은 적절하지 않다. 해군에서 자체적으로 위성 활용을 위해 '해군 MDA 체계 구축을 위한 지상국 설치' 시 최소 필요 인력은 위성체분석2, 궤도 분석2, 위성관제6, RF/ANT2, 시스템2 총 14명의 전문화된 고급 인력이 필요하며, 24시간 모니터

링/관리/통제가 필요한 상황으로 사업 초기 적용이 제한된다. 특히, 신규 부지 선정 시 필요한 까다로운 제반 사항전파 환경, Field of view 측정, 지반 및 접지 조사 등을 충족하기 어렵고, 구축을 위한 사업비용이 많이 발생하는 등 비용대비 편익을 고려 시 비효율적이다. 해군 특성상 자체 생산된 데이터의 외부 유출에 주의해야 하므로 일반 기업이나 보안 조치가 되어있지 않은 공공기관의 지상국을 활용하는 것은 적절하지 않다. 최소 국토교통부와 관련 기관에서 위성 데이터 취급 관련 비밀취급 특례업체로 선정된 기업 및 기관이나 국가중요시설급 지상국을 활용하여 보안의 취약점을 제거해야 해군과 정보공유체계 운용이 가능하다. 향후 단계적으로 직접 개발한 초소형 위성 + 상용 위성 데이터 수집 체계를 정립하여 상호 보완수집 대상, 범위, 우선순위 등 고려한 계획 수립 관계 형성, 시스템화해야 한다. 상용 위성 데이터 수집의 경우 API를 통해 연계하여 기존 아카이브 데이터 및 신규 촬영 요청 등 웹 환경에서 쉽게 신청 가능하도록 설계해야 한다.

▶ 도표 6-70 통합된 위성활용 시스템 개념

| 상용 위성 데이터 플랫폼 | 신규 초소형 위성 플랫폼 | 통합된 위성 활용 시스템 |

수집 위성 데이터는 추가 가공기하 및 방사보정, 초해상화 등을 통해 영상 품질 및 분석 정확도 향상을 도모해야 한다.

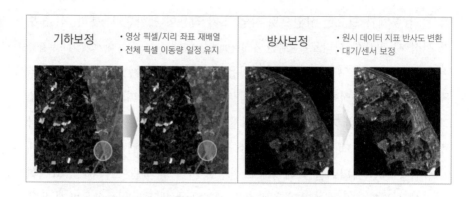

초해상도 기술 활용 탐지 정확도 상승

라 MDA를 위한 위성센서 핵심기술 로드맵

• 국내의 경우, 정부 및 민간산업의 구분이 크지 않아 구분함에 어려움 존재한다. 기술단위를 먼저 설정해놓고 이에 대한 활용 가능성이 있는 민간분야를 조사함이 타당한 것으로 판단된다.

• EO/IR분야의 경우, 현존 자산의 해상도 등 성능이 MDA를 수행함에 있어 충분한 것으로 판단되며, 이에 위성대수를 증가시키는 방향으로 가더라도 충분히 MDA 수행 가능하다. 단, 야간 선박추적 등을 위해 IR 전용위성개발은 필요할 것으로 판단되며 IR전용위성은 기후변화에 대응하기 위한 민간

과의 활용도가 높을 것으로 판단된다.

• 영상정보 자산과 함께 신호정보 감청을 위한 위성의 MDA 활용성이 중요할 것으로 판단되며 이에 대한 검토/반영이 필요하다.

• 북한이 정찰자산을 완성했을 때 해군의 작전 측면에서 여러 제약사항이 발생할 것으로 판단되며 이에 대한 대비로 우주자산뿐 아니라 북한의 정찰자산에 대한 Jamming 기술을 선박에 탑재하는 등 함정시스템에 대한 검토도 필요하다.

• SAR분야에서, 국내의 경우, 정부 및 민간산업의 구분이 크지 않아 구분함에 어려움 존재한다.

기술구분	핵심기술내용
SAR	• LPRF(Low Pulse-Repetition Frequency) Radar
SAR	• ISAR(Inverse Synthetic Aperture Radar) - 역 합성 개구면레이다 - 이동하는 물체를 고정된 지점의 레이더에서 탐지하여 영상을 제작하는 기법
SAR	• HRWS(High Resolution Wide Swath) - 고해상도 광대역 영상 획득을 위한 기술 - 최근 위성 SAR 시스템 개발은 넓은 지역에 대한 광역관측을 수행하면서 동시에 고해상도 영상을 확보하는 방향으로 추진되고 있음.
SAR	• MIMO(Multiple-Input Multiple-Output) SAR) - 다중 안테나 배열을 송/수신단으로 구성 - 각 안테나에서 독립적으로 수신한 관측 영역의 신호를 합성하여 확장된 관측 폭 확보
SAR	• On Board SAR - 위성에서 영상 촬영 후 원본 데이터를 지상체에 전송하여 지상체에서 수행하던 영상 처리를 위성 임무 컴퓨터에서 촬영 데이터에 대한 영상 처리 후 실시간으로 해서 지상으로 전송하는 기술
SAR	• Video SAR - 관심 지역 및 표적에 대한 지속적 관측을 통해 관심 지역의 변화 및 표적의 이동 경로를 파악 - 촬영된 영상을 영상 처리를 통해 Video 형태로 제공

SAR	• MMTI(Maritime Moving Target Indication) – 시간차를 달리하여 촬영한 두 영상의 위상차분석을 통해 물체의 속도를 구하는 방식
SAR	• SAR Jamming – 적의 SAR 센서에 재밍신호를송출하여 SAR영상을 교란하는 기술
SAR	• Waterquake Detection – 잠망경, 선박 등의 이동경로에 따른 물결변화탐지 기술
RF	• LPRF(Low Pulse-Repetition Frequency) Radar
Eo/IR	• 고해상도 기술

제7장

해양 기반 우주
전력 발전방향

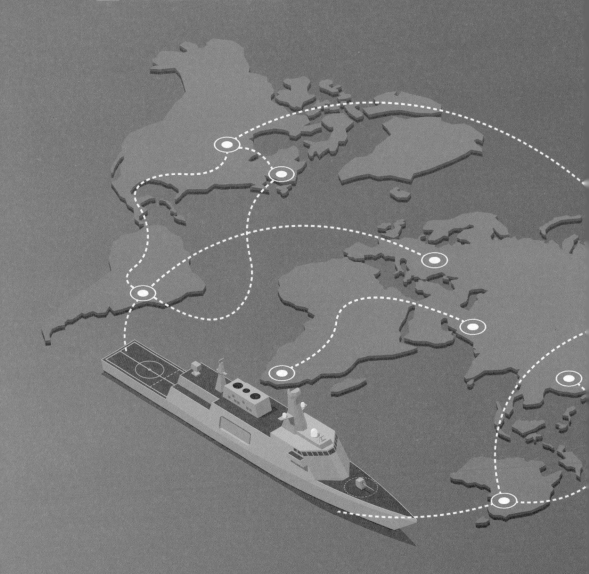

앞장에서 전장이 우주로 확대됨에 따라 해양 기반 우주작전의 발전방향에 대해 제시하였다. 크게 합동우주작전에 해양 기반 우주 자산이 기여하는 방향, 우주 자산을 이용하여 전통적 해양작전을 발전시키는 방향으로 제시하였다. 이어서 이러한 해양 기반 우주작전을 구현하기 위해 요구되는 능력에 대해서도 제시하였다.

이러한 요구능력을 충족하기 위해 다양한 전투발전요소DOTMLPF[1] 측면에서 능력 신장이 필요하겠지만, 이 장에서는 실제적으로 전력적인 측면을 중점으로 하여 해양 기반 우주작전의 구현방안에 대해 제시하고자 한다. 전력을 제시할 때 발전방향의 전통적인 해양작전에 기여하는 것과 합동우주작전에 기여하는 것 등 두 가지에 더하여 다양한 해양 기반 우주 자산을 운용하는 체계를 포함하여 총 세 가지의 방향에 대하여 제시하고자 한다.

---

[1] 전투발전요소는 DOTMLPF(Doctrine, Organization, Training, Materiel, Leadership & Education, Personnel, Facilities)으로 구분된다.

1 해양작전에 기여하는 해양 기반 우주 전력

이번 절에서는 해양에서의 작전을 위해 기존의 우주 자산을 우리나라 해군이 어떻게 운용을 하고 있으며, 기존의 우주 자산 중 아직까지 활용이 미비한 부분은 어떻게 활용할 것인가를 우선적으로 제시할 것이다. 그럼에도 불구하고 곧 닥쳐올 미래 우주 전장시대를 대비하여 반드시 고려되어야 할 전력이 있다면 이를 추가로 제기하는 형식으로 전개하고자 한다.

크게 두 가지 분야로 구분하여 제시할 것이며, 그 중 우선적으로 설명할 내용은 우주 자산을 이용한 해양영역인식 확대에 관한 내용이다. 기존의 국내 위성은 물론 해외의 위성을 이용하여 어떻게 해양영역인식을 확대할 것인지에 대해 논의한다. 다음으로 논의할 통신 분야에 대해서는 현재 육·해·공군 중 위성통신을 가장 많이 이용하고 있는 해군이 해양에서의 작전을 위해 어떻게 위성통신을 이용하고 있는지에 대한 현황을 살펴보고, 나아가 외국의 스타링크Starlink 등 상용통신위성을 활용할 수 있는 방안에 대해서도 개념적인 측면에서 확인한다.

가 국내 정보위성 현황 및 활용

해양정보를 확보하기 위해 현재 우리나라 해군에서 단독으로 운용하는 위성은 없다. 따라서 국방정보본부에서 통합으로 국가위성 및 타국과 협조된 정보자산을 이용하여 각 군에서 요구하는 정보를 취합해 정보를 생산하는 방식으로 운용한다. 이렇다 보니 해군이 원하는 정보는 국방부나 합참 차원에서 원하는 정보에 우선순위가 밀리거나, 북한군 동향이나 북한의 미사일 탐지 등 북한의 군사활동에 관한 직접적인 위협에 대한 정보에 밀려 우선정보 요구Priority Intelligence Requirements: PIR상 낮은 순위에 머물 수밖에 없다.

이런 상황에서 추가적으로 정보를 확인할 수 있는 방법도 있다. 해군에서 요구하면 정보를 취합해 제공할 수 있는 정보자산은 도표 7-1과 같다. 아리랑 위성의 정보자산은 국내자산을 활용한 정보이며, 그 밖에도 미국, 이탈리아, 독일의 위성으로부터 협조를 받아 다양한 정보를 생산하고 있는 실정이다. 이러한 방식으로 해군이 활용하는 위성들의 제원은 도표 7-1의 설명과 같으며, 이 위성들은 필요할 경우 언제든지 이용이 가능하다.

▲ **도표 7-1** | 국방정보본부로부터 해군이 받는 위성정보 현황

구 분		위성의 능력	임무
대한민국	아리랑 3호 (2012년)	해상도 70cm급 광학관측 능력을 가진 다목적실용위성. 광학 0.7m급	• 지구정밀관측 (고도 685km) • 재방문주기: 1일
	아리랑 3A호 (2015년)	해상도 55cm급 광학 및 적외선 관측이 가능한 다목적실용위성광학 흑백 0.5m 이하, 적외선 5.4m	• 지구정밀관측 (고도 528km) • 재방문주기: 1일 2회

	아리랑 5호 (2013년)	국내 최초로 영상레이더(SAR, Synthetic Aperture Radar) 를 탑재해 전천후 지상관측이 가능한 다목적실용위성 영상 레이더 1m(고해상도), 3m(표 준), 20m(광역)	• 전천후 지구관측 (고도 550km) • 재방문주기: 1일 2회
미국	World View -1(2007) -2(2009) -3(2014)	• 1: 0.46m • 2: 0.46m • 3: 0.31m	• 영상감시 • 재방문주기 　- 1: 1.7일 　- 2: 1.1일 　- 3: 1일 이하
	GEO-EYE (2008)	• 0.46m	• 영상감시 • 재방문주기: 3일 이하
이탈리아	Cosmo- Skymed (2007)	• SAR-2000 • Spotlight: 1m	• 영상감시 • 재방문주기: 5일
독일	TerraSRA-X (2010)	• resolution: 1m	• 영상감시 • 재방문주기: 2.5일

그렇다면 현재 활용하고 있는 상기 위성 외 해군에서 이용이 가능한 위성은 무엇이 있을까? 우선 국내에서 운용되는 위성으로 기상이나 환경 감시를 위한 정지궤도 위성인 천리안 시리즈의 위성이 있다. 천리안 시리즈의 위성이 가진 특성을 알아보고 이러한 위성 정보들의 이용현황, 한계, 활용방안 등을 제시하고자 한다.

천리안 1호 위성은 2010년에 발사되어 2021년 3월에 이미 임무를 종료하였다. 이를 대체하는 천리안 2A 위성이 임무를 인계받아 그 기능을 수행하고 있다. 천리안 1호에서 수행했던 임무들을 바탕으로 향후 이와 유사한 임무와 업그레이드된 형태의 정보를 확인할 수 있다. 천리안 위성의 기본 임무는 통신해양기상위성Communication, Ocean and Meteorological Satellite이다. 35,786km 고도와 동경 128.2도에 위치하면서 해양관측, 기상관측, 통신서비스 임무를 수행하는 우리나라 최초의 정지궤도 복합위성이다.

이 위성에서 획득된 정보는 기상청 및 해양수산부에서 기상예측 정보로 활용하여 해양의 다양한 기상을 예측하고 관측하는데 활용하였다. 위에서도 언급했지만 임무는 크게 세 가지로 나뉘는데 기상임무, 해양임무, 그리고 통신임무 등이다. 여기서 우리가 주목하는 것은 해양임무이다. 한반도 주변해역 해양환경 및 해양생태를 감시하는 기능을 이용하여 해양 기반 우주작전에 필요한 정보를 확인하고 실행할 수 있다.

▲ **도표 7-2** 천리안 1호 임무

기상임무	해양임무	통신임무
• 기상현상 연속 감시 및 기상요소 분석 및 산출 • 태풍, 집중호우, 황사 등 위험기상 조기 탐지 • 장기간의 해수면온도, 구름 자료를 통한 기후 변화 분석	• 한반도 주변해역 해양환경 및 해양생태 감시 • 해양의 클로로필 생산량 추정 및 어장정보 생산	• 광대역 위성 멀티미디어 시험서비스 • 국산 Ka밴드 통신탑재체 우주인증

하지만 지금까지 활용 사례를 보면 위성의 해양임무는 해상도가 낮아 해상물체를 탐지하고 식별하는 용도로는 적합하지 않았고, 해양환경이나 해양생태 감시 등에 제한적으로 활용되었다. 기상과 관련된 정보는 해군 작전사_{해군정보단 해양기상정보과}에서 해양기상과 관련된 정보만을 별도의 전용망을 통해 수

신하는 등 제한적으로 사용했다. 또한, 전처리가 된 정보라든지 분석이 완료된 결과만을 수신하여 해군 자체에서 추가적으로 데이터를 분석하는 것이 불가능한 상황이었다. 기상청에서 받는 기상 관련 데이터도 원본 데이터를 처리한 결과만 수신하여 그대로 전시하는 수준이었기 때문에 제한점이 있었다.

천리안 2A호GEO-KOMPSAT-2A는 천리안 1호를 승계하는 위성으로 2021년부터 시작하여 앞으로 10년 동안 운용할 예정이다. 현재 위성의 운용은 기상청 국가기상위성센터에서 맡고 있으며, 기상관측영상기와 우주기상탑재체로 기상관측에 특화된 위성이라고 볼 있다. 기존 5개의 채널에서 16개의 채널로 다양한 관측이 가능해졌고, 이를 기반으로 총 52종의 기상산출물을 생산 중이다.

천리안위성 2A호는 10분 간격의 전구 관측이 가능하며, 이를 통해 신속하게 기상재해 감시 및 대비가 가능하다. 천리안 2A를 통해 52개 산출물이 지상으로 전달되고 있는데, 이 중 기본산출물 32종에 속한 내용 중에서 안개 및 해수면 온도 등만 해양에서 이용하고 있으며, 부가 산출물 29종 중에서는 해류에 관한 정보만을 이용하고 있는 실정이다. 천리안 2A는 통신과 해양관측 기능이 제외되어 기상과 미세먼지 예보에 초점이 맞추어져 있는 기상위성이다. 해군은 작전사 기상과에서 해양기상을 예보하기 위한 제한적인 목적으로 가공을 가친 최종결과물만을 이용 중이다.

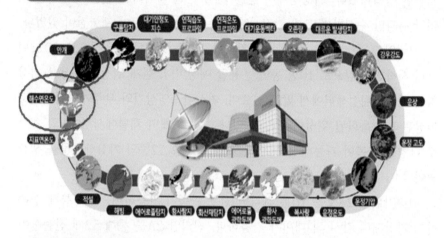

▶ 도표 7-3 　천리안 2A 위성에서 산출되는 정보의 종류

기본 산출물 23종

구름탐지　대기안정도지수　연직습도프로파일　연직온도프로파일　대기운동벡터　오존량　대류운 발생탐지

안개　　　　　　　　　　　　　　　　　　　　　　　　　　　　강우강도

해수면온도　　　　　　　　　　　　　　　　　　　　　　　　　운상

지표면온도　　　　　　　　　　　　　　　　　　　　　　　　　운정 고도

적설

해빙　에어로졸탐지　황사탐지　화산재탐지　에어로졸광학두께　황사광학두께　복사량　운정기압　운정온도

부가 산출물 29종

- 산불탐지　　　· 적설 깊이　　· 구름입자유효반경　· 잠재강수량　　　· 흡수단파복사(지표면)
- 식생지수　　　· 해류　　　· 구름수액경로　· 에어로졸 입자크기　· 하향장파복사(지표면)　· 성충권 침투 대류운 탐지
- 식생율　　　· 운형　　　· 구름빙정경로　· 시정　　　· 상향장파복사(지표면)　· 이산화황 탐지
- 지표면 방출율　· 운량　　　· 구름 청/고도　· 상향단파복사(대기상한)　· 상향장파복사(대기상한)　· 가강수량
- 지표면 반사도　· 구름광학두께　· 강수확률　· 하향단파복사(표면도달일사량)　· 착빙　　　· 대류권계면 접힘 난류 탐지

출처: 국가기상위성센터 홈페이지(https://nmsc.kma.go.kr).

　하지만 도표 7-3에서 보듯이 기본산출물 중에서도 안개, 해수면 온도와 같은 정보는 해군에서도 충분히 활용하는 것이 가능하다. 특히, 부가 산출물 중 해류는 실종자 탐색 및 기뢰의 이동예측 등 다양한 해군작전에 활용이 가능할 것이다. 한편 천리안 2B호GEO-KOMPSAT-2B도 천리안 1호를 승계하여 향후 10년간 운용하기 위해 발사되었다. 해수부 국립해양조사원 국가해양위성센터에서 운용하고 해상관측용 해색영상기, 환경관측용 분광계로 해상 및 대기 환경 관측에 특화된다.[2]

2　주요 업무로는 1. 해양위성 개발·활용 계획의 수립·시행, 2. 해양위성 관측 자료의 분석·검증 및 활용에 관한 사항, 3. 해양위성을 활용한 해양 발생 재난 대응에 관한 사항, 4. 해양위성 선진기술 도입

해양탑재체는 GOCI-IIGeostationary Ocean Color Imager-II로 1,000m 공간해상도로 일 1회 반구 및 250m 해상도로 일 10회 동북아시아 지역을 관측한다. 아직 해상상태 정보를 어디까지 제공할지에 대해서는 계속해서 검증하고 있는 중이며, 적조·녹조 등의 해양환경 정보는 검증을 거친 후 순차적으로 제공할 예정이다.

환경탑재체는 GEMSGeostationary Environment Monitoring Spectrometer로 5,000×5,000km 범위의 동아시아 지역의 환경변화를 관측하며, 파장 대역은 300-500nm로 에어로졸, 오존, 이산화질소, 이산화황, 포름알데하이드 등을 관측한다. 미세먼지 유발물질 등 대기환경 정보는 2021년 1월부터 제공하고 있다.

이러한 정보를 통해 해군뿐만 아니라 해경을 비롯하여 해양에서 활동하는 관공선 간 추가적인 활용 방안에 대한 논의도 활발하게 진행될 수 있기 때문에 해양과 연계된 정보를 사용하려는 노력을 기울일 필요가 있다. 도표 7-4는 기상청이 천리안에서 받은 원본 정보에서 최종산출물의 분배 및 저장까지 어떠한 과정을 거쳐 이루어지는 보여주는 플로우 차트이다.

및 자료 공유를 위한 대외 협력에 관한 사항, 5. 국가해양위성센터의 장비 운영 및 관리에 관한 사항, 6. 해양위성 관련 교육 및 연구 지원에 관한 사항 등이다.

▶ **도표 7-4** | 기상청에서 천리안의 원본 데이터 가공 과정

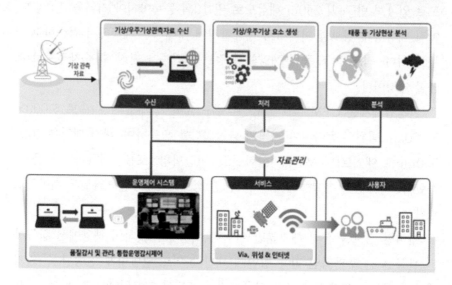

출처: 국가기상위성센터 홈페이지(https://nmsc.kma.go.kr).

이러한 국내의 정지궤도 정보위성을 해군에서는 어떻게 활용하고 있을까? 위에서 언급하였듯이 현재 운용하고 있는 정지궤도 위성은 2기로 각각 기상천리안 2A과 환경천리안 2B 측정에 특화되어 있다. 기상뿐만 아니라 해양의 표적을 탐지하는 것에도 고려할 필요가 있다.

천리안 위성에서 오는 자료를 해군 작전사 해정단의 해양정보처해양기상과, 해양환경정보과에서 수신하여 해양기상을 예보하는데 활용하고 있다. 이는 정부 기관 간 협조로 이뤄지는 것은 아니고 모두 오픈소스open source로 인터넷에서 직접 다운로드 받아서 활용 중이다. 해군은 해군정보단 내 영상판독과를 신설하여 각종 영상정보의 판독을 시도하고 있으며, 현재는 해군에서 운용하는 정보함에서 영상을 주로 판독한다.

앞으로는 자동영상정보체계Automatic Image Management System: AIMS 내의 각종 영상정보정찰기, 위성영상 등도 추가적으로 분석할 예정으로 SOCET 영상분석 프

로그램을 조달 중이다.[3] SOCET 프로그램이 전력화되어 활용되면 지금의 수작업에 가까운 영상분석을 어느 정도 자동화하여 디지털화된 각종 위성영상정보를 보다 체계적으로 분석 및 활용할 수 있다. 이렇게 되면 장기적으로는 인공지능 체계까지 도입되어 자동으로 필요한 정보를 신속하게 검색할 수 있는 기능을 갖출 수 있다.

현재 국내 위성의 정보를 받아 해군에서 활용하는 체계에서 가장 심각한 제한사항은 원본 데이터를 받지 않는다는 것이다. 다시 말하면 해수부나 기상청 등 각 기관에서 필요로 하는 형태로 가공된 최종정보를 받다 보니 해군에서 원하는 자료로 가공할 수 없다. 이것은 크게 두 가지 문제에 기인하는데 첫째, 각 정부기관에서 원본 데이터 제공에 대해 기관 간 협정이 이루어지지 않았다. 이는 위성을 운용하는 각 기관 개별로 접촉하여 필요한 정보를 공유할 수 있도록 협정을 체결하면 된다. 둘째, 해군이 정보를 제공하는 기관으로부터 원본 데이터를 받을 수 있다고 하더라도 이를 가공하고 처리할 인프라 및 인력이 구비되지 않는다. 이 부분에 대해서는 뒷부분에서 좀더 자세히 설명하도록 한다.

도표 7-5는 현재 천리안 2A/2B의 가공된 영상Level 1B 또는 2인데, 이 영상을 받아 해군이 원하는 정보 소요와 연계하여 사용한다. 하지만 해군에서 원하는 정보로 가공을 하기 위해서는 Level 0원시자료 혹은 Level 1A복사보정 자료를 받아 직접 가공 및 운용할 수 있는 능력을 길러야 한다.

---

3   SOCET은 위성의 지형정보를 분석하는 상용프로그램으로 우리나라 해군(정보)에서 도입을 추진 중이다.

▲ 도표 7-5 | 천리안 2B 자료 현황

Level 0(원시자료)	Level 1A(복사보정)	Level 1B(기하보정)	Level 2(대기보정)
KIOST에서 정보관리 (해군이 활용해야 할 자료)		국가해양위성센터 위성활용팀에서 관리 (해군이 활용하고 있는 자료)	

출처: 국가기상위성센터 홈페이지(https://nmsc.kma.go.kr).

이렇게 확보된 자료를 해군에서는 작전단계별로 어떻게 활용할 수 있을까? 이 질문에 답하기 위해서는 해군의 작전 시스템을 대략적으로 알아야 하는데, 기본적으로 해군이 운용할 수 있는 방안에 대해 설명하면 다음과 같다. 해군은 이 정보를 4단계로 운용하게 될 것이다. 첫째, 해양의 다양한 물체를 탐지하고 식별할 수 있는 각종 위성정보를 수집한다. 둘째, 주위와의 차이 식별로 해양물체를 탐지한다. 셋째, 해군의 다양한 자산 혹은 저궤도 위성을 이용하여 식별을 시도한다. 넷째, 식별된 물체에 따라 해군의 대응 매트릭스 의거 조치한다. 이러한 작전 단계별 위성 활용 절차도는 도표 7-6과 같다.

▲ 도표 7-6 | 위성정보에 의한 식별 및 조치 단계

1단계	2단계	3단계	4단계
정지위성에서 필요한 위성자료 수집 2A : IR 정보 2B : 가시광선정보	주위와 차이 식별로 해양물체 탐지 2A : 주변과 온도차이 2B : 항적추적	해군의 다양한 자산 혹은 저궤도 위성 이용 식별	식별된 물체에 따른 조치

좀더 구체적으로 설명하면 수집된 영상 내 주변과 차이를 통해 해양에 다양하게 분포되거나 이동하는 함정을 탐지한다. 천리안 2B 영상도 250m×250m로 선박에 대한 구체적인 식별은 어렵지만, 존재 여부에 대해서는 대략적으로 탐지가 가능하다. 다음으로 해군의 다양한 자산 혹은 저궤도 위성을 이용하여 식별한다. 아리랑 위성, 해군 함정/항공기, 레이드 감시 사이트의 전자전 장비 등 추가적으로 다양한 자산을 이용해 식별을 하게 된다. 식별된 함정의 종류에 따른 적절한 조치를 실행하고, 필요 시 지속적으로 감시할 수 있다.

현재 천리안 위성의 영상은 여러 가지 제한사항에도 불구하고 많은 분야에서 활용하고 있다. 앞으로 해양감시만을 위해 국내 자체적으로 운용할 수 있는 위성이 필요하다. 그러나 현재의 항공우주산업의 추세로 볼 때 해양감시만을 위한 위성을 만들어 운용하는 것은 비용 대 편익에 있어서 사업 타당성이 다소 부족한 것으로 판단된다. 최종적인 소요는 해양감시에 특화된 위성을 운용하는 것이겠지만, 그때까지는 부처 간 사업으로 해양감시 기능도 갖춘 위성을 올리고 운용하는 것이 중요하다. 현재 국방부와 해경의 부처 간 사업으로 소요가 반영되어 2023년에 32기를 쏘아 올려 30분 미만의 재방문주기 동안 북한 및 해양을 감시하는 사업을 진행하고 있는 것으로 알려진다. 이러한 노력을 통해 해양에서 위성활용 방안을 지속적으로 확대하는 것이 매우 바람직한 방향이라고 본다.

한편 초소형 능동 SAR 위성을 활용하는 방안을 고려할 필요가 있다. 이 위성이 전력화되면 정지궤도천리안 계열 위성에서 항시 제공되는 저해상도의 영상으로 전체적인 감시를 하고, 저궤도에서 재방문주기가 있어 항시성은 낮지만 고해상도의 SAR 영상을 받아 볼 수 있어 필요한 정보를 확보할 수 있다. 이를 잘 활용하면 수상의 다양한 표적을 식별할 수 있는 고해상도 정보는 물론이며 장차 잠수함을 찾을 수 있는 정보까지 확인할 수 있을 것으로 기대된다. 도표 7-7은 능동 SAR 위성의 운용개념과 형상 등을 정리한 내용이다.

▶ 도표 7-7 │ 초소형 능동 SAR 위성 운용개념, 형상, 발사체 수납형상

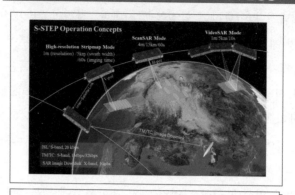

운용개념 (Operation Concept)

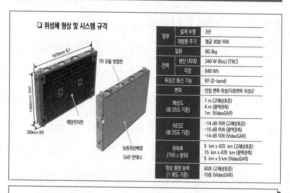

위성체 형상

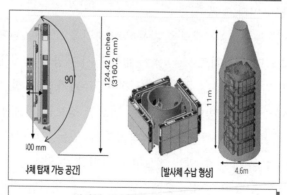

발사체 수납형상 1회 20기 발사

출처 : 오현웅, 2021.

추가적으로 현재 환경부_{기상청} 주관으로 2027년부터 천리안 3호를 운용하기 위한 소요기획이 진행되고 있다. 현재까지 알려진 내용은 통신탑재체만 운용될 예정이며, 해양감시는 천리안 4/5호에 탑재 예정이다. 해군이 적극적으로 참여하여 다부처사업_{해수부, 기상청, 국방부(해군)}으로 해상도 높은 해양감시 탑재체 반영을 위한 노력이 필요하다. 이를 위해 위성을 활용한 해양에서의 작전 효과성과 필요성에 대한 논리를 적극적으로 개발해야 한다.

나 국외 위성정보 현황 및 활용

지금까지 국내에서 사용되거나 사용될 위성의 현황 및 활용방안에 대해서 논의하였다. 그렇다면 해외의 국가 및 민간이 운용하는 위성은 무엇이 있으며, 해군에서 어떻게 활용할 수 있을까? 외국의 국가단위에서 운용하는 위성의 현황 및 활용방안을 먼저 살펴보고, 이어서 민간에서 운용하는 위성을 활용할 수 있는 방안에 대해서도 살펴보기로 한다.

해양에서 수행하는 작전의 상호운용성 측면에서 볼 때 미국의 위성을 활용하는 것은 상당한 장점이 있다. 기본적으로 해군에서 운용하는 제반 체계들이 미국의 체계와 유사한 것이 그 이유다. 그런 측면에서 미국의 합동극지위성체계_{Joint Polar Satellite System: JPSS}에 주목할 필요가 있다. 합동극지위성체계는 미 항공우주국_{National Aeronautics and Space Administration: NASA}, 해양대기국_{National Oceanic and Atmospheric Administration: NOAA}, 국방부에서 공동으로 운용·활용하는 위성시스템이다. 정보는 해양대기국과 국방부가 활용하고, 항공우주국에서는 위성 관련 기술을 지원하는 형태로 운용된다.

알파벳 앞글자를 붙여 일명 JPSS 프로그램으로 명명하는 이 위성시스템은 2011년부터 미국에서 운용을 시작하여 현재 4기를 운용하고 있는 중인데, 향후 3기를 추가로 운용할 예정으로 알려져 있다. 이 위성체계를 활용하는 목적은 기후변화 및 단기 날씨의 변화 관측을 통해 싸이클론_{태풍}, 지진, 화재, 홍수, 눈과 얼음, 파도, 기름유출, 화산, 산사태 등 다양한 지구의 현상들을 촬영 및 분석하는 임무를 수행하기 위해서다.

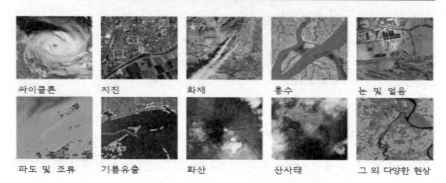

싸이클론　　지진　　화재　　홍수　　눈 및 얼음

파도 및 조류　　기름유출　　화산　　산사태　　그 외 다양한 현상

출처: Joint Polar Satellite System (JPSS) Satellite and Information Services, National Oceanic and Atmospheric Administration (NOAA), U.S. Department of Commerce, 2020.

다음으로 살펴볼 위성은 미국 합동정밀접근·착륙체계Joint Precision Approach and Landing System: JPALS이다. 미국의 합동정밀접근·착륙체계는 위성항법시스템인 GPS 기반의 정밀착륙체계이며, 이러한 GPS 기반의 정밀착륙체계는 지상·해상 및 위성의 추가 시설과 함께 보강시스템Augmentation System 형태로 개발되고 있다.

구체적으로 살펴보면, 민간에서는 위성항법 지역보강시스템Ground Based Augmentation System: GBAS이라는 명칭으로 정밀착륙체계를 개발하고 있다. GBAS는 공항주변 23nm약 51km 내에 정밀한 접근 및 착륙 서비스가 가능하며, 민간의 계기착륙시설Instrument Landing System: ILS를 대체할 수 있는 체계이다. GBAS는 크게 위성체와 위성항법시스템 신호 오차를 계산하고 고장 여부를 판별하는 지상국reference station, 계산된 신호 오차와 무결성 관련 정보를 항공기에 전송하는 신호 전송국VHF Data Broadcast: VDB으로 구성된다.

한편 군용 위성 정밀착륙체계의 대표적인 시스템이 바로 미국의 합동정밀접근·착륙체계인 JPALS이다. JPALS는 운용 형태에 따라 지상형 JPALS,

해상형 JPALS, 순항 및 접근 JPALS 등으로 구분된다. 형태별 세부적인 특징을 살펴보면, 먼저 지상형 JPALS의 경우, 현재 민간에서 운용하고 있는 GBAS의 확장된 개념으로 추가적인 군용 GPS 신호, 전파교란 대응 GPS 안테나, UHF 기반 암호화 통신 시스템, 이동형 기준국 설비가 필요하다.

해상형 JPALS의 경우, 항공모함에 착륙하는 항공기를 대상으로 운용되는 위성 형태를 말한다. 바다 위에 떠 있는 착륙시설의 특성상 함정의 자세와 항공기 간의 자세정보를 서로 공유하는 것이 중요하며, 착륙 시 고정된 기준국 설비가 없는 만큼 절대 위치의 정확도 보다는 상대 측위 기법이 적용되고 있다. 항공모함의 항공작전 임무 빈도가 높은 미 해군으로서는 지상형 JPALS 보다는 해상형 JPALS 개발을 우선적으로 추진하고 있는 것으로 나타나고 있다. 이러한 상황을 참고하면 우리나라 해군의 경우에도 해상형 JPALS 도입이 우선적으로 고려되어야 한다.

마지막으로 순항 및 접근 JPALS의 경우, 착륙 이전 단계인 순항 및 지상의 공항 또는 항공모함 주변 접근 단계를 위한 시스템으로, 항공기에 단독 항법시스템을 탑재하는 것이 요구된다. 특히 기존 항법시스템에 GPS 신호 오차 제거를 위해 SBAS_{Space Based Augmentation System} 보정 정보 처리가 가능한 GPS 수신기, 항신호교란 GPS 안테나 등이 추가로 필요하다. 미국은 2018년 미 해병대가 USS Wasp에 탑재된 F-35B의 운용을 시작하였고, MQ-25A_{Stingray}는 앞으로 사용될 예정이다.

▲ 도표 7-9 ｜ 합동정밀접근·착륙체계(JPALS) 사양

사용범위	정확도	신속전개력	사용기후
• 10 NM(정밀착함) • 200 NM(TACAN)	• 20NM 50대 동시 착륙 지원	• 포터블로 C-130 1대로 이동가능 • 90분에 세팅가능, • 2명이 운용가능	• 모든 기후에서 사용가능

출처: Raytheon Intelligence and Space 홈페이지.

그렇다면 함정에서는 어떠한 운용개념을 가지고 JPALS를 운용할까? 현재 항공모함에 항공기가 착함할 때는 계기비행을 기본으로 하고 있다. 이는 파일럿의 경험, 숙련도 등에 의지하여 항공모함에 착함한다. 조종사가 온전한 상태이거나 경험이 많은 파일럿이라면 문제가 없겠지만, 부상 중이거나 또는 경험이 부족한 파일럿이라면 항공기뿐만 아니라 모함인 항공모함에도 매우 위험한 상황이 전개될 가능성이 상존한다. 평시에는 훈련 등을 통해 보완이 가능하지만, 전시라면 조그만 실수로 인해 큰 피해를 일으킬 수 있다.

이러한 단점을 보완하기 위해 조종사에게 한 가지 더 선택권을 줄 수 있다. 조종사가 조종하기에 불능한 상태이거나 조종사가 직접 조종하기에 좋지 않은 제반 상황에 처했을 때 가능한 착함방법을 추가적으로 제공할 수 있다. 또한, 만일 항공모함에서 무인항공기를 운용한다면 이는 100% 자동항법으로 이·착함을 해야 한다. 이런 측면에서 판단해보면 미국이 이러한 체계 개발에 적극적으로 움직이는 것도 장차 항공모함에서 다수의 무인항공기를 운용하는 것을 고려하기 때문인 것으로 유추할 수 있다. 도표 7-10은 이러한 JPALS 체계의 개념도이다. 위성을 통해 함정의 함교·함미 등 여러 점을 기준으로 무인항공기를 착함시킨다. 이는 우리나라형 항공모함을 준비하는 우리나라 해군에게도 함의가 크다.

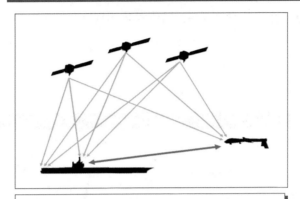

함정의 정확한 위치 산출을 위한 위성이용 개념도

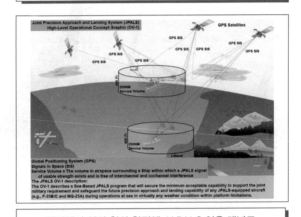

해상에서 여러 척의 함정에 JAPALS 이용 개념도

출처: United States Government Accountability Office, 2020.

　다음은 유럽 국가들이 운용하는 있는 코페르니쿠스 우주Copernicus Space 프로그램이다. 이 프로그램의 운용 주체는 유럽위원회European Commission: EC와 유럽우주국European Space Agency: ESA이다. 이것의 특징은 우주에서 지구의 다양한 환경 및 안보에 관련된 정보를 제공하기 위한 우주 관측 프로그램으로 2기의 위성을 한 세트로 하여 지구의 양 끝에서 각각의 정보를 제공할 수 있다는 점이다.

도표 7-11은 센티넬 위성의 SAR C-band 이미지를 프로세싱한 네 가지 모드를 제공하는 것을 보여준다. SAR 영상 촬영방식은 Strip MapStandard 모드, Scan SARWide Swath 모드, TOPSTerrain Observation by Progressive Scan, 단계적 스캔에 의한 지형 관측 모드 등이 있다.

▶ 도표 7-11 4가지 모드 개념도

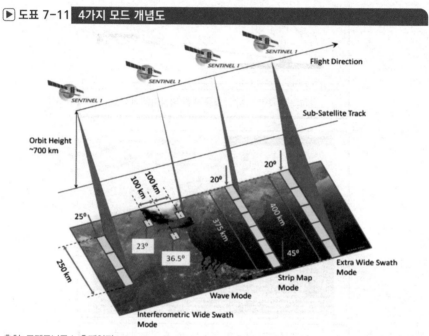

출처: 코페르니쿠스 홈페이지.

Strip Map 모드는 가장 기본이 되는 SAR 시스템의 촬영방식으로, 위성의 진행 방향으로 안테나 빔의 조향 없이 영상을 획득하는 운용방식이다. Scan SAR 모드는 대상 물체에 대한 관측 영역을 확장하여 재방문 주기가 짧아지는 광역 관측 모드이다. 그러나 Scan SAR 모드로 획득된 영상은 안테나 패턴의 불균일성에 기인하는 오차로 인해 지형 정보의 왜곡이 일어나는 스캘러핑scalloping 현상이 발생한다. 따라서 정밀한 대상을 관측하는 경우 장애 요인으로 작용할 수 있다. 이를 보완하기 위해 TOPS 모드는 기존의 Scan

SAR 모드와 같이 넓은 대역폭을 촬영한다. 하지만 SAR 시스템의 진행 방향과 같은 방향으로 앞뒤로 빔을 조향하기 때문에, 촬영지역의 방위 방향azimuth direction과 상관없이 빔의 중심을 따라 자료가 획득된다. 이로써 스캘러핑 현상을 최소화하여 지형 왜곡 현상을 감소시켜서 SAR 영상의 품질을 높일 수 있다.

이러한 SAR를 기반으로 한 센티넬 위성의 임무는 지상, 해양, 대기, 비상사태, 안전, 기후변화 등을 관측한다. 구체적인 임무는 아래와 같다.
- 해양관측: 해양안전Marine safety, 해양자원Marine resources, 연안 및 해양환경Coastal and marine environment, 해양기후 예측 및 변화Weather, seasonal forecasting and climate
- 지상관측: 생물리적 수치 감독systematic monitoring of biophysical parameters, 지상변화 및 사용Land cover and land use mapping, 지열감시Thematic hot-spot mapping
- 대기관측: 대기질 및 구성성분Air quality and atmospheric composition, 오존 및 자외선 수치Ozone layer and ultra-violet radiation, 지구반사 열 및 빛Emissions and surface fluxes, 태양풍Solar radiation, 기후변화Climate forcing
- 비상사태: 유럽홍수감시체계The European Flood Awareness System, 유럽산불감시체계The European Forest Fire Information System, 유럽가뭄감시체계The European Drought Observatory
- 안전: 국경감시Border surveillance, 해양감시Maritime surveillance, 유럽외 행동지원Support to EU External Action
- 기후변화: 기후변화에 관한 지속적이고 권위있는 정보 제공consistent and authoritative information about climate change

상기에서 외국 국가급 이상에서 운용하는 다양한 위성의 현황에 대하여 살펴보았다. 테슬라의 CEO로 알려진 일론 머스크Elon Musk가 주도하는 SpaceX 사의 예에서도 알 수 있듯이, 우주 관련 산업은 더 이상 국가에서 독점하는 사업이 아니다. 많은 국가들에서 다양한 분야에 뛰어들고 있기 때문에, 투자의 규모와 기술의 발전적인 측면에서 볼 때 민간 우주 자산이 이제 국가의 우주 자산을 뛰어넘을 날이 얼마 남지 않았다고 본다. 특히, 민간 우주 산업은 국가 단위에서 하지 못하는 창의적이고, 도전적인 자산이 많기 때문에 그 활용 방안 또한 매우 기발한 형태로 나타날 가능성이 높다. 이런 상황을 인식하고 해양 기반 우주작전을 위해 민간 우주 자산을 적극 이용하는 것을 고려해야 한다.

민간에서 운용하는 SAR 영상 제공업체는 ICEYE가 대표적이다. 운용 주체는 핀란드에 본사를 둔 기업으로 2021년 기준 18개의 위성을 운용 중이다. ICEYE에서 운용하는 위성의 재원은 도표 7-12와 같다.

▲ 도표 7-12 ICEYE에서 운용하는 위성의 사양

무게/고도	재방문 주기	1주 주기	안테나 크기	자세교정
85kg/560km-580km	12시간	15일	3.2mX0.4m	이온 추진체

이 위성에서 제공하는 서비스는 다양한 형태의 SAR 이미지를 기반으로 다양한 정보와 융합된 서비스 보내준다. 도표 7-13은 여러 가지 모드로 관측 대상물의 다양한 크기 및 해상도 등을 통해 소비자가 원하는 정보를 제공하기 위한 많은 선택지를 제공하는 것을 보여준다.

모드	SPOT MODE	STRIP MODE	SCAN MODE
제공 정보	가장 고해상도의 정보를 제공하며, 대상을 식별하거나 밀리미터 단위의 변화를 측정할 때 사용	중간정도의 해상도를 제공하는 모드로, 물체를 탐지하거나 환경에 대한 이해도를 높일 수 있는 정보 제공	넓은 해양이나 육상을 감시하기 위해서 10,000km²를 하나의 이미지로 제공한다. 기름유출 등을 모니터하는 데 유용

출처: ICEYE 홈페이지.

HawkEye 위성은 전세계 유일의 전파분석기업Radio Frequency: RF data analytics company HawkEye에서 2018년 상업용 목적으로 운용 중인 위성이다. Air Bus, Raytheon 기업 등이 투자하고 정보를 받고 있다. 지구에서 사용되는 다양한 전파영역electromagnetic spectrum의 상품radio frequency-centric solutions을 수집·분석·제공하는 기업이다. HawkEye에서 운용하는 대표적인 위성체계의 현황은 도표 7-14와 같다.

▶ 도표 7-14 합동정밀접근·착륙체계(JPALS) 운용 개념도

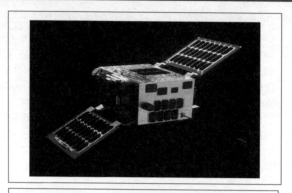

CLUSTER 위성

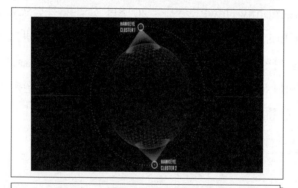

짝을 이루어 탐지

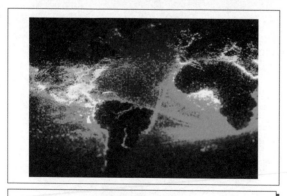

관측된 전파 모습

출처: ICEYE 홈페이지.

도표 7-14의 첫 번째 사진은 HawkEye의 군집위성을 이루는 위성의 모습이다. SAR 위성과 같이 커다란 레이더를 가지고 있는 동시에 전파를 수신할 수 있는 안테나를 보유하고 있다. 이러한 단위 위성이 군집을 이루어 전파를 빠짐없이 탐지할 수 있도록 군집을 이루게 된다. 중간 그림은 이러한 위성이 재방문주기에 맞춰 지구를 공전할 때 지구 반대편에 짝을 이루어 돌 수 있도록 궤도를 설계하게 된다. 마지막 그림은 실제 HawkEye에서 제공하는 해상의 전자파신호 데이터를 시각화 한 것이다. 이는 넓은 면적을 개괄적으로 볼 수 있는 자료이고, 작은 면적에 대해서는 보다 자세한 정보를 추가로 제시한 영상도 제작 및 제공이 가능하다. 작은 면적의 신호정보는 특히 AIS 정보와 융합하여 AIS 정보가 허위인지 아니면 실제 신호인지를 식별하는 데 유용하게 사용된다.

　　HawkEye는 전자파를 발생하는 레이더, 통신기 등 다양한 물체를 탐지할 수 있다. 이러한 정보는 우주에서 광학으로나 SAR 영상으로 탐지가 되지 않는 부분도 탐지될 뿐 아니라, 넓은 범위에 의미 있는 정보를 모니터할 수 있어 다양한 용도로 사용이 된다. 특히, 국방분야에 있어서 매우 유용한 정보를 제공하고 해양이라는 넓은 특성을 가진 공간에서 유용하다. 도표 6-15는 국방, 해양, 장거리 통신, 위기대응 등 다양한 분야에 제공되는 정보의 종류를 나타내고 있다.

▲ **도표 7-15** HawkEye에서 제공하는 정보

구분	주요 정보 내용
국방	보이지 않는 적 탐지, 국경관리 등
해양	선박들의 불법행위, 해적, 밀입국, 탐지·추적 등
장거리 통신	장거리통신 전자파 추적 및 가시화 등
위기 대응	재난지역의 남아있는 통신회선 탐지 및 정보제공 등

위에서 살펴본 외국의 정부 및 민간에서 운용하는 위성시스템에 대해 우리나라 해군이 어떤 방식으로 활용하는 것이 가능할까? 우리나라 해군에서 활용을 희망한다고 해도 국가 간 협조 및 사용에 필요한 제반 보조적 절차가 필요하겠지만, 그 필요성에 대해 먼저 살펴보고자 한다.

우선, 미국 합동 극지위성체계이다. 미국의 극지위성체계의 큰 장점 중 하나는 광학장비가 매우 우수하다는 것이다. 이는 해양에서 빛의 분포를 쉽게 알 수 있게 해준다. 특히, 야간에는 정박 중인 함정을 포함하여 특히 항해하는 거의 모든 선박이 불빛을 밝히는등화 작업을 의무적으로 수행하게 되어 있다. 이는 매우 유용한 정보로 한반도 주변 해양에서 불빛 정보를 통해 조업하는 선박의 활동 규모를 판단할 수 있기 때문이다. 이는 해양영역인식에 매우 중요한 정보인데, 특히 한반도에서 북방한계선NLL 주변의 어업규모, 중국에서 출항한 선박의 한반도 주변 조업 여부를 감시하는데 매우 유용할 것으로 보인다. 해군에서 이용한다면 배타적경제수역EEZ에서의 불법조업활동을 식별할 수 있을 뿐만 아니라 해군함정의 기동로 판단을 지원할 수도 있다. 또한 해수의 어둡고 밝은 상태를 확인할 수 있는 탁도 정도를 파악하여 잠수함 소나SONAR의 전술탐지거리 등을 판단할 때 작전적 활용이 가능하다.

▶ 도표 7-16 | 한반도 주변 야간 중 해양에서 불빛 정보(Suomi-NPP, NOAA-20)

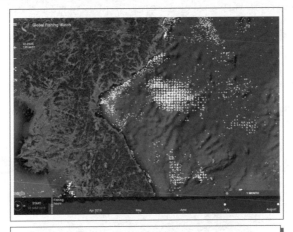

야간 불빛

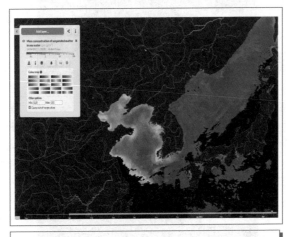

물의 탁도

출처: 야간 불빛(https://globalfishingwatch.org/map/);
　　　물의 탁도(https://worldview.earthdata.nasa.gov/)..

　　또 다른 정보는 표층수온, 염분, 부유퇴적물, 투명도 등 해수 표면의 환경
에 대한 내용이다. 이러한 정보는 넓은 면적을 동시에 감시하는 것이 가능하
기 때문에 해양에서 특히 유용하게 활용될 수 있다. 표층수온, 염분, 부유퇴

적물 등은 수중의 음향이 진행하는 역학에 매우 중요한 정보로 당시의 잠수함에 대한 탐지 가능성을 계산할 수 있다. 한편 투명도는 잠수함을 공중에서 시각 등에 의존한 비음향체계로 탐색하거나 기뢰전 및 구조작전, 상륙작전 등에서 시각으로 무엇을 찾아야 할 때 매우 유용한 정보를 제공할 수 있다. 도표 7-17은 한반도 주변의 환경 중 염분 수치와 수중 시정에 대한 정보를 나타내고 있다.

▶도표 7-17 한반도 주변 야간 해양환경 정보(Suomi-NPP)

염분 수치

수중 시정

출처 : https://marine.copernicus.eu/access-data/myocean-viewer.

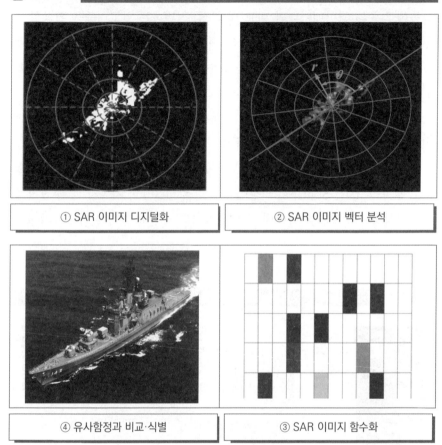

① SAR 이미지 디지털화

② SAR 이미지 벡터 분석

④ 유사함정과 비교·식별

③ SAR 이미지 함수화

출처 : Ji-Wei Zhu·Xiao-Lan Qiu, 2017.

유럽 Copernicus Space 프로그램에 대한 활용 방안을 살펴보면 다음과 같다. 이 프로그램의 장점은 세밀한 SAR 이미지를 제공한다. 이러한 장점을 이용하여 해상의 다양한 함정에 대한 탐지뿐만 아니라 식별에도 이를 활용하는 것이 가능하다. 해양의 넓이가 워낙 넓다 보니 정보 미상의 함정이나 정체 미상의 물체를 확인하기 위해 직접 전력을 보내서 근거리에서 식별하는 것은 매우 제한될 것이다. 따라서 SAR 영상만으로 식별하는 체계는 매우 중요하다. 구체적인 식별방법은 위성의 SAR 이미지를 벡터적으로 분석 후 수치화를 통해 기존의 영상데이터와 비교 및 분석, 식별하는 알고리즘을 활용할 수 있다. 도표 7-18은 그러한 알고리즘의 개념을 나타낸다. 처음 SAR 이미지를 분석하고, 이를 벡터화한 후에, 이를 함수화하여 기존에 가지고 있는 함정의 함수와 비교해 식별하는 개념이다.

다음은 한반도 주변에서 활동하는 함정의 위치를 영상으로 수집하는 것이다. 이는 다수의 Sentinel 위성의 재방문 주기 고려, 한반도 주변 영상의 조각들을 수집하여 우리가 원하는 해역의 정확한 영상 획득 및 분석이 가능하다. 도표 7-19는 Sentinel 위성이 한반도 주변을 1회 지나갈 때 수집될 수 있는 영상정보의 크기를 나타내고, 영상정보의 조각이 얼마나 필요한지 보여준다.

▶ 도표 7-19 Sentinel-1,2를 통해 3일간 수집된 구간 정보 모음

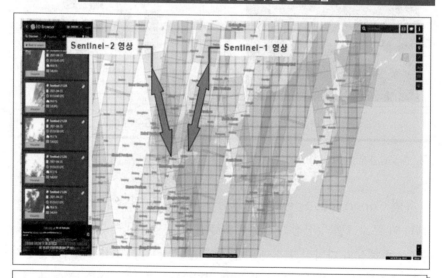

Sentinel 1, 2 합성

출처 : https://apps.sentinel-hub.com/eo-browser/.

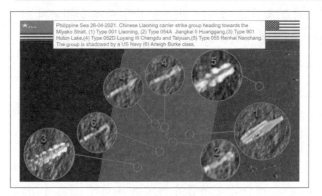

필리핀 근해에서 랴오닝함(①) 항모전단 사이로 Arleigh Burke급 구축함(⑥)이 지나가는 장면 촬영 (2021. 4.26.)

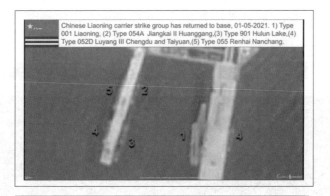

랴오닝함(①) 항모전단이 필리핀 근해 기동훈련을 마치고 모항으로 돌아온 모습 촬영(2021. 5. 1.)

출처: OSINT(Open Source Intelligence)-1(Sentinel 위성이미지).

다음으로 이러한 방법을 활용하면 원해에서 활동하는 미식별 함정에 대한 감시 및 추적이 가능하다. 도표 7-20에서 정리된 SAR 영상은 유럽우주국에서 공개용으로 온라인에 게시한 내용을 민간 분석자가 조합 및 식별하여 소셜미디어SNS에 게시한 위성사진이다. 사진과 같이 해양에서 활동하는 항모전단은 물론이고 활동을 마치고 항구에 정박 중인 함정까지 탐지·추적·식별이 가능하다. 해양에서 활동을 하거나 다른 국가의 군항에 정박한 함정을 탐지하는 것이 매우 제한되는 상황에서 이러한 공개 정보는 매우 유용하게 활용할 수 있는 정보자산이라고 볼 수 있다.

한편 Sentinel 위성의 SAR 영상 자체만으로도 우리가 필요로 하는 매우 유용한 정보를 만들어 낼 수 있다. 거기에 더해 위성의 전파가 방해받는 것을 이용해서도 유용한 정보를 만들어 낼 수 있다. 예를 들어 위성의 정보전달을 위한 전파 송신이 해상이나 지상의 레이더 전파에 의해서 방해받는 현상을 이용해 재방문시 전파 끊김 현상을 이용한 레이더 위치를 파악할 수 있다. 도표 7-21은 이러한 현상을 이용하여 북한의 서해안에서 운용 중인 레이더를 탐지하는 개념도를 나타낸다. 같은 지역을 2번 이상 지나가면서 전파방해를 받은 방향이 교차하는 지역에 특정 레이더가 운용된다고 판단할 수 있다.

▶ 도표 7-21 위성의 전파 끊김 현상을 이용한 레이더 위치 파악 개념도

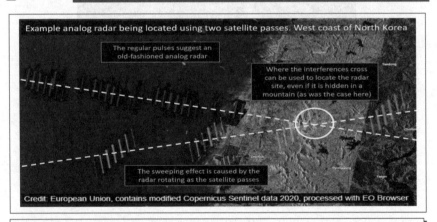

Sentinel 위성이 2번 통과하면서 전파에 간섭을 받는 현상을 이용한 적 레이더 추적 알고리즘

출처: H I Sutton, 2020.

다음은 HawkEye 위성이다. HawkEye는 기본적으로 전자파를 수집하는 위성이다. 현재 바다에 떠 있는 함정은 모두 레이더 혹은 통신기의 전자파를 사용한다. 전파를 쓰지 않는 함정은 거의 불법을 행하는 선박일 확률이 높다. 그래서 전자파를 확인하거나 또는 전자파가 없는 것을 확인하거나 하는 두 가지 모두가 유용한 정보가 될 수 있다. 우선 전파를 인지하는 것은 함정에서 사용하는 다양한 전자파, 예를 들면 S/X Band, 대공·대함 레이더, 그리고 통신 전자파 등을 수집 및 분석하여 함정의 종류를 유추할 수 있다. 각각의 함정에서 사용하는 전자파는 레이더의 종류, 통신기의 종류에 따라 다르고 그 종류에 따라 함정의 종류도 어느 정도 유추가 가능하다. 그러므로 전자파를 수집해 분석하는 것은 탐지뿐만 아니라 식별의 용도로도 사용이 가능하다.

또 다른 하나는 레이더, SAR 영상, AIS 등의 탐지장비에는 탐지가 되었으나 전자파가 없는 함정을 탐지하는 것이다. 이러한 함정은 레이더를 작동하지 않거나 통신기를 운용하지 않는다는 것을 의미함으로 일반적인 목적 항해를 하지 않는 선박으로 고려할 수 있고, 나아가 관심이 필요한 함정이 된다.

Sentinel 위성의 활용에서도 설명했듯 전파의 탐지는 기본적으로 방향성만을 갖게 된다. 이러한 특성을 이용하여 전파방해를 받는 방향을 여러 번 측정하여 교차지점을 찾는 방식으로 전파를 방사하는 지점을 식별할 수 있다. 예를 들어 섬이나 해안에 설치된 레이더 사이트의 정확한 위치를 알 수 있다. 도표 7-22는 그러한 위치를 찾는 개념을 나타낸다.

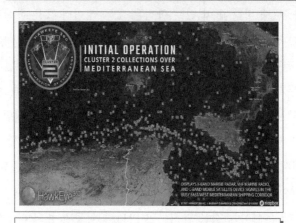

L/X-band Radar, VHF Marine Radio

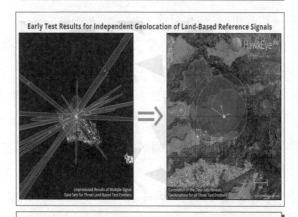

위성에서 여러 번 방탐하여 전파원(레이더, 함정 등) 위치 확인

출처: Hawkeye 홈페이지.

다음은 ICEYE 위성이다. ICEYE는 SAR 이미지를 제공하는 업체이다. 물론 유럽에서 운용하는 Sentinel도 SAR 정보를 제공하지만, EU라는 국가연합 수준에서 운용하는 것이기 때문에 여러 가지 정보제공에 제약이 있다. 하지만 ICEYE는 상용 위성으로 정당한 대가만 치른다면 제공할 수 있는 최대한의 정보를 제공하게 된다.

그렇다면 ICEYE에서 제공하는 SAR 영상정보를 어떻게 활용할 수 있을까? 우선적으로 SAR 이미지와 AIS 정보를 종합하여 의심스러운 선박을 식별하고 추적할 수 있다. 도표 7-23은 ICEYE에서 제공하는 SAR 영상만을 가지고 선박을 추적하거나 AIS 정보 및 전파정보와 융합하여 보다 가치있는 정보를 제공하는 것을 보여준다. 이는 ICEYE에서 제공하는 다양한 SAR 정보와 융합정보를 나타내고 그러한 정보가 나오는 개념이다.

▶ 도표 7-23 ICEYE 이용 선박 식별 및 추적 개념도

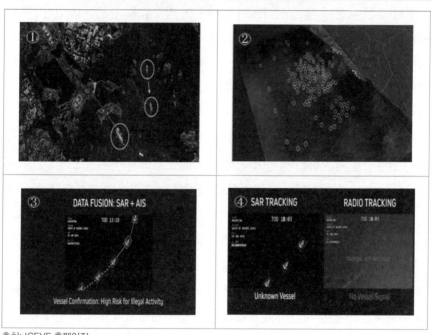

출처: ICEYE 홈페이지.

도표 7-23의 내용에 대한 설명은 다음과 같다. ① 2개의 다른 시간 때의 SAR 이미지를 겹쳐서 한번은 녹색, 한번은 붉은색으로 표시하여 표적의 이동감시가 가능하다. ② SAR 이미지와 AIS 정보를 중첩하여 일치하면 녹색 동그라미, AIS 정보가 없으면 적색 동그라미로 표시하여 미식별 선박에 대한

식별이 가능하다. ③ SAR 이미지와 AIS가 중첩될 때는 녹색으로, AIS 정보가 없는 SAR 접촉물은 노란색으로 표시하여 불법행위의 가능성이 높은 표적을 식별하는 것이 가능하다. ④ SAR 이미지만 있고, 여러 가지 전자기정보레이더, 통신기 등 정보가 없는 접촉물을 식별하여 의심 선박으로 특별 감시가 가능하다.

다음은 상용 SAR 이미지를 이용한 잠수함 탐지 방법이다. 잠수함이 모항 내 기지를 떠나 잠항 항해를 시작하면 잠수함의 위치와 항로에 대해서는 거의 탐지가 어렵다고 볼 수 있다. 이러한 잠수함의 은밀성으로 인한 전략적·작전적 장점 때문에 많은 국가들이 앞다투어 잠수함을 건조하고 있다. 특히, 원자력추진잠수함은 한 번 잠항을 하면 식량이 허락하는 한 수면 위로 부상하지 않고 무제한으로 잠항 상태를 유지하는 것이 가능하기 때문에 더욱 탐지가 어려운 전략 자산이다. 우주전장시대를 대비하여 잠수함을 탐지하는 데 있어 위성 전력을 이용하는 두 가지 방안을 제시하면 다음과 같다.

첫째, 위성에서 LiDAR를 이용하여 탐지하는 기술을 통해 수중에서 항해하는 잠수함을 탐지하는 방안이다. 앞에서도 소개했지만 위성에서 LiDAR를 운용하면 지구의 어디에서도 잠수함을 탐지하는 것이 상대적으로 용이하다. 이러한 기술은 먼 미래의 기술이 아니다. 일례로 중국 기업 중 일부는Shanghai Institute of Optics and Fine Mechanics 이미 레이저green and blue light를 이용해 160m 수심에서 잠수함을 탐지하는 것에 성공했으며, 향후 최대 480m 수심의 잠수함 탐지 기술을 개발 중이다. 이러한 기술을 상용화하거나 군용으로 전환하기 위해서는 상당한 시간이 걸리겠지만 개념이 개발되어 실험이 진행 중이라는 사실에서 가까운 미래에 현실화될 기술인 것은 분명하다.

한편 미국은 이미 LiDAR 기술을 군사용으로 적용하여 사용하고 있다. 해군에서는 기뢰를 탐지하기 위한 항공용 LiDAR 장비AN/AES-1 /Airborne Laser Mine Detection System: ALMDS를 이용해 저수심에 있는 기뢰를 탐색하는 용도로 운용 중에 있으며 이러한 개념을 다른 작전에도 적용하기 위해 고민 중이다.

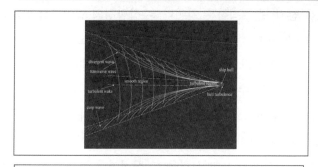

다양한 종류의 함정 웨이크
Different components of ship wake

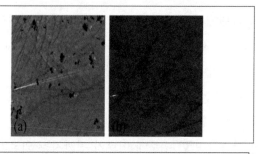

2m-resolution 이미지
Warship wakes at cruising speed

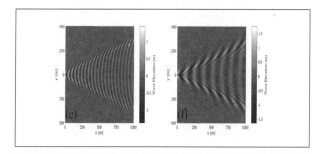

전투함 웨이크 분석
The wake elevation distribution of Warship

출처 : Yingfei Lui·Ruru Deng, 2018.

두 번째 방안은 위성을 이용하여 잠수함이 만드는 미세한 수상웨이크 surface wake를 탐지 및 추적하는 것이다. 수상함정의 웨이크를 탐지해 탐지 및 식별하는 기술은 이미 나와 있고, 운용 중에 있다. 도표 7-24는 수상함의 수상웨이크를 영상으로 촬영해 분석하는 기법을 나타낸다.

잠수함도 미미한 수준이지만 항해 시 수상의 웨이크를 만든다. 도표 7-25는 그러한 웨이크가 어떻게 만들어지는지에 대해 나타낸다. 잠수함이 만들어내는 미세한 웨이크를 탐지하는 기술의 특허는 이미 출원되어 있다. 아직까지 실제 위성을 이용한 실험을 한 실적이나 논문은 찾아볼 수 없지만, 개념대로 기술이 발달한다면 가까운 시기에 충분히 적용할 수 있는 기술이라고 판단된다.

지금까지 국내에서 운용하는 다양한 정보위성을 시작으로 국외의 국가 수준에서 운용하는 위성, 그리고 상용위성의 현황을 정리했다. 제반 기술적 진보에 발맞춰 우리나라 해군에서 운용 가능한 몇 가지 사례와 잠재적인 용도까지 살펴보았다. 국내 기술로 다양한 위성을 확보하는 것이 여러 가지 측면에서 효과적이고 편익이 있다. 그러나 국내 연구소 및 기업에서 보유한 기술적 진보가 만족할 만한 수준에 이르기 전까지는 외국의 다양한 위성을 활용하는 방안도 함께 고민하는 것이 필요하다.

▶ 도표 7-25 SAR 영상을 이용한 베르누이 혹으로 잠수함 탐지 개념

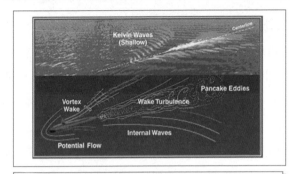

캘빈파의 예를 도시한 도면

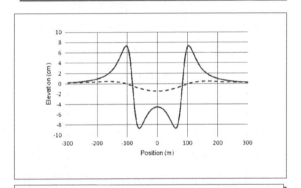

베르누이 혹 형태의 예를 도시한 도면(Ohio급 / 170m)

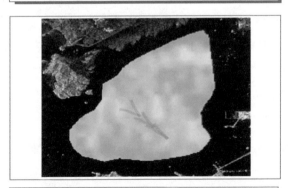

충분한 중첩으로 해면상 자연파는 제거하고,
규칙적 파동인 캘빈파를 선명 표시

출처: 박영철, 2018.

다 국내 통신위성 현황 및 활용

주로 한반도를 작전 범위로 하는 육군, 공군, 해병대와는 다르게 해군의 작전 범위는 바다로 이어진 전세계라는 점에서 통신위성을 활용하기 위한 방식과 필요성에 대한 인식에 차이가 있다. 일찍부터 해군은 타군과는 다르게 위성통신망을 주 통신망으로 사용하고 단거리 통신인 전파통신을 부 통신망으로 통신해왔다.

국내 통신위성 현황은 크게 무궁화 위성 계열과 군 전용위성인 ANASIS 위성으로 나뉜다. 무궁화 위성은 우리나라의 위성통신과 위성방송사업을 담당하기 위해 발사된 특화 통신위성이다. 운용 주체는 우리나라 위성통신 기업인 KTsat이 1989년 정부로부터 국내 위성사업자로 지정받아 이듬해인 1990년 7월 2일 위성사업단을 발족하면서 시작하였다. 이 위성은 프랑스/이탈리아 소재 기업인 '탈레스-알레니아 스페이스'사에서 개발 및 제작하여 우리나라에 납품한 제품이다.

각 위성별 특징을 살펴보자. 무궁화 1호Koreasat 1 위성은 1995년 8월 5일 미국 플로리다의 케이프 커내버럴 발사장에서 맥도넬 더글러스 사의 델타 II 7925 로켓에 실려 발사되었다. 이후 6년간 외국사업자의 경사 궤도 운용용으로 임대된 후 수명을 다해 2005년 10년 4개월간의 임무를 종료하고 폐기되었다. 무궁화 2호Koreasat 2 위성은 1996년 1월 14일에 성공적으로 발사되어, 1996년 7월부터 무궁화 1호의 임무를 분담해 함께 운용 및 상용방송을 개시하였다. 현재 홍콩에 임대 중이며, ABS-1A호라는 명칭으로 운영 중이다. 무궁화 3호Koreasat 3 위성은 1999년 9월 5일에 아리안 로켓에 의해 발사되어 운용 중이다.

무궁화 5호Koreasat 5/ANASIS-I 위성부터 군에서 유의미하게 운용하기 시작했다. 무궁화 5호는 2006년 8월 22일에 상업용 겸 군사용으로 발사되었다. 군사용 통신영역이 수백 km에서 반경 6천km로 확장되는 데 기여한 통신위성이다. 청해부대 등 해외 작전 부대에서 이 통신위성을 실제적으로 이용하고 있다. 2012년 북한이 무궁화 5호에 전파교란 공격을 하기도 했으며, 그 이후 항재밍관련 전력 또한 점진적으로 발전하고 있다. 무궁화 5호 자체의 위성 운용에는 문제가 없었으나, 위성의 수명문제로 후계 위성ANASIS-II을 쏘아 올렸다. 지금까지는 군사전용 위성이 없이 겸용으로 사용했기 때문에 다양한 제한점이 있었다. 15년간의 임무를 마치고 후속으로 ANASIS-II 군사전용 위성으로 대체될 예정이다.

무궁화 6호Koreasat 6 위성은 올레 1호olleh 1라고 불리기도 하며, 2010년 12월 남미 기아나 우주센터에서 발사되어 상업적으로만 운용되고 있다. 무궁화 7호Koreasat 7 위성은 2017년 5월 남미 기아나 우주센터에서 발사되어 상업용으로 운용 중이다. 무궁화 5A호Koreasat 5A 위성은 2017년 10월 플로리다 케이퍼 커내버럴 우주센터에서 스페이스X 팰컨 9 로켓을 통해 발사되었다. 태양전지 고장으로 수명이 감소한 무궁화 5호를 대체하는 후계위성으로 운용 중이다.

아나시스-IIANASIS-II / 유로스타 E3000 위성은 2014년 차기 전투기 사업으로 F-35A 전투기를 선택할 때, 록히드 마틴과 절충교역으로 계약하여 F-35A의 가격 하락분을 위성 설계·제작·발사 비용으로 충당하는 방식으로 해결하였다. 록히드 마틴은 에어버스 디펜스 앤 스페이스에 하청계약을 하여 아나시스 2호를 제작하여 우리나라에 납품하였다. 이로써 우리나라는 세계 10번째 군사위성 보유국이 되었다. 2020년 7월 20일 팰컨 9 로켓에 실려 발사되어 시험평가 및 전력화가 진행 중이며, 2022년 내에 평가 및 전력화가 완료되어 실전배치 될 예정으로 알려진다.

이상 정리한 내용은 합동망에 관한 내용이며, 우리나라 해군에서 사용하는 대표적인 위성망으로는 해상작전위성통신체계MOSCOS가 있다. 이 체계는 해군작전을 위한 주 통신망으로 운용한다. 운용대상은 고속정PKM 이상 함정, 육상 지휘소 등으로 해군 내 거의 전 함정이 사용한다고 보면 된다. 위성의 대역폭은 무궁화 5A호대체위성 5/6/8의 130MHz이다.

MOSCOS가 해군만을 위한 통신체계라면 ANASISArmy Navy Airforce Satellite

Information System는 합동작전을 위한 합동위성통신망이다. 운용개념은 합동작전을 위한 주 통신망으로 운용한반도~마샬제도/아덴만 근해한다. 운용대상은 1급함 이상의 기함급 함정이나 육상 지휘소 등이다. 주로 대형함정에서 타군과의 합동작전을 위해 사용한다고 보면 이해가 쉽다. ANASIS 위성의 대역폭은 무궁화 5호의 55MHz와 동일하다.

▲ 도표 7-26 해군에서 운용하는 통신위성 현황

구 분	용 도	운용 통신	운용 함소
MOSCOS (해상작전 위성통신체계)	해군전용 작전통신망	KNCCS(KNTDS 포함), CENTRIXS, DMHS, VoIP, 실시간문자망, 함정영상, VTC, 비화전화, 국방망 등	•육상: 작전사, 함대사, R/S •해상: PKM 이상 전 함정
ANASIS (군위성 통신체계)	합동 작전통신망	KNCCS, KJCCS, 국방망, 비화전화, LINK-K	•육상: 작전사, 함대사 등 •해상: 기함급 함정 * DDH/G, LPH, FFG, AGS, SS-II
상용위성 (고정용, 휴대용 등)	국외/비상 작전통신망	상용위성 기반 DMHS, 실 시간문자망, 인터넷, 위성전화	•고정용: 기함급 함정 •휴대용: PCC 이상

군용 통신망이 불가능할 때 사용되는 예비 망으로는 인마샛이나 위성전화와 같은 상용 위성통신망이 있다. 운용개념은 군 위성통신체계 도달거리 제한에 따른 비상 통신망으로 운용한다. 청해부대, 순항훈련부대 등 해외 작전 및 훈련 시 주로 전화, FAX, Data 통신용으로 운용 중에 있다. 운용하는 형태는 주요 함정에 고정형으로 사용하거나 또는 필요시 휴대형으로 사용할 수 있다. 통상적으로 해외 작전 임무를 수행하기 위해 출항할 때는 고정형, 특정 임무에 한해 단기간에 임시적으로 운용할 때는 휴대형을 이용한다.

구분		운용대상	용도
고정형	FB-500	DDG, DDH 기함급	비상 통신용
	SAFARI	잠수함	주 작전통신망
	스피드캐스트	원해 작전/훈련함 (청해, 림팩, 순항훈련 등)	연합국 간 주 통신망
휴대용	IsatPhone/ 트라야/이리듐	출동함정	비상통신용

라 국외 통신위성 현황 및 활용

해상에서 임무수행 시 해군은 국내의 통신위성을 이용하여 작전을 수행하고 있다. 이는 한반도에서만 사용이 가능하고 군 전용위성이 아닌 상용 위성의 주파수를 나누어 사용하고 있으며, 다른 국가와 호환이 어렵다는 제한점이 있다. 이러한 제한점을 극복하기 위해 외국에서 사용하는 최신 상용 위성의 주파수 및 시간을 대여하여 사용하는 방안을 고민할 필요가 있다. 현재 가장 최신화되고 지구 전체를 대상으로 통신서비스를 제공하고 있는 것은 SpaceX 사의 Starlink가 유일하다. 그렇다면 Starlink의 개념, 기능 등을 알아보고 해군에서 이를 어떻게 활용하는 것이 가능한지 확인할 필요가 있다. 그런 차원에서 Starlink와 관련된 몇 가지 사실을 확인해보면 다음과 같다.

Starlink의 기본개념은 전 지구에서 사용할 만큼의 초소형 위성군을 저고도에 올려 전세계에 통신서비스를 제공하는 것이다. 예전에 구글Google에서 기구에 인터넷 중계기를 수천 개 올려보내 전 지구에 인터넷 서비스를 제공하겠다고 선언한 것을 초소형 위성으로 대체한 개념이다.[4] 2021년 5월 기

---

4   Google이 2013년에 풍선에 의해 인터넷을 제공하는 'Project Loon'을 시작하여, 2016년에 실제 비행 테스트를 진행했다. 2020년에는 케냐에서 시험적인 상용 운전도 시작하고, 35개의 풍선이 5만 평방 킬로미터에 걸쳐 Wi-Fi를 제공하고 있다. 순조롭게 개발이 진행되고 있는 것처럼 보였던

준으로 이미 1,737기의 위성발사를 완료하여 주로 미국 내·외 베타 서비스를 시작하였고, 위성을 활용한 통신서비스 범위를 점진적으로 확대 중이다. 이 위성을 통한 통신속도는 50Mb/s~150Mb/s이며, 지연은 20m~40ms 수준으로 일반적으로 유튜브Youtube와 같은 영상서비스를 제공하는 데에도 문제가 없을 만큼의 속도 및 지연의 최소화를 실현하였다.

▶ 도표 7-28　Starlink 개념 및 운용 현황

소형 위성 간 레이저로 통신

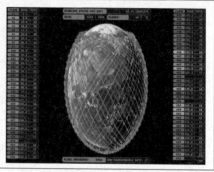
42,000기의 위성을 지구에 표한 형상

출처 : Advanced Television, 2021.

도표 7-28은 Starlink의 개념 및 운용 현황을 도식화한 것이다. 도표 7-27에서 보듯이 Starlink의 최적화된 운용을 위해 최종적으로 42,000기의 초소형 위성을 발사하여 전세계에 걸쳐 통신 및 인터넷 서비스를 개인에서부터 기업, 그리고 국가에 이르기까지 포괄적으로 제공할 예정이며 현재도 누구든 가입만 하면 베타버전의 서비스를 이용할 수 있다.

한편 2020년 9월 SpaceX 사는 함정에서도 Starlink를 사용할 수 있는

Loon이었지만, 2021년 1월 22일 Loon의 대표인 Alastair Westgarth씨는 "Saying goodbye to Loon"이라는 기사를 공개했다. 프로젝트의 중지에 대해 "장기적으로 지속 가능한 비즈니스를 구축할 만한 저비용을 실현하지 못했다"라는 이유라고 설명하였다.

터미널 설치를 위한 허가신청을 해 놓은 상황이다. 무리 없이 이 신청이 받아들여질 경우 앞으로는 함정에서도 Starlink를 사용할 수 있다. 미 해군에서 이를 우선적으로 적용할 수 있을 것이다. 미국에서 사용을 하면 이를 벤치마킹하여 우리도 도입을 검토해 볼 만하다.

2019년 미 공군연구소Air Force Research Laboratory: AFRL에서 C-12 Huron 항공기와 Starlink 간 통신을 시험하였다. 추가적으로 2019년 말에는 Starlink를 이용하여 AC-130과도 통신에 성공하였다. 2020년에는 가까운 시기에 Boeing KC-135 Stratotanker 등 다양한 공군자산의 통신망으로 이용될 수 있을 것으로 전했다. Starlink가 상용망임에도 불구하고 군용으로 사용하기에 문제가 없다는 의미이다. 물론 이를 위한 제반 보조장치와 적의 사이버 위협의 취약성을 극복할 수 있는 보안장치를 구축하는 등 후속과제들이 남아 있다.

이처럼 미국을 시작으로 함정에도 설치가 가능하고, 군용으로 사용한 사례도 있기 때문에 장차 우리나라 해군에서 해외작전 시 이 통신망을 임차하여 사용하면 현재의 사용망보다 넓고 질 좋은 통신망을 확보하는 것이 가능할 것으로 판단된다. 실제로 자체적인 위성망을 갖추기 이전에 상용화된 위성을 활용한 최적의 우주작전 수행 방안을 찾는 노력의 일환에서 Starlink 도입 및 활용을 추진 중이다.

제1절에서는 우주 자산을 이용하여 해양작전을 보다 효율적으로 할 수 있는 방향으로 전력 운용 방안을 제시하였다. 이 절에서는 합동 우주 전력에 기여하는 방향으로 어떤 해군전력이 필요하며, 앞으로 해군전력이 어떻게 소요 제기 되어야 하는지에 대해 논의한다.

첫째, 해양 기반 우주영역인식 전력이다. 우주 공간의 물체는 태양 활동에 영향을 받게 되며, 특히 태양 폭발 시에는 급격히 증가하는 전자기 방사 및 고에너지 입자로 인해 위성체 표면의 도료 등의 효율을 감소시켜 탑재체 구성품에 물리적 또는 전기적 고장을 일으키는 등 위성의 기능을 저하시키거나 심한 경우 위성의 오작동을 유발할 수도 있다. 이러한 현상에 따라 정밀유도무기, 무선통신장비 등 우리나라 해군의 무기체계에도 일정 부분 영향을 줄 수 있다. 따라서 이러한 태양활동에 대한 정보를 제공하는 우주 기상정보는 군사작전 전반뿐만 아니라 특히 정밀무기체계가 많은 해군작전에 필수적이다.

현재 우주 기상에 대한 예·경보는 민간기관이 주도하고 있으며, 관련된 분야가 태양 우주 환경 연구 및 민간 전파환경 재난 대응이 주목적이다. 따라서 군에서 이 정보를 그대로 활용하기에는 어려운 점이 많다. 다행히 국방 차원의 우주 기상 예·경보 체계가 전력화를 위한 단계를 진행하고 있으며, 일정대로 간다면 2025년에는 전력화가 완료될 예정이기 때문에 해군에서는 군 전용 우주기상 예·경보 체계를 포함하여 민간자산에서 생산되는 우주 기상정보를 해군작전에 적극 활용할 수 있다. 앞으로 해군이 활용 가능한 우주 기상 예보 및 경보체계의 운영개념은 도표 7-29와 같다.

▶ **도표 7-29** 우주 기상 예·경보체계 운영개념

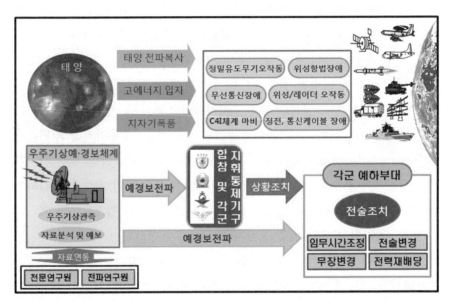

출처: 저자 작성

도표 7-28에서 보듯이 기본적으로 천문연구원과 전파원구원에서 관측한 우주 기상을 기반으로 분석된 자료 및 기상 예·경보를 합참 및 각 군에서 그 대로 사용하는 체계이다. 군에서 별도로 우주 상황을 인식하고 이를 분석하는 체계는 보유하지 않다.

또 다른 방법은 공군 우주작전전대 정보를 활용하는 방법이다. 이 방법에 대한 구체적인 논의를 위해서는 우주작전전대에서 가장 많이 활용하고 있는 미 우주군의 우주영역인식에 대해 먼저 알아봐야 한다. 세계에서 최고의 우주영역인식 자산을 가진 미군의 정보를 우리나라와 공유하고 있다.

미국이 이용하는 우주영역인식체계는 크게 세 가지 부분으로 나누어진

다. 상용자산, 정부자산, 그리고 국제적 파트너 자산이다. 우선, 상용자원은 크게 상용 전파탐지안테나commercial RF tracking 및 상용 가시광선추적안테나 commercial optical tracking를 이용한다. 국가기관에서 운용하는 자원은 탄도탄조기 경보레이더missile warning radar 및 미 우주군우주감시체계U.S. Space Force Surveillance Network / multiful distributed sites를 이용한다. 미국은 자국뿐만 아니라 해외의 다양한 협정국가들과도 우주 정보를 공유하고 있으며, 이는 국제협력채널 international partner data center을 통해 이루어진다.

실제 미국에서 이러한 정보자산을 이용하여 우주영역인식을 하는 자산은 도표 7-30과 같다. 실제 자산은 추적레이더tracking radar, 탐지레이더detection radar, 영상레이더imaging radar, 광학망원경optical telescope, 우주감시망 지휘통제체계space surveillance network command and control이다. 이러한 다양한 우주 감시자산은 전세계에 분포해 있으며, 각각은 자산별 장점을 살린 정보를 수집하여 연합우주작전센터The Combined Space Operations Center: CSpOC로 집결된다.

또한, 각각의 자산은 미국 전략사에서 직접 운영하기도 하고, 타 기관에서 운용하거나 타국에서 운용하여 획득한 정보를 융합하기도 한다. 미국에서 운용하는 전세계 우주영역인식에 관한 자산 현황은 도표 7-30과 같다. 이는 전세계의 어느 국가의 자산을 공유하는 것보다도 많은 정보를 확보할 수 있는 방안이다. 이러한 정보를 가진 공군 우주작전전대와 우주 상황에 대한 정보를 공유하는 것은 해양에서 작전을 수행하는 데 실질적인 도움이 된다.

▶ 도표 7-30 | 미 우주 감시체계(Space Surveilliance Network)

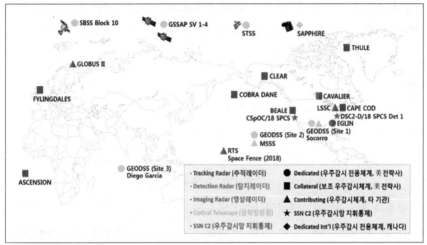

출처: US Spacecom White Paper on(2020).

이렇게 미국으로부터 받은 정보를 이용해 공군의 우주작전전대는 국가위성의 안전한 운용 정보를 가공·전파하는 시스템을 운용하고 있다. 이러한 정보는 국내에서 위성운용 기관항우연, KAIST, KTSAT, 국군지휘통신사령부과 정보를 공유하고, 협력을 통해 위성충돌 상황을 예방하고, 필요한 조치를 통해 위급상황 시 대응할 수 있다.

우리 군도 우주영역인식 능력 강화를 위해 2022년에 전자광학위성감시체계를 전력화하여 운용 중에 있다. 전자광학위성감시체계는 한반도 상공을 통과하는 인공위성의 첩보활동을 감시하고, 우주물체를 탐지·추적·식별하여 정보를 획득하는 임무를 수행한다. 이를 위해 전국 각지에 관측소를 세워 통합네트워크를 구축하였으며, 저궤도 위성 및 우주물체에 대한 궤도와 영상정보를 분석하여 우리 군의 주요 우주자산을 보호하는 역할을 수행할 예정이다. 다만, 전자광학위성감시체계는 악기상이나 주간에 임무수행이 제한되므로 이를 보완할 수 있는 추가적인 우주영역인식 체계가 필요한 상황이다.

그래서 해군에서도 우주영역인식을 위한 전력확보를 통해 합동 우주작전에 기여하는 방안을 고려해야 한다. 해군은 2008년 이지스 구축함 1번 함인 세종대왕함을 포함하여, 동급의 함정 3척을 운용하고 있다. 이는 북한의 탄도탄에 대응하는 작전을 비롯한 다양한 우주영역인식 작전에서 큰 역할을 담당하고 있다. 세종대왕급 이지스구축함은 실제 작전에 투입된 이후 수차례의 소프트웨어 성능개선을 통해 인공위성을 탐지·추적할 수 있도록 그 능력이 크게 향상되었다. 구체적으로 2017년부터 2020년까지 총 200여 회 이상 인공위성을 탐지·추적하는 등 훈련을 정례화하여 운용 중이며, 이러한 인공위성 정보는 데이터링크를 통해 타 함선과 정보교환이 가능하다는 사실을 확인했고, 실제로 이러한 방식으로 정보를 교환하고 있다.

세종대왕급 및 정조대왕급 이지스구축함은 S band 대역의 수동위상배열레이더를 사용하는데, 도입 이후 현재 하드웨어 성능 개량에 대한 검토가 이루어지고 있으며, 차기 이지스구축함 도입 시에도 이러한 SPY-1D 레이더에 대한 성능 개량에 많은 관심이 집중되고 있다. 성능 개량을 추진하려는 대안 레이더의 예상 후보군은 미국의 Arleigh Burke Flight III급에 장착되는 능동위상배열레이더 SPY-6 AMDRAir and Missile Defense Radar과 알래스카 쉐미야 섬 LRDRLong Range Discrimination Radar을 함상형으로 개량한 SPY-7이 가능한 대안이다.

이러한 능동위상배열레이더는 수동위상배열레이더에 비해 효율이 우수하고, 크기가 소형화됨에 따라 함상형으로 만들어 탑재 시 현재 운용하고 있는 수동위상레이더보다 약 3~6배 수준의 성능향상을 기대할 수 있는 것으로 알려진다. 따라서 이러한 업그레이드 방식을 통해 세종대왕급 이지스구축함의 우주 감시능력을 향상시킬 수 있기 때문에 이 레이더의 적극적인 도입이 필요하다. SPY-7 레이더는 이미 개발되어 있는 기술로 스페인에 수출 예정인 육상용 이지스 어쇼어Aegis Ashore에 적용 예정이며, 함정 성능 개량과 병행한다면 2030년대 초반에는 확보가 가능한 전력으로 전망된다.

미국의 이지스구축함을 구매하여 10여 년을 운용하면서, 우리나라 또한 함정의 레이더를 이용한 우주 감시의 기술을 어느 정도 축적했다. 우리나라 해군은 2030년대 전력화를 목표로 건조하고 있는 KDDX에 우리나라가 국내 기술로 자체 개발한 우리나라형 AMDR을 탑재·운용할 예정이다. 이는 통합 마스트 스타일의 SPY-6 AMDR과 동등한 성능을 발휘할 수 있는 수준으로 평가된다. 이를 통해 우주 감시능력을 보유함으로써 우주영역인식을 지원하는 함정으로 구축될 예정이다. 이렇게 된다면 2030년 중반 무렵 이지스구축함과 KDDX 등 총 12척의 해양 기반 우주 감시능력을 갖출 수 있다. 이것은 우주 감시 레이더를 별도로 확보하는 비용과는 별개로 함정 건조비용으로 우주 감시능력을 확보함에 따라 별도의 우주 감시레이더를 구축하는 것보다 훨씬 경제적이라는 장점이 있다.

또한 육상에 기반한 레이더에 대비하여 해양 기반 우주 감시 레이더는 기동성뿐만 아니라 이지스체계, 탄도탄요격체계, 대탄도탄요격유도탄 등 다양한 무기체계와 통합적으로 운용 가능하다. 이러한 장점을 활용한다면 북한의 탄도탄에 대한 대응뿐만 아니라 우주영역인식, 주변국의 다양한 위협, 우주위협대응, 우주작전 지원 등 다양한 우주 관련 기능을 하는 무기체계로의 발전이 가능하다.

예를 들어 위성은 한반도 상공뿐만 아니라 지구를 약 100분에 1회의 주기로 공전하면서 전세계를 이동한다. 이 위성을 효과적으로 운용하고 관제하는 동시에 위험에 대응하기 위해서 위성관제 시스템, 우주 감시 레이더, 우주 감시·추적장비를 갖춘 함정이 필요하다. 이러한 함정을 구축하기 위해서는 다음과 같은 기술체계가 반드시 요구된다.

첫째, L-Band 레이더가 필요하다. S-Band와 X-Band는 이미 KDDX 건조 사업에 반영되어 진행 중이기 때문에 크게 문제가 되지 않는다. 그러나 우주 감시를 위한 능력을 확보하기 위해서 L-Band 레이더는 추가로 개발 및 확보하거나 외국 감시 레이더를 구매하여 확보할 필요가 있다.

둘째, 우주 물체 식별·우주 감시·추적장비로서 전자광학 위성감시체계가 필요하다. 인공위성 잔해물과 위성 주변의 위협은 지구를 공전하면서 우리나라 상공을 지나지 않아 탐지에 어려움이 있다. 해양 기반 전자광학장비를 통해 범세계적으로 감시가 가능한 독자적인 체계 구축이 필요하다.

셋째, 레이저 기반 우주 물체 감시·추적 기술이 필요하다. 2021년 1월 국과연 방산기술센터와 한화시스템은 레이저 기반 우주 물체 감시·추적 핵심기술을 개발을 발표하였다. 한화시스템은 KDDX 전투체계 개발업체로 우주 물체 감시·추적 핵심기술과 연계하여 기술개발에 따른 어려움은 없다. 함정의 개념설계와 건조를 고려할 때 2030년대 중반 이후에는 전력화되어 해양에서 위성에 대한 관제와 우주 감시가 가능하고 이를 목록화할 수 있는 체계를 구축하는 것이 필요하다. 이뿐만 아니라 해상에서의 기동성이라는 장점을 활용하여 해상 우주 물체 감시·추적 장비를 대형함정에 설치하여 함정 전투체계와의 연동을 통해 우주를 감시해야 한다. 또한 해양정보함, 상륙함 등의 대형 함정에 설치함으로써 점차적으로 제반 작전임무 수행 시 이를 효과적으로 수행할 수 있는 체계 구축이 필요하다.

넷째, 양자레이더와 광자레이더 기술이다.[5] 국과연에서 핵심기술로 고려하고 이들을 개발하고 있으며, 개발 이후에는 우주 감시체계에 적용하여 활용할 필요가 있다. 광자레이더의 기술발전추세를 고려하면 향후 10년 내 현 AESA 레이더 체계를 준용하면서도 주파수 대역을 다양하게 사용할 것으로 전망된다. 이에 따라 현재 개발되고 있는 MFR을 탑재하게 될 울산급 Batch-III/IV는 2030년대 후반에 광자레이더 기반으로 성능개량 시 주파수 변조가 자유로워져 L-Band, S-Band, UHF 등의 우주 감시가 가능한 주파수 대역과 출력을 확보할 것으로 기대한다.

이상으로 해양 기반 우주 감시전력의 현실과 발전방향에 대해 논의하였다.

---

5   양자레이더는 얽힌 광자쌍을 생성하여 광자쌍 중 하나를 표적으로 보내고 다른 하나는 양자메모리에 보관한 후 수신한 광자들과의 양자 상관관계를 측정, 이용함으로써 표적의 신호 대 잡음 비를 증대시킨다. 기존의 고출력 레이더나 고출력 레이저와 달리 양자레이더가 사용하는 얽힌 양자의 에너지는 단일 광자 수준으로 매우 낮아 상대에게 탐지되지 않는다. 광자레이더 기술은 레이저 신호원을 이용하여 고주파수·고해상도의 RF신호를 대기 중으로 방사하여 스텔스 표적 탐지와 기존 레이더 대비 높은 정확도를 확보할 수 있는 첨단 레이더 기술이다. 광자레이더는 광소자 기반이어서 무게와 전원을 크게 줄 일 수 있다. 무인기 등의 소형 플랫폼 적용 시 다중빔·다중 대역을 이용한 다중임무의 동시 수행이 가능하다.

그렇다면 구체적으로 해양 기반 우주 감시능력 발전 로드맵은 어떻게 될까? 도표 7-31은 2040년까지의 발전 로드맵을 잘 보여준다. 기본적으로 우주영역인식 전력이라는 점에서 지상이든 해상이든 모두 동일하다. 그러므로 해양 기반 우주 감시전력도 지상전력을 고려해야 한다. 또한, 해양 기반 감시전력에서 수집된 정보를 통합하고 분석할 수 있는 전력도 동시에 고려해야 한다.

▲ **도표 7-31** 우주 감시능력 발전 로드맵

구분	현재	2030년대	2040년대
지상	전자광학 위성감시체	레이더 우주 감시체계 고출력레이저 위성추적체계	
해상	S-Band R/D (이지스구축함)	S-Band R/D(KDDX) L-Band R/D 전자광학 위성감시체계 (함상형 위성운영센터)	다중 Band 광자/양자R/D (KDDX/FFG)
정보융합	우주 COP (비실시간)	우주 정보 융합체계 (실시간)	

지금까지 우리나라 해군이 이용할 수 있는 다양한 위성에 대해서 알아보고, 또 해군이 우주영역인식을 위해 어떠한 전력을 발전시켜 합동 우주작전에 기여할 수 있을지도 확인했다. 한편 가용한 개별 전력을 어떻게 하면 해양기반 우주작전에 이용할지 고민하는 것도 중요하지만, 여기서 나온 정보를 어떻게 통합·분석하여 해군이 작전을 수행하는 데 필요한 정보로 생산 및 변환할 지를 고민하는 것이 오히려 더 중요할 수도 있다. 그래서 이번 절에서는 어떠한 개념을 가지고 우주 자산을 이용해 우리가 원하는 정보를 생산하고, 필요한 경우에 정보를 어떻게 변환할 것이가에 대해 설명한다.

이를 위해 가장 우선적으로 제시하는 것은 가칭 '해군 다출처 정보 융합·분배 체계'로 위성에서 오는 다양한 정보와 기존에 해군이 가지고 있는 정보를 융합하여 보다 유용한 정보를 생산 및 분배하는 체계를 말한다. 앞으로 위성을 활용하여 해양에 연계된 다양한 정보를 확인할 수 있고, 그 수요 또한 폭발적으로 증가할 것으로 전망된다. 하지만, 그 정보 자체만으로는 효용성이 낮으므로 기존의 체계와 융합하여 첩보information를 정보intelligence화할 필요가 있다. 이를 위해 다양한 형태의 정보를 하나의 플랫폼에서 통합 및 융합하는 체계가 반드시 필요하며, 이러한 체계를 통해 모든 작전 요소가 동일한 정보를 가지고 대응해야 한다.

기존의 위성정보를 활용하는 데 있어 수동적으로 획득된 정보만을 이용하기에는 제한사항이 많다. 해군에서 기존에 운용하던 정보, 이를테면 다양한 레이더 정보라든지 AIS 정보 등과 융합시킬 수 있어야 하며 나아가 다른 위성통신으로부터 획득할 수 있는 정보와도 상호 교차 및 융합할 수 있어야 한다. 이러한 정보의 효율적인 융합을 위해서 필요한 조건을 크게 세 가지로 구분할 수 있다.

첫째, 후처리post-processed 정보보다는 전처리pre-processed 원본 정보를 받을 수 있는 인프라가 구성되어야 한다. 이를 위해 다양한 기관과의 협의는 물론이며 정보원에 부합하는 다양한 통신체계를 사전에 구축해야 한다.

둘째, 여러 가지 정보를 단일화된 플랫폼에서 취합 및 분석하여, 필요한 정보로 가공 및 융합할 수 있어야 한다. 또한 이러한 정보를 토대로 최초 판단 및 활용 방안에 대한 통합제어를 수행할 수 있는 인프라 구축이 필요하다.

셋째, 가공된 정보를 일선 작전부대에서 언제든지 원하는 형태로 이용할 수 있는 인프라가 필요하다. 예를 들어 해군함정이 미식별 함정을 탐지했으나 해당 선박에 대한 AIS 정보가 없을 때, 바로 위성을 활용한 정보와 비교하여 추가적인 식별을 수행해 줄 수 있는 체계가 필요하다.

도표 7-32는 상기에서 설명한 통합 인프라 구축에 관한 개념도안를 제시한 내용이다.

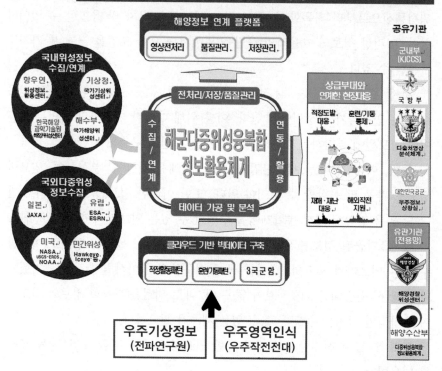

▶ 도표 7-32 군 다중 위성 융·복합 정보 활용체계 개념도(안)

도표 7-32에서 설명한 바와 같이 다중 위성을 통한 융·복합 정보에 관한 개념은 크게 다중 위성정보 수집, 정보융합 및 처리, 사용 및 분배 등 세 부분으로 구성된다.[6]

첫째, 다중 위성정보 부분에서는 국내의 해수부, 기상청, 항공우주연구원, 우리나라 해양과학기술원에서 운용하는 다양한 위성정보를 수신한다. 또한 해외의 위성으로는 미국의 NASA, NOAA, 유럽의 ESA, 민간의 HawkEye360, ICEYE 등에서 운용하는 위성정보를 수집 및 취합한다.

---

6 이 체계는 작전사급 부대에서 중앙집권적으로 정보를 수집·융합·관리 하는 체계이다. 이러한 정보를 실제적으로 작전에서 소비하는 것은 함대급 이하의 전술부대가 될 것이다. 그러므로 그러한 부대에 정제된 정보의 공유는 물론 적시적으로 원하는 정보를 중앙에서 제공할 수 있는 효율적인 분배 체계가 필요하다.

둘째, 다양한 정보를 기존 해군에서 운용하는 정보와 융합한다. 이때 단순히 정보를 융합하는 것뿐만 아니라 생산 정보에 대한 전처리, 품질관리, 저장 등 원본 정보의 관리를 종합적으로 수행한다. 또한 실제로 전술제대에서 사용할 수 있도록 빅데이터 기반 가공·분석을 병행하고 우주기상과 관련된 정보도 종합하여 우리나라 해군에서 처리할 데이터의 원활한 수급도 예측한다.

셋째, 생산된 정보를 다양하게 활용한다. 해군 작전부대의 지휘통제상황실에서 직접 해양영역인식 정보를 바탕으로 즉각적인 작전을 실시하거나, 국방부나 합참 등 최상위부대 및 해수부나 해경청 등 유관기관과도 필요한 정보를 원활하게 공유한다.

이렇게 생산된 정보는 해군 예하 작전부대로 원활히 유통되어야 한다. 이를 수행하기 위해서는 적절한 유통체계가 확립되어야 한다. 도표 7-36은 해군 작전사령부에서 예하 전술부대로까지 정보를 전파할 수 있는 체계에 대한 개념도안이다. 국가위성정보활용지원센터 및 다양한 위성정보를 받은 해군 작전사령부가 예하 함대사령부뿐만 아니라 항공사령부나 해외에서 작전을 수행하는 파견부대에까지 어떻게 정보를 전파하는지에 대한 개념을 잘 보여준다.

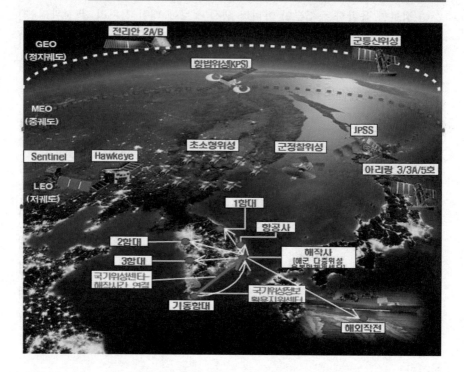

한편 정보의 공유는 군사정보통합처리체계Military Intelligence Management: MIMS, 우리나라 군 합동지휘통제체계Korea Joint Command and Control System: KJCCS, 해상지휘통제체계Korea Naval Command and Control System: KNCCS, 해군전술정보체계 Korea Naval Tactical Data System: KNTDS 등 기존의 비밀정보를 유통하기 위한 인프라를 이용하여 유통하는 방안과 신규로 해군 다중 위성 융·복합 정보 활용체계에 관한 독립망을 구축하여 해군 내 작전 수행에 책임을 맡는 예하부대 및 정보교류를 위한 필수 유관기관에 전파하는 방안 등을 고려했다. 도표 7-34는 두 가지 방안에 따른 장·단점을 비교하고 있는데, 비용 대 효과 측면에 대한 면밀한 검토를 통해 최적의 방안을 수립해야 한다.

▲ 도표 7-34 기존/신규 활용의 장단점 비교

작전단계	장 점	단 점
기존 군내망 이용	• 추가적인 망 구축을 위한 예산 및 노력·시간을 절약 • 이미 구축된 군내 기관(국방부, 합참, 육군, 공군)과 공유 가능	• 군 외의 유관기관과 정보 공유 시 제한
추가 전용 독립망 이용	• 군 외부기관과 정보 공유 시 새롭게 구축된 망을 통해 가능	• 망 설비를 새로 구축해야 하기 때문에 추가 예산·노력·시간 필요

　　우리나라 해군에서는 다음의 정보를 비교하여 해상 미식별 선박을 탐지 및 식별 중이다. 그러나 원거리 이격 및 음영 구역 발생에 따른 탐지능력의 제한 때문에 탐지가 되지 않는 시간·공간이 존재한다는 한계가 있다.

- 함정의 레이더 정보: 함정이 가지고 있는 레이더에 접촉된 정보
- AIS 정보: 각 선박에서 자동으로 발송하는 식별정보 취합
- 해안 및 도서지역 레이더 정보: 육상도서에 고정으로 설치된 레이더 사이트에서 획득한 정보
- 항공기 초계 정보: 해상초계 시 레이더에 접촉된 정보
- 각 함소의 전자파 수신 정보

　　도표 7-36은 현재 해군의 능력으로 식별이 가능한 해양영역인식의 범위를 정리하였고, 여기에서 추가적으로 위성을 사용하면 어떻게 보완이 되는지를 잘 보여준다. 위성으로 보완할 수 있는 부분은 기존의 함정이나 육상 레이더로 탐지되지 않는 음영 구역과 레이더에 탐지가 되었으나 AIS 정보가 없어 식별되지 않는 함정 등이다. 도표 7-35에서 보듯이 이러한 관심 표적이나 식별이 되지 않는 선박에 대해 위성으로부터 받은 정보를 분석하여 추가적으로 상세한 식별이 가능하다.

- 위성의 영상정보를 통해 식별

- 위성의 전자파정보를 받아 레이더 종류 등을 통해 식별
- 다른 위성의 SAR 영상을 통해 식별

▶도표 7-35 해군의 해양영역인식 방법·한계와 위성 활용을 통한 보완 방법

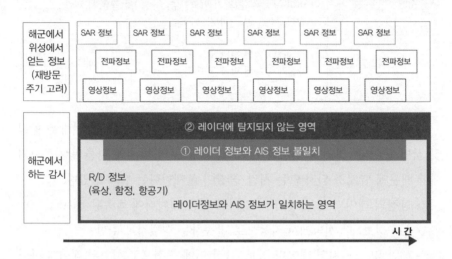

한편 해군 작전사에서 전술부대에 전파된 융합 정보는 각 부대 상황실에서 미식별 선박을 탐지·추적·식별하는 데 이용될 수 있다. 전술제대에서 현재 이용하는 해양영역인식 정보와 위성에서 수집한 정보를 어떻게 융합하여 사용하는지를 순차적으로 정리하면 도표 7-36과 같다.

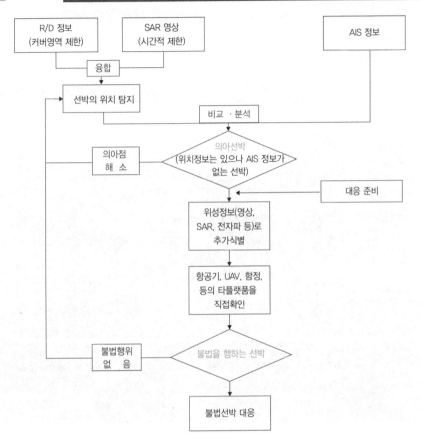

도표 7-36에서 설명하는 절차를 구체적으로 설명하면 첫째, 해군에서 얻은 정보와 위성의 SAR 영상을 융합하여 해상의 다양한 접촉물의 위치를 특정한다. 둘째, 해당 선박에 관한 AIS 정보와 비교하여 일치하지 않는 미식별 선박을 식별한다. 셋째, 같은 시간대에 얻을 수 있는 또는 근접 시간대의 위성정보영상, 전자파, 다른 SAR 영상 등와 융합하여 추가 식별 시도 및 미식별 선박에 대한 대응 준비를 병행한다. 넷째, 해군이 가지고 있는 현장 투입전력을 이용하여 현장 식별 시도 및 불법행위 여부를 확인하여 불법행위 없을 시에는 감시만 실시하고, 불법행위가 발견되었을 시에는 현장 세력을 이용하거나 유관기

관과 협력하여 추가적인 조치를 한다.

도표 7-37은 AIS 정보가 없는 미식별 선박에 대해 실제 현장에서 어떻게 대응하는지에 대한 설명이다.

▶도표 7-37 │ 해상에서 선박이 탐지되었으나 AIS 정보가 없는 의심 선박 탐지

4 유관기관 위성사업 현황과 활용방안

　지금까지 해군이 활용 가능한 위성의 종류와 그 위성들을 통해 수집되는 정보를 어떻게 융합·분석·활용·유통할 수 있는지에 대해 알아보았다. 현 시점에서 냉정하게 평가할 때 자체적으로 위성을 만들고 궤도에 올려 사용하기까지 소요되는 천문학적인 예산과 시간을 정확하게 예측하는 것도 쉽지 않다. 기술의 발달이라든지 제반 정책환경의 변화라든지 고려해야 하는 것이 너무 많기 때문이다. 현재 우리나라에서 우주관련 사업은 거의 모두가 부처 간 사업으로 2개 이상 복수의 부처에서 올라온 사업에 대해서만 타당성을 인정받고 있는 상황이며, 그마저도 실질적인 사업으로의 진척이 더딘 현실이다.

　해양과 관련된 우주 자산이 필요한 곳은 해군만이 아니다. 해수부, 해수부 예하의 해경도 넓은 해양에서 정보를 취합하고, 통신하기 위해서는 통신위성이 절실히 필요하다. 그래서 이들 기관이 관심 있는 위성전력에 장기적인 비전을 가지고 함께 소요를 제기한다면 보다 원활하게, 그리고 실제로 도움이 되는 방식으로 위성전력을 획득하기 위한 예산을 반영시킬 수 있다. 고무적인 것은 현재 우리나라 인근 해양과 관련된 위성사업은 해양경찰청이 적극적으로 주도하고 있다. 해군·해경 간 원활한 협력 체계를 고려할 때 추가적으로 필요한 협력 방안을 식별할 수 있다. 도표 7-38은 해경에서 주도하는 해양영역인식 개념도이다.

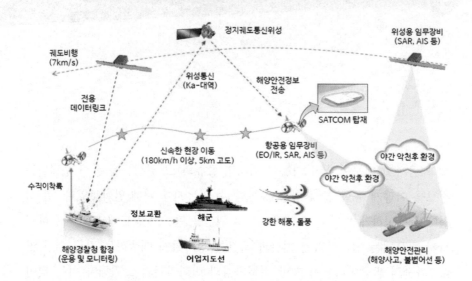

▶ 도표 7-38 해경이 주도하는 위성을 이용한 첨단 광해역 해양영역인식 체계

이외에도 해경에서 강력한 의지를 가지고 추진하는 사업들을 소개하면
다음과 같다.

▲ 도표 7-39 (초)소형 위성체계 개발 사업

사업기간	2022-2030년 (9년, '25년 시제기 발사)
사업목적	해양안보·재난·치안 위협 대응을 위한 소형 SAR위성 확보
사업주체	과기부, 국방부(방사청/공군), 해양경찰청, 수요처
연구내용	(초)소형 위성체계 위성시스템, 지상시스템
추진방식	다부처 국가연구개발(R&D) 사업 〈예비타당성 면제〉
활용방안	위성의 로우 데이터를 국가위성센터를 통해 받거나, 해경의 가공된 데이터 받기

▲ 도표 7-40 정지궤도 공공복합통신위성 개발 사업

사업기간	2021-2027년(7년)
사업목적	안정적인 공공재난 위성통신망 확보를 위한 정지궤도 공공복합 통신위성 개발
사업주체	과기부, 환경부, 국토부, 해양경찰청
연구내용	(초)소형 위성체계 위성시스템, 지상시스템
추진방식	다부처 국가연구개발(R&D) 사업 〈예비타당성 면제〉
활용방안	군전용 위성의 예비용으로 운용

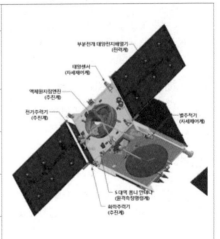

▲ 도표 7-41 한국형 위성항법시스템(KPS) 개발 사업

사업기간	2022-2034년 (14년/'27년 첫발사)
사업목적	다양한 위성항법 수요 충족 및 안정적인 PNT 정보 서비스 제공을 위한 KPS 개발 및 구축
사업주체	과기부, 국방부(방위사업청), 국토부, 해수부, 해양경찰청
연구내용	KPS 위성시스템, 지상시스템, 사용자 시스템
추진방식	다부처 국가연구개발(R&D) 사업 〈예비타당성 심사중〉
활용방안	군에서 사용하는 GPS 대체

▲ 도표 7-42 다분광 전자광학위성 개발 사업 〈기획 예정〉

사업기간	2023-2026년(추정시기)
사업목적	접경수역 경비, 해양재난 대응 등 해양경찰임무 수행을 위한 다분광 전자광학위성 확보
사업주체	해양경찰청(검토 중)
연구내용	고해상도 다분광 탑재체 및 위성 활용 알고리즘 등 개발
추진방식	다부처 국가연구개발(R&D) 사업 〈검토 중〉
활용방안	NLL 근방 적정 및 잠수함 감시 및 관할해역 경계 감시

▲ 도표 7-43　위성연계 접경수역 선박 모니터링 및 분포 예측체계 개발

사업기간	2020-2023년(약 4년)
사업목적	위성연계 선박감시 시스템 개발을 통한 접경수역 선박정보 통합 기술 개발
사업주체	해양경찰청
연구내용	해양 빅데이터 수집체계 및 데이터베이스 구축, 선박 탐지/분류 시스템 개발, 선박 동향 및 행태 기반 선박분포 예측기술 개발 등
연구수행	해양과학기술원, 항공우주연구원, 연세대, 서울시립대 등
활용방안	NLL 근방 적정 및 잠수함 감시및 관할해역 경계 감시

① **해상 상황 데이터 수집**

선박위치 / 운항 / 해황 등
해양정보수집

▼

② **선박 행태 분석·예측**

선박탐지/분류/행태분석/
이상동향 파악 등 항적 예측

▼

③ **모니터링 및 공유**

증거확보　　모니터링　　경비세력

▶ 도표 7-44　해양경찰 위성 및 독자 위성센터 개발사업 향후 일정

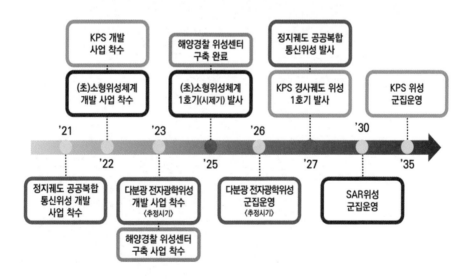

이와 같이 해경은 한반도 주변에서 우리 선박뿐만 아니라 주변국 및 제3국에서 불법을 행하는 것을 인식하고 대응해야 하는 상황에서 해양영역인식에 더욱 관심을 가지고 있다. 물론 우리나라 해군도 상당히 관심을 가지고 있지만, 현재 해군은 북한의 위협에 대응하는 데 임무를 집중하기 때문에 한반도와 한반도를 넘어서는 해양영역인식에 대해서는 다소 소홀하다는 평가를 받기도 한다. 주변국의 위협에 실제적으로 대응하기 위해서는 한반도를 넘어서는 해역에서의 통신위성 활용을 위한 방안을 마련해야 한다. 해군은 해경 주도로 추진하는 사업에 관심을 가지고 소요제기 및 사업 추진 시 해군의 의견이 반영된 다부처 사업으로 갈 수 있도록 추진할 필요가 있다. 함정이 가지고 있는 기본적인 하드웨어 수준에서는 해군함정이 월등하게 높다고 볼 수 있지만, 앞으로 해양에서 주변 정보를 활용하여 정확하고 신속한 상황 판단을 위해서 위성을 적극 도입 및 활용해야 한다.

5 우주 전력 소요반영

위성과 관련된 사업은 천문학적인 예산이 드는 사업인 만큼 해군만을 위한 단독 사업으로 추진하기에는 어려운 점이 많다. 하지만, 기존의 위성을 활용하는 체계는 상대적으로 소요를 반영하기 쉽고 현실화될 가능성도 상대적으로 높다.

따라서 지상 기반 위성 데이타 분석 및 활용 체계에 대한 소요제기가 선행되어야 한다. 중기적으로는 타 부처의 소요를 파악하여 공동으로 활용이 가능한 위성에 대한 소요를 반영하여 다부처 사업을 통해 효율적인 위성사업을 진행해야 한다. 장기적으로는 군사적 목적 및 해양에 최적화된 해군만의 위성을 소요에 반영하여 궁극적으로 독자적인 위성을 운용할 수 있는 체계를 갖추어야 한다.

▲ **도표 7-45** 우주 관련 소요반영 전략

구분	단기	중기	장기
기존 위성 활용	• 최우선 과제로 최대한 빨리 활용체계 구축	• 기존 위성을 이용한 체계를 위성의 발전에 따라 활용 가능한 체계로 개선	• 해군 독자위성 운용의 보조수단으로 활용
소프트웨어	• 기존의 위성정보 활용을 위한 체계 구축	• 추가위성 활용 및 기존체계와 연계 확대	• 해군 독자적인 위성 운용을 위한 소프트웨어 개발

지상 기지	• 위성 활용 체계 구축을 위한 지상 기반 연구	• 기존의 해군 기지 내 지상 기반 구축 및 물리적 자산 집중으로 효율성 증대	• 해군 기지 외에도 위성 관련 독자적인 인프라 구축
위성 사업	• 독자위성 개발을 위한 개념발전	• 부처 간 사업을 통한 위성사업 반영 축적 및 위성 운용 노하우 축적	• 독자위성 소요 반영 및 운용

제8장

해양 기반
우주력 발전방향

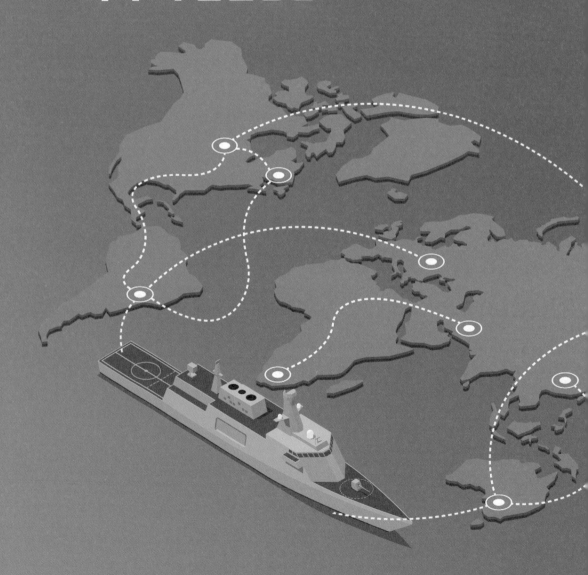

4차 산업혁명으로 대변되는 첨단 과학기술의 시대에서, 국가안보와 연관된 우리의 미래는 지금까지 경험했던 그 어떤 환경과도 상당히 다를 것으로 전망된다. 우주 개발, 인공지능, 신소재 등과 같은 첨단 과학기술로 인해 새로운 무기체계가 개발되어 색다른 위협이 등장하면서 전쟁의 패러다임도 전환되고 있다. 이러한 패러다임 전환에 따라 전장영역도 확대되고, 특히 우주영역은 미래전장의 핵심으로 자리잡고 있다.

우리나라의 우주 공간을 둘러싼 안보환경은 갈수록 경쟁적이고 위협적으로 변화하고 있으며 그 속도 또한 이전에는 경험하지 못한 수준이다. 그럼에도 불구하고, 우리나라는 주변국 대비 우주 자산 규모, 군사용 우주체계 개발 기술력, 조직·인력·예산 부분에서 상대적으로 부족한 실정이다. 따라서 국방 우주 전력 확충 및 기술개발에 대한 다양한 노력이 필요하며, 특히 삼면이 바다로 둘러싸인 우리나라의 지정학적 위치상 해양 우주 플랫폼의 개발은 필수적이다.

이러한 상황을 인식하고, 이 책에서는 두 가지에 초점을 맞추어 설명하고자 했다. 먼저, 우주 선진국들이 가지고 있는 해양 우주 감시선, 해양 기반 우주 발사체 등 해양 우주 플랫폼을 분석하고, 우리의 대응방향을 제시하고자 했다. 이를 위해 미국과 중국, 러시아, 일본 등 주변국 중 이미 우주 선진국의 반열에 올라 있는 국가들의 우주 정책과 전략, 우주작전을 분석하여 시사점을 도출했다.

다음으로는 우리나라의 해양 기반 우주 전력 발전 방안을 제시하여 미래 해군우주력 발전을 위한 중·장기 전력소요 제기를 위한 토대를 마련하는데 필요한 제반 함의를 도출하고자 했다. 해군력 발전방향에 대해서 기존 능력 확대와 새로운 능력 확보, 해군작전 능력 향상과 합동 우주 능력 향상이라는 두 가지 측면에서 해양감시능력, 해양공격 능력, 탄도탄 감시/요격 능력, 우주 자산 공격 능력, 우주 감시로부터 회피, 우주공격으로부터 회피, 우주 전장인식능력, 우주 발사체 지원능력 등에 관한 발전방향을 제시하였다.

이상의 노력에도 불구하고 이 책에서 다루지 못한 제한사항도 존재한다.

첫째, 주요 우주 선진국의 우주작전 개념이나 능력이 대부분 비밀로 분류되어 있기 때문에 공개된 자료에 한정하여 연구를 진행했다. 따라서 주요국의 우주 능력에 대한 지속적인 분석 및 추적 작업이 필요하다. 둘째, 우주작전 능력 위주의 발전방향 제시에 한정했기 때문에 전투발전요소별 연구로 확장할 필요가 있으며, 이 과정에서 국방 및 합참의 정책과 연계성을 고려할 필요가 있다. 셋째, 이 책의 주제가 해양 기반의 우주작전 개념 및 전력발전 방안이지만, 우주작전은 합동성을 고려해야 한다. 따라서 공군작전 및 육군작전 효과를 극대화하기 위한 합동 우주작전 차원에서 추가적인 연구가 필요하며, 필요한 경우 육·해·공 합동 연구조직이 필요할 수도 있다. 이 밖에도 우주작전에 관한 중장기 비전 정립, 관련 분야의 조직 확대와 우주 전문인력 양성, 예산 배정 등 많은 과제가 있다.

우주 영역은 미래가 아닌 현재 전장의 핵심영역이다. 따라서 해양 기반의 우주작전 수행을 위한 개념을 정립하고, 이에 적합한 수준의 우주작전 역량을 강화하는 것은 먼 미래가 아닌 지금 눈 앞에 닥친 현실이라는 측면에서 할 일이 많다. 특히 우주작전 분야에 대해 준비하는 해군은 다른 군에 비해 전력건설을 위한 장기간의 기획이 필요하다. 우주 전장시대에 걸맞은 해군력을 체계적으로 기획하지 못한다면 10년 뒤 우주에서 내리는 비를 피할 수 없을지도 모른다.

부록

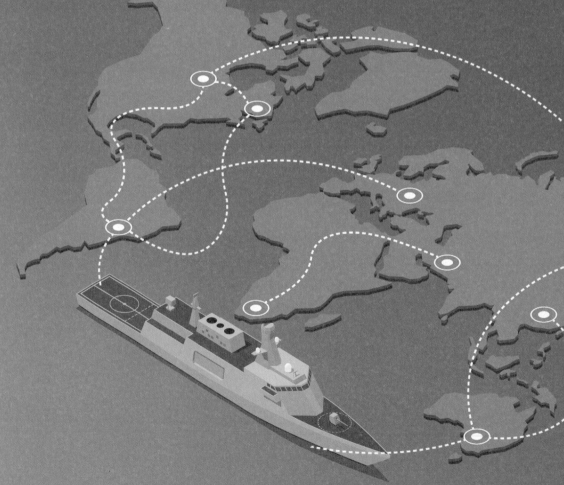

ACS : Assembly and Command Ship / 조립관제선

ACSA : Acquisition and Cross-Servicing Agreement / 상호군수지원협정

ACTD : Advanced Concept Technology Demonstration / 신개념기술시범사업

ADAS : Asian Defense & Security / 필리핀 방산전시회

ADMM-Plus : ASEAN Denfense Ministers Meeting-Plus / 아세안확대국방장관
회의

AEHF : Advanced Extremely High Frequency / 고급 초고주파 시스템

AESA : Active Electronically Scanned Array / 능동식 위상 배열 레이더

AIS : Automatic identification system / 선박자동식별시스템

AMIS : Automatic Image Management System / 자동영상정보체계

ANASIS : Army Navy Airforce Satellite Information System / 군위성통신체계

AOIP : ASEAN Outlook on the Indo-Pacific / 인도태평양에 관한 아세안의 관점

ASS : Asia Security Summit / 아시아안보회의

CCG : China Coast Guard / 중국해안경비대

CCS : Counter Communications System / 대통신체계

DSCS : Defense Satellite Communication System / 군위성통신 시스템

EAMMTC : Emergency ASEAN Ministerial Meeting on Transnational Crime /
동남아시아의 불법 이동으로 인해 발생하는 위기와 비상 상황에 대한 대응 능력
을 강화하기 위해 초국가 범죄에 관한 긴급 아세안 장관 회의

EELV : Evolved Expendable Launch Vehicle / 진화된 확장형 우주발사체

EEZ : Exclusive Economic Zone / 배타적 경제수역

EIS : Enhanced Imaging System / 강화된 이미징시스템

ESA : European Space Agency / 유럽우주국

FONOP : Freedom of Navigation Operations / 항행의 자유작전

GPS : Global Positioning System / 위성항법장치

HISF, HFX : Halifax International Security Forum / 핼리팩스국제안보포럼

HSU : Heads of Specialist Unit / 밀입국 전문 부대

ICT : Integrated Concept Team / 통합개념팀

IFC-NWP : Information Fusion Center North West Pacific / 정보융합센터 북서태평양 지부

IMDEX : Maritime Defense Exhibition & Conference / 싱가포르 방산전시회

IMO : International Maritime Organization / 국제 해사 기구

IPEF : Indian-Pacific Economic Framework / 인도-태평양 경제 프레임워크

IPMDA : Indo-Pacific Partnership for Maritime Domain Awareness / 해양영역인식을 위한 인도-태평양 파트너십

ISR : Intelligent Surveillance and Reconnaissance / 정보감시정찰

IUU : Illegal, Unregulated and Unreported / 불법, 비규제, 비신고 어업

IUUF : illegal, unreported, and unregulated fishing / 불법, 비보고 및 비규제 어업

JCDS : Joint Combat Development System / 합동전투발전체계

JICA : Japan International Cooperation Agency / 일본국제협력기구

JPALS : Joint Precision Approach and Landing System / 합동 정밀접근·착륙체계

JPSS : JOINT POLAR SATELLITE SYSTEM / 합동극지위성체계

KASI : Korea-ASEAN Solidarity Initiative / 한-아세안 연구대상

LiDAR : Light Detection and Ranging / 라이다

LIMA/DSA : Defence Services Asia / 말레이시아 방산전시회

LP : Launch Platform / 발사 플랫폼

MADEX : International Maritime Defense Industry Exhibition / 국제해양방위산업전

MDA : Maritime Domain Awareness / 해양영역인식

MFR : Multi-Function Radar / 다기능레이더

MOOTW : military operations other than war / 비전쟁군사행동

MOSCOS : Maritime Operation Satellite Communication System / 해상작전위성통신체계

MSC : Military Sealift Command / 미 해상수송사령부

MSI : Maritime Security Initiative / 해양안보 역량 구축 프로그램

MUOS : Mobile User Objective System / 모바일용 위성통신시스템

NGO : nongovernmental organization / 비정부기구

NMCOP : National Maritime Common Operating Picture / 해양공통상황도

NPO : nonprofit organization / 비영리단체

NSSL : National Security Space Launch / 국가안보 우주발사체

ODA : Official Development Assistance / 정부 개발 원조

OSA : official security assistance / 정부안전능력강화지원

PCA : Permanent Court of Arbitration / 중재 재판소

PCG : Pilipinas Coast Guard / 필리핀 해안경비대

PESA : Passive Electronically Scanned Array / 수동식 위상 배열 레이더

PKO : Peace keeping Organization / 유엔평화유지활동

PLAN : People's Liberation Army Navy / 인민해방군해군

PNT : Position Navigation Timing / 위치 · 항법 · 시각

QZSS : Quasi-Zenith Satellite System / 일본 지역항법시스템

RAA : Reciprocal Acess Agreement / 원활화협정

RAP : ASEAN Regional Action Plan / 지역 행동 계획

ReCAAP : Regional Cooperation Agreement on Combating Piracy and Armed Robbery against Ships in Asia / 정보공유센터

RSIS : Rajaratnam School of International Studies / 난양 이공대학

SAR : Synthetic Aperture Radar / 합성개구레이다

SCSAC : South China Sea Arbitration Case / 남중국해 중재판정

SDD : Seoul Defense Dialogue / 서울안보대화

SLOC : Sea Line Of Communication / 교통로

SDA : Space Domain Awarenss / 우주영역인식

TACM : Torpedo Acoustic Counter Measure / 어뢰음향대응체계

UNCLOS : United Nations Convention on the Law of the Sea / 유엔해양법협약

UNSDGs : United Nations Sustainable Development Goals / 유엔지속가능한개발목표

U-SLOC : Underwater-Sea Line Of Communication / 해저 교통로

VLCC : Very Large Crude-Oil Carrier / 대형 원유 운반선

V-PASS : Vessel Pass / 선박 패스V-Pass 시스템

WCDMA : Wideband Code Division Multiple Access / 광대역 코드분할 다중접속

WMD : Weapon of Mass Destruction / 대량 살상 무기

WPNS : Western Pacific Naval Symposium / 서태평양해군심포지엄

참고문헌

국문

1. 김재엽. "한반도에서의 전략적 대잠전 수행 방안." 『전략연구전략연구』. 제24권 1호(2014).

2. 과학기술정통부. "우주를 향한 대한민국의 새로운 도전 : 과기정통부, 제3차 우주개발진흥기본계획 발표."(2018. 2. 5).

3. 권판검·장경선·김승우·김준영·윤원혁·이계진. "인공지능 함정전투체계 구현 방안에 관한 연구." 『융합보안논문지』. 제20권 2호(2020).

4. 박병광. "동아시아의 우주군사력 건설동향과 우리의 대응방향." 『INSS 전략보고』. No. 80(2020).

5. 박상중·조홍제. "주변국 우주군사전략이 우리나라 군에 미치는 함의," 『항공우주정책법학회지』. 제35권 4호(2020).

6. 서상국·장세훈·김용삼. "제4차 산업혁명기 우리나라 군의 군사력 건설 시스템 혁신 방향: 소요창출을 위한 전투발전체계 혁신을 중심으로." 『국방정책연구』. 제33권 1호(2017).

7. 신성호. "군사혁신, 그 성공과 실패: 한반도 '전쟁의 미래'와 '미래의 전쟁'." 『국가전략』. 제25권 3호(2019).

8. 안형준. "미국의 우주상업화 정책과 스페이스 X의 로켓재사용 전략." 『과학기술정책』. 제26권 4호(2016).

9. 양희철·강예린·노나린·박용찬·이문숙. 우리나라형 MDA 추진전략 수립 기획연구(2020).

10. 엄정식. 『우주안보의 이해와 분석』. 박영사(2024).

11. 이강규 외. 글로벌 우주경쟁과 우리의 대응방향(2020).

12. 이성규. 우주에서 부를 캐는 호모 스페이스쿠스(2020).

13. 이진기·손한별·조용근. "미국 우주전략에 대한 역사적 접근 : 우주의 군사적 이용에 대한 쟁점과 함의." 『우리나라 군사』. 우리나라군사문제연구원(2020).

14. 임호·채대영·유지희·권경일. "SAR 영상을 이용한 템플릿 매칭 기반 자동식

별 알고리즘 구현 및 성능시험.” 『우리나라 군사과학기술학회지』.제17권 3호 (2014).

15. 유창경 외. 해상발사 시스템 구성 및 운용(2006).

16. 정헌주. “미국과 중국의 우주 경쟁과 우주안보딜레마.” 『국방정책연구』. 통권 131호(2021).

17. 조상범·이기주·선병찬. “우리나라형 발사체 이후 우리나라의 우주발사체 개발 방향 및 기술 발전 전망.” 『우리나라 항공우주학회지』. 제44권 제8호(2016).

18. 조홍제·박상중·이상수. 『군사우주전략 개념정립 선행연구』. 국방대학교 산학협력단(2020).

19. 조홍제 외, “우리나라 군 군사우주전략 발전방향”, 『항공우주정책법학회지』 제36권 2호(2021).

20. 해군미래혁신단. 『해군비전2045 미래해양전 개념』. 해군본부(2020).

21. 황조연·이영주·김성진·이남용·박진호. “레이더기반의 통합 해안감시체계 구축에 관한 개념 연구.” 『우리나라 IT정책경영학회 논문지』 Vol. 9, No.4(2017).

22. “軍, 탄도탄 요격미사일 ‘SM-3’ 도입 결정.” 『조선일보』. (2018.10.13.).

23. “‘미니 이지스함’ 차기 구축함(KDDX) 국내연구 개발 확정.” 『중앙일보』. (2018.12.26.).

24. “한화시스템. 5400억원 규모 우리나라형 차기구축함 계약 체결.” 『조선일보』. (2020.12.24.).

25. “2021년 발사할 누리호 추적소 남태평양 팔라우에 열어.” 『동아사이언스』, (2019.11. 6).

26. 국가기상위성센터 홈페이지(https://nmsc.kma.go.kr).

27. 유럽우주국 홈페이지(http://www.esa.int).

나 영문

28. Air Force Doctrine Publication 3-14. “Counterspace Operations”(2018).

29. America's Navy. “AN/AES-1 Airborne Laser Mine Detection System (ALMDS).” (January 3, 2019).

30. Burton, Rachael, Mark Stokes. The People's Liberation Army Strategic Support Force Leadership and Structure(2018).

31. Center for Strategic & International Studies. "Space Threat Assessment 2020." (2020).

32. Cheng, D. "China's Military Role in Space."(2012).

33. Colby, Elbridge. "From Sanctuary to Battlefield: A Framework for a U.S. Defense and Deterrence Strategy for Space."(2016).

34. Collins, John M. "Area Ananlysis of the Earth-Moon System."(1989).

35. Congressional Research Service. "Navy Aegis Ballistic Missile Defense (BMD) Program: Background and Issues for Congress."(2020).

36. Copp, Tara. "Space Force Seeks $831.7M for Unfunded Priorities."Defense One,(June 4, 2021).

37. Cordesman, Anthony H., "Chinese Space Strategy and Development."Center for Strategic and International Studies(2016).

38. Creveld, Martin. Technology and War(1997).

39. Cronk, Terri Moon. "Space-Based Capabilities Critical to U.S. National Security, DOD Officials Say."DOD News(May 24, 2021).

40. Defense Intelligence Agency. "Challenges to Security in Space."(2019).

41. Department of Defense. "Defense Space Strategy Summary."(2020).

42. Department of Defense. "Final Report on Organization and Management Structure for the National Security Space Components of the Department of Defense."Report to Congressional Defense Committee(2018).

43. Department of Defense and Office of the Director of National Intelligence. "National Security Space Strategy"(2011).

44. Defense Security Cooperation Agency. "Japan · Standard Missile-3 (SM-3) Block IIA Missiles."(2019).

45. Defense Security Cooperation Agency. "Republic of Korea·Aegis Combat System."News Release(June 9, 2015).

46. Erickson, A., A. Chang. "China's Navigation in Space."(2012).

47. Evan, Lisman."Non-acoustic Submarine Detection." ON THE RADAR(2019).

48. Federation of American Scientists."The Anti-Satellite Capability

of the Phased Adaptive Approach Missile Defense System." Public Interest Report(2011).

49. Freedman, Lawrence. "The Revolution in Strategy Affairs."Adelpi Paper 318(1998).

50. Gray, Colin S. The Strategy Bridge : Theory for Practice(2010).

51. Han, Zilong, Yunchao Dai, Yingguo Tian. "Design of Ship Tracking Space Situational Awareness Guidance System."2019 IEEE 3rd Information Technology, Networking, Electronic and Automation Control Conference(2019).

52. Harrison, Todd, Kaitlyn Johnson, Thomas G. Roberts, Tyler Way, Makena Young. "Space Threat Assessment 2020."(2020).

53. Howard, Michael. The Cases of Wars and Other Essays(1983),

54. Hughes, C. W. "Japan's Military Modernisation: A Quiet Japan-China Arms Race and Global Power Projection."(2009).

55. ICEYE. "COMPLETING THE PICTURE SAR PRODUCT GUIDE."(2021).

56. Klein, M. "Russia's Military Policy in the Post-Soviet Space."(2019).

57. Kumar, Sunil."Recent Developments in Stealth Considerations for Surface Warship Design." Global Research and Development Journal for Engineering(2019).

58. Mantz, Michael R. The New Sword : A Theory of Space Combat Power(1995).

59. McCall, Stephen M. "National Security Space Launch."(2020).

60. Metcalfe, Kristian. Nathalie Bréheret, Eva Chauvet, Tim Collins, Bryan K. Curran, Richard J. Parnell, Rachel A. Turner, Matthew J. Witt, Brendan J. Godley. "Using satellite AIS to improve our understanding of shipping and fill gaps in ocean observation data to support marine spatial planning."Journal of Applied Ecology(2018).

61. Mizokami, Yle. "The Weird Trick That Lets Amateurs Detect Warships at Sea." (2020).

62. Pike, J. "The military uses of outer space."(2001).

63. Pollpeter, Kevin, Michael Chase, and Eric Heginbotham. The Creation of the PLA Strategic Support Force and Its Implications for

Chinese Military Space Operations(2017).

64. Rose, Frank A. Managing China's Space in Outer Space(2020).

65. Space Capstone Publication. Spacepower(2020).

66. Sutton, H. I., "Hidden Threat To Navies: How Freely Available Satellite Imagery Can Track Radars."Naval News(2020).

67. SWF. "Global Counterspace Capabilities."(2021).

68. The Lost 52 Expedition Team. "How Robotic Technology Officially Identified the World War II Submarine S-28 Gravesite."(2020).

69. The White House. "National Security Strategy of the United States of America."(2017).

70. The White House. "Promote American Resilience" in Pillar I: Protect The American People, The Homeland, And the American Way of Life(2017).

71. The White House. "Text of Space Policy Directive-4: Establishment of the United States Space Force."(2019).

72. The White House Fact Sheets. "President Donald J. Trump is Unveiling an America First National Space Strategy."(2018).

73. U.S. Air Force Future Concepts and Transformation Division. The U.S. Air Force Transformation Flight Program, 2003; Raphael S. Cohen, Air Force Strategic Planning : Past, Present and Future(2017).

74. U.S. Government Accountability Office. "DEFENSE ACQUISITIONS ANNUAL ASSESSMENT."(2020).

75. Vidal, F. "Russia's Space Policy."(2021).

76. Wilson, R.S., "Japan's Gradual Shift toward Space Security."(2020).

77. Xiaoci, Deng, "China reveals moon station plan with Russia, openness on Space Day."Global Times(April 24, 2021).

78. Zhao, Zhi, Kefeng Ji, Xiangwei Xing, Huanxin Zou and Shilin Zhou, "Ship Surveillance by Integration of Space-borne SAR and AIS", THE JOURNAL OF NAVIGATION(2014).

79. Zhu, Ji-Wei, Xiao-Lan Qiu, Zong-Xu Pan, Yue-Ting Zhang, Bin Lei."An Improved Shape Contexts Based Ship Classification in SAR Images,"(2017).

80. "China has tested a new laser designed to find submarines. This is how it works."ABC News(October 4, 2019).

81. "Will China's new laser satellite become the 'Death Star' for submarines?" South China Morning Post(October 1, 2018).

82. https://apps.sentinel-hub.com/eo-browser/.

83. https://www.raytheonintelligenceandspace.com/?gclid= CjwKCAjwzOqKBhAWEiwA rQGwaBy_ukDkwRxB0u4r6mkl1J6I- hKfFug4YW_jJvrepIuLgS4sMs3MAhoCBvIQAvD_BwE.

84. https://www.nasa.gov/pdf/596329main_NPP_Brochure_ForWeb.pdf.

85. https://globalfishingwatch.org/map/.

86. https://worldview.earthdata.nasa.gov/.

87. https://marine.copernicus.eu/access-data/myocean-viewer.

우주개발 진흥법

[시행 2024. 5. 27.] [법률 제20144호, 2024. 1. 26., 타법개정]

우주항공청(우주항공정책과) 055-856-4212

제1장 총칙 <신설 2022. 6. 10.>

제1조(목적) 이 법은 우주개발을 체계적으로 진흥하고 우주물체를 효율적으로 이용·관리하도록 함으로써 우주공간의 평화적 이용과 과학적 탐사를 촉진하고 국가의 안전보장 및 국민경제의 건전한 발전과 국민생활의 향상에 이바지함을 목적으로 한다.

제2조(정의) 이 법에서 사용하는 용어의 뜻은 다음과 같다. 〈개정 2014. 6. 3., 2015. 1. 20., 2022. 6. 10.〉

1. "우주개발"이란 다음 각 목의 어느 하나에 해당하는 것을 말한다.

가. 인공우주물체의 설계·제작·발사·운용 등에 관한 연구활동 및 기술개발활동

나. 우주공간의 이용·탐사 및 이를 촉진하기 위한 활동

2. "우주개발사업"이란 우주개발의 진흥을 위한 사업과 이와 관련되는 교육·기술·정보화·산업 등의 발전을 추진하기 위한 사업을 말한다.

3. "우주물체"란 다음 각 목의 것을 말한다.

가. "인공우주물체"란 우주공간에서 사용하는 것을 목적으로 설계·제작된 물체(우주발사체, 인공위성, 우주선 및 그 구성품을 포함한다)를 말한다.

나. "자연우주물체"란 우주공간에서 자연적으로 만들어진 물체(운석을

포함한다)를 말한다.

다. "운석"이란 지구 밖에서 유래한 암석이 지구 중력에 이끌려 낙하한 것을 말한다.

3의2. "우주발사체"란 자체 추진기관에 의하여 인공위성이나 우주선 등을 우주공간에 진입시키는 인공우주물체(미사일 등 무기체계에 해당하지 아니하는 것으로서 대통령령으로 정하는 성능을 갖춘 준궤도발사체를 포함한다)를 말한다.

4. "우주사고"란 인공우주물체의 발사(발사준비 · 시험발사 및 성공하지 못한 발사를 포함한다) 및 운용 시의 고장 · 추락 · 충돌 및 폭발 등을 말한다.

5. "위성정보"란 인공위성을 이용하여 획득한 영상 · 음성 · 음향 · 데이터 또는 이들의 조합으로 처리된 정보(그것을 가공 · 활용한 것을 포함한다)를 말한다.

6. "우주위험"이란 우주공간에 있는 우주물체의 추락 · 충돌 등에 따른 위험을 말한다.

7. "우주사업자"란 다음 각 목에 해당하는 사항의 연구 · 개발 · 제작 · 생산 · 제공 · 유통 등과 관련된 경제활동을 하는 자를 말한다.

가. 인공우주물체

나. 인공우주물체 관련 기기나 장치 또는 소프트웨어 등

다. 인공우주물체 관련 기반시설, 건축물, 공작물 등

라. 인공우주물체 활용 관련 서비스

8. "우주산업클러스터"란 우주산업의 융 · 복합 및 관련 산업과의 연계 발전을 촉진하기 위하여 연구기관, 기업, 교육기관 및 과학기술 관련 기관 · 단체(이하 "연구기관등"이라 한다)와 그 지원시설을 상호 연계하여 조성하는 지역(인접하지 아니한 둘 이상의 지역을 연계하여 조성하는 경우를 포함한다)으로서 제22조제1항에 따라 지정된 지역을 말한다.

[전문개정 2011. 6. 7.]

제3조(정부의 책무)

① 정부는 다른 국가 및 국제기구와 대한민국이 맺은 우주 관련 조약을 지키며 우주공간의 평화적 이용을 도모한다.

② 정부는 우주개발을 위한 종합적인 시책을 세우고 추진하여야 한다.

[전문개정 2011. 6. 7.]

제4조(다른 법률과의 관계) 우주개발의 진흥과 우주물체의 이용·관리에 관하여는 다른 법률에 특별한 규정이 있는 경우를 제외하고는 이 법에서 정하는 바에 따른다.

[전문개정 2011. 6. 7.]

제2장 추진체계 <신설 2022. 6. 10.>

제5조(우주개발진흥 기본계획의 수립)

① 정부는 우주개발의 진흥과 우주물체의 이용·관리 등을 위하여 5년 마다 우주개발에 관한 중장기 정책 목표 및 기본방향을 정하는 우주개발진흥 기본계획(이하 "기본계획"이라 한다)을 수립하여야 한다.

② 기본계획에는 다음 각 호의 사항이 포함되어야 한다. 〈개정 2022. 6. 10., 2024. 1. 26.〉

1. 우주개발정책의 목표 및 방향에 관한 사항
2. 우주개발 추진체계 및 전략에 관한 사항
3. 우주개발 추진계획에 관한 사항
4. 우주개발에 필요한 기반 확충에 관한 사항
5. 우주개발에 필요한 재원(財源) 조달 및 투자계획에 관한 사항
6. 우주개발을 위한 연구개발 및 핵심기술 확보에 관한 사항
7. 우주개발에 필요한 전문인력의 양성에 관한 사항
8. 우주개발의 활성화를 위한 국제협력 및 민군협력에 관한 사항

9. 우주개발사업의 진흥에 관한 사항

9의2. 민간 우주개발 촉진에 관한 사항

9의3. 위성항법시스템의 개발·운영 등에 관한 사항

10. 우주물체의 이용·관리에 관한 사항

11. 우주개발 결과의 활용에 관한 사항

12. 우주자원의 개발 및 확보·활용에 관한 사항

13. 천문현상 및 우주환경의 관측과 연구에 관한 사항

14. 그 밖에 우주개발 진흥과 우주물체의 이용·관리에 관하여 대통령 령으로 정하는 사항

③ 정부는 기본계획을 수립하거나 변경하려는 경우에는 제6조제1항에 따른 국가우주위원회의 심의를 거쳐 확정하여야 한다. 다만, 대통령 령으로 정하는 경미한 사항을 변경하려는 경우에는 그러하지 아니하다.

④ 정부는 제3항에 따라 확정된 기본계획을 지체 없이 공고하여야 한다. 다만, 국가의 안전보장에 관한 내용은 관계 중앙행정기관의 장(국가 정보원장을 포함한다. 이하 같다)과 협의하여 공고하지 아니할 수 있다.

⑤ 기본계획의 수립과 변경에 관한 세부 절차는 대통령령으로 정한다.

[전문개정 2014. 6. 3.]

제5조의2(우주개발진흥 시행계획의 수립)

① 우주항공청장은 기본계획에 따라 관계 중앙행정기관의 장과 협의하 여 매년 그 시행계획을 수립·시행하여야 한다. 다만, 국가의 안전보 장에 필요한 경우 관계 중앙행정기관의 장은 기본계획의 범위에서 대 통령령으로 정하는 관계 중앙행정기관의 장과 협의하여 별도의 시행 계획을 수립할 수 있다. 〈개정 2017. 7. 26., 2024. 1. 26.〉

② 제1항에 따른 시행계획의 수립·시행에 관한 세부 절차는 대통령령 으로 정한다.

[본조신설 2014. 6. 3.]

제5조의3(위성정보활용종합계획의 수립)

① 정부는 위성정보의 보급 및 활용을 촉진하기 위하여 5년마다 위성정보활용종합계획(이하 "위성정보활용종합계획"이라 한다)을 수립하여야 한다.

② 위성정보활용종합계획에는 다음 각 호의 사항이 포함되어야 한다.

  1. 위성정보 보급·활용정책의 목표 및 방향에 관한 사항

  2. 위성정보의 획득에 관한 사항

  3. 위성정보의 보급체계 및 활용계획에 관한 사항

  4. 위성정보 관련 전문인력의 양성에 관한 사항

  5. 위성정보를 활용한 기술의 수요·동향 및 연구개발에 관한 사항

  6. 위성정보 관련 장비 및 시설 등의 중복투자 방지에 관한 사항

  7. 위성정보를 획득하기 위한 인공위성 개발의 수요·동향에 관한 사항

  8. 그 밖에 위성정보의 보급 및 활용 촉진에 필요한 사항

③ 정부는 위성정보활용종합계획을 수립하거나 변경하려는 경우에는 제6조제1항에 따른 국가우주위원회의 심의를 거쳐 확정하여야 한다. 다만, 대통령령으로 정하는 경미한 사항을 변경하려는 경우에는 그러하지 아니하다.

④ 정부는 제3항에 따라 확정된 계획을 지체 없이 공고하여야 한다. 다만, 국가의 안전보장에 관한 내용은 공고하지 아니할 수 있다.

⑤ 위성정보활용종합계획의 수립과 변경에 관한 세부 절차는 대통령령으로 정한다.

[본조신설 2014. 6. 3.]

제5조의4(위성정보활용시행계획의 수립)

① 우주항공청장은 위성정보활용종합계획에 따라 관계 중앙행정기관의 장과 협의하여 매년 그 시행계획을 수립·시행하여야 한다. 〈개정 2017. 7. 26., 2024. 1. 26.〉

② 제1항에 따른 시행계획의 수립·시행에 관한 세부 절차는 대통령령

으로 정한다.

[본조신설 2014. 6. 3.]

제6조(국가우주위원회)

① 기본계획의 수립 등 우주개발에 관한 사항을 심의하기 위하여 대통령 소속으로 국가우주위원회(이하 "위원회"라 한다)를 둔다.

② 위원회는 다음 각 호의 사항을 심의한다. 다만, 제6호의 사항은 국가의 안전보장 등 필요한 경우에는 위원회의 심의를 생략할 수 있다. 〈개정 2014. 6. 3., 2022. 6. 10.〉

  1. 기본계획, 위성정보활용종합계획 및 제15조제1항에 따른 우주위험 대비기본계획(이하 이 항에서 "기본계획등"이라 한다)에 관한 사항

  2. 기본계획등과 관련된 정부의 중요 정책 및 관계 중앙행정기관(국가 정보원을 포함한다. 이하 같다)의 주요 업무의 조정에 관한 사항

  3. 제7조에 따른 우주개발전문기관의 지정 및 운영 등에 관한 중요 사항

  4. 우주개발사업 성과의 이용·관리·평가에 관한 사항

  5. 우주개발사업에 필요한 재원 조달 및 투자계획에 관한 사항

  6. 우주발사체의 발사허가에 관한 사항

  7. 제19조제2항에 따른 우주개발의 시정(是正)에 관한 사항

  7의2. 제22조에 따른 우주산업클러스터의 지정 및 지정 해제에 관한 사항

  8. 그 밖에 위원회의 위원장이 심의에 부치는 사항

③ 위원회는 위원장 1명 및 부위원장 1명을 포함한 30명 이내의 위원으로 구성한다. 〈개정 2021. 8. 10., 2024. 1. 26.〉

④ 위원장은 대통령이 되고, 부위원장은 민간위원 중 호선하며, 위원은 다음 각 호의 사람으로 한다. 〈개정 2011. 3. 9., 2013. 3. 23., 2017. 7. 26., 2021. 8. 10., 2024. 1. 26.〉

  1. 기획재정부장관, 과학기술정보통신부장관, 외교부장관, 국방부장관, 행정안전부장관, 산업통상자원부장관, 환경부장관, 국토교통부

장관, 해양수산부장관, 중소벤처기업부장관, 국가정보원장, 우주항
공청장

2. 우주 분야에 관한 전문지식과 경험이 풍부한 사람 중에서 대통령이
위촉하는 사람

⑤ 부위원장은 위원장의 명을 받아 위원회에서 심의·의결한 사항의 집
행에 대하여 점검할 수 있고, 위원회는 위원 2인 이상 또는 부위원장
의 요구에 따라 필요한 경우 의결을 거쳐 시정을 권고할 수 있다. 〈신
설 2024. 1. 26.〉

⑥ 위원회에 간사위원 1명을 두며, 간사위원은 우주항공청장이 된다.
〈신설 2024. 1. 26.〉

⑦ 위원회의 업무를 효율적으로 수행하기 위하여 위원회에 우주항공청
장을 위원장으로 하는 우주개발진흥실무위원회 및 위성정보활용실
무위원회를 둔다. 다만, 국가의 안전보장 목적상 보안이 불가피하다
고 판단되는 사항을 심의하기 위하여 국방부차관 및 국가정보원 차장
1명을 공동위원장으로 하는 안보우주개발실무위원회를 둔다. 〈개정
2013. 3. 23., 2014. 6. 3., 2017. 7. 26., 2021. 8. 10., 2024. 1. 26.〉

⑧ 위원회, 우주개발진흥실무위원회, 위성정보활용실무위원회 및 안보
우주개발실무위원회의 구성·운영에 필요한 사항은 대통령령으로 정
한다. 〈개정 2014. 6. 3., 2021. 8. 10., 2024. 1. 26.〉

[전문개정 2011. 6. 7.]

제6조의2 삭제 〈2022. 6. 10.〉

제7조(우주개발전문기관의 지정)

① 우주항공청장은 우주개발사업을 체계적·효율적으로 추진하기 위한
전문기관(이하 "우주개발전문기관"이라 한다)을 지정하여 지원할 수
있다. 〈개정 2013. 3. 23., 2017. 7. 26., 2024. 1. 26.〉

② 우주개발전문기관은 다음 각 호의 사업을 수행한다. 〈개정 2015. 1. 20.〉

1. 기본계획에 따른 우주개발사업의 수행

2. 인공우주물체의 개발·발사 및 그 운용 등 통합 수행

3. 그 밖에 대통령령으로 정하는 우주개발사업 관련 업무

③ 우주개발전문기관의 지정기준 및 지원 내용 등에 필요한 사항은 대통령령으로 정한다.

[전문개정 2011. 6. 7.]

제3장 우주물체 및 우주발사체 등 <신설 2022. 6. 10.>

제8조(인공우주물체의 국내 등록)

① 대한민국 국민(법인을 포함한다. 이하 같다)이 국내외에서 인공우주물체(우주발사체는 제외한다. 이하 이 조, 제9조 및 제10조에서 같다)를 발사하려는 경우에는 발사 예정일부터 180일 전까지 대통령령으로 정하는 바에 따라 우주항공청장에게 예비등록을 하여야 한다. 〈개정 2013. 3. 23., 2015. 1. 20., 2017. 7. 26., 2024. 1. 26.〉

② 대한민국 국민이 아닌 자가 제1항에 따라 우주항공청장에게 예비등록을 하여야 하는 경우는 다음 각 호와 같다. 〈개정 2013. 3. 23., 2017. 7. 26., 2024. 1. 26.〉

1. 대한민국 영역 또는 대한민국의 관할권이 미치는 지역·구조물에서 발사하려는 경우

2. 대한민국 정부 또는 국민이 소유하고 있는 우주발사체를 이용하여 국외에서 발사하려는 경우

③ 제1항 및 제2항에 따라 인공우주물체를 예비등록하려는 자는 다음 각 호의 사항이 포함된 발사계획서를 첨부하여야 한다. 〈개정 2011. 3. 9., 2015. 1. 20.〉

1. 인공우주물체의 사용 목적에 관한 사항

2. 인공우주물체의 소유권자 또는 이용권자에 관한 사항

3. 인공우주물체의 기본적 궤도에 관한 사항

4. 우주사고 발생 시의 손해배상책임 이행에 관한 사항

5. 그 밖에 인공우주물체의 발사·이용 및 관리와 관련되는 사항으로서 대통령령으로 정하는 사항

6. 삭제 〈2011. 3. 9.〉

7. 삭제 〈2011. 3. 9.〉

8. 삭제 〈2011. 3. 9.〉

9. 삭제 〈2011. 3. 9.〉

④ 우주항공청장은 제3항에 따른 발사계획서를 검토한 결과 제14조에 따른 손해배상책임을 부담할 수 있는 능력이 미흡하다고 판단하는 경우에는 시정·보완을 요구할 수 있다. 〈개정 2013. 3. 23., 2017. 7. 26., 2024. 1. 26.〉

⑤ 제1항 및 제2항에 따라 인공우주물체를 예비등록한 자는 그 인공우주물체가 위성궤도에 진입한 날부터 90일 이내에 대통령령으로 정하는 바에 따라 우주항공청장에게 인공우주물체를 등록하여야 한다. 다만, 「외기권에 발사된 물체의 등록에 관한 협약」에 따라 발사국 정부와 합의하여 외국에 등록한 인공우주물체에 대하여는 그러하지 아니하다. 〈개정 2013. 3. 23., 2015. 1. 20., 2017. 7. 26., 2024. 1. 26.〉

⑥ 제1항 및 제2항에 따라 예비등록한 자 또는 제5항에 따라 인공우주물체를 등록한 자는 제3항 각 호의 내용에 변동이 발생한 경우에는 그 사실을 안 날부터 15일 이내에 우주항공청장에게 통보하여야 한다. 〈개정 2013. 3. 23., 2015. 1. 20., 2017. 7. 26., 2024. 1. 26.〉

[전문개정 2011. 6. 7.]

[제목개정 2015. 1. 20.]

제8조의2(운석의 등록)

① 국내에서 발견된 운석 및 국외에서 반입한 운석의 소유자는 우주항공청장에게 해당 운석의 등록을 신청할 수 있다. 〈개정 2017. 7. 26., 2024. 1. 26.〉

② 우주항공청장은 등록 신청된 운석의 진위를 확인하여 운석으로 밝혀지면 신청자에게 등록증을 발급하여야 한다. 〈개정 2017. 7. 26., 2020. 6. 9., 2024. 1. 26.〉

③ 제2항에 따라 등록증을 발급받은 자는 운석의 판매·양도·분할 등으로 인한 소유권 변동 등 기 등록한 정보에 변동이 생긴 때에는 우주항공청장에게 변동사항을 신고하여야 한다. 〈개정 2017. 7. 26., 2024. 1. 26.〉

④ 제1항에 따른 등록 신청, 제2항에 따른 등록증 발급 및 제3항에 따른 신고에 필요한 사항은 대통령령으로 정한다.

[본조신설 2015. 1. 20.]

제8조의3(운석의 국외반출 금지)

① 국내에서 발견된 운석은 국외로 반출할 수 없다. 다만, 우주항공청장이 인정하는 학술연구 목적의 국외반출의 경우에는 그러하지 아니하다. 〈개정 2017. 7. 26., 2024. 1. 26.〉

② 제1항 단서에 따른 국외반출 절차 등에 필요한 사항은 대통령령으로 정한다.

[본조신설 2015. 1. 20.]

제9조(인공우주물체의 국제등록)

① 우주항공청장은 제8조제5항에 따라 인공우주물체의 등록이 있으면 「외기권에 발사된 물체의 등록에 관한 협약」에 따라 외교부장관을 거쳐 국제연합에 등록하여야 한다. 다만, 「전파법」 제44조제1항에 따라 국제연합에 등록하는 인공위성에 대하여는 그러하지 아니하다. 〈개정 2013. 3. 23., 2015. 1. 20., 2017. 7. 26., 2024. 1. 26.〉

② 우주항공청장은 인공우주물체의 수명 완료 등으로 인하여 제1항 본문에 따라 국제연합에 등록한 내용에 변동이 발생한 경우에는 이를 외교부장관을 거쳐 국제연합에 통보하여야 한다. 〈개정 2013. 3.

23., 2015. 1. 20., 2017. 7. 26., 2024. 1. 26.〉

[전문개정 2011. 6. 7.]

[제목개정 2015. 1. 20.]

제10조(인공우주물체 및 운석 등록대장의 관리)
① 우주항공청장은 과학기술정보통신부령으로 정하는 바에 따라 인공
 우주물체의 예비등록대장 및 등록대장을 유지·관리하여야 한다.
 〈개정 2008. 2. 29., 2013. 3. 23., 2015. 1. 20., 2017. 7. 26.,
 2024. 1. 26.〉
② 우주항공청장은 과학기술정보통신부령으로 정하는 바에 따라 운석의
 등록대장을 유지·관리하여야 한다. 〈신설 2015. 1. 20., 2017. 7.
 26., 2024. 1. 26.〉

[제목개정 2015. 1. 20.]

제11조(우주발사체의 발사허가) ① 우주발사체를 발사하려는 자가 다음 각
 호의 어느 하나에 해당하는 경우에는 우주항공청장의 허가를 받아
 야 한다. 허가받은 사항을 변경하려는 경우에도 또한 같다. 다만,
 대통령령으로 정하는 경미한 사항을 변경한 경우에는 변경 후 30일
 이내에 변경사항을 신고하여야 한다. 〈개정 2013. 3. 23., 2017.
 7. 26., 2024. 1. 26.〉
 1. 대한민국의 영역 또는 대한민국의 관할권이 미치는 지역·구조물에
  서 발사하려는 경우
 2. 대한민국 정부 또는 국민이 소유하고 있는 우주발사체를 국외에서
  발사하려는 경우
② 제1항에 따른 발사허가를 받으려는 자는 안전성 분석보고서, 탑재체
 운용계획서, 손해배상책임 부담계획서 등 대통령령으로 정하는 발사
 계획서를 첨부하여 우주항공청장에게 신청하여야 한다. 〈개정 2013.
 3. 23., 2017. 7. 26., 2024. 1. 26.〉

③ 우주항공청장이 제1항에 따른 발사허가를 할 때에는 다음 각 호의 사항을 고려하여야 한다. 〈개정 2013. 3. 23., 2017. 7. 26., 2024. 1. 26.〉

1. 우주발사체 사용 목적의 적정성

2. 발사에 사용되는 우주발사체 등에 대한 안전관리의 적정성

3. 우주사고의 발생에 대비한 손해배상 책임보험의 가입 등 재정부담 능력

4. 그 밖에 우주발사체의 이동 등 발사 및 발사 준비에 필요한 사항으로서 과학기술정보통신부령으로 정하는 사항

④ 우주항공청장은 제1항에 따른 허가를 할 때에는 필요한 조건을 붙일 수 있다. 〈개정 2013. 3. 23., 2017. 7. 26., 2024. 1. 26.〉

⑤ 우주항공청장은 제1항 각 호 외의 부분 단서에 따른 변경신고를 받은 경우 그 내용을 검토하여 이 법에 적합하면 신고를 수리하여야 한다. 〈신설 2017. 12. 19., 2024. 1. 26.〉

[전문개정 2011. 6. 7.]

제12조(결격사유) 다음 각 호의 어느 하나에 해당하는 자는 제11조에 따른 우주발사체 발사허가를 받을 수 없다. 〈개정 2014. 6. 3., 2020. 6. 9., 2021. 4. 20.〉

1. 피성년후견인

2. 파산자로서 복권되지 아니한 자

3. 이 법을 위반하여 징역의 실형을 선고받고 그 집행이 끝나거나(집행이 끝난 것으로 보는 경우를 포함한다) 집행이 면제된 날부터 3년이 지나지 아니한 사람

4. 이 법을 위반하여 징역형의 집행유예를 선고받고 그 유예기간 중에 있는 사람

5. 제1호부터 제4호까지의 어느 하나에 해당하는 사람이 대표로 있는 법인

[전문개정 2011. 6. 7.]

제13조(발사허가의 취소 및 청문) ① 우주항공청장은 다음 각 호의 어느 하나에 해당하는 경우에는 우주발사체 발사허가를 취소할 수 있다. 〈개정 2013. 3. 23., 2017. 7. 26., 2024. 1. 26.〉

1. 정당한 사유 없이 허가된 발사 예정일부터 1년 이상 발사를 지체한 경우
2. 거짓이나 그 밖의 부정한 방법으로 발사허가를 받은 경우
3. 관계 중앙행정기관의 장이 국가의 안전보장에 심각한 위협이 예상되어 허가취소를 요청한 경우
4. 우주발사체의 발사 전 연료의 누수, 통신시스템의 결함 등 우주발사체의 안전관리에 이상이 있는 경우
5. 제11조제1항 후단을 위반하여 변경허가를 받지 아니한 경우
6. 우주발사체의 발사허가를 받은 자가 제12조 각 호의 어느 하나에 해당하게 된 경우. 다만, 제12조제5호의 경우에는 대표가 결격사유에 해당하게 된 날부터 3개월 이내에 그 대표를 교체하여 임명한 경우에는 그러하지 아니하다.

② 우주항공청장은 제1항에 따라 우주발사체 발사허가를 취소하려는 경우에는 청문을 하여야 한다. 다만, 제1항제3호 및 제4호의 경우에는 청문을 거치지 아니할 수 있다. 〈개정 2013. 3. 23., 2017. 7. 26., 2024. 1. 26.〉

[전문개정 2011. 6. 7.]

제14조(우주사고에 따른 손해배상책임) 제8조 및 제11조에 따라 인공우주물체를 발사한 자는 그 인공우주물체로 인한 우주사고에 따른 손해배상책임을 부담하여야 한다. 이 경우 손해배상 범위와 책임한계 등에 관하여는 따로 법률로 정한다. 〈개정 2015. 1. 20.〉

[전문개정 2011. 6. 7.]

제14조의2(우주비행사의 구조) 정부는 외국의 인공우주물체에 탑승한 우

주비행사가 대한민국 영역이나 근접한 공해상에 비상착륙하거나 조난 또는 사고를 당한 경우에는 가능한 원조를 제공하여야 하며, 우주비행사를 그 인공우주물체의 발사에 대하여 책임을 지는 발사국·등록국 또는 국제기구에 귀환시켜야 한다. 〈개정 2015. 1. 20.〉

[전문개정 2011. 6. 7.]

[제22조에서 이동 〈2022. 6. 10.〉]

제14조의3(인공우주물체의 반환) 정부는 외국의 인공우주물체가 대한민국의 영역에 추락하거나 비상착륙한 경우에는 그 인공우주물체의 발사에 대하여 책임을 지는 발사국·등록국 또는 국제기구에 이를 안전하게 반환한다. 〈개정 2015. 1. 20.〉

[전문개정 2011. 6. 7.]

[제목개정 2015. 1. 20.]

[제23조에서 이동 〈2022. 6. 10.〉]

제4장 우주위험의 대비 <신설 2022. 6. 10.>

제15조(우주위험대비기본계획의 수립 등)

① 정부는 우주위험에 대비하기 위하여 10년마다 우주위험 대비에 관한 중장기 정책 목표 및 기본방향을 정하는 우주위험대비기본계획(이하 "우주위험대비기본계획"이라 한다)을 수립하여야 한다.

② 우주위험대비기본계획에는 다음 각 호의 사항이 포함되어야 한다.

1. 우주공간의 환경 보호와 감시에 관한 사항
2. 우주위험의 예보 및 경보에 관한 사항
3. 우주위험의 예방 및 대비를 위한 연구개발에 관한 사항
4. 우주위험의 예방 및 대비를 위한 국제협력에 관한 사항
5. 그 밖에 우주위험의 대비에 관하여 필요한 사항

③ 정부는 우주위험대비기본계획을 수립하거나 변경하려는 경우에는 위원회의 심의를 거쳐 확정하여야 한다. 다만, 대통령령으로 정하는 경미한 사항을 변경하려는 경우에는 그러하지 아니하다.

④ 정부는 제3항에 따라 확정된 계획을 지체 없이 공고하여야 한다. 다만, 국가의 안전보장에 관한 내용은 공고하지 아니할 수 있다.

⑤ 우주위험대비기본계획의 수립과 변경에 관한 세부 절차는 대통령령으로 정한다.

[본조신설 2014. 6. 3.]

제15조의2(우주위험대비시행계획의 수립)

① 우주항공청장은 우주위험대비기본계획에 따라 관계 중앙행정기관의 장과 협의하여 매년 그 시행계획을 수립·시행하여야 한다. 〈개정 2017. 7. 26., 2024. 1. 26.〉

② 제1항에 따른 시행계획의 수립·시행에 관한 세부 절차는 대통령령으로 정한다.

[본조신설 2014. 6. 3.]

제15조의3(우주환경 감시기관의 지정 등)

① 우주항공청장은 우주위험 예방 및 대비 체계의 효율적인 구축·운영을 위하여 다음 각 호의 업무를 수행할 우주환경 감시기관을 지정할 수 있다. 〈개정 2017. 7. 26., 2024. 1. 26.〉

1. 우주위험 예보·경보 발령체계의 구축·운영

2. 우주위험의 예방 및 대비를 위한 국제협력체계의 구축·운영

3. 제1호 및 제2호에서 규정한 사항 외에 우주위험 예방 및 대비와 관련하여 대통령령으로 정하는 업무

② 우주항공청장은 제1항에 따라 지정된 우주환경 감시기관에 대하여 예산의 범위에서 같은 항 각 호의 업무를 수행하는 데 필요한 경비의 전부 또는 일부를 지원할 수 있다. 〈개정 2017. 7. 26., 2024. 1. 26.〉

③ 우주항공청장은 우주위험의 예방 및 대비를 위하여 필요한 경우에는

우주항공청 차장을 본부장으로 하는 우주위험대책본부를 설치하여
운영할 수 있다. 〈개정 2017. 7. 26., 2024. 1. 26.〉

④ 우주환경 감시기관의 지정 기준과 우주위험대책본부의 구성·운영
등에 필요한 사항은 대통령령으로 정한다.

[본조신설 2014. 6. 3.]

제16조(우주사고조사단의 구성 등)

① 우주항공청장은 대통령령으로 정하는 우주사고가 발생한 경우 그 우
주사고를 조사하기 위하여 우주사고조사단을 구성·운영할 수 있다.
〈개정 2011. 3. 9., 2013. 3. 23., 2017. 7. 26., 2024. 1. 26.〉

② 우주사고조사단은 단장 1명을 포함하여 5명 이상 11명 이하로 구성
하며, 단원은 대통령령으로 정하는 자격을 갖춘 사람 중에서 우주항
공청장이 위촉하고, 단장은 단원 중에서 우주항공청장이 정한다. 다
만, 대통령령으로 정하는 국가의 안전보장과 관련된 사항에 대하여는
대통령령으로 정하는 바에 따라 별도의 우주사고조사단을 구성할 수
있다. 〈개정 2011. 3. 9., 2013. 3. 23., 2017. 7. 26., 2020. 6.
9., 2024. 1. 26.〉

③ 우주사고조사단은 그 임무를 수행하기 위하여 다음 각 호의 어느 하
나에 해당하는 자에 대하여 조사를 할 수 있다. 이 경우 조사 대상
자는 정당한 사유가 없으면 이에 따라야 한다. 〈개정 2011. 3. 9.,
2015. 1. 20.〉

1. 제8조에 따라 인공우주물체를 예비등록하거나 등록한 자

2. 제11조에 따라 우주발사체 발사허가를 받은 자

3. 그 밖에 인공우주물체 제작자, 인공우주물체의 성능을 시험한 자 등
   인공우주물체 관련자

④ 우주사고조사단 단장은 우주사고가 일어난 지역에 대한 출입통제나
그 밖에 조사에 필요한 사항에 관하여 관계 행정기관의 장에게 협조
를 요청할 수 있다. 이 경우 요청을 받은 관계 행정기관의 장은 정당

한 사유가 없으면 이에 협조하여야 한다. 〈개정 2011. 3. 9.〉

⑤ 제1항부터 제4항까지에서 규정한 사항 외에 우주사고조사단의 구성·운영 및 활동기간 등에 필요한 사항은 대통령령으로 정한다. 〈개정 2011. 3. 9.〉

[전문개정 2011. 6. 7.]

[제목개정 2011. 3. 9.]

제17조(위성정보의 보급 및 활용)

① 우주항공청장은 기본계획에 따라 개발된 인공위성에 의하여 획득한 위성정보의 보급·활용을 촉진하기 위하여 전담기구의 지정·설립 등 필요한 조치를 마련할 수 있다. 이 경우 「국가공간정보 기본법」에 따른 공간정보에 관하여는 국토교통부장관과 협의하고, 국가의 안전보장에 관한 정보는 관계 중앙행정기관의 장과 협의하여야 한다. 〈개정 2013. 3. 23., 2014. 6. 3., 2017. 7. 26., 2024. 1. 26.〉

② 우주항공청장은 예산의 범위에서 제1항에 따른 전담기구의 사업 수행 및 위성정보의 보급·활용 촉진 등에 필요한 경비를 지원할 수 있다. 〈개정 2013. 3. 23., 2014. 6. 3., 2017. 7. 26., 2024. 1. 26.〉

③ 정부는 위성정보를 활용할 때 개인의 사생활이 침해되지 아니하도록 노력하여야 한다.

④ 제1항에 따른 위성정보의 보급 및 활용을 효율적으로 처리하기 위하여 다음 각 호의 사항을 대통령령으로 정한다. 〈신설 2014. 6. 3.〉

  1. 위성정보의 보급·활용을 위한 통합체계의 구축

  2. 위성정보의 수신, 처리 및 공개

  3. 위성정보의 복제 및 판매

  4. 위성정보의 활용 현황 점검

  5. 위성정보의 보안업무

  6. 그 밖에 위성정보의 보급 및 활용에 필요한 사항

[전문개정 2011. 6. 7.]

[제목개정 2014. 6. 3.]

제5장 우주개발의 촉진 <신설 2022. 6. 10.>

제18조(민간 우주개발의 촉진)

① 우주항공청장은 기본계획에 따라 민간부문의 우주개발과 연구개발 투자를 활성화하고 우주개발 관련 기업을 육성하기 위한 전략을 수립·추진하여야 한다. 〈개정 2022. 6. 10., 2024. 1. 26.〉

② 우주항공청장은 관계 중앙행정기관의 장에게 제1항에 따른 전략의 수립·추진에 필요한 협조를 요청할 수 있다. 〈개정 2013. 3. 23., 2017. 7. 26., 2022. 6. 10., 2024. 1. 26.〉

[전문개정 2011. 6. 7.]
[제목개정 2022. 6. 10.]

제18조의2(우주개발 기반시설의 개방·활용 등)

① 국가와 지방자치단체는 민간 우주개발을 촉진하기 위하여 다음 각 호의 기관이 보유한 우주개발 기반시설을 우주사업자에게 개방·활용하게 할 수 있다. 〈개정 2024. 1. 26.〉

1.「공공기관의 운영에 관한 법률」제5조제4항제1호에 따른 공기업

2.「지방공기업법」에 따른 지방공기업

3.「과학기술분야 정부출연연구기관 등의 설립·운영 및 육성에 관한 법률」에 따른 과학기술분야 정부출연연구기관

4.「지방자치단체출연 연구원의 설립 및 운영에 관한 법률」에 따른 지방자치단체출연 연구원

5.「특정연구기관 육성법」에 따른 특정연구기관

6.「산업기술혁신 촉진법」제42조제1항에 따른 전문생산기술연구소

7. 그 밖에 우주항공청장이 개방·활용의 필요성이 있다고 인정하는 우주개발 기반시설을 보유한 기관으로서 대통령령으로 정하는 기관

② 우주항공청장은 제1항 각 호의 기관에 우주개발 기반시설의 개방·활용 실적을 제출하도록 요청할 수 있다. 〈개정 2024. 1. 26.〉

③ 제1항 및 제2항에서 규정한 사항 외에 우주개발 기반시설의 개방·활용 절차 등에 관하여 필요한 사항은 대통령령으로 정한다.

[본조신설 2022. 6. 10.]

제18조의3(우주개발사업 추진방법)
① 정부는 기본계획을 효율적으로 추진하기 위하여 「기초연구진흥 및 기술개발지원에 관한 법률」 제14조제1항 각 호의 기관이나 단체와 협약을 맺어 우주개발사업을 시행할 수 있다.

② 정부는 우주개발사업을 통하여 개발된 기술이 적용된 제품과 품질·성능 등이 같거나 유사한 제품을 제1항에 따른 기관이나 단체와 계약을 체결하여 제조하게 할 수 있다.

③ 정부는 제1항에 따라 협약을 맺어 우주개발사업을 시행하는 기관이나 단체(이하 "우주개발사업시행기관"이라 한다)에 그 소요비용의 전부 또는 일부를 출연할 수 있다.

④ 우주개발사업시행기관은 우주개발사업을 효과적으로 수행하기 위하여 필요한 경우 그 사업의 일부를 다른 기관이나 단체로 하여금 수행하게 할 수 있다.

⑤ 다음 각 호의 계약에 관하여는 이 법에서 정한 사항을 제외하고는 「국가를 당사자로 하는 계약에 관한 법률」에 따른다.
  1. 정부가 제2항에 따라 계약을 통하여 우주개발사업을 시행하는 경우 그 계약
  2. 우주개발사업시행기관이 제4항에 따라 우주개발사업의 일부를 다른 기관이나 단체로 하여금 수행하도록 하는 경우 그에 관한 계약
  3. 우주개발사업시행기관이 체결하는 연구 시설·장비·재료 등의 구매 또는 용역에 관한 계약

⑥ 정부 및 우주개발사업시행기관은 제5항 각 호의 계약을 체결할 때 정당한 이유 없이 계약의 이행을 지체한 계약상대방으로 하여금 대통령령으로 정하는 바에 따라 지체상금을 내도록 하여야 한다.

⑦ 제1항부터 제6항까지에서 규정한 사항 외에 우주개발사업의 추진 절차 등에 관하여 필요한 사항은 대통령령으로 정한다.

[본조신설 2022. 6. 10.]

제18조의4(우주개발사업 성과의 확산 및 기술이전 등의 촉진)
① 우주항공청장은 우주개발사업 성과를 확산시키고, 기술이전을 촉진하기 위하여 다음 각 호의 사항에 관한 시책을 수립·시행하여야 한다. 〈개정 2024. 1. 26.〉
  1. 우주개발사업 성과 및 기술이전에 관한 정보의 관리·유통
  2. 우주개발사업 성과의 확산 및 기술이전 관련 연구기관등에 설치된 조직의 육성
  3. 연구기관등 간의 인력·기술·인프라 등의 교류·협력
  4. 그 밖에 우주항공청장이 우주개발사업 성과 확산과 기술이전 촉진을 위하여 필요하다고 인정하는 사항
② 우주항공청장은 제1항 각 호의 시책에 따른 사업을 추진할 수 있다. 〈개정 2024. 1. 26.〉
③ 우주항공청장은 제2항에 따라 추진하는 사업을 연구기관등으로 하여금 수행하게 하고 그 사업 수행에 드는 비용의 전부 또는 일부를 출연하거나 보조할 수 있다. 〈개정 2024. 1. 26.〉
④ 연구기관등의 장은 우주개발사업에 따른 기술의 이전을 원활하게 추진하기 위하여 소속 연구원이나 직원을 일정기간 동안 기술을 이전하려는 기업 등에 파견하여 근무하게 할 수 있다.

[본조신설 2022. 6. 10.]

제18조의5(창업촉진) 정부는 우주개발과 관련된 창업을 촉진하기 위하여 필요한 지원을 할 수 있다.

[본조신설 2022. 6. 10.]

제18조의6(전문인력 양성) 우주항공청장은 우주개발에 필요한 전문인력을 양성하기 위하여 다음 각 호의 시책을 수립·시행하여야 한다. 〈개정 2024. 1. 26.〉

1. 전문인력의 수요 파악과 중장기 수급 전망
2. 전문인력 양성 교육프로그램의 개발과 보급 지원
3. 전문인력 고용창출 지원
4. 각급 학교 등 교육기관에서 시행하는 우주개발 관련 기술(이하 "우주기술"이라 한다)에 관한 교육 지원
5. 그 밖에 전문인력 양성에 필요한 시책

[본조신설 2022. 6. 10.]

제18조의7(우주신기술의 지정 등)

① 우주항공청장은 다음 각 호의 우주기술 중에서 국내에서 신규성·진보성 등이 있다고 인정되고, 그 기술을 보급·활용할 필요가 있다고 인정되는 기술을 새로운 우주기술(이하 "우주신기술"이라 한다)로 지정할 수 있다. 〈개정 2024. 1. 26.〉

1. 국내에서 최초로 개발된 우주기술
2. 외국에서 도입하여 익히고 개량한 우주기술
3. 다른 분야에 적용하여 새로운 부가가치를 창출할 수 있는 우주기술

② 제1항에 따라 우주신기술 지정을 받으려는 자는 대통령령으로 정하는 바에 따라 우주항공청장에게 지정신청을 하여야 한다. 〈개정 2024. 1. 26.〉

③ 우주항공청장은 다음 각 호의 자에게 우주신기술을 이용하여 제조·생산한 제품을 우선하여 구매하도록 요청할 수 있다. 〈개정 2024. 1. 26.〉

1. 국가기관 또는 지방자치단체
2. 「공공기관의 운영에 관한 법률」에 따른 공공기관
3. 국가 또는 지방자치단체로부터 출연금·보조금 등의 재정 지원을

받는 자

④ 우주항공청장은 제1항에 따라 지정된 우주신기술이 다음 각 호의 어느 하나에 해당하는 경우에는 그 지정을 취소할 수 있다. 다만, 제1호 및 제2호에 해당하는 경우에는 그 지정을 취소하여야 한다. 〈개정 2024. 1. 26.〉

1. 거짓이나 그 밖의 부정한 방법으로 지정받은 경우

2. 해당 우주신기술의 내용에 중대한 결함이 있어 그 기술의 활용이 불가능한 경우

3. 기술환경의 변화 등으로 해당 우주신기술의 보급·활용 필요성이 없어진 경우

⑤ 제1항부터 제4항까지에서 규정한 사항 외에 우주신기술의 지정·지정취소나 활용방법 또는 우선구매 등에 필요한 사항은 대통령령으로 정한다.

[본조신설 2022. 6. 10.]

제19조(우주개발의 중지 및 시정)

① 우주항공청장은 국방부장관이 전시·사변 또는 이에 준하는 비상사태에서 군 작전 수행을 위하여 대한민국 국민이 수행하는 우주개발에 대하여 중지를 요청한 경우에는 그 국민에게 우주개발의 중지를 명하여야 한다. 〈개정 2013. 3. 23., 2017. 7. 26., 2024. 1. 26.〉

② 우주항공청장은 관계 중앙행정기관의 장이 공공질서의 유지 또는 국가의 안전보장을 이유로 대한민국 국민이 수행하는 우주개발에 대하여 시정을 요청한 경우에는 위원회의 심의를 거쳐 그 국민에게 우주개발의 시정을 명할 수 있다. 〈개정 2013. 3. 23., 2017. 7. 26., 2024. 1. 26.〉

[전문개정 2011. 6. 7.]

제20조(우주개발의 지원 및 협조 요청)

① 우주항공청장은 우주개발을 추진하기 위하여 필요하다고 인정하는 경우에는 관계 중앙행정기관의 장이나 지방자치단체의 장에게 다음 각 호의 사항에 대하여 지원 및 협조를 요청할 수 있다. 이 경우 지원 및 협조를 요청받은 관계 중앙행정기관의 장 또는 지방자치단체의 장은 정당한 사유가 없으면 이에 협조하여야 한다. 〈개정 2013. 3. 23., 2015. 1. 20., 2017. 7. 26., 2024. 1. 26.〉

　　1. 국내 인공우주물체 발사에 따른 주변지역(영해 및 영공을 포함한다)의 출입통제와 관련된 사항

　　2. 통신, 화재진압, 긴급 구난 · 구조 및 안전관리 등과 관련된 사항

② 우주항공청장은 제1항에 따른 지원 및 협조 요청을 할 경우에는 우주개발에 필요한 최소한의 범위로 제한하여야 한다. 〈개정 2013. 3. 23., 2017. 7. 26., 2024. 1. 26.〉

[전문개정 2011. 6. 7.]

제20조의2(인공우주물체 발사에 따른 피해보상)

① 국가와 지방자치단체는 제20조제1항제1호에 따른 출입통제로 인하여 피해를 입은 자에게 손실을 보상하여야 한다.

② 제1항에 따른 손실 보상의 기준과 절차 및 보상금의 지급방법 등에 필요한 사항은 대통령령으로 정한다.

[본조신설 2011. 6. 7.]
[제목개정 2015. 1. 20.]

제21조(국가의 안전보장 관련 우주개발사업의 추진)

① 우주항공청장은 국가의 안전보장과 관련된 우주개발사업을 추진하는 경우 미리 관계 중앙행정기관의 장과 협의하여야 한다. 〈개정 2013. 3. 23., 2017. 7. 26., 2024. 1. 26.〉

② 제1항에 따른 우주개발사업에 관한 보안대책의 수립 및 시행에 필요

한 사항은 대통령령으로 정한다.

[전문개정 2011. 6. 7.]

제22조(우주산업클러스터의 지정 등)

① 우주항공청장은 특정 지역을 우주산업클러스터로 조성할 필요가 있다고 인정하는 경우 관계 중앙행정기관의 장 및 관할 특별시장·광역시장·특별자치시장·도지사·특별자치도지사(이하 "시·도지사"라 한다)와 협의한 후 위원회의 심의를 거쳐 그 지역을 우주산업클러스터로 지정할 수 있다. 〈개정 2024. 1. 26.〉

② 우주항공청장은 제1항에 따라 지정된 우주산업클러스터가 다음 각 호의 어느 하나에 해당하는 경우에는 관계 중앙행정기관의 장 및 관할 시·도지사와 협의한 후 위원회의 심의를 거쳐 그 지정의 전부 또는 일부를 해제할 수 있다. 〈개정 2024. 1. 26.〉

1. 우주산업클러스터의 지정목적을 달성할 수 없거나 달성할 수 없을 것이 예상되는 경우

2. 우주산업클러스터 지정 당시 예상하지 못한 사정변경으로 공익상 지정해제를 할 필요가 있는 경우

③ 제1항 및 제2항에서 규정한 사항 외에 우주산업클러스터의 지정 및 지정해제 등에 필요한 사항은 대통령령으로 정한다.

[본조신설 2022. 6. 10.]
[종전 제22조는 제14조의2로 이동 〈2022. 6. 10.〉]

제23조(우주산업클러스터에 대한 지원)

① 국가 및 지방자치단체는 우주산업클러스터에 입주한 연구기관등과 그 지원시설의 기능 특화·강화 및 집적화를 위하여 노력하여야 한다. 〈신설 2024. 1. 26.〉

② 국가 및 지방자치단체는 우주산업을 육성·지원하기 위하여 우주산업클러스터에 입주한 연구기관등에 예산의 범위에서 필요한 비용을

보조하거나 융자할 수 있다. 〈개정 2024. 1. 26.〉

[본조신설 2022. 6. 10.]

[제목개정 2024. 1. 26.]

[종전 제23조는 제14조의3으로 이동 〈2022. 6. 10.〉]

제6장 보칙 <신설 2022. 6. 10.>

제24조(우주개발 등에 관한 자료수집 및 실태조사)
① 우주항공청장은 우주개발을 체계적으로 진흥하고 효율적으로 추진하기 위하여 우주개발 및 우주 분야 산업에 관한 자료수집 또는 실태조사를 할 수 있다. 〈개정 2013. 3. 23., 2017. 7. 26., 2024. 1. 26.〉
② 우주항공청장은 제1항에 따른 국내 실태조사를 위하여 필요하다고 인정하는 경우에는 관련 행정기관, 연구기관, 교육기관 및 기업에 자료의 제출이나 의견의 진술 등을 요청할 수 있다. 〈개정 2013. 3. 23., 2017. 7. 26., 2024. 1. 26.〉
③ 제1항에 따른 자료수집 및 실태조사의 내용·시기·절차 등에 관하여 필요한 사항은 대통령령으로 정한다.

[전문개정 2011. 6. 7.]

제25조(비밀 엄수의 의무) 이 법에 따른 직무에 종사하거나 종사하였던 사람은 그 직무상 알게 된 비밀을 누설하거나 이 법의 목적 외에 이를 이용하여서는 아니 된다.

[전문개정 2011. 6. 7.]

제26조(권한의 위탁) 우주항공청장은 이 법에 따른 권한 중 다음 각 호의 업무를 대통령령으로 정하는 바에 따라 「과학기술분야 정부출연연구기관 등의 설립·운영 및 육성에 관한 법률」에 따라 설립된 과학

기술분야 정부출연연구기관이나 관계 전문기관에 위탁할 수 있다.
〈개정 2013. 3. 23., 2015. 1. 20., 2017. 7. 26., 2024. 1. 26.〉

1. 제8조의2에 따른 운석 등록에 관한 사항 및 제10조제2항에 따른 운석 등록대장의 관리에 관한 사항

2. 제11조제1항 전단 및 후단에 따른 허가 및 변경허가와 관련된 안전성 심사

3. 제24조에 따른 우주개발 및 우주 분야 산업에 관한 자료수집 및 실태조사에 관한 사항

[전문개정 2011. 6. 7.]

제26조의2(벌칙 적용에서 공무원 의제) 위원회의 위원 중 공무원이 아닌 사람은 「형법」 제129조부터 제132조까지의 규정을 적용할 때에는 공무원으로 본다.

[본조신설 2023. 3. 21.]

제7장 벌칙 <신설 2022. 6. 10.>

제27조(벌칙)

① 제11조제1항 전단 및 후단에 따른 허가 및 변경허가를 받지 아니하고 우주발사체를 발사한 자는 5년 이하의 징역 또는 5천만원 이하의 벌금에 처한다.

② 다음 각 호의 어느 하나에 해당하는 자는 3년 이하의 징역 또는 3천만원 이하의 벌금에 처한다. 〈개정 2015. 1. 20.〉

1. 제8조의3을 위반하여 운석을 국외로 반출한 자

2. 제19조에 따른 중지 또는 시정 명령을 이행하지 아니한 자

3. 제25조를 위반한 자

[전문개정 2011. 6. 7.]

제28조(양벌규정) 법인의 대표자나 법인 또는 개인의 대리인, 사용인, 그 밖의 종업원이 그 법인 또는 개인의 업무에 관하여 제27조의 위반행위를 하면 그 행위자를 벌하는 외에 그 법인 또는 개인에게도 같은 조의 벌금형을 과(科)한다. 다만, 법인 또는 개인이 그 위반행위를 방지하기 위하여 해당 업무에 관하여 상당한 주의와 감독을 게을리하지 아니한 경우에는 그러하지 아니하다.

[전문개정 2011. 6. 7.]

제29조(과태료)

① 다음 각 호의 어느 하나에 해당하는 자에게는 1천만원 이하의 과태료를 부과한다. 〈개정 2015. 1. 20.〉

  1. 제8조제1항 또는 제2항을 위반하여 인공우주물체의 예비등록을 하지 아니한 자

  2. 제8조제5항을 위반하여 인공우주물체의 등록을 하지 아니한 자

  3. 제11조제1항 단서를 위반하여 변경사항 신고를 하지 아니한 자

② 다음 각 호의 어느 하나에 해당하는 자에게는 500만원 이하의 과태료를 부과한다.

  1. 제8조제6항을 위반하여 15일 이내에 변동사실을 통보하지 아니하거나 거짓으로 통보한 자

  2. 제16조제3항에 따른 사고조사를 거부·방해 또는 기피한 자

③ 제1항 및 제2항에 따른 과태료는 대통령령으로 정하는 바에 따라 우주항공청장이 부과·징수한다. 〈개정 2013. 3. 23., 2017. 7. 26., 2024. 1. 26.〉

[전문개정 2011. 6. 7.]

부칙 <제20144호, 2024. 1. 26.> (우주항공청의 설치 및 운영에 관한 특별법)

제1조(시행일) 이 법은 공포 후 4개월이 경과한 날부터 시행한다. 〈단서 생략〉

제2조 부터 제9조까지 생략

제10조(다른 법률의 개정) ① 및 ② 생략

③ 우주개발 진흥법 일부를 다음과 같이 개정한다.

제5조의2제1항 본문, 제5조의4제1항, 제7조제1항, 제8조제1항, 같은 조 제2항 각 호 외의 부분, 같은 조 제4항, 같은 조 제5항 본문, 같은 조 제6항, 제8조의2제1항부터 제3항까지, 제8조의3제1항 단서, 제9조제1항 본문, 같은 조 제2항, 제10조제1항·제2항, 제11조제1항 각 호 외의 부분 전단, 같은 조 제2항, 같은 조 제3항 각 호 외의 부분, 같은 조 제4항·제5항, 제13조제1항 각 호 외의 부분, 같은 조 제2항 본문, 제15조의2제1항, 제15조의3제1항 각 호 외의 부분, 같은 조 제2항·제3항, 제16조제1항, 같은 조 제2항 본문, 제17조제1항 전단, 같은 조 제2항, 제18조제1항·제2항, 제18조의2제1항제7호, 같은 조 제2항, 제18조의4제1항 각 호 외의 부분, 같은 항 제4호, 같은 조 제2항·제3항, 제18조의6 각 호 외의 부분, 제18조의7제1항 각 호 외의 부분, 같은 조 제2항, 같은 조 제3항 각 호 외의 부분, 같은 조 제4항 각 호 외의 부분 본문, 제19조제1항·제2항, 제20조제1항 각 호 외의 부분 전단, 같은 조 제2항, 제21조제1항, 제22조제1항, 같은 조 제2항 각 호 외의 부분, 제24조제1항·제2항, 제26조 각 호 외의 부분 및 제29조제3항 중 "과학기술정보통신부장관"을 각각 "우주항공청장"으로 한다.

제15조의3제3항 중 "과학기술정보통신부차관"을 "우주항공청 차장"으로 한다.

④부터 ⑧까지 생략

제11조 및 제12조 생략

우주개발 진흥법 시행령

[시행 2024. 5. 27.] [대통령령 제34369호, 2024. 3. 29., 타법개정]

우주항공청(우주항공정책과) 055-856-4212

제1조(목적) 이 영은 「우주개발 진흥법」에서 위임된 사항과 그 시행에 필요한 사항을 규정함을 목적으로 한다.

[전문개정 2011. 11. 7.]

제1조의2(준궤도발사체) 「우주개발 진흥법」(이하 "법"이라 한다) 제2조제3호의2에서 "대통령령으로 정하는 성능을 갖춘 준궤도발사체"란 자체 추진기관에 의하여 상승 후 하강하는 인공우주물체로서 해발고도 100킬로미터 이상의 높이까지 상승할 수 있는 성능을 보유하도록 설계·제작된 것을 말한다.

[본조신설 2022. 12. 6.]

제2조(우주개발진흥 기본계획의 수립 등)

① 법 제5조에 따른 우주개발진흥 기본계획(이하 "우주개발진흥 기본계획"이라 한다)은 우주항공청장이 관계 중앙행정기관(국가정보원을 포함한다. 이하 같다)의 장과 협의하여 수립한다. 수립된 우주개발진흥 기본계획을 변경할 때에도 또한 같다. 〈개정 2013. 3. 23., 2014. 12. 3., 2017. 7. 26., 2022. 12. 6., 2024. 3. 29.〉

② 우주항공청장은 우주개발진흥 기본계획을 수립할 때에는 관계 중앙행정기관의 장에게 우주개발진흥 기본계획의 수립일정 및 작성지침을 통보하여야 하며, 우주개발진흥 기본계획을 수립하기 위하여 필요한 경우에는 관계 중앙행정기관의 장에게 필요한 자료의 제출을

요청할 수 있다. 〈개정 2013. 3. 23., 2014. 12. 3., 2017. 7. 26., 2024. 3. 29.〉

③ 법 제5조제2항제12호에서 "대통령령으로 정하는 사항"이란 다음 각 호의 사항을 말한다. 〈개정 2014. 12. 3.〉

　1. 지식재산권의 보호 및 관리정책에 관한 사항

　2. 산업계·학계·연구기관의 교류 활성화에 관한 사항

　3. 우주개발 기술의 상용화에 관한 사항

④ 법 제5조제3항 단서에서 "대통령령으로 정하는 경미한 사항"이란 다음 각 호의 사항을 말한다. 〈개정 2014. 12. 3.〉

　1. 우주개발 추진계획의 세부 추진에 관한 사항

　2. 우주개발진흥 기본계획의 내용에 중대한 영향을 주지 아니하는 사항으로서 법 제6조에 따른 국가우주위원회가 정한 사항

[전문개정 2011. 11. 7.]

[제목개정 2014. 12. 3.]

제3조(우주개발진흥 시행계획의 수립)

① 법 제5조의2제1항에 따른 우주개발진흥 시행계획(이하 "우주개발진흥 시행계획"이라 한다)에는 다음 각 호의 사항이 포함되어야 한다. 〈개정 2013. 3. 23., 2014. 12. 3., 2017. 7. 26., 2022. 12. 6., 2024. 3. 29.〉

　1. 사업의 개요

　2. 전년도 사업추진실적 및 해당 연도 사업계획

　3. 사업별 세부 우주개발진흥 시행계획

　4. 위성 간 위성궤도 및 위성주파수(위성망에서 사용되는 주파수를 말한다)의 조정에 관한 사항

　5. 그 밖에 우주항공청장이 필요하다고 인정하는 사항

② 법 제5조의2제1항 단서에서 "대통령령으로 정하는 관계 중앙행정기관의 장"이란 다음 각 호의 사람을 말한다. 〈신설 2014. 12. 3., 2017. 7. 26., 2024. 3. 29.〉

　1. 우주항공청장

2. 국방부장관

3. 국가정보원장

③ 우주항공청장은 법 제6조제7항 본문에 따른 우주개발진흥실무위원회(이하 "우주개발진흥실무위원회"라 한다)의 심의를 거쳐 해마다 2월 말까지 우주개발진흥 시행계획을 수립하고, 이를 관계 중앙행정기관의 장에게 통보해야 한다. 다만, 법 제5조의2제1항 단서에 따른 우주개발진흥 시행계획은 제2항에 따른 관계 중앙행정기관의 장으로 구성되는 협의체의 협의를 거쳐 수립한다. 〈개정 2013. 3. 23., 2014. 12. 3., 2017. 7. 26., 2021. 11. 9., 2024. 3. 29.〉

[전문개정 2011. 11. 7.]
[제목개정 2014. 12. 3.]

제3조의2(위성정보활용종합계획의 수립 등)

① 법 제5조의3에 따른 위성정보활용종합계획(이하 "위성정보활용종합계획"이라 한다)은 우주항공청장이 관계 중앙행정기관의 장과 협의하여 수립한다. 수립된 위성정보활용종합계획을 변경할 때에도 또한 같다. 〈개정 2017. 7. 26., 2024. 3. 29.〉

② 우주항공청장은 위성정보활용종합계획을 수립할 때에는 관계 중앙행정기관의 장에게 위성정보활용종합계획의 수립 일정 및 작성지침을 통보하여야 하며, 위성정보활용종합계획을 수립하기 위하여 필요한 경우에는 관계 중앙행정기관의 장에게 필요한 자료의 제출을 요청할 수 있다. 〈개정 2017. 7. 26., 2024. 3. 29.〉

③ 법 제5조의3제3항 단서에서 "대통령령으로 정하는 경미한 사항"이란 다음 각 호의 사항을 말한다.

1. 위성정보의 보급체계 및 활용계획의 세부 추진에 관한 사항

2. 위성정보활용종합계획의 내용에 중대한 영향을 주지 아니하는 사항으로서 법 제6조에 따른 국가우주위원회가 정하는 사항

[본조신설 2014. 12. 3.]

제3조의3(위성정보활용시행계획의 수립)

① 법 제5조의4에 따른 위성정보활용시행계획(이하 "위성정보활용시행계획"이라 한다)에는 다음 각 호의 사항이 포함되어야 한다. 〈개정 2017. 7. 26., 2024. 3. 29.〉

1. 사업의 개요

2. 전년도 사업 추진실적과 해당 연도 사업계획

3. 사업별 세부 위성정보활용시행계획

4. 법 제17조제4항제1호에 따른 위성정보의 보급·활용을 위한 통합체계의 구축에 관한 사항

5. 그 밖에 우주항공청장이 필요하다고 인정하는 사항

② 우주항공청장은 법 제6조제7항 본문에 따른 위성정보활용실무위원회(이하 "위성정보활용실무위원회"라 한다)의 심의를 거쳐 해마다 2월 말일까지 위성정보활용시행계획을 수립하고, 이를 관계 중앙행정기관의 장에게 통보해야 한다. 〈개정 2017. 7. 26., 2021. 11. 9., 2024. 3. 29.〉

[본조신설 2014. 12. 3.]

제4조(국가우주위원회의 구성)

① 삭제 〈2021. 11. 9.〉

② 법 제6조제4항제2호에 따라 위촉된 위원(이하 "위촉위원"이라 한다)의 임기는 2년으로 한다. 다만, 위원의 사임 등으로 새로 위촉된 위원의 임기는 전임 위원 임기의 남은 기간으로 한다. 〈개정 2021. 11. 9., 2021. 11. 30.〉

③ 위촉위원은 제2항 본문에 따른 임기가 만료된 경우에도 후임위원이 위촉될 때까지 그 직무를 수행할 수 있다. 〈신설 2021. 11. 30.〉

④ 대통령은 위촉위원이 다음 각 호의 어느 하나에 해당하는 경우에는 해당 위원을 해촉(解囑)할 수 있다. 〈신설 2015. 12. 31., 2021. 11. 30.〉

1. 심신장애로 인하여 직무를 수행할 수 없게 된 경우

2. 직무와 관련된 비위사실이 있는 경우

3. 직무태만, 품위손상이나 그 밖의 사유로 인하여 위원으로 적합하지 아니하다고 인정되는 경우

4. 위원 스스로 직무를 수행하는 것이 곤란하다고 의사를 밝히는 경우

⑤ 법 제6조에 따른 국가우주위원회(이하 "위원회"라 한다)의 사무를 처리하기 위하여 간사 1명을 두며, 간사는 우주항공청 소속 공무원 중에서 위원회의 위원장이 지명한다. 〈개정 2013. 3. 23., 2015. 12. 31., 2017. 7. 26., 2021. 11. 30., 2024. 3. 29.〉

[전문개정 2011. 11. 7.]

제5조(위원회의 운영)

① 위원회의 위원장(이하 이 조에서 "위원장"이라 한다)은 위원회의 사무를 총괄하고, 위원장이 필요하다고 인정하거나 위원의 요구가 있을 때에 위원회를 소집한다. 〈개정 2015. 7. 20.〉

② 위원장은 회의를 소집할 때에는 회의의 일시·장소 및 안건을 회의 개최 7일 전까지 각 위원과 관계 중앙행정기관의 장에게 알려야 한다. 다만, 긴급한 사정이나 그 밖의 부득이한 사유가 있는 경우에는 그러하지 아니하다. 〈개정 2018. 8. 21.〉

③ 위원장은 필요하다고 인정하는 경우 관계 중앙행정기관의 장에게 회의안건 또는 의견의 제출을 요청하거나, 해당 기관의 소속 직원을 회의에 참석하게 하여 의견을 들을 수 있다. 〈신설 2018. 8. 21.〉

④ 위원회의 회의는 재적위원 과반수의 출석으로 개의(開議)하고, 출석위원 과반수의 찬성으로 의결한다. 〈개정 2018. 8. 21.〉

⑤ 위원장은 위원회의 회의록을 작성·보관하여야 한다. 〈개정 2018. 8. 21.〉

⑥ 위원회에 출석한 위원 및 관계인과 의견을 진술하거나 제출한 사람에게는 예산의 범위에서 수당과 여비를 지급할 수 있다. 다만, 공무원인 위원이 그 소관 업무와 직접적으로 관련되어 위원회에 출석하는

경우에는 그러하지 아니하다. 〈개정 2018. 8. 21.〉

⑦ 위원장은 위원회에서 국가의 안전보장에 관한 내용을 심의하는 경우에는 위원 및 회의 참석자의 보안 서약서 작성, 안건 사본의 회수 등 보안에 필요한 대책을 마련하여 시행하여야 한다. 〈신설 2015. 7. 20., 2018. 8. 21.〉

⑧ 제1항부터 제7항까지에서 규정한 사항 외에 위원회의 운영에 필요한 사항은 위원회의 심의를 거쳐 위원장이 정한다. 〈개정 2015. 7. 20., 2018. 8. 21.〉

[전문개정 2011. 11. 7.]

제6조(우주개발진흥실무위원회의 구성 및 운영)

① 우주개발진흥실무위원회는 위원장 1명을 포함한 25명 이내의 위원으로 구성한다. 〈개정 2014. 12. 3., 2018. 8. 21.〉

② 우주개발진흥실무위원회의 위원은 다음 각 호의 사람으로 한다. 〈개정 2014. 12. 3., 2022. 12. 6.〉

  1. 법 제6조제4항제1호의 위원이 소속된 관계 중앙행정기관에서 우주 관련 업무를 담당하고 있는 고위공무원단에 속하는 공무원 또는 이에 상당하는 공무원 중에서 소속기관의 장이 지명하는 사람

  2. 법 제6조제4항제1호의 위원이 소속되지 아니하는 관계 중앙행정기관에서 우주 관련 업무를 담당하고 있는 고위공무원단에 속하는 공무원 또는 이에 상당하는 공무원 중에서 우주개발진흥실무위원회의 위원장이 지명하는 공무원

  3. 우주 분야에 관한 전문지식과 경험이 풍부한 사람 중에서 우주개발진흥실무위원회의 위원장이 위촉하는 사람

③ 제2항제3호에 따라 위촉된 위원의 임기는 2년으로 한다.

④ 우주개발진흥실무위원회의 위원장은 제2항 각 호에 따른 위원이 다음 각 호의 어느 하나에 해당하는 경우에는 해당 위원을 해임하거나 해촉할 수 있다. 〈신설 2015. 12. 31., 2022. 12. 6.〉

1. 심신장애로 인하여 직무를 수행할 수 없게 된 경우

2. 직무와 관련된 비위사실이 있는 경우

3. 직무태만, 품위손상이나 그 밖의 사유로 인하여 위원으로 적합하지 아니하다고 인정되는 경우

4. 위원 스스로 직무를 수행하는 것이 곤란하다고 의사를 밝히는 경우

⑤ 우주개발진흥실무위원회의 사무를 처리하기 위하여 간사 1명을 두며, 간사는 우주항공청 소속 공무원 중에서 우주개발진흥실무위원회의 위원장이 지명한다. 〈개정 2013. 3. 23., 2014. 12. 3., 2015. 12. 31., 2017. 7. 26., 2024. 3. 29.〉

⑥ 우주개발진흥실무위원회의 운영에 관하여는 제5조를 준용한다. 이 경우 "위원회"는 "우주개발진흥실무위원회"로 본다. 〈개정 2014. 12. 3., 2015. 12. 31.〉

⑦ 우주개발진흥실무위원회는 우주물체 및 국제협력 등과 관련된 안건을 전문적으로 검토하기 위하여 필요한 경우에는 소위원회를 구성·운영할 수 있다. 〈개정 2014. 12. 3., 2015. 12. 31.〉

⑧ 제7항에 따른 소위원회의 구성 및 운영에 필요한 사항은 우주개발진흥실무위원회의 심의를 거쳐 우주개발진흥실무위원회의 위원장이 정한다. 〈개정 2014. 12. 3., 2015. 12. 31.〉

[전문개정 2011. 11. 7.]

[제목개정 2014. 12. 3.]

제6조의2(위성정보활용실무위원회의 구성 및 운영)

① 위성정보활용실무위원회는 위원장 1명을 포함한 21명 이내의 위원으로 구성한다.

② 위성정보활용실무위원회의 위원은 다음 각 호의 사람으로 한다. 〈개정 2022. 12. 6.〉

1. 법 제6조제4항제1호의 위원이 소속된 관계 중앙행정기관에서 위성정보활용 관련 업무를 담당하고 있는 고위공무원단에 속하는 공무

원 또는 이에 상당하는 공무원 중에서 소속기관의 장이 지명하는 사람

　2. 법 제6조제4항제1호의 위원이 소속되지 아니하는 관계 중앙행정기관에서 위성정보활용 관련 업무를 담당하고 있는 고위공무원단에 속하는 공무원 또는 이에 상당하는 공무원 중에서 위성정보활용실무위원회의 위원장이 지명하는 공무원

　3. 위성정보활용 분야에 관한 전문지식과 경험이 풍부한 사람 중에서 위성정보활용실무위원회의 위원장이 위촉하는 사람

③ 제2항제3호에 따라 위촉된 위원의 임기는 2년으로 한다.

④ 위성정보활용실무위원회의 위원장은 제2항 각 호에 따른 위원이 다음 각 호의 어느 하나에 해당하는 경우에는 해당 위원을 해임하거나 해촉할 수 있다. 〈신설 2015. 12. 31., 2022. 12. 6.〉

　1. 심신장애로 인하여 직무를 수행할 수 없게 된 경우

　2. 직무와 관련된 비위사실이 있는 경우

　3. 직무태만, 품위손상이나 그 밖의 사유로 인하여 위원으로 적합하지 아니하다고 인정되는 경우

　4. 위원 스스로 직무를 수행하는 것이 곤란하다고 의사를 밝히는 경우

⑤ 위성정보활용실무위원회의 사무를 처리하기 위하여 간사 1명을 두며, 간사는 우주항공청장 소속 공무원 중에서 위성정보활용실무위원회의 위원장이 지명한다. 〈개정 2015. 12. 31., 2017. 7. 26., 2024. 3. 29.〉

⑥ 위성정보활용실무위원회의 운영에 관하여는 제5조를 준용한다. 이 경우 "위원회"는 "위성정보활용실무위원회"로 본다. 〈개정 2015. 12. 31.〉

⑦ 위성정보활용실무위원회는 위성운영 및 위성정보활용 등과 관련된 안건을 전문적으로 검토하기 위하여 필요한 경우에는 소위원회를 구성·운영할 수 있다. 〈개정 2015. 12. 31.〉

⑧ 제7항에 따른 소위원회의 구성 및 운영에 필요한 사항은 위성정보활용실무위원회의 심의를 거쳐 위성정보활용실무위원회의 위원장이 정

한다. 〈개정 2015. 12. 31.〉

[본조신설 2014. 12. 3.]

제6조의3(안보우주개발실무위원회의 구성 및 운영)

① 법 제6조제7항 단서에 따른 안보우주개발실무위원회(이하 "안보우주개발실무위원회"라 한다)는 다음 각 호의 사항을 심의한다. 〈개정 2024. 3. 29.〉

  1. 관계 중앙행정기관의 장이 국가안전보장과 관련하여 단독으로 추진하는 우주개발에 관한 사항

  2. 국가안전보장에 관한 사항으로서 우주개발진흥실무위원회의 위원장과 안보우주개발실무위원회의 공동위원장이 사업의 목적, 보안의 필요성, 재정 분담 등 관계 중앙행정기관의 사업참여 정도, 우주산업 육성 효과 등을 종합적으로 고려하여 안보우주개발실무위원회에서 심의하기로 합의한 사항

② 안보우주개발실무위원회는 법 제6조제7항 단서에 따른 공동위원장인 국방부차관과 국가안전보장을 위한 우주개발 관련 업무를 담당하고 있는 국가정보원 차장 1명을 포함하여 15명 이내의 위원으로 구성한다. 〈개정 2024. 3. 29.〉

③ 안보우주개발실무위원회의 위원은 다음 각 호의 사람으로 한다. 〈개정 2022. 12. 6.〉

  1. 국가우주위원회의 부위원장 및 법 제6조제4항제1호의 위원이 소속된 관계 중앙행정기관에서 국가안전보장을 위한 우주개발 관련 업무를 담당하고 있는 고위공무원단에 속하는 공무원 또는 이에 상당하는 공무원 중에서 그 소속 기관의 장이 지명하는 사람

  2. 법 제6조제4항제1호의 위원이 소속되지 않은 관계 중앙행정기관에서 국가안전보장을 위한 우주개발 관련 업무를 담당하고 있는 고위공무원단에 속하는 공무원 또는 이에 상당하는 공무원 중에서 안보우주개발실무위원회의 공동위원장이 지명하는 공무원

3. 국가안전보장을 위한 우주개발 분야에 관한 전문지식과 경험이 풍부한 사람 중에서 안보우주개발실무위원회의 공동위원장이 위촉하는 사람

④ 제3항제3호에 따라 위촉된 위원의 임기는 2년으로 한다.

⑤ 안보우주개발실무위원회의 공동위원장은 제3항 각 호에 따른 위원이 다음 각 호의 어느 하나에 해당하는 경우에는 해당 위원을 해임하거나 해촉할 수 있다. 〈개정 2022. 12. 6.〉

1. 심신장애로 인하여 직무를 수행할 수 없게 된 경우

2. 직무와 관련된 비위사실이 있는 경우

3. 직무태만, 품위손상이나 그 밖의 사유로 인하여 위원으로 적합하지 않다고 인정되는 경우

4. 위원 스스로 직무를 수행하는 것이 곤란하다고 의사를 밝히는 경우

⑥ 안보우주개발실무위원회의 사무를 처리하기 위하여 간사 2명을 두며, 간사는 국방부와 국가정보원 소속 공무원 중에서 안보우주개발실무위원회의 공동위원장이 각각 1명씩 지명한다.

⑦ 안보우주개발실무위원회의 운영에 관하여는 제5조를 준용한다. 이 경우 "위원회"는 "안보우주개발실무위원회"로, "위원장"은 "공동위원장"으로 본다.

⑧ 안보우주개발실무위원회는 국가안전보장을 위한 우주개발과 관련된 안건을 전문적으로 검토하기 위하여 필요한 경우에는 소위원회를 구성·운영할 수 있다.

⑨ 제8항에 따른 소위원회의 구성 및 운영에 필요한 사항은 안보우주개발실무위원회의 심의를 거쳐 안보우주개발실무위원회의 공동위원장이 정한다.

[본조신설 2021. 11. 9.]

제7조(우주개발전문기관의 사업) 법 제7조제2항제3호에서 "대통령령으로 정하는 우주개발사업 관련 업무"란 다음 각 호의 업무를 말한다. 〈개

정 2021. 11. 9.〉

1. 우주개발 관련 국제협력에 관한 업무

2. 우주사고 조사에 관한 국제협력 및 지원에 관한 업무

3. 우주개발정책 수립에 관한 지원 업무

[전문개정 2011. 11. 7.]

제8조(우주개발전문기관의 지정기준)

① 법 제7조제1항에 따라 우주개발전문기관으로 지정받을 수 있는 기관은 다음 각 호의 어느 하나의 요건을 갖추어야 한다. 〈개정 2015. 7. 20., 2021. 11. 9.〉

　1. 인공우주물체의 설계 · 제작 등을 수행할 수 있는 인력 및 설비를 갖추고 있을 것

　2. 우주 관련 연구개발 또는 우주개발사업을 직접 수행한 실적 및 경험이 있을 것

　3. 인공우주물체의 발사 · 추적 · 운용에 필요한 인력 및 설비(이하 "우주센터"라 한다)를 갖추고 있을 것

　4. 우주개발정책 수립에 관한 지원 업무를 수행할 수 있는 인력 및 시설을 갖추고 있을 것

② 제1항제3호의 지정기준에 따라 우주개발전문기관으로 지정받은 자는 해마다 1월 말까지 우주센터에 대한 운영계획을 수립하여 우주항공청장의 승인을 받아야 한다. 〈개정 2013. 3. 23., 2017. 7. 26., 2024. 3. 29.〉

[전문개정 2011. 11. 7.]

제9조(우주개발전문기관에 대한 지원 내용)

① 정부는 법 제7조제3항에 따라 우주개발전문기관을 효율적으로 운영하기 위하여 인력공급 및 정부출연금 지급 등 다양한 지원시책을 수립하고 시행한다.

② 우주항공청장은 우주센터의 운영에 필요한 비용을 지원할 수 있다. 〈개정 2013. 3. 23., 2017. 7. 26., 2024. 3. 29.〉

[전문개정 2011. 11. 7.]

제10조(인공우주물체의 예비등록 등)

① 법 제8조제1항 및 제2항에 따라 예비등록을 하려는 자는 과학기술정보통신부령으로 정하는 예비등록신청서와 법 제8조제3항에 따른 발사계획서를 우주항공청장에게 제출하여야 하며, 법 제8조제5항에 따라 등록을 하려는 자는 과학기술정보통신부령으로 정하는 등록신청서를 우주항공청장에게 제출하여야 한다. 〈개정 2013. 3. 23., 2017. 7. 26., 2024. 3. 29.〉

② 법 제8조제1항·제2항 및 제5항에 따라 예비등록 및 등록을 한 자가 예비등록이나 등록 내용을 변경한 경우에는 과학기술정보통신부령으로 정하는 등록 변경통보서를 우주항공청장에게 제출하여야 한다. 〈개정 2013. 3. 23., 2017. 7. 26., 2024. 3. 29.〉

③ 법 제8조제3항제5호에서 "대통령령으로 정하는 사항"이란 다음 각 호의 사항을 말한다. 〈개정 2015. 7. 20.〉

1. 인공우주물체의 수명 및 사용기간에 관한 사항
2. 인공우주물체의 발사 장소 및 발사 예정일에 관한 사항
3. 인공우주물체의 발사에 사용될 우주발사체의 제공자 및 규격·성능에 관한 사항
4. 인공우주물체의 제작자·제작번호 및 제작 연월일
5. 인공우주물체의 제원(무게·크기·생산전력 및 소모전력 등을 말한다)에 관한 사항
6. 인공우주물체의 이용·관리를 위한 보안에 관한 사항

[전문개정 2011. 11. 7.]

[제목개정 2015. 7. 20.]

제10조의2(운석의 등록 신청 등)

① 법 제8조의2제1항에 따라 운석의 등록을 신청하려는 자는 과학기술 정보통신부령으로 정하는 등록신청서에 다음 각 호의 서류 등을 첨 부하여 우주항공청장에게 제출하여야 한다. 다만, 신청자의 요청이 있는 경우로서 제1호에 따른 운석의 크기나 특성 등을 고려할 때 해 당 운석을 이동시키거나 운반하기 어렵다고 우주항공청장이 인정하 는 경우에는 해당 운석을 제출하지 아니할 수 있다. 〈개정 2017. 7. 26., 2024. 3. 29.〉

1. 해당 운석

2. 운석 감정의견서 또는 분석자료를 보유한 경우에는 해당 자료

② 우주항공청장은 제1항 각 호 외의 부분 단서에 따라 해당 운석이 제 출되지 아니한 경우에는 관계 공무원(법 제8조의2에 따른 업무가 위 탁된 경우에는 관계 공무원 또는 수탁기관의 직원을 말한다)으로 하 여금 운석을 현지에서 확인하거나 점검·분석하게 할 수 있다. 〈개정 2017. 7. 26., 2024. 3. 29.〉

③ 우주항공청장은 제1항에 따른 등록신청을 받은 날부터 30일 이내에 운석의 진위를 확인하여 다음 각 호에 따른 조치를 하여야 한다. 〈개 정 2017. 7. 26., 2024. 3. 29.〉

1. 운석으로 판명되는 경우: 법 제8조의2제2항에 따라 과학기술정보 통신부령으로 정하는 등록증의 발급 및 해당 운석의 반환

2. 운석으로 판명되지 아니한 경우: 운석의 등록 불가 사실 통보 및 제 1항제1호에 따라 제출한 물질의 반환

④ 법 제8조의2제3항에 따라 등록한 정보의 변동사항을 신고하려는 자 는 과학기술정보통신부령으로 정하는 변경신고서에 다음 각 호의 서 류를 첨부하여 우주항공청장에게 제출하여야 한다. 〈개정 2017. 7. 26., 2024. 3. 29.〉

1. 제3항제1호에 따른 등록증

2. 변동사항을 증명하는 서류

⑤ 제4항에 따른 변경신고를 받은 우주항공청장은 변동사항이 반영된 등록증을 재발급하여야 한다. 〈개정 2017. 7. 26., 2024. 3. 29.〉

⑥ 우주항공청장은 제3항 및 제5항에 따라 등록증을 발급 또는 재발급하는 경우에는 법 제10조제2항에 따른 운석의 등록대장에 그 내용을 기록·관리하여야 한다. 〈개정 2017. 7. 26., 2024. 3. 29.〉

[본조신설 2015. 7. 20.]

제10조의3(운석의 국외반출 신청 등)

① 법 제8조의3제1항 단서에 따라 운석을 국외로 반출하려는 자는 국외반출 예정일 90일 전에 과학기술정보통신부령으로 정하는 국외반출 신청서에 다음 각 호의 서류 등을 첨부하여 우주항공청장에게 제출하여야 한다. 〈개정 2017. 7. 26., 2024. 3. 29.〉

1. 운석을 설명하는 자료

2. 반출하려는 목적에 관련된 자료

3. 운석의 등록증 사본(법 제8조의2제2항에 따라 등록된 운석에 대하여 국외반출을 신청하는 경우만 해당한다)

4. 제10조의2제1항 각 호에 따른 자료(등록되지 아니한 운석에 대하여 국외반출을 신청하는 경우만 해당한다)

② 우주항공청장은 제1항에 따라 신청을 받은 날부터 60일 이내에 다음 각 호의 조치를 하여야 한다. 〈개정 2017. 7. 26., 2024. 3. 29.〉

1. 법 제8조의2제2항에 따라 등록된 운석에 대하여 국외반출이 신청된 경우: 국외반출 가능 여부를 심사하여 신청인에게 통보

2. 등록되지 아니한 운석에 대하여 국외반출이 신청된 경우: 운석의 진위를 확인하여 다음 각 목의 조치를 하여야 한다.

　가. 운석으로 판명된 경우: 국외반출 가능 여부를 심사하여 신청인에게 통보

　나. 운석이 아닌 것으로 판명된 경우: 운석이 아니라는 사실의 통보 및 제1항제4호에 따라 제출된 물질의 반환

[본조신설 2015. 7. 20.]

제11조(우주발사체의 발사허가 신청)

① 법 제11조제1항에 따른 우주발사체의 발사허가를 받으려는 자는 과학기술정보통신부령으로 정하는 허가 신청서를 우주항공청장에게 제출하여야 한다. 변경허가를 받으려는 경우에도 또한 같다. 〈개정 2013. 3. 23., 2017. 7. 26., 2024. 3. 29.〉

② 우주항공청장은 제1항에 따른 신청을 받았을 때에는 30일 이내에 허가신청서에 대한 적합성 여부와 심사계획을 신청인에게 통보하여야 한다. 〈개정 2013. 3. 23., 2017. 7. 26., 2024. 3. 29.〉

③ 우주항공청장은 허가신청서를 검토한 결과 필요한 경우에는 기간을 정하여 보완·시정을 요구할 수 있다. 〈개정 2013. 3. 23., 2017. 7. 26., 2024. 3. 29.〉

[전문개정 2011. 11. 7.]

제12조(경미한 사항의 변경신고) 법 제11조제1항 각 호 외의 부분 단서에서 "대통령령으로 정하는 경미한 사항"이란 다음 각 호의 사항을 말한다.

1. 신청인의 성명 및 주소(법인인 경우에는 그 명칭, 대표자의 성명·주소를 포함한다)
2. 탑재체 운용계획서의 내용 중 탑재체 사용기간

[전문개정 2011. 11. 7.]

제13조(발사계획서) 법 제11조제2항에 따른 발사계획서에는 다음 각 호의 사항이 모두 포함되어야 하며, 적을 내용 및 방법 등 세부적인 사항은 우주항공청장이 정하여 고시한다. 〈개정 2013. 3. 23., 2017. 7. 26., 2024. 3. 29.〉

1. 발사 예정일 및 대기권에서의 비행 궤적
2. 발사체의 제원 및 성능
3. 안전성 분석보고서
   가. 발사체 안전 대책

나. 발사장 안전관리 대책

　　다. 보안관리 대책

　4. 탑재체 운용계획서

　　가. 탑재체의 사용 목적

　　나. 탑재체의 소유권자 및 이용권자

　　다. 탑재체의 사용기간

　　라. 탑재체의 제작자·제작번호 및 제작 연월일

　5. 손해배상책임 부담계획서

　　가. 발사사고로 인한 제3자의 사망, 부상, 재산상의 손실 예측액

　　나. 손실 예측액에 대한 부담계획

[전문개정 2011. 11. 7.]

제13조의2(우주위험대비기본계획의 수립 등)

① 법 제15조에 따른 우주위험대비기본계획(이하 "우주위험대비기본계획"이라 한다)은 우주항공청장이 관계 중앙행정기관의 장과 협의하여 수립한다. 수립된 우주위험대비기본계획을 변경할 때에도 또한 같다. 〈개정 2017. 7. 26., 2024. 3. 29.〉

② 우주항공청장은 우주위험대비기본계획을 수립할 때에는 관계 중앙행정기관의 장에게 우주위험대비기본계획의 수립 일정 및 작성지침을 통보하여야 하며, 우주위험대비기본계획을 수립하기 위하여 필요한 경우에는 관계 중앙행정기관의 장에게 필요한 자료의 제출을 요청할 수 있다. 〈개정 2017. 7. 26., 2024. 3. 29.〉

③ 법 제15조제3항 단서에서 "대통령령으로 정하는 경미한 사항"이란 다음 각 호의 사항을 말한다.

　1. 우주공간의 환경 보호와 감시의 세부 추진에 관한 사항

　2. 우주위험대비기본계획의 내용에 중대한 영향을 주지 아니하는 사항으로서 위원회가 정하는 사항

[본조신설 2014. 12. 3.]

제13조의3(우주위험대비시행계획의 수립)

① 법 제15조의2에 따른 우주위험대비시행계획(이하 "우주위험대비시행계획"이라 한다)에는 다음 각 호의 사항이 포함되어야 한다. 〈개정 2017. 7. 26., 2024. 3. 29.〉

1. 사업의 개요

2. 전년도 사업 추진실적과 해당 연도 사업계획

3. 사업별 세부 우주위험대비시행계획

4. 그 밖에 우주항공청장이 필요하다고 인정하는 사항

② 우주항공청장은 우주개발진흥실무위원회의 심의를 거쳐 해마다 2월 말일까지 우주위험대비시행계획을 수립하고, 이를 관계 중앙행정기관의 장에게 통보하여야 한다. 〈개정 2017. 7. 26., 2024. 3. 29.〉

[본조신설 2014. 12. 3.]

제13조의4(우주환경 감시기관의 지정기준)

① 우주항공청장은 법 제15조의3제1항에 따라 다음 각 호의 어느 하나에 해당하는 기관 또는 단체 중에서 우주환경 감시기관을 지정할 수 있다. 〈개정 2017. 7. 26., 2024. 3. 29.〉

1. 「공공기관의 운영에 관한 법률」 제4조에 따른 공공기관

2. 「과학기술분야 정부출연연구기관 등의 설립·운영 및 육성에 관한 법률」 및 「정부출연연구기관 등의 설립·운영 및 육성에 관한 법률」에 따른 정부출연연구기관

② 법 제15조의3제1항에 따른 우주환경 감시기관은 다음 각 호의 요건을 모두 갖추어야 한다.

1. 우주위험에 대한 예방과 대비를 할 수 있는 인력과 설비

2. 우주위험 관련 연구개발 또는 예방과 대비사업을 직접 수행한 실적 및 경험

③ 제1항 및 제2항에서 규정한 사항 외에 우주환경 감시기관의 지정에 관한 세부 기준 및 절차 등에 대해서는 과학기술정보통신부령으로 정

한다. 〈개정 2017. 7. 26.〉

[본조신설 2014. 12. 3.]

제13조의5(우주환경 감시기관의 업무) 법 제15조의3제1항제3호에서 "대통령령으로 정하는 업무"란 다음 각 호의 업무를 말한다. 〈개정 2017. 7. 26., 2024. 3. 29.〉

1. 위험대응기술 관련 연구개발 기획
2. 관계기관 및 민·관·군 합동 대응체계의 구축·운영 지원
3. 그 밖에 우주항공청장이 필요하다고 인정하는 사항

[본조신설 2014. 12. 3.]

제13조의6(우주위험대책본부의 구성 및 운영)

① 법 제15조의3제3항에 따른 우주위험대책본부는 우주위험 대비와 관계된 중앙행정기관에서 관련 업무를 담당하고 있는 고위공무원단에 속하는 공무원 또는 이에 상당하는 공무원 중 해당 중앙행정기관의 장이 지명하는 공무원과 우주항공청장이 위촉하는 관련 전문가로 구성한다. 〈개정 2017. 7. 26., 2024. 3. 29.〉

② 우주위험대책본부는 다음 각 호의 어느 하나에 해당하는 상황이 발생하는 경우 설치·운영한다. 〈개정 2015. 7. 20.〉

1. 우주공간에 있는 물체의 추락으로 인하여 한반도 및 주변 해역에 피해가 예측되는 경우
2. 태양활동의 영향이 우리나라 인공우주물체에 지대한 영향을 줄 것으로 판단되는 경우
3. 우주물체 충돌로 인하여 우리나라 위성이 파괴되거나 심각한 이상(異常) 기능이 예측되는 경우

③ 제1항부터 제3항까지에서 규정한 사항 외에 우주위험대책본부의 구성 및 세부운영 등에 필요한 사항은 우주항공청장이 정한다. 〈개정 2017. 7. 26., 2024. 3. 29.〉

[본조신설 2014. 12. 3.]

제14조(우주사고 조사의 대상) 법 제16조제1항에서 "대통령령으로 정하는 우주사고"란 다음 각 호의 어느 하나에 해당하는 사고로서 생명·신체 및 재산에 심각한 손해가 발생하는 등의 이유로 우주항공청장이 조사가 필요하다고 인정하는 사고를 말한다. 〈개정 2013. 3. 23., 2015. 7. 20., 2017. 7. 26., 2024. 3. 29.〉

1. 법 제8조에 따라 예비등록 또는 등록한 인공우주물체로 인하여 발생한 사고

2. 법 제11조에 따라 발사를 허가받은 우주발사체로 인하여 발생한 사고

3. 외국의 인공우주물체로 인하여 대한민국의 영역 또는 대한민국의 관할권이 미치는 지역 또는 구조물에서 발생한 사고

4. 외국의 인공우주물체로 인하여 대한민국의 재산이나 대한민국의 국민(법인을 포함한다)에게 발생한 사고

[전문개정 2011. 11. 7.]

제15조(우주사고조사단의 구성 등)

① 법 제16조제1항에 따른 우주사고조사단(이하 "조사단"이라 한다)의 단장은 조사단을 대표하고, 그 업무를 총괄한다.

② 조사단의 단원의 자격은 다음 각 호와 같다. 〈개정 2013. 3. 23., 2017. 7. 26., 2024. 3. 29.〉

1. 대학에서 부교수 이상의 직에 5년 이상 재직하고 있거나 재직하였던 사람

2. 우주 관련 연구기관이나 산업체에서 10년 이상 근무한 사람

3. 변호사의 자격을 10년 이상 유지하고 있는 사람

4. 행정기관의 4급 이상 공무원 또는 이에 상당하는 공무원(고위공무원단에 속하는 공무원을 포함한다)으로서 2년 이상 근무한 사람

5. 그 밖에 우주항공청장이 인정하는 사람

[전문개정 2011. 11. 7.]

제16조(조사단의 운영 등)

① 조사단의 회의는 재적단원 과반수의 출석과 출석단원 과반수의 찬성으로 의결한다.

② 조사단의 단장은 조사단의 회의록을 작성하여야 한다.

③ 조사단에 출석한 단원 및 관계인과 의견을 진술하거나 제출한 사람에게는 예산의 범위에서 수당과 여비를 지급할 수 있다. 다만, 공무원이 소관 업무와 직접적으로 관련되어 조사단에 출석하는 경우에는 그러하지 아니하다.

④ 조사단의 활동기간은 그 구성을 한 날부터 조사단이 제17조에 따른 임무를 마쳤다고 우주항공청장이 인정하는 시점까지로 한다. 〈개정 2013. 3. 23., 2017. 7. 26., 2024. 3. 29.〉

⑤ 제1항부터 제4항까지에서 규정한 사항 외에 조사단의 운영에 필요한 사항은 조사단의 심의를 거쳐 조사단의 단장이 정한다.

[전문개정 2011. 11. 7.]

제17조(조사단의 임무) 조사단의 임무는 다음 각 호와 같다. 〈개정 2013. 3. 23., 2017. 7. 26., 2024. 3. 29.〉

1. 우주사고의 발생원인 규명

2. 우주사고에 대한 자료수집 및 분석

3. 우주사고 조사보고서의 작성

4. 그 밖에 우주항공청장이 우주사고의 조사 · 분석에 필요하다고 인정하는 사항

[전문개정 2011. 11. 7.]

제18조(사고조사의 절차)

① 우주항공청장은 제14조에 따른 우주사고가 발생한 경우 지체 없이 조사단을 구성하여 조사를 요청하여야 한다. 〈개정 2013. 3. 23., 2017. 7. 26., 2024. 3. 29.〉

② 조사단은 조사를 하고 그 조사보고서를 우주항공청장에게 제출하여야 한다. 〈개정 2013. 3. 23., 2017. 7. 26., 2024. 3. 29.〉

[전문개정 2011. 11. 7.]

제19조(국가의 안전보장과 관련된 사고의 조사)

① 법 제16조제2항 단서에서 "대통령령으로 정하는 국가의 안전보장과 관련된 사항"이란 국가의 안전보장과 관련된 관계 행정기관(이하 "관계행정기관"이라 한다. 이하 같다)의 장이 자체 사업계획에 따라 발사한 인공우주물체로 인하여 발생한 우주사고로서, 우주사고의 조사 과정 및 결과가 공개될 경우 국가의 안전보장에 위험을 초래하거나 손해를 끼칠 것으로 판단되는 사항을 말한다. 〈개정 2015. 7. 20.〉

② 법 제16조제2항 단서에 따라 관계행정기관의 장 소속으로 국가의 안전보장과 관련된 별도의 조사단을 두며, 단원은 관련 전문가 중에서 관계행정기관의 장이 위촉하고, 단장은 단원 중에서 관계행정기관의 장이 정한다.

③ 제2항에 따른 조사단의 구성 및 운영 등에 관하여는 제15조부터 제18조까지의 규정을 준용한다. 이 경우 "우주항공청장"은 "관계행정기관의 장"으로 본다. 〈개정 2013. 3. 23., 2017. 7. 26., 2024. 3. 29.〉

④ 관계행정기관의 장은 제2항에 따른 조사단의 구성 및 운영 등에 관하여 그 밖에 필요한 사항을 정하려는 경우에는 미리 우주항공청장과 협의하여야 한다. 〈개정 2013. 3. 23., 2017. 7. 26., 2024. 3. 29.〉

[전문개정 2011. 11. 7.]

제19조의2(국가의 안전보장에 관한 위성정보) 우주항공청장은 법 제17조제1항에 따라 위성정보의 보급·활용을 촉진하기 위하여 필요한 조치를 하려는 경우 국가의 안전보장에 관한 정보에 대해서는 제3조제3항에 따른 협의체의 협의를 거쳐야 한다. 〈개정 2017. 7. 26., 2024. 3. 29.〉

[본조신설 2014. 12. 3.]

제19조의3(위성정보의 보급 · 활용 통합체계의 구축)

① 우주항공청장은 법 제17조제4항제1호에 따른 위성정보의 보급 · 활용을 위한 통합체계의 구축을 위하여 법 제17조제1항에 따른 전담기구(이하 "전담기구"라 한다)에 국가가 보유한 위성정보의 통합적 관리와 보급 · 활용 등에 관한 사항을 수행하도록 할 수 있다. 〈개정 2017. 7. 26., 2024. 3. 29.〉

② 전담기구는 다음 각 호의 업무를 수행한다. 〈개정 2017. 7. 26., 2022. 12. 6., 2024. 3. 29.〉

  1. 위성정보데이터베이스(위성정보를 체계적으로 정리하여 정보이용자가 이를 검색하고, 활용할 수 있도록 가공한 정보의 집합체를 말한다. 이하 같다)의 구축

  2. 범부처 위성정보 활용사업의 기획 · 조정 및 시행에 관한 사항의 지원

  3. 위성정보 활용 관련 기업의 지원 등 민간 위성정보산업 육성 및 지원

  4. 위성정보의 복제 · 가공 및 제공 · 판매

  5. 위성정보의 활용 현황 점검 지원

  6. 그 밖에 위성정보의 보급 · 활용을 위한 통합체계의 효율적인 구축을 위하여 우주항공청장이 정하는 사항

③ 관계 중앙행정기관의 장, 지방자치단체의 장과 「공공기관의 운영에 관한 법률」 제4조에 따른 공공기관의 장은 위성정보의 보급 및 활용과 관련하여 중복투자가 발생하지 아니하도록 하여야 한다.

④ 제1항부터 제3항까지에서 규정한 사항 외에 위성정보의 보급 · 활용을 위한 통합체계의 구축에 필요한 사항은 우주항공청장이 정하여 고시한다. 〈개정 2017. 7. 26., 2024. 3. 29.〉

[본조신설 2014. 12. 3.]

제19조의4(위성정보의 수신, 처리 및 공개)

① 우주항공청장은 법 제17조제4항제2호에 따른 위성정보의 수신, 처리 및 공개 업무를 효율적으로 수행하기 위하여 통합 수신 · 처리 체

계를 구축하고 정보이용자를 위한 공개 체계를 마련하여야 한다. 〈개정 2017. 7. 26., 2024. 3. 29.〉

② 위성정보의 수신, 처리 및 공개에 관하여 필요한 세부적인 사항은 우주항공청장이 정하여 고시한다. 〈개정 2017. 7. 26., 2024. 3. 29.〉

[본조신설 2014. 12. 3.]

제19조의5(위성정보의 복제 및 판매)

① 우주항공청장은 법 제17조제4항제3호에 따라 위성정보를 복제 또는 가공하여 정보이용자에게 제공하거나 판매할 수 있다. 다만, 「국가공간정보 기본법」과 제19조의7에 따라 마련되는 보안업무 규정에 따라 공개 또는 유출이 금지되는 정보는 그렇지 않다. 〈개정 2017. 7. 26., 2022. 12. 6., 2024. 3. 29.〉

② 위성정보의 제공 및 판매에 필요한 세부적인 사항은 우주항공청장이 정하여 고시한다. 〈개정 2017. 7. 26., 2024. 3. 29.〉

[본조신설 2014. 12. 3.]

제19조의6(위성정보의 활용 현황 점검) 우주항공청장은 관계 중앙행정기관의 장에게 법 제17조제4항제4호에 따른 위성정보 활용 현황 점검을 위하여 필요한 자료를 요청할 수 있다. 이 경우 관계 중앙행정기관의 장은 자료 제출 등에 협조하여야 한다. 〈개정 2017. 7. 26., 2024. 3. 29.〉

[본조신설 2014. 12. 3.]

제19조의7(위성정보 보안업무)

① 법 제17조제4항제5호에 따라 관계 중앙행정기관의 장은 공개가 제한되는 위성정보나 위성정보데이터베이스에 대한 부당한 접근이나 이동 또는 정보의 유출 등을 방지하기 위하여 필요한 보안업무 규정(이하 "위성정보 보안규정"이라 한다)을 마련하여 시행해야 한다.

〈개정 2022. 12. 6.〉

② 우주항공청장은 위성정보 보안규정 간의 통일성을 유지하기 위하여 국가정보원장과의 협의를 거쳐 관계 중앙행정기관의 장에게 위성정보 보안규정(국방과 관련된 위성정보 보안규정은 제외한다)의 수정·보완을 권고할 수 있다. 〈신설 2022. 12. 6., 2024. 3. 29.〉

[본조신설 2014. 12. 3.]

제19조의8(우수 우주개발인력의 공급) 우주항공청장은 법 제18조제1항에 따른 우수 우주개발인력의 공급을 위하여 다음 각 호의 사항에 관한 시책을 마련할 수 있다. 〈개정 2017. 7. 26., 2024. 3. 29.〉

1. 학교와 연구기관, 그 밖에 관련 기관이나 단체를 통한 교육·훈련의 실시 및 담당기관 지정
2. 창업지원프로그램 실시
3. 그 밖에 우수 우주개발인력 육성·지원을 위하여 우주항공청장이 정하는 사항

[본조신설 2014. 12. 3.]

제19조의9(우주개발 기반시설의 개방·활용 등)

① 법 제18조의2제1항제7호에서 "대통령령으로 정하는 기관"이란 다음 각 호의 어느 하나에 해당하는 기관을 말한다. 〈개정 2024. 3. 29.〉

1. 국공립 대학
2. 「산업기술단지 지원에 관한 특례법」 제4조제1항에 따라 지정된 사업시행자
3. 그 밖에 우주항공청장이 관계 중앙행정기관의 장과 협의하여 고시하는 기관

② 우주항공청장은 법 제18조의2제1항 각 호의 기관에 대하여 우주사업자에게 개방·활용하게 할 우주개발 기반시설의 종류, 위치, 활용조건 및 개방시간·절차 등에 관한 정보의 제공 및 우주개발기반시설

의 개방·활용과 관련된 자료의 제출을 요청할 수 있다. 〈개정 2024. 3. 29.〉

③ 우주항공청장은 제2항에 따른 정보 또는 자료를 통합 관리하고, 우주항공청 인터넷 홈페이지를 통해 공개해야 한다. 〈개정 2024. 3. 29.〉

[본조신설 2022. 12. 6.]

제19조의10(우주개발사업의 지체상금) 다음 각 호의 어느 하나에 해당하는 계약의 경우에 정당한 이유 없이 계약의 이행을 지체한 계약 상대방이 납부해야 하는 지체상금의 총액은 해당 계약금액(기성부분 또는 기납부분을 검사를 거쳐 인수한 경우에는 그 부분에 해당하는 금액을 계약금액에서 공제한 금액을 말한다)의 100분의 10에 해당하는 금액을 한도로 한다.

1. 법 제18조의3제5항제1호 및 제2호의 계약 중 연구개발을 통해 시제품(試製品)을 제조하는 계약

2. 법 제18조의3제5항제1호 및 제2호의 계약 중 연구개발을 통해 제조된 시제품에 대해 최초의 완제품을 제조하는 계약

[본조신설 2022. 12. 6.]

제19조의11(우주신기술의 지정 절차)

① 법 제18조의7제2항에 따라 우주신기술의 지정을 받으려는 자는 과학기술정보통신부령으로 정하는 지정신청서에 다음 각 호의 서류를 첨부하여 우주항공청장에게 제출해야 한다. 〈개정 2024. 3. 29.〉

1. 사업자등록증 사본

2. 신청 대상 기술의 성능과 기능에 대한 과학기술정보통신부령으로 정하는 설명서

3. 그 밖에 과학기술정보통신부령으로 정하는 서류

② 제1항에 따라 우주신기술의 지정을 신청하려는 자는 우주항공청장이 고시하는 심사에 드는 비용을 내야 한다. 다만, 우주항공청장이 우주

신기술 개발을 장려하기 위하여 감면이 필요하다고 인정하는 경우에는 그 비용의 전부 또는 일부를 면제할 수 있다. 〈개정 2024. 3. 29.〉

③ 우주항공청장은 제1항에 따라 우주신기술의 지정 신청을 받은 경우에는 신청된 기술이 우주신기술에 해당하는지를 심사하여 신청일부터 120일 이내에 지정 여부를 결정해야 한다. 〈개정 2024. 3. 29.〉

④ 우주항공청장은 제3항에 따른 심사에 필요하다고 인정되는 경우에는 관계 중앙행정기관, 관련 기관 및 전문가에게 의견을 들을 수 있다. 〈개정 2024. 3. 29.〉

⑤ 우주항공청장은 제3항에 따라 우주신기술을 지정한 경우 신청인에게 과학기술정보통신부령으로 정하는 우주신기술 지정증서를 발급하고, 지정 사실을 관보에 고시하거나 우주항공청 인터넷 홈페이지에 게시해야 한다. 〈개정 2024. 3. 29.〉

⑥ 우주항공청장은 법 제18조의7제4항에 따라 우주신기술 지정을 취소한 경우에는 그 사실을 관보에 고시하거나 우주항공청 인터넷 홈페이지에 게시해야 한다. 〈개정 2024. 3. 29.〉

⑦ 제1항부터 제6항까지에서 규정한 사항 외에 우주신기술 지정 및 지정취소에 필요한 사항은 우주항공청장이 정하여 고시한다. 〈개정 2024. 3. 29.〉

[본조신설 2022. 12. 6.]

제20조(우주개발의 지원 및 협조 요청) 법 제20조제1항에 따라 우주항공청장이 관계 중앙행정기관의 장 또는 지방자치단체의 장에게 지원 및 협조를 요청할 수 있는 세부 사항은 다음 각 호를 포함한다. 〈개정 2013. 3. 23., 2015. 7. 20., 2017. 7. 26., 2024. 3. 29.〉

1. 국내 인공우주물체 발사에 따른 주변지역(영해 및 영공을 포함한다)의 출입통제와 관련된 다음 각 목의 사항
가. 감시레이더에 의한 육상·해상·공역의 감시
나. 발사장 외곽의 순찰 및 경계

다. 발사장 주변의 인원·차량 및 어선 통제

라. 통과해역에 대한 선박 통제

마. 통과공역에 대한 항공 통제

바. 경비정의 배치

사. 경계업무 수행에 필요한 상호 통신유지 및 정보공유

2. 화재진압, 긴급 구난·구조업무를 위한 다음 각 목의 사항

가. 소방차 및 소방정의 배치

나. 긴급 구난·구조 지원

3. 국내외 항공기에 인공우주물체 발사 예정시기 통보

4. 기상예보의 제공

[전문개정 2011. 11. 7.]

제20조의2(보상의 기준 및 절차 등)

① 법 제20조의2제1항에 따라 보상을 받으려는 자는 법 제20조제1항 제1호에 따른 출입통제를 받은 날부터 3개월 이내에 과학기술정보통신부령으로 정하는 손실보상청구서를 작성하고, 손실에 관한 증명서류를 첨부하여 우주항공청장에게 제출하여야 한다. 〈개정 2013. 3. 23., 2017. 7. 26., 2024. 3. 29.〉

② 우주항공청장은 제1항에 따라 청구서를 받으면 관할 지방자치단체의 장 및 인공우주물체 발사자의 협조를 얻어 손실보상의 기준과 절차 및 보상금의 지급방법 등에 대하여 보상을 받으려는 자와 협의하고, 협의가 성립된 경우에는 이에 따라 지급한다. 〈개정 2013. 3. 23., 2015. 7. 20., 2017. 7. 26., 2024. 3. 29.〉

③ 제2항에 따른 협의가 성립되지 않은 경우에는 손실보상의 기준과 절차 및 보상금의 지급방법 등에 대하여 「공익사업을 위한 토지 등의 취득 및 보상에 관한 법률」 제68조를 준용한다. 이 경우 "사업시행자"는 "우주항공청장"으로 본다. 〈개정 2013. 3. 23., 2017. 7. 26., 2024. 3. 29.〉

[본조신설 2011. 11. 7.]

제21조(보안대책의 수립 및 시행 등)

① 우주항공청장은 법 제21조제2항에 따라 보안대책의 수립 및 시행을 위한 지침을 정하여 고시하여야 한다. 〈개정 2013. 3. 23., 2017. 7. 26., 2024. 3. 29.〉

② 제1항의 지침에는 다음 각 호의 사항이 포함되어야 한다.

　1. 우주개발사업 보안관리의 기본원칙 및 방법

　2. 우주개발사업 보안관리 부서 및 담당관 지정 등 보안관리 체계

　3. 위성정보의 분류기준 및 보안관리 절차

　4. 우주개발사업 관련 중요 문서의 유출·분실 시의 처리 절차 및 방법

　5. 우주개발사업의 대외공개의 요건 및 절차

　6. 보안대책의 수립 및 개정 절차

　7. 그 밖에 우주개발사업 보안관리를 위하여 필요한 사항

③ 법 제21조제1항에 따른 우주개발사업에 참여하려는 자는 제1항의 지침에 따라 자체 보안대책을 수립하고 시행하여야 한다.

④ 우주항공청장은 제1항의 지침을 고시하기 전에 국가정보원장과 협의하여야 한다. 다만, 군사기밀과 관련된 사항에 대해서는 국방부장관과 협의하여야 한다. 〈개정 2013. 3. 23., 2017. 7. 26., 2024. 3. 29.〉

⑤ 제3항에 따른 보안대책 중 이 영에서 정한 경우를 제외하고는 「보안업무 규정」 등 관련 규정을 따른다.

[전문개정 2011. 11. 7.]

제21조의2(우주산업클러스터의 지정)

① 우주항공청장은 법 제22조제1항에 따라 다음 각 호의 요건을 모두 갖춘 지역을 우주산업클러스터로 지정할 수 있다. 〈개정 2024. 3. 29.〉

　1. 우주개발진흥 기본계획의 방향에 부합할 것

　2. 우주산업의 집적 및 융복합 효과가 있을 것

　3. 우주산업클러스터에 필요한 기반시설의 확보가 가능할 것

　4. 그 밖에 우주항공청장이 우주산업클러스터의 지정에 필요하다고 인

정하여 고시하는 요건을 갖출 것

② 우주항공청장은 제1항에 따라 우주산업클러스터를 지정한 경우에는 다음 각 호의 사항을 관계 중앙행정기관의 장 및 관할 특별시장·광역시장·특별자치시장·도지사·특별자치도지사에게 알리고, 관보에 고시하거나 우주항공청 인터넷 홈페이지에 게시해야 한다. 〈개정 2024. 3. 29.〉

1. 우주산업클러스터의 명칭 및 위치

2. 우주산업클러스터의 지정 목적 및 지정일

3. 우주산업클러스터의 지형도면

4. 그 밖에 우주산업클러스터와 관련된 사항으로서 우주항공청장이 필요하다고 인정하는 사항

[본조신설 2022. 12. 6.]

제21조의3(우주산업클러스터의 지정 해제) 우주항공청장은 법 제22조제2항에 따라 우주산업클러스터 지정의 전부 또는 일부를 해제하는 경우에는 다음 각 호의 사항을 관계 중앙행정기관의 장 및 관할 특별시장·광역시장·특별자치시장·도지사·특별자치도지사에게 알리고, 관보에 고시하거나 우주항공청 인터넷 홈페이지에 게시해야 한다. 〈개정 2024. 3. 29.〉

1. 지정 해제되는 우주산업클러스터의 명칭 및 위치

2. 우주산업클러스터의 지정 해제 사유 및 지정 해제일

3. 지정 해제되는 우주산업클러스터의 지형도면

4. 지정 해제되는 우주산업클러스터에서 수행된 기존 사업의 경과조치에 관한 사항

5. 그 밖에 우주항공청장이 필요하다고 인정하는 사항

[본조신설 2022. 12. 6.]

제22조(자료수집 및 실태조사의 시기 등)

① 우주항공청장은 법 제24조에 따른 우주개발·산업의 현황 분석과 우주개발 동향 분석 등에 필요한 자료수집 및 실태조사를 해마다 실시하고, 그 결과를 우주개발진흥기본계획 및 우주개발진흥시행계획에 반영하여야 한다. 〈개정 2013. 3. 23., 2014. 12. 3., 2017. 7. 26., 2024. 3. 29.〉

② 우주항공청장은 자료수집 및 실태조사를 위하여 소속 공무원으로 하여금 관련 행정기관 등을 방문하게 하거나 설문조사 및 통계분석 등을 함께 실시할 수 있다. 〈개정 2013. 3. 23., 2017. 7. 26., 2024. 3. 29.〉

[전문개정 2011. 11. 7.]

제23조(수탁기관의 지정 등)

① 법 제26조에 따라 업무를 위탁받으려는 자는 다음 각 호의 사항을 적은 신청서를 우주항공청장에게 제출하여야 한다. 다만, 법 제26조제3호의 업무에 대한 위탁은 「기초연구진흥 및 기술개발지원에 관한 법률」에 따른 연구개발사업의 형태로 추진할 수 있다. 〈개정 2013. 3. 23., 2015. 7. 20., 2017. 7. 26., 2024. 3. 29.〉

1. 명칭·주소 및 대표자의 성명
2. 위탁업무를 시행하는 사무소의 명칭 및 위치
3. 위탁을 받으려는 업무의 명칭
4. 위탁업무의 시작 예정일
5. 위탁업무에 관한 사업 시작 연도 및 다음 연도의 사업계획서와 수지예산서
6. 임원의 성명 및 약력
7. 위탁업무 취급자의 명단(성명, 약력 및 소지하는 면허·자격을 구체적으로 밝혀야 한다)
8. 위탁업무 수행에 사용되는 기계·기구 또는 그 밖의 설비의 종류와

수량

9. 위탁업무 외의 업무를 운영하고 있는 경우 그 업무의 종류와 개요

② 수탁기관이 위탁업무를 처리하였을 때에는 처리한 날부터 30일 이내에 그 결과를 우주항공청장에게 보고하여야 한다. 〈개정 2013. 3. 23., 2017. 7. 26., 2024. 3. 29.〉

③ 우주항공청장은 법 제26조에 따라 업무를 위탁한 경우에는 그 수탁자에게 자료수집 및 실태조사에 필요한 경비를 출연금 또는 보조금으로 지급할 수 있다. 〈개정 2013. 3. 23., 2017. 7. 26., 2024. 3. 29.〉

④ 우주항공청장은 필요하다고 인정될 때에는 수탁기관에 대하여 위탁한 업무에 관한 필요한 지시를 하거나 조치를 명할 수 있다. 〈개정 2013. 3. 23., 2017. 7. 26., 2024. 3. 29.〉

[전문개정 2011. 11. 7.]

제23조의2(고유식별정보의 처리) 우주항공청장은 법 제12조에 따른 우주발사체의 발사허가 결격사유 확인에 관한 사무를 수행하기 위하여 불가피한 경우 「개인정보 보호법 시행령」 제19조제1호에 따른 주민등록번호가 포함된 자료를 처리할 수 있다. 〈개정 2017. 7. 26., 2024. 3. 29.〉

[본조신설 2014. 8. 6.]

제23조의3 삭제 〈2021. 3. 2.〉

제24조(과태료의 부과기준) 법 제29조제3항에 따른 과태료의 부과기준은 별표와 같다.

[본조신설 2011. 11. 7.]

부칙 <제34369호, 2024. 3. 29.> (우주항공청과 그 소속기관 직제)

제1조(시행일) 이 영은 2024년 5월 27일부터 시행한다.

제2조 생략

제3조(다른 법령의 개정) ①부터 ⑧까지 생략

⑨ 우주개발 진흥법 시행령 일부를 다음과 같이 개정한다.

제2조제1항 전단, 같은 조 제2항, 제3조제1항제5호, 같은 조 제2항제1호, 같은 조 제3항 본문, 제3조의2제1항 전단, 같은 조 제2항, 제3조의3제1항제5호, 같은 조 제2항, 제6조의2제5항, 제8조제2항, 제9조제2항, 제10조제1항·제2항, 제10조의2제1항 각 호 외의 부분 본문·단서, 같은 조 제2항, 같은 조 제3항 각 호 외의 부분, 같은 조 제4항 각 호 외의 부분, 같은 조 제5항·제6항, 제10조의3제1항 각 호 외의 부분, 같은 조 제2항 각 호 외의 부분, 제11조제1항 전단, 같은 조 제2항·제3항, 제13조 각 호 외의 부분, 제13조의2제1항 전단, 같은 조 제2항, 제13조의3제1항제4호, 같은 조 제2항, 제13조의4제1항 각 호 외의 부분, 제13조의5제3호, 제13조의6제1항·제3항, 제14조 각 호 외의 부분, 제15조제2항제5호, 제16조제4항, 제17조제4호, 제18조제1항·제2항, 제19조제3항 후단, 같은 조 제4항, 제19조의2, 제19조의3제1항, 같은 조 제2항제6호, 같은 조 제4항, 제19조의4제1항·제2항, 제19조의5제1항 본문, 같은 조 제2항, 제19조의6 전단, 제19조의7제2항, 제19조의8 각 호 외의 부분, 같은 조 제3호, 제19조의9제1항제3호, 같은 조 제2항·제3항, 제19조의11제1항 각 호 외의 부분, 같은 조 제2항 본문·단서, 같은 조 제3항부터 제7항까지, 제20조 각 호 외의 부분, 제20조의2제1항·제2항, 같은 조 제3항 후단, 제21조제1항, 같은 조 제4항 본문, 제21조의2제1항 각 호 외의 부분, 같은 항 제4호, 같은 조 제2항 각 호 외의 부분, 같은 항 제4호, 제21조의3 각 호 외의 부분, 같은 조 제5호, 제22조제1항·제2항, 제23조제1항 각 호 외의 부분 본문, 같은 조 제2항부터 제4항까지 및 제23조의2 중 "과학기술정보통신부장관"을 각각 "우주항공청장"으로 한다.

제3조제3항 본문, 제3조의3제2항, 제6조의3제1항 각 호 외의 부분 및 같은 조 제2항 중 "법 제6조제5항"을 각각 "법 제6조제7항"으로 한다.

제4조제5항 및 제6조제5항 중 "과학기술정보통신부"를 각각 "우주항공청"으로 한다.

제19조의9제3항 중 "과학기술정보통신부의"를 "우주항공청"으로 한다.

제19조의11제5항·제6항, 제21조의2제2항 각 호 외의 부분 및 제21조의3 각 호 외의 부분 중 "과학기술정보통신부 인터넷 홈페이지"를 각각 "우주항공청 인터넷 홈페이지"로 한다.

⑩부터 ⑮까지 생략

우주개발 진흥법 시행규칙

[시행 2024. 5. 27.] [과학기술정보통신부령 제126호, 2024. 5. 27., 타법개정]

우주항공청(우주항공정책과) 055-856-4212

제1조(목적) 이 규칙은 「우주개발 진흥법」 및 같은 법 시행령에서 위임된 사항과 그 시행에 필요한 사항을 규정함을 목적으로 한다.

[전문개정 2011. 11. 7.]

제2조(인공우주물체의 예비등록 등)

① 「우주개발 진흥법 시행령」(이하 "영"이라 한다) 제10조제1항에 따른 인공우주물체 예비등록 신청서 또는 등록 신청서는 별지 제1호서식(전자문서로 된 신청서를 포함한다. 이하 같다)과 같다. 〈개정 2015. 7. 21.〉

② 우주항공청장은 「우주개발 진흥법」(이하 "법"이라 한다) 제8조제1항 또는 제5항에 따라 인공우주물체의 예비등록 또는 등록을 하였을

때에는 별지 제2호서식의 인공우주물체 예비등록증 또는 등록증을 신청인에게 발급하여야 한다. 〈개정 2013. 3. 24., 2015. 7. 21., 2017. 7. 26., 2024. 5. 27.〉

[전문개정 2011. 11. 7.]
[제목개정 2015. 7. 21.]

제3조(등록 변경통보서)

① 영 제10조제2항에 따른 인공우주물체 예비등록 변경통보서 또는 등록 변경통보서는 별지 제3호서식과 같다. 〈개정 2015. 7. 21.〉

② 제1항에 따른 등록 변경통보서에는 별지 제1호서식의 예비등록 신청서 또는 등록 신청서의 첨부서류(전자문서로 된 서류를 포함한다. 이하 같다) 중 변경사항에 관한 서류를 첨부하여야 한다.

[전문개정 2011. 11. 7.]

제3조의2(운석의 등록 및 변경신고)

① 영 제10조의2제1항에 따른 운석 등록신청서는 별지 제3호의2서식과 같다.

② 영 제10조의2제3항제1호에 따른 운석 등록증은 별지 제3호의3서식과 같다.

③ 영 제10조의2제4항에 따른 운석 변경신고서는 별지 제3호의4서식과 같다.

[본조신설 2015. 7. 21.]

제3조의3(운석의 국외반출 신청) 영 제10조의3제1항에 따른 운석 국외반출 신청서는 별지 제3호의5서식과 같다.

[본조신설 2015. 7. 21.]

제4조(인공우주물체 및 운석 등록대장 등)

① 법 제10조제1항에 따른 인공우주물체의 예비등록대장 및 등록대장은 별지 제4호서식과 같다. 〈개정 2015. 7. 21.〉

② 법 제10조제2항에 따른 운석의 등록대장은 별지 제4호의2서식과 같다. 〈신설 2015. 7. 21.〉

[전문개정 2011. 11. 7.]
[제목개정 2015. 7. 21.]

제5조(발사허가의 신청)

① 영 제11조제1항 전단에 따른 우주발사체의 발사허가 신청서는 별지 제5호서식과 같다.

② 제1항에 따른 우주발사체의 발사허가 신청서에는 다음 각 호의 서류를 첨부하여야 한다.

  1. 영 제13조에 따른 발사계획서

  2. 정관(법인인 경우만 해당한다)

③ 제1항에 따른 신청을 받은 우주항공청장은 「전자정부법」 제36조제1항에 따른 행정정보의 공동이용을 통하여 법인 등기사항증명서(법인인 경우만 해당한다)를 확인하여야 한다. 〈개정 2013. 3. 24., 2017. 7. 26., 2024. 5. 27.〉

④ 우주항공청장은 법 제11조제1항 전단에 따라 우주발사체의 발사를 허가한 경우에는 별지 제6호서식의 우주발사체 발사허가증을 신청인에게 발급하여야 한다. 〈개정 2013. 3. 24., 2017. 7. 26., 2024. 5. 27.〉

[전문개정 2011. 11. 7.]

제6조(변경허가의 신청)

① 영 제11조제1항 후단에 따른 우주발사체의 발사허가 변경신청서는 별지 제7호서식과 같다.

② 제1항에 따른 변경신청서에는 별지 제5호서식의 발사허가 신청서의 첨부서류 중 변경사항에 관한 서류 및 우주발사체 발사허가증을 첨부하여야 한다.

[전문개정 2011. 11. 7.]

제7조(경미한 사항의 변경신고) 법 제11조제1항 각 호 외의 부분 단서에 따라 경미한 사항의 변경신고를 하려는 자는 별지 제8호서식의 경미한 사항 변경신고서에 변경사항에 관한 서류를 첨부하여 우주항공청장에게 제출하여야 한다. 〈개정 2013. 3. 24., 2017. 7. 26., 2024. 5. 27.〉

[전문개정 2011. 11. 7.]

제8조(발사허가 시 고려할 사항) 법 제11조제3항제4호에서 "과학기술정보통신부령으로 정하는 사항"이란 다음 각 호의 사항을 말한다. 〈개정 2013. 3. 24., 2017. 7. 26.〉
1. 우주발사체 운송계획의 적정성
2. 발사 예정기간의 발사장 주변지역 상황

[전문개정 2011. 11. 7.]

제9조(우주환경 감시기관의 지정절차 등)
① 법 제15조의3제1항과 영 제13조의4에 따라 우주환경 감시기관으로 지정받으려는 자는 별지 제8호의2서식의 지정신청서(전자문서로 된 신청서를 포함한다)에 다음 각 호의 서류를 첨부하여 우주항공청장에게 제출하여야 한다. 〈개정 2017. 7. 26., 2024. 5. 27.〉
1. 해당 법인의 정관
2. 최근 5년간 우주위험 관련 연구개발 또는 우주위험 예방과 대비 사업을 직접 수행한 실적 보고서
3. 우주환경 감시기관 지정 후 최초 1년간의 사업계획서

② 우주항공청장은 제1항에 따라 지정신청을 받으면 제1항제3호에 따른 사업계획의 타당성 등을 고려하여 지정신청서를 받은 날부터 30일 이내에 지정 여부를 결정하여야 한다. 다만, 부득이한 사유가 있는 경우에는 그 사유를 통지하고 한 차례에 한정하여 30일의 범위에서 그 기간을 연장할 수 있다. 〈개정 2017. 7. 26., 2024. 5. 27.〉

③ 우주항공청장은 제2항에 따라 우주환경 감시기관으로 지정하는 경우에는 별지 제8호의3서식의 지정서를 발급하여야 한다. 〈개정 2017. 7. 26., 2024. 5. 27.〉

[본조신설 2014. 12. 4.]

[종전 제9조는 제11조로 이동 〈2014. 12. 4.〉]

제10조(우주환경 감시기관의 지정기준)

① 법 제15조의3제1항·제4항과 영 제13조의4제2항·제3항에 따라 우주환경 감시기관으로 지정받으려는 자는 다음 각 호의 어느 하나에 해당하는 사람을 3명 이상 확보하여야 한다. 〈개정 2022. 12. 19.〉

1. 천문·우주·기계·전기·전자학과나 그 밖에 이와 유사한 학과의 학사학위를 취득한 사람으로서 관측 실무경험(학위 취득 전의 경험을 포함한다)이 5년 이상인 사람

2. 천문·우주·기계·전기·전자학과나 그 밖에 이와 유사한 학과의 석사학위를 취득한 사람으로서 같은 분야 연구개발 경력(학위 취득 전의 경력을 포함한다)이 3년 이상인 사람

3. 우주위험 감시·대응, 관측 장비의 설계·제조·검사·유지관리에 관한 경력이 7년 이상인 사람

② 법 제15조의3제1항·제4항과 영 제13조의4제2항·제3항에 따라 우주환경 감시기관으로 지정받으려는 자는 다음 각 호의 어느 하나에 해당하는 설비를 확보하여야 한다.

1. 우주물체에 대한 추적·감시가 가능한 레이더 또는 광학 감시시스템

2. 그 밖에 우주환경 감시에 필요한 적외선카메라, 분광기, 편광기 등

의 관측 장비와 궤도계산, 영상·분광분석 등이 가능한 소프트웨어

[본조신설 2014. 12. 4.]

제10조의2(우주신기술의 지정신청 등)

① 영 제19조의11제1항 각 호 외의 부분에 따른 지정신청서는 별지 제8호의4서식과 같다..

② 영 제19조의11제1항제2호에 따른 신청 대상 기술의 성능과 기능에 대한 설명서는 별지 제8호의5서식과 같다.

③ 영 제19조의11제1항제3호에 따라 첨부해야 하는 서류는 다음 각 호와 같다.

  1. 「발명진흥법」에 따른 산업재산권을 등록한 경우에는 그 사실을 증명할 수 있는 서류

  2. 「적합성평가 관리 등에 관한 법률」에 따른 적합성평가기관으로부터 우주 관련 분야의 적합성평가를 받은 경우에는 인증서 또는 시험성적서(신청인이 소속된 기관이 아닌 적합성평가기관으로부터 적합성평가를 받은 경우에만 해당한다)

  3. 공동연구를 하거나 기술이전을 받은 경우에는 그 사실을 증명할 수 있는 서류

④ 영 제19조의11제5항에 따른 우주신기술 지정증서는 별지 제8호의6서식과 같다.

[본조신설 2023. 4. 19.]

제11조(손실보상청구서) 영 제20조의2제1항에 따른 손실보상청구서는 별지 제9호서식과 같다.

[본조신설 2011. 11. 7.]
[제9조에서 이동 〈2014. 12. 4.〉]

부칙 <제126호, 2024. 5. 27.> (우주항공청과 그 소속기관 직제 시행규칙)

제1조(시행일) 이 규칙은 2024년 5월 27일부터 시행한다.

제2조(다른 법령의 개정) ① 우주개발 진흥법 시행규칙 일부를 다음과 같이 개정한다.

제2조제2항, 제5조제3항·제4항, 제7조, 제9조제1항 각 호 외의 부분, 같은 조 제2항 본문 및 같은 조 제3항 중 "과학기술정보통신부장관"을 각각 "우주항공청장"으로 한다.

별지 제1호서식부터 별지 제3호서식까지, 별지 제3호의2서식부터 별지 제3호의5서식까지, 별지 제5호서식, 별지 제6호서식 앞쪽, 별지 제7호서식, 별지 제8호서식, 별지 제8호의2서식부터 별지 제8호의4서식까지, 별지 제8호의6서식, 별지 제9호서식 앞쪽 및 같은 서식 뒤쪽의 처리절차란 중 "과학기술정보통신부장관"을 각각 "우주항공청장"으로 한다.

별지 제1호서식의 처리절차란, 별지 제3호서식의 처리절차란, 별지 제3호의2서식의 처리 절차란, 별지 제3호의4서식의 처리 절차란, 별지 제3호의5서식의 처리 절차란, 별지 제5호서식의 처리절차란, 별지 제7호서식의 처리절차란, 별지 제8호서식의 처리절차란, 별지 제8호의2서식의 처리절차란, 별지 제8호의4서식의 처리절차란 및 별지 제9호서식 뒤쪽의 처리절차란 중 "과학기술정보통신부"를 각각 "우주항공청"으로 한다.

② 생략

달과 기타 천체를 포함한 외기권의 탐색과 이용에 있어서의 국가 활동을 규율하는 원칙에 관한 조약

이 조약의 당사국은, 외기권에 대한 인간의 진입으로써 인류앞에 전개된 위대한 전망에 고취되고, 평화적 목적을 위한 외기권의 탐색과 이용의 발전에 대한 모든 인류의 공동이익을 인정하고, 외기권의 탐색과 이용은 그들의 경제적 또는 과학적 발달의 정도에 관계없이 전인류의 이익을 위하여 수행되어야 한다고 믿고,평화적 목적을 위한 외기권의 탐색과 이용의 과학적 및 법적 분야에 있어서 광범한 국제적 협조에 기여하기를 열망하고, 이러한 협조가 국가와 인민간의 상호 이해증진과 우호적인 관계를 강화하는데 기여할 것임을 믿고,1963년 12월 13일에 국제연합 총회에서 만장일치로 채택된 "외기권의 탐색과 이용에 있어서의 국가의 활동을 규율하는 법적 원칙의 선언"이라는 표제의 결의 1962(XVⅢ)를 상기하고, 1963년 10월 17일 국제연합 총회에서 만장일치로 채택되고, 국가에 대하여 핵무기 또는 기타 모든 종류의 대량파괴 무기를 가지는 어떠한 물체도 지구주변의 궤도에 설치하는 것을 금지하고, 또는 천체에 이러한 무기를 장치하는 것을 금지하도록 요구한 결의 1884(XVⅢ)를 상기하고, 평화에 대한 모든 위협, 평화의 파괴 또는 침략행위를 도발 또는 고취하기 위하여 또는 도발 또는 고취할 가능성이 있는 선전을 비난한 1947년 11월 3일의 국제연합총회결의 110(Ⅱ)을 고려하고 또한 상기 결의가 외기권에도 적용됨을 고려하고, 달과 기타 천체를 포함한 외기권의 탐색과 이용에 있어서의 국가 활동을 규율하는 원칙에 관한 조약이 국제연합헌장의 목적과 원칙을 증진시킬 것임을 확신하여, 아래와 같이 합의하였다.

제1조 달과 기타 천체를 포함한 외기권의 탐색과 이용은 그들의 경제적 또는 과학적 발달의 정도에 관계없이 모든 국가의 이익을 위하여 수행되어야 하며 모든 인류의 활동 범위이어야 한다.
달과 기타 천체를 포함한 외기권은 종류의 차별없이 평등의 원칙에 의하여 국제법에 따라 모든 국가가 자유로이 탐색하고 이용하며 천체의 모든 영역에 대한 출입을 개방한다. 달과 기타 천체를 포함한 외기권에 있어서의 과학적 조사의 자유가 있으며 국가는 이러한 조사에 있어서 국제적인 협조를 용이하게 하고 장려한다.

제2조 달과 기타 천체를 포함한 외기권은 주권의 주장에 의하여 또는 이용과 점유에 의하여 또는 기타 모든 수단에 의한 국가 전용의 대상이

되지 아니한다.

제3조 본 조약의 당사국은 외기권의 탐색과 이용에 있어서의 활동을 국제연합헌장을 포함한 국제법에 따라 국제평화와 안전의 유지를 위하여 그리고 국제적 협조와 이해를 증진하기 위하여 수행하여야 한다.

제4조 본 조약의 당사국은 지구주변의 궤도에 핵무기 또는 기타 모든 종류의 대량파괴 무기를 설치하지 않으며, 천체에 이러한 무기를 장치하거나 기타 어떠한 방법으로든지 이러한 무기를 외기권에 배치하지 아니할 것을 약속한다. 달과 천체는 본 조약의 모든 당사국에 오직 평화적 목적을 위하여서만 이용되어야 한다. 천체에 있어서의 군사기지, 군사시설 및 군사요새의 설치, 모든 형태의 무기의 실험 그리고 군사연습의 실시는 금지되어야 한다. 과학적 조사 또는 기타 모든 평화적 목적을 위하여 군인을 이용하는 것은 금지되지 아니한다. 달과 기타 천체의 평화적 탐색에 필요한 어떠한 장비 또는 시설의 사용도 금지되지 아니한다.

제5조 본 조약의 당사국은 우주인을 외기권에 있어서의 인류의 사절로 간주하며 사고나 조난의 경우 또는 다른 당사국의 영역이나 공해상에 비상착륙한 경우에는 그들에게 모든 가능한 원조를 제공하여야 한다. 우주인이 이러한 착륙을 한 경우에는, 그들은 그들의 우주선의 등록국에 안전하고도 신속하게 송환되어야 한다. 외기권과 천체에서의 활동을 수행함에 있어서 한 당사국의 우주인은 다른 당사국의 우주인에 대하여 모든 가능한 원조를 제공하여야 한다. 본 조약의 당사국은 본 조약의 다른 당사국 또는 국제연합 사무총장에 대하여 그들이 달과 기타 천체를 포함한 외기권에서 발견한 우주인의 생명과 건강에 위험을 조성할 수 있는 모든 현상에 관하여 즉시 보고하여야 한다.

제6조 본 조약의 당사국은 달과 기타 천체를 포함한 외기권에 있어서 그 활동을 정부기관이 행한 경우나 비정부 주체가 행한 경우를 막론하고, 국가활동에 관하여 그리고 본 조약에서 규정한 조항에 따라서 국가활동을 수행할 것을 보증함에 관하여 국제적 책임을 져야 한다. 달과 기

타 천체를 포함한 외기권에 있어서의 비정부 주체의 활동은 본 조약의 관계 당사국에 의한 인증과 계속적인 감독을 요한다. 달과 기타 천체를 포함한 외기권에 있어서 국제기구가 활동을 행한 경우에는, 본 조약에 의한 책임은 동 국제기구와 이 기구에 가입하고 있는 본 조약의 당사국들이 공동으로 부담한다.

제7조 달과 기타 천체를 포함한 외기권에 물체를 발사하거나 또는 그 물체를 발사하여 궤도에 진입케 한 본 조약의 각 당사국과 그 영역 또는 시설로부터 물체를 발사한 각 당사국은 지상, 공간 또는 달과 기타 천체를 포함한 외기권에 있는 이러한 물체 또는 동 물체의 구성부분에 의하여 본 조약의 다른 당사국 또는 그 자연인 또는 법인에게 가한 손해에 대하여 국제적 책임을 진다.

제8조 외기권에 발사된 물체의 등록국인 본 조약의 당사국은 동 물체가 외기권 또는 천체에 있는 동안, 동 물체 및 동 물체의 인원에 대한 관할권 및 통제권을 보유한다. 천체에 착륙 또는 건설된 물체와 그 물체의 구성부분을 포함한 외기권에 발사된 물체의 소유권은 동 물체가 외기권에 있거나 천체에 있거나 또는 지구에 귀환하였거나에 따라 영향을 받지 아니한다. 이러한 물체 또는 구성부분이 그 등록국인 본 조약 당사국의 영역밖에서 발견된 것은 동 당사국에 반환되며 동 당사국은 요청이 있는 경우 그 물체 및 구성부분의 반환에 앞서 동일물체라는 자료를 제공하여야 한다.

제9조 달과 기타 천체를 포함한 외기권의 탐색과 이용에 있어서 본 조약의 당사국은 협조와 상호 원조의 원칙에 따라야 하며, 본 조약의 다른 당사국의 상응한 이익을 충분히 고려하면서 달과 기타 천체를 포함한 외기권에 있어서의 그들의 활동을 수행하여야 한다. 본 조약의 당사국은 유해한 오염을 회피하고 또한 지구대권외적 물질의 도입으로부터 야기되는 지구 주변에 불리한 변화를 가져오는 것을 회피하는 방법으로 달과 천체를 포함한 외기권의 연구를 수행하고, 이들의 탐색을 행하며필요한 경우에는 이 목적을 위하여 적절한 조치를 채택하여야

한다. 만약, 달과 기타 천체를 포함한 외기권에서 국가 또는 그 국민이 계획한 활동 또는 실험이 달과 기타 천체를 포함한 외기권의 평화적 탐색과 이용에 있어서 다른 당사국의 활동에 잠재적으로 유해한 방해를 가져올 것이라고 믿을 만한 이유를 가지고 있는 본 조약의 당사국은 이러한 활동과 실험을 행하기 전에 적절한 국제적 협의를 가져야 한다. 달과 기타 천체를 포함한 외기권에서 다른 당사국이 계획한 활동 또는 실험이 달과 기타 천체를 포함한 외기권의 평화적 탐색과 이용에 잠재적으로 유해한 방해를 가져올 것이라고 믿을만한 이유를 가지고 있는 본 조약의 당사국은 동 활동 또는 실험에 관하여 협의를 요청할 수 있다.

제10조 달과 기타 천체를 포함한 외기권의 탐색과 이용에 있어서 본 조약의 목적에 합치하는 국제적 협조를 증진하기 위하여 본 조약의 당사국은 이들 국가가 발사한 우주 물체의 비행을 관찰할 기회가 부여되어야 한다는 본 조약의 다른 당사국의 요청을 평등의 원칙하에 고려하여야 한다.관찰을 위한 이러한 기회의 성질과 기회가 부여될 수 있는 조건은 관계국가간의 합의에 의하여 결정되어야 한다.

제11조 외기권의 평화적 탐색과 이용에 있어서의 국제적 협조를 증진하기 위하여 달과 기타 천체를 포함한 외기권에서 활동을 하는 본 조약의 당사국은 동 활동의 성질, 수행, 위치 및 결과를 실행 가능한 최대한도로 일반 대중 및 국제적 과학단체 뿐만 아니라 국제연합 사무총장에 대하여 통보하는데 동의한다. 동 정보를 접수한 국제연합 사무총장은 이를 즉각적으로 그리고 효과적으로 유포하도록 하여야 한다.

제12조 달과 기타 천체상의 모든 배치소, 시설, 장비 및 우주선은 호혜주의 원칙하에 본 조약의 다른 당사국대표에게 개방되어야 한다. 그러한 대표들에 대하여 안전을 보장하기 위하여 그리고 방문할 설비의 정상적인 운영에 대한 방해를 피하기 위한 적절한 협의를 행할 수 있도록 하고 또한 최대한의 예방수단을 취할 수 있도록 하기 위하여 방문예정에 관하여, 합리적인 사전통고가 부여되어야 한다.

제13조 본 조약의 규정은 본 조약의 단일 당사국에 의하여 행해진 활동이나 또는 국제적 정부간 기구의 테두리내에서 행해진 경우를 포함한 기타 국가와 공동으로 행해진 활동을 막론하고, 달과 기타 천체를 포함한 외기권의 탐색과 이용에 있어서의 본 조약 당사국의 활동에 적용된다.달과 기타 천체를 포함한 외기권의 탐색과 이용에 있어서 국제적 정부간 기구가 행한 활동에 관련하여 야기되는 모든 실제적 문제는 본 조약의 당사국이 적절한 국제기구나 또는 본 조약의 당사국인 동 국제기구의 1 또는 2이상의 회원국가와 함께 해결하여야 한다.

제14조

1. 본 조약은 서명을 위하여 모든 국가에 개방된다. 본 조 제3항에 따라 본 조약 발효이전에 본 조약에 서명하지 아니한 국가는 언제든지 본 조약에 가입할 수 있다.

2. 본 조약은 서명국가에 의하여 비준되어야 한다. 비준서와 가입서는 기탁국 정부로 지정된 아메리카합중국 정부, 대영연합왕국 정부 및 쏘피엣트 사회주의 연방공화국 정부에 기탁되어야 한다.

3. 본 조약은 본 조약에 의하여 기탁국 정부로 지정된 정부를 포함한 5개국 정부의 비준서 기탁으로써 발효한다.

4. 본 조약의 발효후에 비준서 또는 가입서를 기탁한 국가에 대하여는 그들의 비준서 또는 가입서의 기탁일자에 본 조약이 발효한다.

5. 기탁국 정부는 본 조약의 각 서명일자, 각 비준서 및 가입서의 기탁일자, 본 조약의 발효일자 및 기타 통고를 모든 서명국 및 가입국에 대하여 즉시 통고한다.

6. 본 조약은 국제연합헌장 제102조에 따라 기탁국 정부에 의하여 등록되어야 한다.

제15조 본 조약의 당사국은 본 조약에 대한 개정을 제의할 수 있다. 개정은 본 조약 당사국의 과반수가 수락한 때에 개정을 수락한 본 조약의 각 당사국에 대하여 효력을 발생한다. 그 이후에는 본 조약을 나머지 각 당사국에 대하여 동 당사국의 수락일자에 발효한다.

제16조 본 조약의 모든 당사국은 본 조약 발효 1년후에 기탁국 정부에 대한 서면통고로써 본 조약으로부터의 탈퇴통고를 할 수 있다. 이러한 탈퇴는 탈퇴통고의 접수일자로부터 1년후에 효력을 발생한다.

제17조 영어, 노어, 불어, 서반아어 및 중국어본이 동등히 정본인 본 조약은 기탁국 정부의 보관소에 기탁되어야 한다. 본 조약의 인증등본은 기탁국 정부에 의하여 서명국 정부 및 가입국 정부에 전달되어야 한다.

이상의 증거로 정당하게 권한을 위임받은 아래 서명자가 이 조약에 서명하였다.

1967년 1월 27일 워싱톤, 런던 및 모스코바에서 3통을 작성하였다.

외기권에 발사된 물체의 등록에 관한 협약

본 협약의 당사국은, 외기권의 평화적 목적을 위한 탐사 및 이용을 확대하는데 대한 전 인류의 공동 이해를 인정하고,1967년 1월 27일의 달과 기타 천체를 포함한 외기권의 탐색과 이용에 있어서의 국가 활동을 규율하는 원칙에 관한 조약이 외기권에서의 그들 국가의 행위에 대하여 국가가 국제 책임을 져야 함을 확인하고, 외기권에 발사된 물체의 등록을 한 국가에 언급하고 있음을 상기하고,1968년 4월 22일의 우주 항공사의 구조, 우주 항공사의 귀환 및 외기권에 발사된 물체의 회수에 관한 협정이 발사 당국이 그 영토적 한계를 넘어서 발견된 외기권에 발사한 물체의 회수 이전에, 요구에 따라 확인 자료를 제공해야 함을 규정하고 있음을 또한 상기하고,1972년 3월 29일의 우주 물체에 의하여 발생한 손해에 대한 국제 책임에 관한 협약이 우주 물체의 의해 발생하는 손해에 대한 발사국의 책임에 관하여 국제 규칙 및 소송 절차를 확립하고 있음을 나아가 상기하며, 달과 기타 천체를 포함한 외기권의 탐색과 이용에 있어서의 국가 활동을 규율하는 원칙에 관한 조 약에 비추어 외기권에 발사된 우주 물체의 발사국에 의한 국가등록을 위한 규정을 제정하기를 희망하며, 외기권에 발사된 물체의 중앙 등록부는 지속적 근거하에 국제 연합 사무총장에 의해 작성되고 유지될 것을 나아가 희망하며, 당사국에 우주 물체의 정체 확인을 도울 추가 수단 및 절차를 제공할 것을 또한 희망하고, 외기권에 발사된 물체의 등록에 관한 지속적 체제가 특히 그들의 정체 확인에 도움이 되며, 외기권에 탐색 및 사용을 규율하는 국제법의 응용 및 발달에 이바지함을 믿으며, 다음과 같이 합의하였다.

제1조 본 협약의 목적을 위하여,
(a) 용어 "발사국"이라 함은,
 (i) 우주 물체를 발사하거나, 발사를 구매한 국가
 (ii) 그 영토 또는 시설로부터 우주 물체가 발사된 국가를 의미한다.
(b) 용어 "우주 물체"라 함은 우주 물체의 복합 부품과 동 발사 운반체 및 그 부품을 포함한다.
(c) 용어 "등록국"이라 함은 제2조에 따라 우주 물체의 등록이 행하여진 발사국을 의미한다.

제2조
1. 우주 물체가 지구 궤도 또는 그 이원에 발사되었을 때, 발사국은 유지하여야 하는 적절한 등록부에 등재하므로써 우주 물체를 등록하여야 한다. 각 발사국은 동 등록의 확정을 국제 연합 사무총장에게 통보하여야 한다.
2. 그러한 여하한 우주 물체와 관련하여 발사국이 둘 또는 그 이상일 경우, 그들은 달과 기타 천체를 포함하여 외기권의 탐색 및 사용에 관한 국가의 활동을 규율하는 원칙에 관한 조약 제8조의 규정에 유의하고, 우주 물체 및 동 승무원에의 관할권 및 통제에 관하여 발사국 사이에 체결되고 장래 체결될 적절한 협정을 저해함이 없이, 그들 중의 일국이 본 조 제1항에 따라 동 물체의 등록을 하여야 함을 공동으로 결정하여야 한다.

3. 각 등록의 내용 및 그것이 유지되는 조건은 관련 등록국에 의하여 결정되어야 한다.

제3조

1. 국제연합 사무총장은 제4조에 따라 제공된 정보가 기록되어야 하는 등록부를 유지하여야 한다.

2. 본 등록부상의 정보에 대한 완전하고도 개방된 접근이 가능하여야 한다.

제4조

1. 각 등록국은 등록부상 등재된 각 우주 물체에 관련한 다음 정보를 실행가능한 한 신속히 국제 연합 사무총장에게 제공하여야 한다.

(a) 발사국 및 복수 발사국명

(b) 우주 물체의 적절한 기탁자 또는 동 등록 번호

(c) 발사 일시 및 발사 지역 또는 위치

(d) 다음을 포함한 기본 궤도 요소

　　（ⅰ) 노들주기

　　（ⅱ) 궤도 경사각

　　（ⅲ) 원지점

　　（ⅳ) 근지점

(e) 우주 물체의 일반적 기능

2. 각 등록국은 때때로 등록이 행해진 우주 물체에 관련된 추가 정보를 국제연합 사무총장에게 제공할 수 있다.

3. 각 등록국은 이전에 정보를 전달하였으나 지구 궤도상에 존재하지 않는 관련 우주 물체에 대해서도 가능한 한 최대로, 또한 실행 가능한 한 신속히 국제연합 사무총장에게 통보하여야 한다.

제5조 지구 궤도 또는 그 이원에 발사된 우주 물체가 제4조1항 (b)에 언급된 기탁자 또는 등록 번호 또는 그 양자로서 표시되었을 때마다 등록국은 제4조에 따라 우주 물체에 관한 정보를 제출할 시 동 사실을 사무총장에게 통고하여야 한다. 그러한 경우에 국제 연합 사무총장은 등록부에 이 통고를 기재하여야 한다.

제6조 본 협약 제 조항의 적용으로 당사국이 또는 그 자연인 또는 법인에 손해를 야기하거나 또는 위험하거나 해로운 성질일지도 모르는 우주 물체를 식별할 수 없을 경우에는, 우주 탐지 및 추적 시설을 소유한 특정 국가를 포함하여 여타 당사국은 그 당사국의 요청에 따라 또는 대신 사무총장을 통하여 전달된 요청에 따라 그 물체의 정체 파악에 상응하고 합리적인 조건하에 가능한 최대한도로 원조를 하여야 한다. 그러한 요청을 한 당사국은 그러한 요청을 발생케 한 사건의 일시, 성격 및 정황에 관한 정보를 가능한 한 최대한 제출하여야 한다. 그러한 원조가 부여되어야 하는 약정은 관계 당사국 사이의 합의에 의한다.

제7조

1. 제8조에서 제12조까지 조항들을 제외하고 본 협약상 국가에 대한 언급은 우주 활동을 수행하는 어떠한 정부간 국제 기구가 본 협약상 규정된 권리 의무의 수락을 선언하고 해당 기구의 다수 회원국이 본 협약 및 달과 기타 전체를 포함하는 외기권의 탐색 및 사용에 있어 국가 활동을 규율하는 원칙에 관한 조약의 당사국일 경우 당해 정부간 국제 기구에도 해당 되는 것으로 간주된다.

2. 본 협약의 당사국인 그러한 어떠한 기구의 회원국도 본 조 제1항에 따라 해당 기구가 선언하도록 함을 확보하기 위하여 모든 적절한 조치를 취하여야 한다.

제8조

1. 본 협약은 뉴욕의 국제 연합 본부에 모든 국가의 서명을 위하여 개방된다. 본 조 제3항에 따라 발효 이전에 본 협약에 서명하지 못한 어떠한 국가도 언제라도 동 협약에 가입할 수 있다.

2. 본 협약은 서명국의 비준에 의한다. 비준서 및 가입서는 국제연합 사무총장에게 기탁되어야 한다.

3. 본 협약은 국제연합 사무총장에게 다섯번 째 비준서를 기탁한 일자로부터 비준서를 기탁한 국가 사이에 발효한다.

4. 본 협약 발효 이후 그 비준서나 가입서를 기탁한 국가에 대하여는 그

비준서나 가입서를 기탁한 일자에 발효한다.

5. 사무총장은 모든 서명국 및 가입국에 각 서명일자, 본 협약의 각 비준서 기탁일 및 가입서 기탁일, 동 발효일자 및 기타 공지사항을 즉각 통보하여야 한다.

제9조 본 협약의 어느 당사국도 협약의 개정을 제의할 수 있다. 개정은 협약의 과반수 당사국에 의해 수락되는 일자에 개정을 수락한 협약 당사국에 대하여 발효하며, 그 이후에 각 잔존 협약 당사국에 대하여는 동 국에 의해 수락된 일자에 발효한다.

제10조 본 협약의 발효 후 10년이 경과하였을 시, 협약의 과거 적용에 비추어 개정을 요하느냐를 고려하기 위하여 협약 심사 문제가 국제연합 총회의 잠정 의제에 포함되어야 한다. 그러나, 협약이 발효된 후 5년이 경과한 후에는 언제라도 협약 당사국 3분의 1의 요구에 의하여, 그리고 당사국의 과반수의 합의에 의하여 본 협약을 심사하기 위한 당사국 회의를 개최할 수 있다. 그러한 심사에는 우주 물체의 정체 확인에 관련된 것을 포함하여 어떠한 관련 기술적 발달도 특히 고려에 넣어야 한다.

제11조 본 협약의 어느 당사국도 발효 후 1년이 경과할 시에는 국제연합 사무총장에 대한 서면 통지로서 협약에의 탈퇴를 통고할 수 있다. 그러한 탈퇴는 이 통고의 수령일로 부터 1년이 경과하였을 시 효력이 있다.

제12조 본 협약의 원본인 아랍어, 중국어, 영어, 불어, 노어 및 서반어본은 동등히 정본이며, 국제 연합 사무총장에 기탁되며, 사무총장은 원본의 인증등본을 전 서명국 및 가입국에 송부하여야 한다.

이상의 증거로서, 각 정부에 의하여 정당히 권한이 주어진 하기 서명자들은 1975년 1월 14일 뉴욕에서 서명을 위하여 개방된 본 협약에 서명하였다.

안보 관련 우주 정보 업무규정

제1조(목적) 이 영은 「국가정보원법」 제4조제1항제1호마목 및 같은 조 제3항에 따라 국가정보원의 직무 중 위성자산 등 안보 관련 우주 정보의 수집·작성·배포 업무 수행에 필요한 사항을 규정함을 목적으로 한다.

제2조(정의) 이 영에서 사용하는 용어의 뜻은 다음과 같다.

1. "위성자산등"이란 「우주개발 진흥법」 제2조제3호에 따른 우주물체와 이와 관련된 시설 및 시스템 등을 말한다.

2. "안보 관련 우주 정보"란 다음 각 목의 정보 중 국가안보와 관련된 정보를 말한다.

   가. 위성자산등에 관한 정보

   나. 「우주개발 진흥법」 제2조제4호에 따른 우주사고, 같은 조 제5호에 따른 위성정보 및 같은 조 제6호에 따른 우주위험에 관한 정보

3. "관계기관"이란 다음 각 목의 기관 및 단체 중 안보 관련 우주 정보의 수집·작성·배포와 관련된 업무를 수행하는 기관 및 단체를 말한다.

   가. 「공공기록물 관리에 관한 법률」 제3조제1호에 따른 공공기관

   나. 그 밖에 위성자산등을 개발·제작·보유하는 기관 및 단체

제3조(안보 관련 우주 정보의 수집·작성·배포)

① 국가정보원장은 위성자산등과 그 밖의 인적·물적 자산을 활용하여 안보 관련 우주 정보를 수집·작성한다. 이 경우 관계기관 소관의 위성자산등을 활용하려는 경우에는 해당 기관의 장과 협의해야 한다.

② 국가정보원장은 수집·작성한 안보 관련 우주 정보를 관계기관 등에 배포할 수 있다.

③ 국가정보원장은 제1항 및 제2항에 따른 업무를 원활하게 수행하기 위하여 관계기관 및 해외기관 등과 협력체계를 구축·유지할 수 있다.

제4조(안보 관련 우주 정보 기술의 연구·개발) 국가정보원장은 안보 관련 우

주 정보의 확보 및 활용에 필요한 기술을 단독 또는 관계기관과 공동
으로 연구·개발할 수 있다.

제5조(보안조치)

① 국가정보원장은 안보 관련 우주 정보 및 위성자산등을 보호하기 위하
여 필요한 보안조치를 마련해야 한다.

② 국가정보원장은 제1항에 따른 보안조치를 마련하는 데 필요한 경우
관계기관과 협의할 수 있다.

부칙 〈제31355호, 2020. 12. 31.〉
이 영은 2021년 1월 1일부터 시행한다.

우주물체에 의하여 발생한 손해에 대한 국제책임에 관한 협약

이 협약의 당사국은, 평화적 목적을 위한 외기권의 탐색과 이용을 촉진하
는데 있어 모든 인류의 공동 이익을 인정하고, 달과 기타 전체를 포함한
외기권의 탐색과 이용에 있어서의 국가 활동을 규율하는 원칙에 관한 조
약을 상기하며, 우주물체 발사에 관계된 국가 및 정부간 국제 기구가 예
방조치를 취하고 있음에도 불구하고, 그러한 물체에 의한 손해가 경우에
따라 발생할 가능성이 있음을 고려하며, 우주물체에 의하여 발생한 손해
에 대한 책임에 관한 효과적인 국제적 규칙과 절차를 설정할 필요성과
특히 이 협약의 조항에 따라 그러한 손해의 희생자에 대한 충분하고 공
평한 보상의 신속한 지불을 보장하기 위한 필요성을 인정하며, 그러한 규
칙과 절차를 설정함이 평화적 목적을 위한 외기권의 탐색 및 이용면에서
국제협력을 강화하는데 기여할 것임을 확신하여, 아래와 같이 합의하였다.

제1조 이 협약의 목적상

(a) "손해"라 함은 인명의 손실, 인체의 상해 또는 기타 건강의 손상 또

는 국가나 개인의 재산, 자연인이나 법인의 재산 또는 정부간 국제기구의 재산의 손실 또는 손해를 말한다.

(b) "발사"라 함은 발사 시도를 포함한다.

(c) "발사국"이라 함은

(ⅰ) 우주 물체를 발사하거나 또는 우주 물체의 발사를 야기하는 국가

(ⅱ) 우주 물체가 발사되는 지역 또는 시설의 소속국을 의미한다.

(d) "우주 물체"라 함은 우주 물체의 구성 부분 및 우주선 발사기, 발사기의 구성부분을 공히 포함한다.

제2조 발사국은 자국 우주물체가 지구 표면에 또는 비행중의 항공기에 끼친 손해에 대하여 보상을 지불할 절대적인 책임을 진다.

제3조 지구 표면 이외의 영역에서 발사국의 우주 물체 또는 동 우주 물체상의 인체 또는 재산이 타 발사국의 우주 물체에 의하여 손해를 입었을 경우, 후자는 손해가 후자의 과실 또는 후자가 책임져야 할 사람의 과실로 인한 경우에만 책임을 진다.

제4조

1. 지구 표면 이외의 영역에서 1개 발사국의 우주 물체 또는 동 우주 물체상의 인체 또는 재산이 타 발사국의 우주 물체에 의하여 손해를 입었을 경우, 그리고 그로 인하여 제3국 또는 제3국의 자연인이나 법인이 손해를 입었을 경우, 전기 2개의 국가는 공동으로 그리고 개별적으로 제3국에 대하여 아래의 한도내에서 책임을 진다.

(a) 제3국의 지상에 또는 비행중인 항공기에 손해가 발생하였을 경우, 제3국에 대한 전기 양국의 책임은 절대적이다.

(b) 지구 표면 이외의 영역에서 제3국의 우주 물체 또는 동 우주 물체상의 인체 또는 재산에 손해가 발생하였을 경우, 제3국에 대한 전기 2개국의 책임은 2개국중 어느 하나의 과실, 혹은 2개국중 어느 하나가 책임져야 할 사람의 과실에 기인한다.

2. 본조 1항에 언급된 공동 및 개별 책임의 모든 경우, 손해에 대한 보상 부담은 이들의 과실 정도에 따라 전기 2개국 사이에 분할된다. 만일

이들 국가의 과실 한계가 설정될 수 없을 경우, 보상 부담은 이들간에 균등히 분할된다. 이러한 분할은 공동으로 그리고 개별적으로 책임져야 할 발사국들의 하나 또는 전부로부터 이 협약에 의거 당연히 완전한 보상을 받으려 하는 제3국의 권리를 침해하지 않는다.

제5조

1. 2개 또는 그 이상의 국가가 공동으로 우주 물체를 발사할 때에는 그들은 발생한 손해에 대하여 공동으로 그리고 개별적으로 책임을 진다.

2. 손해에 대하여 보상을 지불한 바 있는 발사국은 공동 발사의 타참가국에 대하여 구상권을 보유한다. 공동 발사참가국들은 그들이 공동으로 그리고 개별적으로 책임져야 할 재정적인 의무의 할당에 관한 협정을 체결할 수 있다. 그러한 협정은 공동으로 그리고 개별적으로 책임져야 할 발사국중의 하나 또는 전부로부터 이 협약에 의거 완전한 보상을 받으려 하는 손해를 입은 국가의 권리를 침해하지 않는다.

3. 우주 물체가 발사된 지역 또는 시설의 소속국은 공동 발사의 참가국으로 간주된다.

제6조

1. 본조제2항의 규정을 따를 것으로 하여 발사국측의 절대 책임의 면제는 손해를 입히려는 의도하에 행하여진 청구국 또는 청구국이 대표하는 자연인 및 법인측의 작위나 부작위 또는 중대한 부주의로 인하여 전적으로 혹은 부분적으로 손해가 발생하였다고 발사국이 입증하는 한도까지 인정된다.

2. 특히 유엔헌장 및 달과 기타 천체를 포함한 외기권의 탐색과 이용에 있어서의 국가 활동을 규율하는 원칙에 관한 조약을 포함한 국제법과 일치하지 않는 발사국에 의하여 행하여진 활동으로부터 손해가 발생한 경우에는 어떠한 면책도 인정되지 않는다.

제7조 이 협약의 규정은 발사국의 우주 물체에 의하여 발생한 아래에 대한 손해에는 적용되지 않는다.

(a) 발사국의 국민

(b) 발사기 또는 발사시 이후 어느 시기로부터 하강할 때까지의 단계에서 그 우주 물체의 작동에 참여하는 동안, 또는 발사국의 초청을 받아 발사 또는 회수 예정 지역의 인접지에 있는 동안의 외국인

제8조

1. 손해를 입은 국가 또는 자국의 자연인 또는 법인이 손해를 입은 국가는 발사국에 대하여 그러한 손해에 대하여 보상을 청구할 수 있다.

2. 손해를 입은 국민의 국적국이 보상을 청구하지 않는 경우, 타국가는 어느 자연인 또는 법인이 자국의 영역내에서 입은 손해에 대하여 발사국에 보상을 청구할 수 있다.

3. 손해의 국적 또는 손해 발생 지역국이 손해 배상을 청구하지 않거나 또는 청구의사를 통고하지 않을 경우, 제3국은 자국의 영주권자가 입은 손해에 대하여 발사국에 보상을 청구할 수 있다.

제9조 손해에 대한 보상청구는 외교 경로를 통하여 발사국에 제시되어야 한다. 당해 발사국과 외교 관계를 유지하고 있지 않는 국가는 제3국에 대하여 발사국에 청구하도록 요청하거나 또는 기타의 방법으로 이 협약에 따라 자국의 이익을 대표하도록 요구할 수 있다. 또는 청구국과 발사국이 공히 국제연합의 회원국일 경우, 청구국은 국제연합 사무총장을 통하여 청구할 수 있다.

제10조

1. 손해에 대한 보상청구는 손해의 발생일 또는 책임져야 할 발사국이 확인한 일자 이후 1년이내에 발사국에 제시될 수 있다.

2. 만일 손해의 발생을 알지 못하거나 또는 책임져야 할 발사국을 확인할 수 없을 경우, 전기 사실을 알았던 일자 이후 1년이내에 청구를 제시할 수 있다. 그러나 이 기간은 태만하지 않았다면 알 수 있을 것으로 합리적으로 기대되는 날로부터 1년을 어느 경우에도 초과할 수 없다.

3. 본조 1항 및 2항에 명시된 시한은 손해의 전체가 밝혀지지 않았다 하더라도 적용된다. 그러나 이러한 경우, 청구국은 청구를 수정할 수 있는 권리와 그러한 시한의 만료 이후라도 손해의 전체가 밝혀진 이

후 1년까지 추가 자료를 제출할 수 있는 권리를 가진다.

제11조

1. 이 협약에 의거 발사국에 대한 손해 보상 청구의 제시는 청구국 또는 청구국이 대표하고 있는 자연인 및 법인이 이용할 수 있는 사전 어떠한 국내적 구제의 완료를 요구하지 않는다.

2. 이 협약상의 어떠한 규정도 국가 또는 그 국가가 대표하고 있는 자연인이나 법인이 발사국의 법원 또는 행정 재판소 또는 기관에 보상 청구를 제기하는 것을 방해하지 않는다. 그러나 국가는 청구가 발사국의 법원 또는 행정 재판소 또는 기관에 제기되어 있거나 또는 관련 국가를 기속하고 있는 타 국제협정에 의거 제기되어 있는 동일한 손해에 관하여는 이 협약에 의거 청구를 제시할 권리를 가지지 않는다.

제12조 발사국이 이 협약에 의거 책임지고 지불하여야 할 손해에 대한 보상은 손해가 발생하지 않았을 경우에 예상되는 상태대로 자연인, 법인, 국가 또는 국제기구가 입은 손해가 보상될 수 있도록 국제법 및 정의와 형평의 원칙에 따라 결정되어야 한다.

제13조 이 협약에 의거 청구국과 보상 지불국이 다른 보상 방식에 합의하지 못할 경우, 보상은 청구국의 통화로 지불되며, 만일 청구국이 요구하면 보상 지불국의 통화로 지불된다.

제14조 청구국이 청구 자료를 제출하였다는 사실을 발사국에게 통고한 일자로부터 1년이내에 제9조에 규정된 대로 외교적 교섭을 통하여 보상 청구가 해결되지 않을 경우, 관련당사국은 어느 1 당사국의 요청에 따라 청구위원회를 설치한다.

제15조

1. 청구위원회는 3인으로 구성된다. 청구국과 발사국이 각각 1명씩 임명하며, 의장이 되는 제3의 인은 양당사국에 의하여 공동으로 선정된다. 각 당사국은 청구위원회 설치요구 2개월이내에 각기 위원을 임명하여야 한다.

2. 위원회 설치요구 4개월이내에 의장 선정에 관하여 합의에 이르지 못

할 경우, 어느 1당사국은 국제연합 사무총장에게 2개월의 추천 기간 내에 의장을 임명하도록 요청할 수 있다.

제16조

1. 일방 당사국이 규정된 기간내에 위원을 임명하지 않을 경우, 의장은 타방 당사국의 요구에 따라 단일 위원 청구위원회를 구성한다.

2. 어떠한 이유로든지 위원회에 발생한 결원은 최초 임명시 채택된 절차에 따라 충원된다.

3. 위원회는 그 자신의 절차를 결정한다.

4. 위원회는 위원회가 개최될 장소 및 기타 모든 행정적인 사항을 결정한다.

5. 단일 위원 위원회의 결정과 판정의 경우를 제외하고, 위원회의 모든 결정과 판정은 다수결에 의한다.

제17조 청구위원회의 위원수는 위원회에 제기된 소송에 2 혹은 그 이상의 청구국 또는 발사국이 개입되어 있다는 이유로 증가되지 않는다. 그렇게 개입된 청구국들은 단일 청구국의 경우에 있어서와 동일한 방법과 동일한 조건에 따라 위원회의 위원 1명을 공동으로 지명한다. 2개 또는 그 이상의 발사국들이 개입된 경우에도 동일한 방법으로 위원회의 위원 1명을 공동으로 지명한다. 청구국들 또는 발사국들이 규정 기간내에 위원을 임명하지 않을 경우, 의장은 단일 위원 위원회를 구성한다.

제18조 청구위원회는 보상 청구의 타당성 여부를 결정하고 타당할 경우, 지불하여야 할 보상액을 확정한다.

제19조

1. 청구위원회는 제12조의 규정에 따라 행동한다.

2. 위원회의 결정은 당사국이 동의한 경우 최종적이며 기속력이 있다. 당사국이 동의하지 않는 경우, 위원회는 최종적이며 권고적인 판정을 내리되 당사국은 이를 성실히 고려하여야 한다. 위원회는 그 결정 또는 판정에 대하여 이유를 설명하여야 한다.

3. 위원회가 결정 기관의 연장이 필요하다고 판단하지 않을 경우, 위원회는 가능한 신속히 그리고 위원회 설치일자로부터 1년이내에 결정 또는 판정을 내려야 한다.

4. 위원회는 그의 결정 또는 판정을 공포한다. 위원회는 결정 또는 판정의 인증등본을 각 당사국과 국제연합 사무총장에게 송부하여야 한다.

제20조 청구위원회에 관한 경비는 위원회가 달리 결정하지 아니하는 한, 당사국이 균등하게 부담한다.

제21조 우주 물체에 의하여 발생한 손해가 인간의 생명에 광범한 위험을 주게 되거나 또는 주민의 생활 조건이나 중요 중심부의 기능을 심각하게 저해하게 되는 경우, 당사국 특히 발사국은 손해를 입은 국가의 요청이 있을 경우 그 국가에 대해 신속 적절한 원조 제공 가능성을 검토하여야 한다. 그러나 본조의 어떠한 규정도 이 협약상의 당사국의 권리 또는 의무에 영향을 미치지 않는다.

제22조

1. 제24조로부터 제27조의 규정을 제외하고 이 협약에서 국가에 대해 언급된 사항은 우주 활동을 행하는 어느 정부간 국제기구에도 적용되는 것으로 간주된다. 이는 기구가 이 협약에 규정된 권리와 의무의 수락을 선언하고 또한 기구의 대다수의 회원국이 이 협약 및 '달과기타전체를포함한외기권의탐색과이용에있어서의국가활동을규율하는원칙에관한조약'의 당사국인 경우에 한한다.

2. 이 협약의 당사국인 상기 기구의 회원국은 기구가 전항에 따른 선언을 행하도록 적절한 모든 조치를 취하여야 한다.

3. 어느 정부간 국제기구가 이 협약의 규정에 의거 손해에 대한 책임을 지게될 경우, 그 기구와 이 협약의 당사국인 동 기구의 회원국인 국가는 아래의 경우 공동으로 그리고 개별적으로 책임을 진다.

(a) 그러한 손해에 대한 보상 청구가 기구에 맨 처음 제기된 경우

(b) 기구가 6개월이내에, 그러한 손해에 대한 보상으로서 동의 또는 결정된 금액을 지불하지 않았을 때 한해서 청구국이 이 협약의 당사국

인 회원국에 대하여 전기 금액의 지불 책임을 요구할 경우

4. 본조1항에 따라 선언을 행한 기구가 입은 손해에 대하여 이 협약의 규정에 따른 보상 청구는 이 협약의 당사국인 기구의 회원국에 의하여 제기되어야 한다.

제23조

1. 이 협약의 규정은 기타 국제협정 당사국간의 관계가 관련되는 한 발효중인 그러한 협정에 영향을 미치지 않는다.

2. 이 협약의 어떤 규정도 국가가 협약의 규정을 확인, 보충 또는 확대시키는 국제협정을 체결하는 것을 방해하지 않는다.

제24조

1. 이 협약은 서명을 위하여 모든 국가에 개방된다. 본조3항에 따라 이 협약의 발효 전에 이 협약에 서명하지 아니한 국가는 언제든지 이 협약에 가입할 수 있다.

2. 이 협약은 서명국에 의하여 비준되어야 한다. 비준서나 가입서는 기탁국 정부로 지정된 영국, 소련 및 미국정부에 기탁되어야 한다.

3. 이 협약은 5번째 비준서의 기탁으로써 발효한다.

4. 이 협약의 발효후에 비준서 또는 가입서를 기탁한 국가에 대하여는 그들의 비준서 또는 가입서의 기탁일자에 이 협약이 발효한다.

5. 기탁국 정부는 이 협약의 각 서명일자, 각 비준서 및 가입서의 기탁일자, 이 협약의 발효일자 및 기타 통고를 모든 서명국 및 가입국에 대하여 즉시 통보한다.

6. 이 협약은 국제연합헌장 제102조에 따라 기탁국 정부에 의하여 등록되어야 한다.

제25조 이 협약의 당사국은 이 협약에 대한 개정을 제의할 수 있다. 개정은 이 협약 당사국의 과반수가 수락한 때에 개정을 수락한 이 협약의 각 당사국에 대하여 발효하며, 그 이후 이 협약의 각 나머지 당사국에 대하여는 동 당사국의 개정 수락일자에 발효한다.

제26조 이 협약의 발효 10년후, 이 협약의 지난 10년간 적용에 비추어

협약의 수정 여부를 심의하기 위한 협약 재검토 문제가 국제연합 총회의 의제에 포함되어야 한다. 그러나 이 협약 발효 5년후에는 어느 때라도 협약 당사국의 3분의 1의 요청과 당사국의 과반수의 동의가 있으면 이 협약 재검토를 위한 당사국 회의를 개최한다.

제27조 이 협약의 당사국은 협약 발효 1년후 기탁국 정부에 대한 서면 통고로써 이 협약으로부터의 탈퇴를 통고할 수 있다. 그러나 탈퇴는 이러한 통고접수일자로부터 1년후에 발효한다.

제28조 영어, 노어, 불어, 서반아어 및 중국어가 동등히 정본인 이 협약은 기탁국 정부의 문서 보관소에 기탁되어야 한다. 이 협약의 인증등본은 기탁국 정부에 의하여 서명국 및 가입국 정부에 전달되어야 한다.

색인

저자소개

배학영
- 해군사관학교 공학사
- 국방대학교 국제관계학 석사
- Florida State University 정치학 박사
- 現 국방대학교 전략학부 교수
- 現 국방대학교 국가안전보장문제연구소 군사전략연구센터장
- 저서: War And Conflict Management Between The
  Two Koreas, (Lambert Academic. Publishing,
  2015), 『21세기 해양안보와 국제관계 (공저, 북코리
  아, 2017)』 등

임경한
- 해군사관학교 이학사
- KDI School 공공정책학 석사
- 서울대학교 국제학 박사
- 現 해군사관학교 군사전략학과 교수
- 現 서울대학교 국제문제연구소 해양안보 연구위원
- 저서: 『미중 패권경쟁 시기 동북아 해양전략 (공저, 북코리
  아, 2023)』 등

엄정식

- 공군사관학교, 서울대학교 문학사
- 서울대학교 외교학(국제정치) 박사
- 現 공군사관학교 군사전략학과 교수
- 現 서울대학교 국제문제연구소 우주안보 연구위원
- 現 한국우주안보학회 상임이사
- 블로그: 우주안보의 세계 (http://blog.naver.com/ space_power)
- 저서: 『우주안보의 이해와 분석 (박영사, 2024)』, 『미래전 의 도전과 항공우주산업 (공저, 사회평론아카데미, 2023)』 등

조태환

- 인하대학교 항공우주공학 학사
- 인하대학교 전자공학 박사(석·박 통합)
- 現 공군사관학교 전자통신공학과 조교수
- 前 미국 조지워싱턴대학교 Space Policy Institute 방문연 구원
- 前 국방부 미사일우주정책과 국방우주기술기획 담당
- 저서: 『군용 항공전자 시스템 (공역, 한티미디어, 2016)』 등

오경원

- 조선대학교 항공우주공학 공학박사
- 現 호원대학교 교수, 국방과학기술연구소 소장
- 現 해군 작전사령부 Navy Sea GHOST 발전위원, 해군 항 공사령부 자문위원, 해군정비창 자문위원, 해군 5전단 유무 인 복합체계 실무위원, 해군 함정기술연구소 자문위원, 해양 경찰청 유무인 복합체계 자문위원
- 現 한국첨단기술융합학회 학회장, 한국해군과학기술학회 부 회장, 항공우주시스템공학회 총무이사, 한국추진공학회 사업 이사, 한국국방우주학회 기획이사
- 前 해군사관학교 군사학처 조교수
- 저서: 『드론공학 (공역, 성안당, 2023)』 등

한국해양전략연구소 총서 97

제2판
우주 전장시대 해양 우주력: 해양영역인식(MDA)과 우주력

초판발행	2022년 8월 10일
제2판발행	2024년 12월 31일
지은이	배학영·임경한·엄정식·조태환·오경원
펴낸이	안종만·안상준
편 집	이수연
기획/마케팅	김민규
표지디자인	BEN STORY
제 작	고철민·김원표
펴낸곳	㈜ 박영사
	서울특별시 금천구 가산디지털2로 53, 210호(가산동, 한라시그마밸리)
	등록 1959.3.11. 제300-1959-1호(倫)
전 화	02)733-6771
f a x	02)736-4818
e-mail	pys@pybook.co.kr
homepage	www.pybook.co.kr
ISBN	979-11-303-2172-1 93390

정 가   38,000원